国家出版基金项目
NATIONAL PUBLICATION FOUNDATION

草地贪夜蛾的研究

吴孔明 等 编著

中国农业出版社
北 京

CAODITANYEE DE YANJIU

《草地贪夜蛾的研究》

编著者名单

吴孔明　杨现明　萧玉涛　徐蓬军　李国平

吴秋琳　何莉梅　张浩文　张丹丹　周　燕

赵胜园　葛世帅　和　伟　吴　超

前　言

　　草地贪夜蛾是一种原分布于美洲热带和亚热带地区的重要农业害虫，可为害玉米、小麦、水稻、大豆、高粱、谷子、甘蔗、棉花和蔬菜等多种农作物。草地贪夜蛾于2016年1月入侵西非后，引起了国际学术界的广泛关注。作为长期从事害虫监测预警与控制研究的科技工作者，我阅读过草地贪夜蛾迁飞和对转基因抗虫作物抗性研究的诸多科学文献，对草地贪夜蛾的生物学习性已有比较充分的了解。理论上，这种远距离迁飞能力很强和寄主很广泛的害虫，突破大西洋的地理阻隔并在非洲定殖后，将必然陆续入侵亚洲等地区并演化成为全球性农业生产的重大问题。

　　英国兰卡斯特大学（Lancaster University）Kenneth Wilson教授是最早开展草地贪夜蛾入侵生物学研究的欧洲科学家，他将入侵非洲的草地贪夜蛾种群引入英国，在实验室开展生物防治的研究工作。基于长期的科研合作关系，我推荐团队成员徐蓬军博士于2017年3月到Wilson教授实验室开展草地贪夜蛾研究工作。徐蓬军在英国期间主要研究草地贪夜蛾与病原微生物的互作关系，发现了可降低草地贪夜蛾等灰翅夜蛾属害虫生殖力的新病毒，研究成果于2020年发表在 *PloS Pathogens* 上，这也是我们团队最早开展的草地贪夜蛾研究工作，使我们在草地贪夜蛾入侵中国之前已了解其生物学习性，也掌握了其种群室内连续饲养等方法，为全面开展研究工作奠定了基础。

　　草地贪夜蛾入侵非洲事件引发了联合国粮农组织（FAO）和世界许多国家的高度关注，联合国粮农组织迅速制定了应对草地贪夜蛾入侵的全球合作框架指南，非盟农业农村发展专业技术委员会和南部非洲发展共同体分别于

2017年10月和12月召开会议商讨应对措施。到2018年1月，草地贪夜蛾已经在撒哈拉沙漠以南的44个非洲国家蔓延危害，对非洲粮食安全构成了实质性威胁。

基于对昆虫迁飞生物学的理解，我们按照亚非地理地貌和季风流行特点判断，草地贪夜蛾将从北非东海岸穿过阿拉伯海到达印度、孟加拉国和缅甸，然后进入中国西南地区。因此，我于2017年12月到位于中缅边境地区的云南省澜沧拉祜族自治县（澜沧县）考察调研，并在当地政府的支持下，在勐朗镇勐滨村安装了一台高空测报灯，安排博士研究生孙小旭于2018年3月开始监测草地贪夜蛾的入侵活动。

应联合国粮农组织和国际植物保护公约（IPPC）秘书处的邀请，我于2018年9月9—15日赴马达加斯加塔那那利佛市参加2018年度国际植物保护公约非洲区域研讨会，会议聚焦东非国家草地贪夜蛾入侵监测与控制工作，邀请我介绍了中国对黏虫等重大迁飞性害虫区域性治理的经验。此后，我与中国农业科学院植物保护研究所王振营研究员于2018年10月30日至11月4日赴埃塞俄比亚和意大利访问。在埃塞俄比亚参加了由国际玉米小麦中心（CIMMYT）、联合国粮农组织和美国国际开发署（USAID）等机构共同主办的"非洲草地贪夜蛾管理：研究促进发展行动与战略"研讨会。会上，来自东非、南非、西非和中非的区域代表介绍了当地草地贪夜蛾的发生情况、危害影响以及采取的防治举措，联合国粮农组织、国际玉米小麦中心、国际热带农业研究所（IITA）、国际应用生物科学中心（CABI）和国际昆虫生理生态中心（ICIPE）等国际机构代表分别介绍了草地贪夜蛾监测预警、生物防治、寄主作物抗性、化学防治、农业防治等技术和政府的支撑政策等。此外，来自巴西和美国的代表还分别介绍了美洲原生地草地贪夜蛾的防治经验。会后我们到意大利罗马市访问了FAO总部，与FAO助理总干事及植物生产与保护司、合作伙伴与南南合作司和全球农业研究论坛（GFAR）等分支机构领导就草地贪夜蛾防控合作等议题进行了充分的交流与沟通。

草地贪夜蛾入侵非洲后，王振营研究员一直跟踪掌握草地贪夜蛾在亚洲的发生信息与趋势。他于2018年8月向农业农村部种植业管理司提交了《危险性害虫草地贪夜蛾传播与为害情况》的报告，2018年12月再次向种植业管理司植保植检处和全国农业技术推广服务中心报送了草地贪夜蛾入侵缅甸的信息，种植业管理司随后向毗邻缅甸的广西和云南两省（区）农业农村厅发出了关于加强草地贪夜蛾监测预警工作的通知，全国农业技术推广服务中心也向全国各省、自治区、直辖市植保（植检）站（局、中心）下发了全国农技中心关于做好草地贪夜蛾侵入危害防范工作的通知。

2018年12月初，我到云南省江城哈尼族彝族自治县（江城县）和澜沧县调研跨境迁飞害虫监测工作，与江城县植保植检站杨学礼站长进行了交流，了解到江城迁飞性害虫发生的普遍性和严重性。基于中国农业科学院植物保护研究所在瑞丽市的科研工作基础，决定由博士研究生赵胜园和孙小旭在江城县和瑞丽市加装高空测报灯，更加密切地监测草地贪夜蛾跨境入侵活动。

自2018年12月11日起，孙小旭陆续在澜沧县高空测报灯诱集的昆虫中发现草地贪夜蛾疑似个体。2019年1月10日，全国农业技术推广服务中心姜玉英研究员联系我，告知江城县杨学礼站长报告在该县宝藏镇玉米田发现疑似草地贪夜蛾幼虫为害情况，希望正在江城县进行高空测报灯监测的赵胜园和孙小旭同她和刘杰同志组成工作组，到宝藏镇调查核实。我随即与杨学礼站长电话沟通，他说最早于2018年12月26日在玉米田发现新害虫为害，接到农业农村部草地贪夜蛾监测通知后上报。2019年1月13日，姜玉英研究员带领工作组到达江城县宝藏镇调研，通过形态特征和为害特点判断为草地贪夜蛾为害玉米。此后，我们将宝藏镇玉米田获得的草地贪夜蛾幼虫和澜沧县灯诱的疑似草地贪夜蛾成虫样本送中国农业科学院深圳农业基因组研究所萧玉涛研究员进行分子检测，鉴定结论皆为草地贪夜蛾。结合迁飞轨迹的分析结果，我们认定草地贪夜蛾于2018年12月11日开始由缅甸入侵中国。

2019年1月18日，中国农业科学院国际合作局邀请全国农业技术推广服务中心、中国农业科学院植物保护研究所、中国农业科学院深圳农业基因组研究所、CABI北京代表处、深圳百乐宝生物农业科技有限公司和河南鹤壁佳多科工贸股份有限公司等单位在北京召开了草地贪夜蛾监测与防控科技工作组会议，制订了"草地贪夜蛾监测预警与应急防控技术体系构建"实施方案。会后，相关单位迅速组织科研力量进驻中缅边境草地贪夜蛾入侵区江城县和瑞丽市等地，以最快的速度开展监测与应急防治技术研究工作。

此后，CABI北京代表处的张峰先生及时提供了缅甸等东南亚国家草地贪夜蛾的发生为害情况，为通过轨迹分析模拟迁入路径提供了基础信息。深圳百乐宝生物农业科技有限公司第一时间研发成功草地贪夜蛾性诱剂，为开展全国性诱监测工作提供了手段。河南鹤壁佳多科工贸股份有限公司负责人赵树英老先生亲自赶往江城一线，不畏艰苦长期坚守在边境地区，直至生命的最后阶段。其公司开发的高空监测阻截装备为草地贪夜蛾迁飞阻截带建设提供了重要支撑。

我们科研团队也迅速调整科研方向，杨现明博士和10多位研究生始终战斗在云南草地贪夜蛾防控工作第一线。团队先后在草地贪夜蛾自国外迁入云南和云南迁入其他省份的通道上建立了6个监测点和雷达监测局域网等科研平台，重点研究其种群动态、生物学习性、迁飞规律、抗药性、监测预警与关键防控技术。在《植物保护》编辑部王音研究员的支持下，团队最先完成的草地贪夜蛾应急防控技术研究论文于2019—2020年期间陆续发表。受 *Journal of Integrative Agriculture* 编辑部孙鲁娟研究员的邀约，草地贪夜蛾生物学习性和迁飞规律的研究论文于2021年发表在该杂志草地贪夜蛾专刊。一些基础性、理论性研究论文陆续发表在 *Journal of Pest Science*、*Pest Management Science* 和 *Journal of Environmental Management* 等10余种植物保护科学国际主流专业刊物上。这些文章的发表在国内外学术界产生了较大的影响，有两篇论文分别入选2021年中国百篇最具影响国际论文和中国百篇最具影响国内论文。相关技术由全国农业技术推广服务中心姜玉英研究员和曾娟高级农艺师等同志组装配套，在生产上及时推广应用，在全国草地贪夜蛾防控工作中发挥了重要作用。

2019年年底，FAO总干事屈冬玉先生邀请我担任联合国粮农组织全球草地贪夜蛾防控行动指导委员会（简称"委员会"）副主任，FAO植物生产与保护司司长夏敬源先生多次邀请我介绍中国草地贪夜蛾的研究进展和防控成果。委员会首次会议于2020年2月17日召开，此后每季度召开一次工作会议，研究部署全球草地贪夜蛾的防控工作。通过参加会议，了解了全球草地贪夜蛾的发生为害与防控工作动态，也通过介绍中国方案让世界分享了中国经验。

基于我们团队关于草地贪夜蛾主要研究成果和进展的总结，同时吸收国内外的最新研究成果，我们编写了《草地贪夜蛾的研究》这部专著。本专著编写人员主要来自团队的一线科研人员和研究生，主要内容包括草地贪夜蛾的形态特征与为害特点（赵胜园主笔）、地理分布与入侵路径（吴秋琳主笔）、生物学习性（何莉梅主笔）、生物型与基因组分析（萧玉涛、吴超主笔）、飞行生物学（葛世帅主笔）、环境因子对种群增长的影响（何莉梅主笔）、种群迁飞活动（吴秋琳主笔）、抗药性机制（萧玉涛、吴超主笔）、雷达监测预警技术（张浩文主笔）、预测预报技术（杨现明主笔）、化学防治技术（张丹丹主笔）、生物防治技术（徐蓬军主笔）、转基因作物防治技术（李国平主笔）、农业与辐射不育防治技术（何莉梅主笔）、诱杀防治技术（和伟主笔）和区域综合治理模式（周燕主笔）。

草地贪夜蛾入侵我国云南后，党中央、国务院高度重视防控工作，习近平总书记多次作出重要指示，李克强总理、胡春华副总理对打好防控攻坚战、确保粮食安全提出明确要求。时任农业农村部部长韩长赋、副部长张桃林等领导多次作出重要批示，农业农村部迅速组织动员，狠抓监测预警、统防统治和联防联治工作，在有力的科技支撑下迅速有效地遏制了草地贪夜蛾大面积暴发成灾的趋势，打赢了"虫口夺粮"的应急攻坚战，成为全球草地贪夜蛾防控的典范，也受到了FAO等国际组织的高度肯定。作为中国草地贪夜蛾防控科技支撑工作的参与者，我们深知这些成绩来之不易，也对国家生物安全防控能力快速提升与发展感到无比的自豪。

　　每一种昆虫都有其分布地区，这是物种适应环境长期进化的结果。一些种类的昆虫随季风迁飞可以季节性地扩大栖息地，但能全球性分布的昆虫种类则少之又少。随着人类经济活动的发展，全球贸易成为驱动一些昆虫物种全球分布的关键因素。近些年来，一些重大农林害虫不断突破地理阻隔发展成为入侵地区制约农林生产的大问题，如红火蚁、马铃薯甲虫、苹果蠹蛾和美国白蛾从美洲进入亚洲，大豆蚜虫和天牛从亚洲到达美洲等，这些都表明生物入侵问题日趋严重，已成为事关国家社会经济发展和生态安全的重大挑战。生物入侵问题的解决要向科技要答案，本专著对草地贪夜蛾入侵事件的研究只是诸多类似工作的一个缩影，我们的目的是希望提供一个系统的研究案例供生物安全和植物保护工作者借鉴参考。

　　本专著的编写工作是我们科研团队共同努力完成的。大家一边从事繁忙的研究工作，一边查阅大量的学术文献，每个人都做出了无私奉献和付出了辛勤劳动。在此，我对大家表示衷心的感谢，也对编写过程中一遍遍的催促表示歉意。对于青年学子，你们的主要任务是完成学位论文，这本不属于你们的工作，但我还是给你们压担子，把这个工作交给了你们。最后，我要表达对中国农业出版社领导、编辑和相关工作人员的敬意，没有你们的支持也就不会有这部专著。在草地贪夜蛾刚刚入侵的2019年，阎莎莎编辑就联系我提出了选题建议，并推动了本专著国家出版基金项目的申报工作。尽管各位编写人员都秉持认真负责的态度，字斟句酌、反复修正，但由于水平所限，书中疏漏之处仍然在所难免，恳请广大读者批评指正！

2023 年 1 月 16 日

CAODITANYEE DE YANJIU

目　录

前言

01　第一章　　　　　　　　　　　　　　　　　　　　　　/ 1
草地贪夜蛾的形态特征与为害特点

　第一节　分类地位　　　　　　　　　　　　　　　　/ 1
　第二节　形态特征　　　　　　　　　　　　　　　　/ 3
　　一、卵　　　　　　　　　　　　　　　　　　　/ 3
　　二、幼虫　　　　　　　　　　　　　　　　　　/ 5
　　三、蛹　　　　　　　　　　　　　　　　　　　/ 8
　　四、成虫　　　　　　　　　　　　　　　　　　/ 10
　第三节　为害寄主植物症状特点　　　　　　　　　　/ 16
　　一、玉米　　　　　　　　　　　　　　　　　　/ 16
　　二、甘蔗与高粱　　　　　　　　　　　　　　　/ 20
　　三、麦类作物　　　　　　　　　　　　　　　　/ 20
　　四、油料作物　　　　　　　　　　　　　　　　/ 23
　　五、杂草　　　　　　　　　　　　　　　　　　/ 24
　　【参考文献】　　　　　　　　　　　　　　　　/ 25

02　第二章　　　　　　　　　　　　　　　　　　　　　　/ 27
草地贪夜蛾的地理分布与入侵路径

　第一节　美洲原生地的发生为害　　　　　　　　　　/ 27
　　一、北美洲　　　　　　　　　　　　　　　　　/ 27
　　二、南美洲　　　　　　　　　　　　　　　　　/ 29
　第二节　入侵扩散路径与定殖为害情况　　　　　　　/ 30
　　一、非洲　　　　　　　　　　　　　　　　　　/ 30

二、亚洲 / 32

三、大洋洲 / 37

【参考文献】 / 37

03 第三章 / 42

草地贪夜蛾的生物学习性

第一节 幼虫 / 42

一、觅食与寄主植物 / 42

二、自相残杀与捕食行为 / 66

三、扩散与化蛹 / 68

第二节 成虫 / 69

一、取食 / 69

二、求偶与交配 / 69

三、产卵 / 70

四、趋光性 / 71

第三节 室内人工饲养技术 / 72

一、采集和引进虫源 / 72

二、饲养条件与器具 / 72

三、食料 / 73

四、饲养方法 / 78

【参考文献】 / 79

04 第四章 / 82

草地贪夜蛾的生物型与基因组分析

第一节 种群的生物型分化 / 82

一、两种生物型的取食选择性与时空分布差异 / 82

二、两种生物型的产卵选择性差异 / 83

三、两种生物型的交配行为差异 / 83

四、两种生物型的环境适应性差异 / 84

五、两种生物型翅形态和大小的差异 / 84

六、通过分子鉴定区分两种生物型 / 85

七、草地贪夜蛾的生物型分化趋势 / 86

第二节　入侵种群的生物型特征　　　　　　　　　　　　　　／ 86
　　一、入侵非洲和亚洲（除中国）草地贪夜蛾的分子鉴定　　／ 86
　　二、入侵中国草地贪夜蛾的分子鉴定　　　　　　　　　　／ 87
　　三、入侵非洲和亚洲种群形成原因分析　　　　　　　　　／ 89
第三节　入侵种群的基因组分析　　　　　　　　　　　　　　／ 89
　　一、草地贪夜蛾基因组特征分析　　　　　　　　　　　　／ 89
　　二、入侵种群的基因组特征　　　　　　　　　　　　　　／ 96
【参考文献】　　　　　　　　　　　　　　　　　　　　　　／ 98

05　第五章　　　　　　　　　　　　　　　　　　　　　　　　／ 102
草地贪夜蛾的飞行生物学

第一节　草地贪夜蛾飞行参数的测定方法　　　　　　　　　　／ 102
第二节　草地贪夜蛾成虫的飞行能力　　　　　　　　　　　　／ 104
　　一、不同日龄成虫的飞行能力　　　　　　　　　　　　　／ 104
　　二、不同性别成虫的飞行能力　　　　　　　　　　　　　／ 105
　　三、生殖活动对成虫飞行能力的影响　　　　　　　　　　／ 107
　　四、取食对成虫飞行能力的影响　　　　　　　　　　　　／ 109
第三节　环境因子对草地贪夜蛾飞行活动的影响　　　　　　　／ 110
　　一、温度对成虫飞行活动的影响　　　　　　　　　　　　／ 110
　　二、相对湿度对成虫飞行活动的影响　　　　　　　　　　／ 111
　　三、最佳温湿度条件下成虫的多夜晚飞行潜力　　　　　　／ 112
第四节　草地贪夜蛾成虫飞行活动对生殖的影响　　　　　　　／ 113
　　一、飞行对成虫生殖器官发育的影响　　　　　　　　　　／ 114
　　二、飞行对成虫繁殖力和寿命的影响　　　　　　　　　　／ 116
【参考文献】　　　　　　　　　　　　　　　　　　　　　　／ 118

06　第六章　　　　　　　　　　　　　　　　　　　　　　　　／ 122
环境因子对草地贪夜蛾种群增长的影响

第一节　温度对草地贪夜蛾生长发育和繁殖的影响　　　　　　／ 122
　　一、发育历期　　　　　　　　　　　　　　　　　　　　／ 122
　　二、存活率　　　　　　　　　　　　　　　　　　　　　／ 124
　　三、繁殖力　　　　　　　　　　　　　　　　　　　　　／ 125

　　　四、生命表参数　　　　　　　　　　　　　　　　　　/ 126

　　　五、发育起点温度和有效积温　　　　　　　　　　　　/ 127

　　　六、耐寒性　　　　　　　　　　　　　　　　　　　　/ 129

　　　七、耐热性　　　　　　　　　　　　　　　　　　　　/ 132

　　第二节　湿度对草地贪夜蛾生长发育和繁殖的影响　　　　/ 133

　　　一、发育历期　　　　　　　　　　　　　　　　　　　/ 133

　　　二、存活率　　　　　　　　　　　　　　　　　　　　/ 134

　　　三、繁殖力　　　　　　　　　　　　　　　　　　　　/ 135

　　　四、生命表参数　　　　　　　　　　　　　　　　　　/ 136

　　第三节　光周期对草地贪夜蛾生长发育和繁殖的影响　　　/ 136

　　　一、发育历期　　　　　　　　　　　　　　　　　　　/ 137

　　　二、存活率　　　　　　　　　　　　　　　　　　　　/ 138

　　　三、繁殖力　　　　　　　　　　　　　　　　　　　　/ 139

　　　四、生命表参数　　　　　　　　　　　　　　　　　　/ 140

　　第四节　寄主植物对草地贪夜蛾生长发育和繁殖的影响　　/ 141

　　　一、发育历期　　　　　　　　　　　　　　　　　　　/ 141

　　　二、存活率　　　　　　　　　　　　　　　　　　　　/ 144

　　　三、繁殖力　　　　　　　　　　　　　　　　　　　　/ 147

　　　四、生命表参数　　　　　　　　　　　　　　　　　　/ 149

　　第五节　土壤对草地贪夜蛾种群增长的影响　　　　　　　/ 150

　　【参考文献】　　　　　　　　　　　　　　　　　　　　/ 152

07 第七章 ———————————————————————— / 154

草地贪夜蛾的种群迁飞活动

　　第一节　环境因子对草地贪夜蛾迁飞活动的影响　　　　　154

　　　一、季风环流　　　　　　　　　　　　　　　　　　　154

　　　二、降雨　　　　　　　　　　　　　　　　　　　　　157

　　　三、温度　　　　　　　　　　　　　　　　　　　　　159

　　　四、地形地貌　　　　　　　　　　　　　　　　　　　160

　　第二节　草地贪夜蛾在亚洲地区的迁飞规律　　　　　　　162

　　　一、南亚　　　　　　　　　　　　　　　　　　　　　162

　　　二、东南亚　　　　　　　　　　　　　　　　　　　　162

　　　三、东亚　　　　　　　　　　　　　　　　　　　　　163

　　【参考文献】　　　　　　　　　　　　　　　　　　　　169

08　**第八章** ———————————————————————————— / **177**

草地贪夜蛾的抗药性机制

　　第一节　草地贪夜蛾对杀虫剂抗性的演化历史　　　　　　/ 177

　　　　一、有机磷类　　　　　　　　　　　　　　　　　/ 177

　　　　二、氨基甲酸酯类　　　　　　　　　　　　　　　/ 178

　　　　三、拟除虫菊酯类　　　　　　　　　　　　　　　/ 180

　　　　四、新型杀虫剂　　　　　　　　　　　　　　　　/ 182

　　　　五、Bt毒素　　　　　　　　　　　　　　　　　　/ 183

　　第二节　草地贪夜蛾对化学农药的抗性机制　　　　　　/ 184

　　　　一、解毒代谢增强　　　　　　　　　　　　　　　/ 184

　　　　二、靶标位点变异　　　　　　　　　　　　　　　/ 185

　　　　三、草地贪夜蛾对传统杀虫剂的抗性遗传特征　　　/ 190

　　第三节　草地贪夜蛾对Bt毒素的抗性机制　　　　　　　/ 190

　　　　一、Bt毒素杀虫机制　　　　　　　　　　　　　　/ 190

　　　　二、草地贪夜蛾Bt抗性机制　　　　　　　　　　　/ 192

　　　　【参考文献】　　　　　　　　　　　　　　　　/ 195

09　**第九章** ———————————————————————————— / **199**

草地贪夜蛾种群迁飞雷达监测预警技术

　　第一节　昆虫雷达的工作原理　　　　　　　　　　　　/ 199

　　第二节　不同昆虫雷达的特点　　　　　　　　　　　　/ 201

　　第三节　昆虫雷达监测网　　　　　　　　　　　　　　/ 204

　　第四节　草地贪夜蛾迁飞活动的雷达监测　　　　　　　/ 209

　　　　一、基于雷达回波的草地贪夜蛾识别技术　　　　　/ 210

　　　　二、基于雷达观测的草地贪夜蛾迁飞行为研究　　　/ 214

　　　　三、基于雷达监测的草地贪夜蛾迁飞路径模拟　　　/ 219

　　第五节　草地贪夜蛾的雷达预警发布　　　　　　　　　/ 222

　　　　【参考文献】　　　　　　　　　　　　　　　　/ 223

10　**第十章** ———————————————————————————— / **226**

草地贪夜蛾种群发生预测预报技术

　　第一节　草地贪夜蛾入侵对玉米田害虫种群演替的影响　/ 226

　　　　一、草地贪夜蛾与玉米螟　　　　　　　　　　　　/ 227

二、草地贪夜蛾与棉铃虫　　　　　　　　　　　　　/ 228

三、草地贪夜蛾与其他玉米害虫　　　　　　　　　/ 230

第二节　草地贪夜蛾的智能识别　　　　　　　　　/ 232

一、识别模型构建　　　　　　　　　　　　　　　/ 232

二、数据集制作与预处理　　　　　　　　　　　　/ 233

三、MaizePestNet识别结果对比　　　　　　　　　/ 236

四、草地贪夜蛾图像识别系统设计　　　　　　　　/ 236

五、草地贪夜蛾识别系统应用　　　　　　　　　　/ 238

第三节　成虫监测方法　　　　　　　　　　　　　/ 240

一、灯诱监测　　　　　　　　　　　　　　　　　/ 240

二、性诱监测　　　　　　　　　　　　　　　　　/ 241

三、食诱监测　　　　　　　　　　　　　　　　　/ 242

四、生殖系统分级技术　　　　　　　　　　　　　/ 243

第四节　田间调查方法　　　　　　　　　　　　　/ 247

一、卵　　　　　　　　　　　　　　　　　　　　/ 247

二、幼虫　　　　　　　　　　　　　　　　　　　/ 247

三、蛹　　　　　　　　　　　　　　　　　　　　/ 250

第五节　预测预报技术　　　　　　　　　　　　　/ 250

一、发生期预测　　　　　　　　　　　　　　　　/ 250

二、发生量预测　　　　　　　　　　　　　　　　/ 251

三、草地贪夜蛾生殖发育状态精准识别与产卵预测平台　/ 252

四、草地贪夜蛾监测与种群测报系统　　　　　　　/ 258

五、全国草地贪夜蛾发生防治信息调度平台　　　　/ 258

【参考文献】　　　　　　　　　　　　　　　　　/ 260

11　第十一章　　　　　　　　　　　　　　　　　/ 262

草地贪夜蛾化学防治技术

第一节　防治草地贪夜蛾的化学杀虫剂　　　　　　/ 262

一、美洲地区　　　　　　　　　　　　　　　　　/ 262

二、非洲地区　　　　　　　　　　　　　　　　　/ 264

三、中国　　　　　　　　　　　　　　　　　　　/ 265

第二节　杀虫剂的施用方法和施药装备　　　　　　/ 267

一、种子处理　　　　　　　　　　　　　　　　　/ 268

二、喷雾　　　　　　　　　　　　　　　　　　/ 268

三、撒施颗粒剂　　　　　　　　　　　　　　　/ 270

第三节　我国草地贪夜蛾化学防治现状和存在问题　/ 270

第四节　杀虫剂的抗药性监测方法　　　　　　　　/ 271

一、传统生物测定　　　　　　　　　　　　　/ 272

二、生物化学检测　　　　　　　　　　　　　/ 272

三、其他检测方法　　　　　　　　　　　　　/ 273

第五节　杀虫剂的抗药性治理对策　　　　　　　　/ 273

一、抗药性监测　　　　　　　　　　　　　　/ 273

二、科学合理使用化学防治技术　　　　　　　/ 273

三、与其他防治技术相结合　　　　　　　　　/ 274

【参考文献】　　　　　　　　　　　　　　　　　/ 275

12　第十二章　　　　　　　　　　　　　　　　　/ 280

草地贪夜蛾生物防治技术

第一节　生物农药　　　　　　　　　　　　　　　/ 280

一、防治草地贪夜蛾的植物源农药　　　　　　/ 281

二、防治草地贪夜蛾的微生物源农药　　　　　/ 283

第二节　天敌昆虫　　　　　　　　　　　　　　　/ 287

一、草地贪夜蛾寄生性天敌昆虫　　　　　　　/ 288

二、草地贪夜蛾捕食性天敌昆虫　　　　　　　/ 290

第三节　生物防治策略　　　　　　　　　　　　　/ 291

【参考文献】　　　　　　　　　　　　　　　　　/ 292

13　第十三章　　　　　　　　　　　　　　　　　/ 302

草地贪夜蛾转基因作物防治技术

第一节　转基因抗性作物的种植概况　　　　　　　/ 302

一、北美洲　　　　　　　　　　　　　　　　/ 302

二、南美洲　　　　　　　　　　　　　　　　/ 306

三、非洲　　　　　　　　　　　　　　　　　/ 308

四、亚洲　　　　　　　　　　　　　　　　　/ 309

第二节　Bt玉米对草地贪夜蛾的抗性效率　　　　　/ 311

一、单基因Bt玉米杀虫蛋白表达量及抗性效率　/ 312

二、多基因 Bt 玉米杀虫蛋白表达量及抗性效率　　　　　 / 316
第三节　草地贪夜蛾的抗性治理技术　　　　　　　　　　　 / 325
一、草地贪夜蛾的抗性监测法规要求及抗性监测　　　　　 / 325
二、草地贪夜蛾抗性治理技术　　　　　　　　　　　　　 / 336
三、我国转基因抗虫玉米防控草地贪夜蛾的产业化策略　　 / 342
四、我国草地贪夜蛾对转基因抗虫玉米的抗性治理技术　　 / 343
【参考文献】　　　　　　　　　　　　　　　　　　　　　 / 347

14 第十四章　　　　　　　　　　　　　　　　　　　　　　 / 354
草地贪夜蛾农业防治与辐射不育防治技术

第一节　栽培管理　　　　　　　　　　　　　　　　　　　 / 354
一、翻耕土地　　　　　　　　　　　　　　　　　　　　 / 355
二、中耕除草　　　　　　　　　　　　　　　　　　　　 / 355
三、灌水灭蛹　　　　　　　　　　　　　　　　　　　　 / 355
四、健株栽培　　　　　　　　　　　　　　　　　　　　 / 355
五、调整播种期　　　　　　　　　　　　　　　　　　　 / 356
六、人工捉虫　　　　　　　　　　　　　　　　　　　　 / 356
七、建设农田景观缓冲带　　　　　　　　　　　　　　　 / 356
八、间作套种　　　　　　　　　　　　　　　　　　　　 / 356
九、种植诱集植物　　　　　　　　　　　　　　　　　　 / 357
十、推-拉策略　　　　　　　　　　　　　　　　　　　 / 357
第二节　常规抗性品种　　　　　　　　　　　　　　　　　 / 360
第三节　辐射不育防治　　　　　　　　　　　　　　　　　 / 364
【参考文献】　　　　　　　　　　　　　　　　　　　　　 / 368

15 第十五章　　　　　　　　　　　　　　　　　　　　　　 / 372
草地贪夜蛾成虫诱杀防治技术

第一节　性诱剂诱杀　　　　　　　　　　　　　　　　　　 / 372
一、发展历程　　　　　　　　　　　　　　　　　　　　 / 373
二、防治原理　　　　　　　　　　　　　　　　　　　　 / 373
三、使用方法　　　　　　　　　　　　　　　　　　　　 / 374
四、控制效率　　　　　　　　　　　　　　　　　　　　 / 376

第二节　食诱剂诱杀 / 378

一、发展历程 / 378

二、防治原理 / 379

三、使用方法 / 380

四、控制效率 / 382

第三节　灯光诱杀 / 383

一、发展历程 / 383

二、防治原理 / 384

三、使用方法 / 385

四、控制效率 / 386

【参考文献】 / 386

16　第十六章 / 393

草地贪夜蛾区域综合治理模式

第一节　国外草地贪夜蛾的治理模式 / 393

一、以 Bt 玉米为主的美国模式 / 393

二、以 Bt 玉米 + 化学农药为主的拉美模式 / 394

三、以传统技术为主的亚非小农户治理模式 / 394

第二节　中国草地贪夜蛾的治理模式 / 395

一、国家监测预警网络平台 / 395

二、区域性治理策略 / 396

第三节　加强国际合作，构建跨国防控机制 / 399

【参考文献】 / 400

第一章

草地贪夜蛾的形态特征与为害特点

草地贪夜蛾作为入侵生物，对其形态特征和为害特征的准确识别是开展监测与控制研究工作的前提。草地贪夜蛾幼虫的典型形态特征为头部蜕裂线和前胸背板的中缝形成白色倒Y形纹；腹部第8腹节背部有4个呈正方形排列的黑色毛瘤；体色上一至三龄以淡白色、淡绿色和淡黄色为主，四至六龄多以淡黄色、棕色、灰色、黑色为主。成虫具有雌雄二型现象。雄虫典型特征为前翅顶角具有较大的白色斑纹，环形纹黄褐色，边缘内侧较浅，外侧为黑色至黑褐色，环形纹上方有1黑褐色至黑色斑纹，肾形纹灰褐色，前后各有1黄褐色斑点，后侧斑点较大，前翅翅基有1黑色斑纹。雌虫典型特征为前翅环形纹、肾形纹明显，环形纹内侧为灰褐色，边缘为黄褐色，肾形纹灰褐色夹杂黑色和白色鳞片，边缘为黄褐色，外缘线、亚缘线、中横线、内横线明显。草地贪夜蛾幼虫为典型食叶类害虫，且寄主植物广泛，不同龄期、在不同寄主植物上的为害特征具有一定差异。整体上看，草地贪夜蛾幼虫为害表现出趋嫩性，即主要取食寄主植物的幼嫩组织器官，造成叶片不规则缺刻和孔洞，钻蛀啃食繁殖器官。

第一节　分类地位

草地贪夜蛾 [*Spodoptera frugiperda*（J.E. Smith，1797）] 隶属于鳞翅目（Lepidoptera）夜蛾科（Noctuidae）灰翅夜蛾属（*Spodoptera*）（Luginbill，1928）。在其分类史上，James Edward Smith 于1797年首次记述草地贪夜蛾的形态特征以及在美国佐治亚州高粱（black and white Guinea corn，*Sorghum bicolor*）上的发生为害规律（图1-1），并将

其定名为*Phalena frugiperda* Smith and Abbot, 1797, 英文名为corn bud worm moth (Smith 和 Abbott, 1797)。1852年Guenée将草地贪夜蛾归入贪夜蛾属 (*Laphygma*) (Luginbill, 1928), 1958年贪夜蛾属 (*Laphygma*) 与灰翅夜蛾属 (*Spodoptera*) 合并为灰翅夜蛾属 (*Spodoptera*) (Zimmerman, 1958), 草地贪夜蛾学名由此变更为*Spodoptera frugiperda* (J. E. Smith, 1797), 英文名为fall armyworm (秋黏虫)。

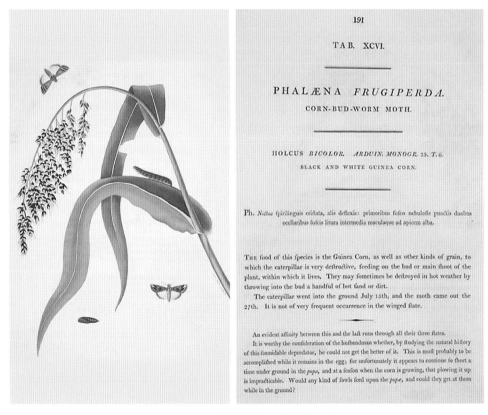

图1-1　草地贪夜蛾最早的文献记述

(引自Smith J E和Abbot J, 1797)

目前, 灰翅夜蛾属昆虫包含种类多为重大农业害虫。在我国该属昆虫主要有草地贪夜蛾、斜纹夜蛾 (*S. litura*)、甜菜夜蛾 (*S. exigua*)、灰翅夜蛾 (*S. mauritia*)、圆灰翅夜蛾 (*S. cilium*) 等。根据陈一心 (1999) 制定的国内灰翅夜蛾属昆虫种检索表及草地贪夜蛾雄虫形态特征, 制定以下灰翅夜蛾属昆虫种检索表。

国内灰翅夜蛾属昆虫种检索表

1. 雄虫触角双栉齿形 ·· 2

   雄虫触角非双栉齿形 ·· 3

2. 雄虫触角栉齿较短，鞭节末端锯齿形 ·································· 梳灰翅夜蛾（*S. pecten*）

   雄虫触角栉齿较长，鞭节末端线形 ·································· 淡剑灰翅夜蛾（*S. depravata*）

3. 雄虫触角单栉齿形 ·· 敞灰翅夜蛾（*S. apertura*）

   雄虫触角丝状 ··· 4

4. 雄虫胸部无毛簇 ·· 斜纹夜蛾（*S. litura*）

   雄虫胸部有毛簇 ··· 5

5. 成虫体型较大，翅展26～46mm ··· 6

   成虫体型较小，翅展19～25mm ·· 7

6. 成虫前翅灰褐色至棕褐色 ·· 8

   成虫前翅粉黄色，有红色斑纹 ·· 彩灰翅夜蛾（*S. picta*）

7. 成虫肾形纹黑色 ·· 圆灰翅夜蛾（*S. cilium*）

   成虫肾形纹粉黄色 ··· 甜菜夜蛾（*S. exigua*）

8. 成虫前翅翅基有黑色斑纹 ··· 草地贪夜蛾（*S. frugiperda*）

   成虫前翅翅基无黑色斑纹 ··· 灰翅夜蛾（*S. mauritia*）

第二节　形态特征

一、卵

　　草地贪夜蛾雌虫产卵方式为块产，卵粒多成层紧密排列，一般为2～3层，卵块表面覆盖有雌虫腹部的灰白色绒毛（图1-2），产卵位置多位于寄主植物叶片，正反面均有分布。初产卵块呈淡绿色，逐渐变褐，即将孵化时呈灰黑色，卵壳透明或米白色，可见内部灰色幼虫（赵胜园 等，2019）。卵粒直径约0.45mm，高约0.35mm；卵粒顶部略隆起，底部扁平，呈圆顶型；卵粒表面具有网状花纹，由顶部发散并延伸至底部，上半部花纹较清晰，下半部逐渐模糊至不可见；顶部具有1层菊花形纹饰，以6～8瓣居多；花纹的纵棱以单棱式、二岔式、三岔式自顶部向下延伸至底部；中部具有48～52条纵棱；每两条纵棱间具有横棱，形成不规则的六边形、五边形、四边形纹饰（图1-3）。

图1-2　草地贪夜蛾卵块及卵粒
A.卵块正面　B.卵块底部　C.卵块表面　D.卵粒

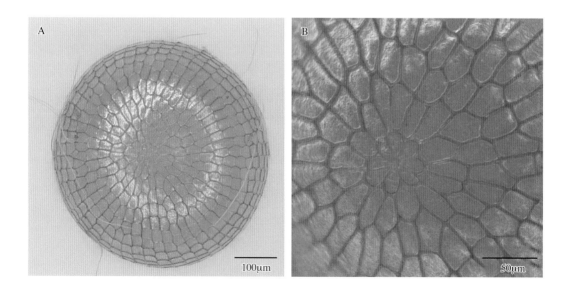

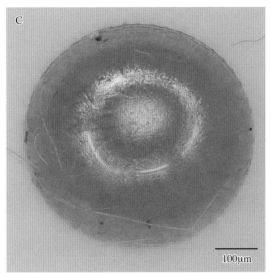
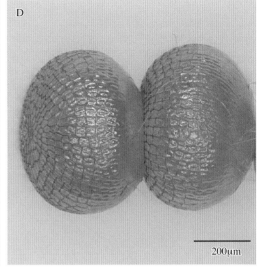

图1-3 草地贪夜蛾卵粒（品红染色处理）

A.卵粒顶部 B.卵粒顶部花冠纹饰 C.卵粒底部 D.卵粒侧面

二、幼虫

草地贪夜蛾幼虫为蠋型幼虫，体色多变，以淡绿色、橄榄绿色、褐色较为常见，体表各体线、条纹以墨绿色、红褐色、黄褐色、白色、淡黄色等有序交错形成不同颜色的纹路。头部颅侧区具有网状纹，低龄幼虫不明显。口器为咀嚼式口器，下口式，上颚发达。左右两侧颅侧区各具有单眼6个，1头幼虫共具有12个单眼，左右两侧各6个，由上至下有5个单眼呈弧形排列，近似C形，第6个位于"C"的下前方。蜕裂线白色，呈倒Y形纹。触角4节，第1～3节明显，第4节微小，着生刚毛和乳突。胸部分前胸、中胸、后胸，各1对胸足，前胸骨化较强，背面的毛瘤、毛片骨化，不明显，前胸侧面后下方各具1椭圆形气门，中胸和后胸背面毛瘤、刚毛"一"字形排列，侧面无气门。腹部共10节，第3～6腹节各有1对腹足，第10腹节着生臀足1对，腹足、臀足的趾钩均为单序横带，第1～7腹部背面的4个毛瘤和刚毛呈梯形排列，第8腹节则呈近似正方形排列，第9腹节呈倒梯形排列，第10腹节毛瘤较小，附着的刚毛呈近似正方形排列。幼虫一般有6个龄期，在形态学特征上，典型识别特征为头部白色倒Y形纹，腹部第8腹节背面的4个黑色毛瘤呈正方形排列。现将各龄幼虫主要形态特征描述如下：

1.一龄幼虫

初孵一龄幼虫体长约1mm，灰色，体壁略透明，体表各种条纹、体线不明显；头壳黑褐色或黑色，宽0.3～0.4mm，无网状纹和白色倒Y形纹，无傍额片（图1-4）；头部着生刚毛，毛序如图1-5A所示；上唇灰黑色，前缘凹陷，两侧各附着6根刚毛（图1-5B）；触角1对，第1节宽阔、粗短，第2～3节近圆柱形，第4节微小（图1-5C）；前胸盾形骨片黑色；胸足灰色至黑色，腹足灰色，第1～4腹足趾钩数一般为5～6个；臀板灰色。幼虫孵化后会取食卵壳，随风吐丝下垂，分散取食玉米幼嫩部位。随着幼虫取食，体长逐渐增加至2.5mm左右，体色随取食寄主植物的不同组织而变化，如取食玉

图1-4　草地贪夜蛾初孵一龄幼虫

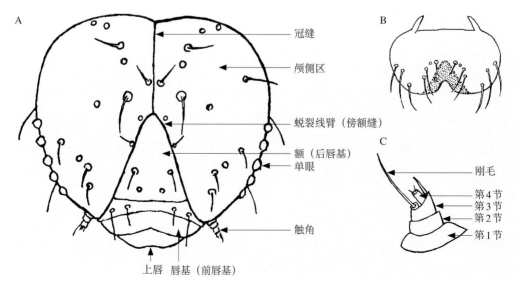

图1-5　草地贪夜蛾一龄幼虫头部示意（Luginbill，1928）

A.头部正面观　B.上唇　C.触角

米心叶的一龄幼虫多为淡黄色或黄绿色（图1-4、图1-6A）。此时自相残杀习性不明显，可聚集为害。

2.二龄幼虫

体长3～6mm，体色淡绿色；头部褐色或黑色，网状纹和白色倒Y形纹不明显，宽约0.5mm；背线、亚背线与气门线明显，均为白色或淡黄色；腹部气门线与气门上线具有红褐色斑纹，第7～9腹节较深；第1腹节气门上方和后方均有1毛瘤，上方毛瘤较大且周围有红褐色斑纹；随体长增加，前胸盾形骨片与头分离；胸足灰黑色，腹足基部为灰色，第1～4腹足趾钩数一般为8～10个，臀板灰黑色（图1-6B）。幼虫有吐丝习性，自相残杀习性不明显。

3.三龄幼虫

体长6～11mm，体色多为黄绿色或黄褐色；头壳褐色或黑色，宽约0.8mm，头部蜕裂线白色，傍额片为淡白色或淡黄色，形成明显的Y形纹；头壳左右两侧自下缘开始出现网状纹，前胸的背线、亚背线与气门线为白色，其他体节则为淡绿色或黄绿色，各线附近均有零星红褐色斑纹；腹部气门线与气门上线有红褐色斑纹；胸足灰色或黑色，腹足灰色，第1～4腹足趾钩数10～14个，臀板灰黑色（图1-6C）。前期仍有吐丝习性，表现出自相残杀习性。

4.四龄幼虫

体长12～20mm，体色橄榄绿色或褐色；头壳黑色或褐色，宽约1.2mm，头壳两侧网状纹和Y形纹明显，呈白色；背线、亚背线和气门线白色或淡黄色，气门线与气门下线之间为较淡的红褐色，气门线与亚背线之间为淡绿色并夹杂红褐色，背线与亚背线之间为灰色或灰绿色；腹部体节侧面红褐色斑纹消失；胸足黄褐色，基部灰色，第1～4腹足趾钩数11～15个，臀板灰色（图1-6D）。自相残杀习性明显。

5.五龄幼虫

体长20～35mm，体色褐色或黑色；头壳褐色或黑色，宽约2.0mm，白色Y形纹明显，头壳网状纹延伸至颅顶的冠缝；背线、亚背线和气门线为淡黄色，贯穿胸部和腹部各体节，背侧线之间为红褐色，夹杂白色和灰绿色，背侧线与气门线之间为灰绿色，夹杂白色，气门线与气门下线之间为红褐色，夹杂白色；胸足淡黄色或黄褐色，第1～4腹足趾钩数17～18个（图1-6E）。自相残杀习性明显。

6.六龄幼虫

体长35～45mm，体色多为褐色；头部褐色至黑色，网状纹覆盖头部颅侧区的大部分区域，宽约2.8mm，Y形纹明显；背线、亚背线和气门线淡黄色，背侧线之间为红褐色，夹杂白色，气门线至背侧线之间为灰绿色，夹杂红褐色和白色，气门线与气门下

图1-6　草地贪夜蛾一至六龄幼虫

A.一龄　B.二龄　C.三龄　D.四龄　E.五龄　F.六龄

线为红褐色和白色；在胸部和腹部节间，两侧腹足之间以及胸部体节背面均有排列整齐的细小黑点（图1-6F、图1-7）。自相残杀习性明显。老熟幼虫不再取食，从为害部位转移至地面表层，筑蛹室化蛹。

三、蛹

草地贪夜蛾蛹为被蛹，体长15～17mm，宽4.5～5.5mm，蛹初期头、胸部淡绿色，腹部淡白色，略泛红褐色，后逐渐变为黄棕色、红棕色至黑褐色或黑色（图1-8）。头部略向腹面倾斜，复眼、颊区颜色较深；下唇须狭长；下颚伸达前翅翅芽末端，交会于后足；前足腿节可见，前足末端伸达下颚约3/5处；中足伸达前翅翅芽末端，不及下颚；触角基部稍粗，末端细长，伸达中足末端之前；前胸背板弯曲，中胸背板稍平，前胸、中胸背面稍有棱，前胸侧面靠近中胸前缘有较大缝隙，颜色较深；前翅伸达第4腹节腹面后缘，后翅伸达第4腹节侧面前缘；腹部共10节，第1腹节无气门；第

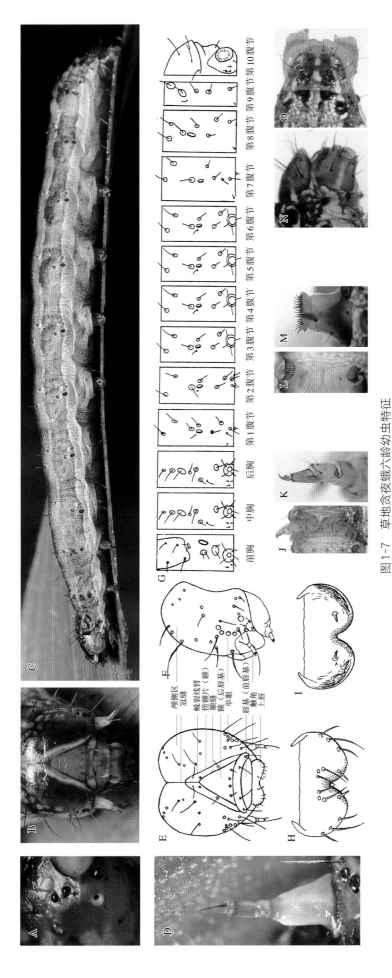

图1-7　草地贪夜蛾六龄幼虫特征

A.单眼（右侧）　B.头部　C.体表　D.触角　E.头部示意图　F.头部示意图（前面观）　G.体节及毛序示意图（侧面观）　H.上唇示意图（外侧）　I.上唇示意图（内侧）
J.胸足腹面　K.胸足侧面　L.腹足腹面　M.腹足侧面　N.第10腹节侧面　O.第10腹节背面

| 化蛹初期 | 12h 蛹 | 1d 蛹 | 3d 蛹 | 5d 蛹 | 8d 蛹 | 10d 蛹 |

图1-8 室温条件下草地贪夜蛾不同蛹期体色变化

4～7腹节前缘具细密刻点，第2～7腹节侧面气门明显，呈椭圆形，开口向后方，围气门片黑褐色或黑色，气门后方具有数个齿状突起，第8腹节两侧气门闭合；第4～6腹节可自由活动，后缘颜色较深；第8腹节、第9腹节雌、雄蛹区别较大，雌蛹的生殖孔位于第8腹节，靠近第7腹节后缘，第8～9腹节腹面后缘向前凹，形成两个"人"字形，雄蛹的生殖孔位于第9腹节，形成纵裂缝，呈明显的两个瘤状突起，可以此作为草地贪夜蛾雌、雄蛹判别的形态学依据；肛门位于第10腹节，纵向形成缝隙；腹部末端着生两根臀棘，臀棘基部较粗，分别向外侧延伸呈"八"字形，臀棘端部无倒钩或弯曲（图1-9）。

四、成虫

草地贪夜蛾雌、雄成虫形态特征差异较大，具有雌雄二型现象（图1-10）。头部、体躯、胸足和翅覆盖毛和鳞片；虹吸式口器，下口式，喙卷曲；触角丝状，一侧覆盖鳞毛，附着毛刺；复眼较大，单眼2个；胸部发达，胸节愈合，前胸具领片，中胸着生翅基片；中胸和后胸着生翅2对，翅膜质，附着鳞毛，前翅狭长，灰褐色，后翅三角形，白色，前、后翅以翅缰和翅缰钩连锁。在脉序上（图1-11A），前翅有前缘脉（C）1条、亚前缘脉（Sc）1条、径脉（R）5条、中脉（M）3条、肘脉（Cu）2条和臀脉（A）2条。其中前翅R_1脉由中室（R_1室）前缘约1/2处伸出，R_3和R_4共柄，R_2和R_{3+4}有1较短的分横脉s，与R_5形成副室（R_2室），M_1和M_2基部分离较远，M_2和M_3基部相交于中室外缘下侧，Cu_2于中室后缘约3/4处伸出，1A和2A合并。后翅Sc和R共柄，径脉分支合并，R和M_1共柄，M_2缺失，1A和2A合并，3A存在。

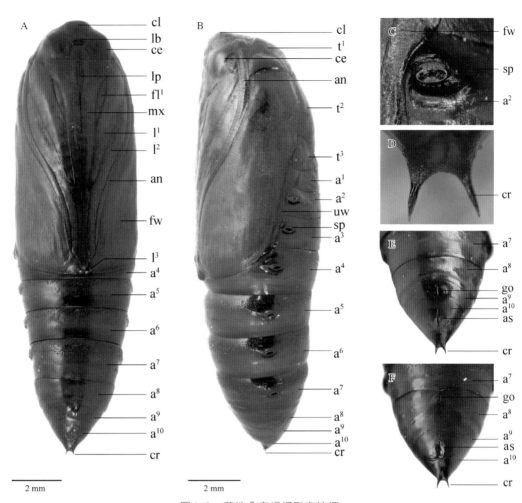

图1-9 草地贪夜蛾蛹形态特征

A.腹面观 B.侧面观 C.气门 D.臀棘 E.雄蛹腹部末端 F.雌蛹腹部末端

cl.唇基 lb.上唇 lp.下唇须 mx.下颚 ce.复眼 an.触角 a^{1-10}.第1~10腹节 t^1.前胸 t^2.中胸 t^3.后胸 l^1.前足 l^2.中足 l^3.后足 fl^1.前足腿节 cr.臀棘 fw.前翅 uw.后翅 sp.气门 go.生殖孔 as.肛门

1.雄虫形态特征

雄虫翅展32～40mm，头、胸、腹灰褐色至棕褐色。前翅狭长，后缘略凹陷，灰褐色，夹杂白色、黄褐色与黑色斑纹；环形纹、肾形纹明显，环形纹黄褐色，边缘内侧较浅，外侧为黑色至黑褐色，环形纹内侧紧邻1黑褐色至黑色斑纹；肾形纹灰褐色，肾形斑内侧（副室位置）有1明显白色楔形纹；前翅顶角处有1较大白色斑纹，为典型特征，前翅合拢状态下左右两翅顶角白斑可经白色亚缘线相连；外缘线黄褐色，颜色较浅，缘毛黑褐色，外缘线与亚缘线翅脉间有"工"字形黑色斑点；前翅翅基有黑色斑纹，前翅前缘靠近顶角处有4个黄褐色斑点；腹面观前翅外缘线内侧有三角形黑色斑

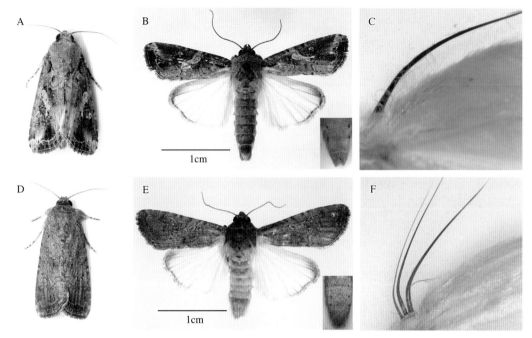

图1-10 草地贪夜蛾成虫及翅缰钩

A～C.雄虫 D～F.雌虫

点。后翅淡白色，后翅顶角处有1灰色斑纹并延伸至后缘Cu_2脉，外缘线白色，缘毛淡黄色或白色；后翅腹面观前缘内侧至顶角处为淡黄色，有黑色细小斑点，后缘灰色斑点不连续(图1-11B)。翅基片基部宽阔，端部长形，基部内侧着生有长形突起，突起的末端稍弯曲，背面着生褐色和黑色鳞毛；领片椭圆形，中部着生黑色鳞毛（图1-12A）。腹面观前胸和中胸红褐色颜色较深，且有灰黑色鳞毛，腹部为红褐色，两侧各有1排黑色斑点；腹部生殖节鳞毛较长，为黄褐色，腹面有1内陷缺口（图1-10B）。前足灰褐色，基节附着较长毛簇，胫节内侧具长毛和净角器，附节背外侧各分节具黑白相间鳞片，内侧着生小刺，中足和后足以红褐色居多，胫节分别着生1个和2个大距，腿节着生长毛簇（图1-12A）。

2.雌虫形态特征

雌虫翅展26～38mm，头、胸、腹、前翅均为灰褐色。前翅狭长；环形纹、肾形纹明显，环形纹内侧为灰褐色，边缘为黄褐色；肾形纹灰褐色夹杂黑和白色鳞片，边缘为黄褐色，不连续；外缘线、亚缘线、中横线、内横线明显；外缘线黄白色，亚缘线白色，中横线黑色波浪状，内横线黑褐色；顶角处靠近前缘有1白色斑，较雄虫小且不明显；前缘至顶角处有4个黄褐色斑点；前翅缘毛灰黑色。后翅为淡白色，顶角处有1灰色斑纹并延伸至后缘Cu_2脉处；后翅外缘线白色，缘毛黄白色（图1-11C）。腹面观

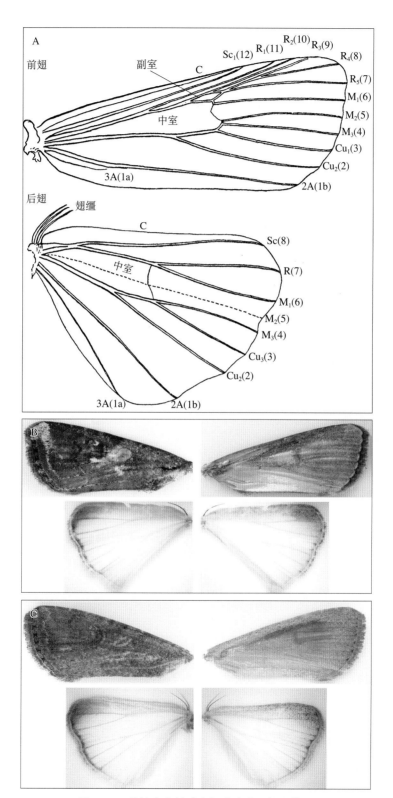

图1-11 草地贪夜蛾成虫翅脉脉序及翅面特征

A.脉序模式图 B.雄虫翅面 C.雌虫翅面

前翅外缘线白色，内侧有不连续三角形黑斑，后翅外缘线白色，内侧有不连续黑色斑（图1-11C）。翅基片基部宽阔，端部长形，较雄虫窄，基部内侧着生有长形突起，突起的末端稍弯曲，背面着生灰色和褐色鳞毛，较雄虫颜色稍浅；领片椭圆形，中部着生黑色鳞毛（图1-12B）。腹面观前胸、中胸鳞毛红褐色，颜色较浅，腹部为红褐色，较雄虫颜色浅，两侧有4个黑色斑点，腹部末节鳞毛较雄虫短，鳞毛缺口不明显（图1-10E）。前足灰褐色，基节附着较长毛簇，胫节内侧具长毛和净角器，附节背外侧各分节具黑白相间鳞片，内侧着生小刺，中足和后足灰色，胫节分别着生1个和2个大距，腿节着生长毛簇（图1-12B）。

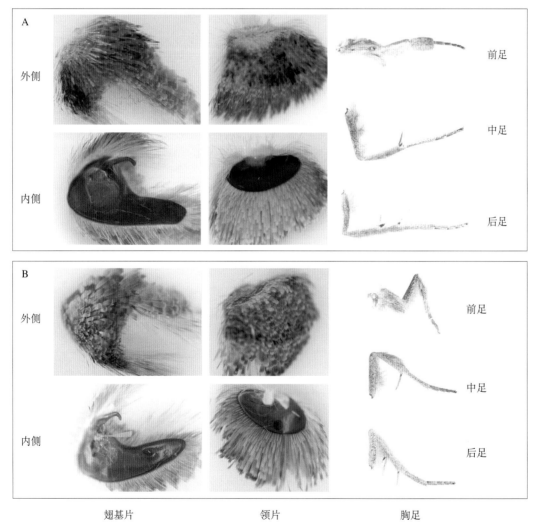

图1-12　草地贪夜蛾翅基片、领片、胸足特征

A.雄虫　B.雌虫

3.外生殖器特征

草地贪夜蛾雄虫外生殖器主要由爪形突、背兜、基腹弧、抱握瓣、阳茎基环、阳茎等部分组成（图1-13）。爪形突钩状，较细长，末端很尖；背兜端部较基部稍宽；基腹弧较宽，呈U形，基部稍向后凸起；抱器瓣由抱器腹、抱器背、抱器内突组成；抱器瓣近似长方形，基部近似平行，抱器腹外缘附着刚毛，且向后延伸，呈弧形，明显宽于基部；抱器内突基部平行，中部至端部收缩成骨针；抱器背基部具有抱器背突，呈细长杆状，基部弯曲，端部附着细密瘤状突起和短毛；抱器瘤状突呈粗短的圆柱形，端部有细密瘤状突起和长毛；抱器端具钩状突起，并附着数根长刚毛；阳端基环呈长舌形；抱握器具有尾香毛簇1对；阳茎筒形，阳茎外膜具有明显网状褶皱，阳茎端膜有1个骨化区和1个毛丛区。雌虫外生殖器主要包括肛突、前生殖突、后生殖突、囊孔腹板、囊导管、交配囊、交配附囊等。肛突呈圆筒形，附着刚毛；后生殖突较长，约为前生殖突的3倍；交配囊腹板长大于宽，长约为宽的2倍；交配囊导管较短，略呈弧形，红褐色；附囊漏斗形，连接交配囊和囊导管；交配囊近似扁球形，密布条纹，呈膜质，白色，囊突较小，呈淡褐色，位于交配囊中下部、附囊的正上方。

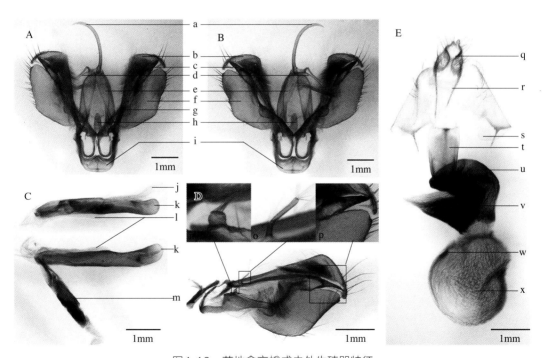

图1-13 草地贪夜蛾成虫外生殖器特征

A.雄虫外生殖器背面观 B.雄虫外生殖器腹面观 C.阳茎 D.抱握瓣 E.雌虫外生殖器

a.爪形突 b.抱器端 c、p.抱器内突 d.肛突 e.背兜 f.抱器腹 g.抱器背 h.阳端基环

i.基弧腹 j.输精管 k.阳茎盲囊 l.阳茎外膜 m.角状器 n.抱器瘤状突 o.抱器背突 q.肛突

r.后生殖突 s.前生殖突 t.囊孔腹板 u.囊导管 v.交配附囊 w.囊片 x.交配囊

第三节 为害寄主植物症状特点

草地贪夜蛾为典型食叶类杂食性害虫，其为害寄主植物广泛，可取食76科350多种植物，为害80多种农作物（Montezano et al.，2018）。在我国，草地贪夜蛾已发现为害寄主植物玉米（杨学礼 等，2019；姜玉英 等，2019）、甘蔗（刘杰 等，2019）、高粱（顾偌铖 等，2019）、谷子（吴孔明 等，2020）、小麦（杨现明 等，2020a）、大麦（杨现明 等，2020b）、薏苡（邹春华 等，2019）、花生（何莉梅 等，2020）、大豆（郭井菲 等，2022）、莪术（唐雪 等，2022）、生姜（范俊珺 等，2021）、马铃薯（赵猛 等，2019）、辣椒（吴孔明 等，2020）、莲藕（周利琳 等，2022）、甘蓝（刘银泉 等，2019）等作物，以及皇竹草、马唐、牛筋草、苏丹草等禾本科杂草（吴孔明 等，2020）。草地贪夜蛾幼虫取食具有趋嫩性，喜欢取食寄主植物的幼嫩组织和器官，如嫩叶、生长点、叶鞘、繁殖器官，嗜好取食禾本科植物，如玉米、高粱、小麦、大麦等。低龄幼虫往往造成叶片缺刻、"开天窗"等症状，高龄幼虫具有暴食性，可大量啃食植物组织，甚至钻蛀繁殖器官，直接造成作物的经济损失。

一、玉米

在玉米（*Zea mays* L.）上，草地贪夜蛾可自苗期至穗期为害叶片、茎基部、雄穗以及果穗。玉米苗期至大喇叭口期，草地贪夜蛾卵块主要产于喇叭口周围的叶片上（图1-14），初孵幼虫相对聚集为害幼嫩叶片和心叶，一至三龄幼虫可啃食玉米叶片，造成"开天窗"（图1-15），四龄以上具有暴食性，可直接啃食叶片，造成玉米叶片大型孔洞，钻蛀喇叭芯后，随着玉米叶片伸展，叶片上形成典型成排孔洞，并散落碎屑状粪便（图1-16），为草地贪夜蛾在玉米上的典型为害特征。苗期和喇叭口期玉米在高龄幼虫持续高密度条件下，可造成绝苗，并影响拔节和抽雄（图1-17）。玉米苗期，干旱条件下，草地贪夜蛾高龄幼虫还可以钻蛀根茎为害，啃食茎基和根系，造成玉米枯心苗（图1-18）。玉米抽雄期至穗期，玉米的雄穗、果穗、顶部幼嫩叶片和叶鞘是草地贪夜蛾的主要为害部位，一至三龄幼虫多在雄穗、花丝、叶鞘处为害，三至六龄幼虫多啃食雄穗和钻蛀果穗。在玉米雄穗上，多为二龄以上幼虫为害，主要为害幼嫩小穗和分枝，三龄以上幼虫可咬断雄穗分枝，影响雄穗正常抽雄和散粉（图1-19）。在玉米果穗上，低龄幼虫可通过啃食花丝向果穗内钻蛀籽粒和穗轴，三龄以上幼虫可从果穗不同部位钻蛀

图1-14　草地贪夜蛾产于玉米喇叭口周围的卵块

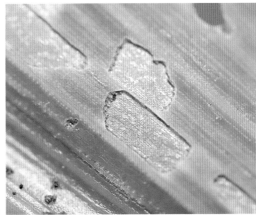

图1-15　草地贪夜蛾低龄幼虫取食叶片造成"开天窗"

图1-16　玉米喇叭口期草地贪夜蛾高龄幼虫典型为害特征

A.钻蛀心叶，造成孔洞、溃烂　B.整株叶片不规则孔洞，散落虫粪　C.叶片上成排的大型孔洞

图1-17　草地贪夜蛾高密度虫口条件下的受害玉米

A、B.苗期至拔节期　C.大喇叭口期　D.抽雄吐丝期

图1-18　草地贪夜蛾高龄幼虫钻蛀茎基部造成枯心苗

A.枯心苗症状　B.六龄幼虫啃食茎基部

图1-19　草地贪夜蛾为害生殖生长期玉米

A、B.啃食雄穗　C.啃食花丝　D.穗尖化蛹　E、F.钻蛀果穗

果穗啃食籽粒，直至老熟幼虫或化蛹。草地贪夜蛾幼虫对果穗的为害不仅造成直接的产量损失，同时间接造成霉变。

二、甘蔗与高粱

草地贪夜蛾在高粱（*S. bicolor*）、甘蔗（*Saccharum officinarum*）等作物上的为害症状与玉米类似，不同之处在于草地贪夜蛾主要为害苗期的高粱和甘蔗。以甘蔗为例，草地贪夜蛾在幼苗期的甘蔗上将卵块产于心叶周边的叶片上，一至三龄幼虫仅可叮咬或啃食叶表皮和叶肉，不造成穿孔，四龄以上幼虫可在甘蔗心叶处钻蛀为害，造成叶片不规则穿孔和典型的成排孔洞（图1-20）。

三、麦类作物

在小麦（*Triticum aestivum* L.）、大麦（*Hordeum vulgare* L.）、荞麦（*Fagopyrum esculentum* Moench）、谷子（*Setaria italica* L. P. Beauv）等谷类作物上，草地贪夜蛾的为害可发生于各个生育期，主要为害叶片和麦穗，在分布型上，低龄幼虫呈聚集为害，高龄幼虫呈均匀分布（杨现明 等，2020a，2020b）。在苗期至分蘖期，一至三龄幼虫主要藏匿于心叶中啃食叶片，造成不规则半透明窗孔和孔洞，影响麦类作物分蘖，高龄幼虫则可大量啃食地上部分，虫口密度高时可造成缺苗断垄。在抽穗灌浆期，主要以三龄以上幼虫为害较为普遍，主要取食幼嫩麦穗，直接造成麦类作物减产（图1-21）。

图1-20　草地贪夜蛾为害甘蔗

A.卵块　B.二龄幼虫啃食心叶　C.三龄幼虫造成"开天窗"　D.四龄幼虫造成孔洞

E.五至六龄幼虫钻蛀心叶　F.叶片上的成排孔洞

图1-21 草地贪夜蛾为害小麦

A.苗期为害特征　B.高密度虫口为害导致大面积缺苗　C.叶片为害特征　D～F.穗期为害特征

四、油料作物

在花生（*Arachis hypogaea* Linn.）和大豆 [*Glycine max*（Linn.）Merr.] 上，草地贪夜蛾幼虫主要为害顶端生长点，造成叶片卷曲，也可为害幼嫩叶片的表皮和叶肉，造成半透明窗孔，高龄幼虫可啃食叶片，造成不规则缺刻或孔洞（图1-22）。

图1-22　草地贪夜蛾为害花生和大豆

A.产于花生叶片的卵块　B.五龄幼虫啃食花生叶片　C.花生叶片受害症状　D.三龄幼虫为害大豆嫩叶
E.大豆叶片受害症状　F.产于大豆叶片的卵块

五、杂草

草地贪夜蛾可为害多种禾本科杂草及阔叶杂草，如牛筋草［*Eleusine indica*（L.）Gaertn.］、马唐［*Digitaria sanguinalis*（L.）Scop.］、狗尾草（*Setaria viridis*）、稗（*Echinochloa crusgalli*）、狗牙根［*Cynodon dactylon*（L.）Pers.］、皇竹草（*Pennisetum sinese* Roxb）、

图1-23　草地贪夜蛾为害杂草

A～D.牛筋草　E.莎草　F.马唐　G.皇竹草　H.芒草

藜（*Chenopodium album* L.）、马齿苋（*Portulaca oleracea* L.）、鸭跖草（*Commelina communis* L.）、芒草（*Miscanthus* sp.）等。草地贪夜蛾在禾本科杂草上的为害特征与麦类作物较为相似（图1-23）。以牛筋草为例，草地贪夜蛾可在牛筋草全生育时期进行为害，主要为害幼嫩组织，一至三龄幼虫藏匿于分蘖节以及分蘖枝的叶鞘、叶背、生长点处为害，造成缺刻和小型孔洞，四至六龄幼虫则大量啃食叶片组织或繁殖器官，造成叶片的大型孔洞，使繁殖器官脱落。草地贪夜蛾在阔叶杂草上的为害特征与大豆类似，主要取食幼嫩组织器官，造成缺刻和孔洞，同时为害繁殖器官花和嫩穗。

【参考文献】

陈一心，1999.中国动物志 昆虫纲:第十六卷 鳞翅目 夜蛾科.北京:科学出版社.

范俊珺，梁兴格，张全财，等，2021.草地贪夜蛾危害生姜情况调查与监测.云南农业科技(1): 47-48.

顾偌铖，唐运林，吴燕燕，等，2019.重庆地区取食高粱的草地贪夜蛾与玉米黏虫肠道细菌比较.西南大学学报(自然科学版), 41(8): 6-13.

郭井菲，韩海亮，何康来，等，2022.草地贪夜蛾在玉米单作及玉米—大豆间作田的扩散规律.植物保护，48(1): 110-115.

何莉梅，赵胜园，吴孔明，2020.草地贪夜蛾取食为害花生的研究.植物保护，46(1): 28-33.

姜玉英，刘杰，朱晓明，等，2019.草地贪夜蛾侵入我国的发生动态和未来趋势分析.中国植保导刊，39(2): 33-35.

刘杰，姜玉英，李虎，等，2019.草地贪夜蛾为害甘蔗初报.中国植保导刊，39(6): 35-36, 66.

刘银泉，王雪倩，钟宇巍，2019.草地贪夜蛾在浙江为害甘蓝.植物保护，45(6): 90-91.

孙小旭，赵胜园，靳明辉，等，2019.玉米田草地贪夜蛾幼虫的空间分布型与抽样技术.植物保护，45(2): 13-18.

唐雪，吕宝乾，李益，等，2022.海南省草地贪夜蛾取食为害温栽术的研究.中国植保导刊，42(2): 20-24.

吴孔明，杨现明，赵胜园，等，2020.草地贪夜蛾防控手册.北京:中国农业科学技术出版社.

杨现明，孙小旭，赵胜园，等，2020a.小麦田草地贪夜蛾的发生为害、空间分布与抽样技术.植物保护，46(1): 10-16, 23.

杨现明，赵胜园，姜玉英，等，2020b.大麦田草地贪夜蛾的发生为害及抽样技术.植物保护，46(2): 18-23.

杨学礼，刘永昌，罗茗钟，等，2019.云南省江城县首次发现迁入我国西南地区的草地贪夜蛾.云南农业(1): 72.

赵猛，杨建国，王振营，等，2019.山东发现草地贪夜蛾为害马铃薯.植物保护，45(6): 84-86, 97.

赵胜园，罗倩明，孙小旭，等，2019.草地贪夜蛾与斜纹夜蛾的形态特征和生物学习性比较.中国植保导刊，39(5): 26-35.

周利琳，蔡翔，杨绍丽，等，2022.湖北武汉发现草地贪夜蛾为害莲藕初报.中国蔬菜(1): 114-117.

邹春华, 杨俊杰, 2019. 草地贪夜蛾为害薏苡. 中国植保导刊, 39(8): 47.

Davis F M, Williams W P, 1992. Visual rating scales for screening whorl-stage corn for resistance to fall armyworm. Mississippi Agricultural & Forestry Experiment Station, Technical Bulletin 186. Starkville: Mississippi State University.

Luginbill P, 1928. The fall army worm. USDA Technical Bulletin 34. Washington D C: USDA.

Montezano D G, Specht A, Sosa-Gómez, et al., 2018. Host plants of *Spodoptera frugiperda* (Lepidoptera: Noctuidae) in the Americas. African Entomology, 26(2): 286-301.

Prasanna B M, Huesing J E, Eddy R, et al., 2018. Fall armyworm in Africa: A guide for integrated pest management. Mexico City: CIMMYT.

Smith J E, Abbot J, 1797. The natural history of the rarer lepidopterous insects of Georgia. Vol 2. London: Missouri Botanical Garden Press.

Zimmerman E C, 1958. Insects of Hawaii. Volume 7, Macrolepidoptera. Hawaii: University of Hawaii Press.

第二章

草地贪夜蛾的地理分布与入侵路径

　　草地贪夜蛾原生于美洲热带和亚热带地区，由于缺乏滞育特性而无法抵御严寒，是典型的热带物种。但是，得益于其自身很强的飞行能力，草地贪夜蛾可通过远距离迁飞来躲避不良环境、寻找食物来源和开辟新的栖息地，以保证种群的续存。草地贪夜蛾已入侵非洲、亚洲和大洋洲，全球粮食安全生产面临着长期性威胁，明确草地贪夜蛾的全球地理分布和入侵路径对掌握其来龙去脉和种群动态规律具有重要的意义，从而进一步指导科学防控。

第一节　美洲原生地的发生为害

一、北美洲

　　关于草地贪夜蛾在北美洲地理分布的系统阐述可以追溯到1915年（Hinds和Dew，1915）。草地贪夜蛾可在西半球的热带和亚热带地区越冬。在北美洲地区，周年繁殖的种群仅限存活在美国佛罗里达州南部和得克萨斯州南部的少部分地区，一般在北纬28°—29°以南（Garcia et al.，2018）。然而，草地贪夜蛾的存活率可随着年际间温度的波动而改变，在温暖的冬季，草地贪夜蛾可在佛罗里达州的大部分地区、得克萨斯州南部以及墨西哥湾沿岸、路易斯安那州南部越冬。据记载，草地贪夜蛾在一些年份甚至可在美国西部的亚利桑那州盐河谷地区越冬（Snow和Copeland，1969）。每年春季伊始，草地贪夜蛾从周年繁殖区和越冬区向北迁徙扩散，4—5月大致分布在北纬30°—33°，5月末到6月分布在北纬33°—36°，6月末到7月分布在北纬36°—39°，7月末到8月分布在北纬39°—43°，更北的可达美国最北界，在秋季便陆续开始往南回迁（Pair et al.，1986；1987）。此外，草地贪夜蛾还可以在春、秋季经由墨西哥湾完成北美洲与中美洲（如古巴、墨西哥的尤卡坦州）的跨海往返迁飞活动（Johnson，1987；Mitchell et al.，1991；Westbrook 和 Sparks，1986；Wolf et al.，1986）。

草地贪夜蛾存在两种不同的生态型品系，差异主要体现在对寄主作物的偏好选择上（Pashley et al.，1985；Dumas et al.，2015）。一类是喜食玉米、棉花、高粱等作物的"玉米型"，另一类是偏好取食水稻和不同牧草的"水稻型"。每年春季草地贪夜蛾得克萨斯州种群主要沿着阿巴拉契亚山脉以西逐代向北迁飞；佛罗里达州种群则更大部分在大西洋沿岸蔓延为害（Westbrook et al.，2016）。更详细地说，从得克萨斯州迁出的种群，一支向北迁徙进入俄克拉荷马州；另一支则从得克萨斯州南部向东北进军，并沿着滨海平原进入密西西比河和俄亥俄河流域。佛罗里达南部的种群可在6月迁入佐治亚州，并继续在阿巴拉契亚山脉以东北进，在7月可达南卡罗来纳州，然后继续向太平洋沿岸扩散。尽管得克萨斯州和佛罗里达州的两大种群均可乘风向北"覆瓦式"迁徙，但是在其迁飞过程中，两个种群也仅限在阿拉巴马州—佐治亚州东南部和宾夕法尼亚州—大西洋中部地区的东海岸形成混合种群。草地贪夜蛾最早在南风盛行的夏末便可迁入加拿大安大略省以及魁北克地区。在加拿大，草地贪夜蛾一般早在7月中下旬开始陆续出现，9月可能会迎来几百头的诱虫高峰，但是加拿大的草地贪夜蛾往往只可繁殖两代，夏季发生区域也只局限于加拿大的温带地区（Hogg et al.，1982；Mitchell et al.，1991）。

草地贪夜蛾可为害350余种植物，适生区十分广泛（Montezano et al.，2018），但是它在原生地的暴发并无规律可言。1797年草地贪夜蛾在美国佐治亚州暴发，这是最早记录的大发生事件（Smith 和 Abbot，1797）；1855年，佛罗里达州也出现草地贪夜蛾大规模为害（Glover，1856）。1856—1928年之间，草地贪夜蛾便接二连三暴发：1870年密苏里州和伊利诺伊州的玉米产业惨遭巨大损失；1899年北卡罗来纳州西部到堪萨斯州和密苏里州一带同期突发，表明草地贪夜蛾的发生面积在不断扩大（Luginbill，1928）；1912年美国见虫较往年偏早，进入夏季草地贪夜蛾便为害了落基山脉整个东部地区，部分地区的玉米和谷子几乎绝产，棉花等作物生产受到重击，牧草以及城区的草坪也损失惨重（Walton，1936）。1912年之后，草地贪夜蛾成为威胁美国农业生产的重大害虫之一，但是它的频频暴发却一直没有得到有效控制。此后，如1975—1977年草地贪夜蛾连续3年在美国东南部以及大西洋沿岸肆虐为害，其中，1977年最为严重，当年造成佐治亚州1.37亿美元的经济损失（Sparks，1979）。

除了北美洲地区，草地贪夜蛾在墨西哥和巴拿马等美洲中部均有分布，东至加勒比海盆地（McGuire 和 Crandall，1967；Ashley，1979；Johnson，1987；Nagoshi et al.，2017）。在整个墨西哥农业区，草地贪夜蛾周年发生，但受害最严重的属热带的南部和东部地区（Johnson，1987）。布置在波多黎各、维尔京群岛和瓜达卢佩岛的性诱捕器下全年可查见草地贪夜蛾（Nagoshi et al.，2010）。草地贪夜蛾种群数量在墨西哥西北部有明显的季节性规律，即每年6—11月诱捕到的数量明显比12月到翌年5月偏多（Manrique et al.，1979）；在塔毛利帕斯7月和10月草地贪夜蛾为害最重，6月和8月相对较轻，而4月和5月几乎不为害。在危地马拉，草地贪夜蛾主要分布在海拔高度1 500m以下的地区。在巴拿马，每年5—6月雨季之始，草地贪夜蛾是水稻和牧草上最主要的害虫，在旱季，玉米是其主要寄主作物，除此之外，高粱、甘蔗、大豆、花生、马铃薯、南瓜、甘蓝、菠菜、苜蓿、烟草和棉花等都是草地贪夜蛾的寄主植物（Andrews，1988）。在位于中美洲中部的尼加拉瓜（其北接洪都拉斯，南连哥斯达黎加，东临加勒比海，西濒太平洋），草地贪夜蛾幼虫主要为害第二季玉米和高粱（8月或9月种植），并且为害明显重于第一季（5—6月种植，正逢雨季开始）。在旱季，寄主作物是决定草地贪夜蛾种群存活的关键（Huis，1981），例如，在尼加拉瓜草地贪夜蛾可以转移为害棉花，人工灌溉的玉米田块幼虫数量也相对较大。位于太平洋和加勒比海之间的洪都拉斯全年可见虫（Passoa，1983）。

二、南美洲

在巴西南部的南里奥格兰德州，每年12月到翌年4月草地贪夜蛾在玉米田间常态发生（Maia，1978），黑光灯下蛾峰集中出现在每年的2—4月（Silveira et al.，1979）；在巴西东南部的皮拉西卡巴，草地贪夜蛾种群数量在10月到翌年2月最高，主要原因是在此期间温度适宜且该地区玉米处于生长盛期（Ashley et al.，1989）；在圣保罗州，草地贪夜蛾常年普遍发生，且每年11月到翌年3月种群数量最高（Lara和Silveira，1977）。

在委内瑞拉，在11月至翌年4月旱季期间，灯下很少会出现草地贪夜蛾，但在6、7月雨季开始的时候，诱蛾数量激增（Doreste，1975）。此外，在比较干旱的年份蛾峰会推迟，直到8月才出现，因此降雨是影响草地贪夜蛾种群数量的关键因素之一（Clavijo，1981）。

南美洲北海岸的法属圭亚那受热带海洋气候的影响，全年可查见草地贪夜蛾发生为害，成（幼）虫峰往往发生在1月和7月前后（Silvain，1986）。

草地贪夜蛾在南美洲分布的南界达阿根廷和智利北部。在阿根廷东北部，草地贪夜蛾造成的产量损失一般在17%～72%（Perdiguero et al.，1967）；在阿根廷西北部，每年最早在9月末早播玉米田中查见幼虫，而且幼虫数量与玉米生育期密切相关（Murúa et al.，2006）。此外，温度、光周期可以调控草地贪夜蛾幼虫生长、代谢、食物消耗速度和成虫寿命长短及繁殖能力，且雨季的种群数量显著高于旱季。在智利，苜蓿上的草地贪夜蛾可终年发生（Machuca et al.，1989）。

第二节　入侵扩散路径与定殖为害情况

2016年，草地贪夜蛾首次入侵西非后便迅速扩散至撒哈拉沙漠以南的非洲各国（Goergen et al.，2016）。亚洲于2018年5月首先在也门和印度发生，随后向东部其他国家扩散（刘杰 等，2020）。截至2020年年初，草地贪夜蛾仅用两年时间便完成了对非洲、亚洲和大洋洲的入侵（图2-1）。

一、非洲

据联合国粮食及农业组织（Food and Agriculture Organization of the United Nations，FAO）统计，2016年1月至2018年10月，除了地处非洲东北部亚丁湾西岸的吉布提和位于非洲东南部的莱索托，撒哈拉沙漠以南的44个非洲国家全部证实了草地贪夜蛾的入侵。草地贪夜蛾在非洲大陆的迅速扩散可以归因于其自身强大的飞行能力（Nagoshi et al.，2018）。但是这种从美洲跨海入侵到非洲的现象很难用自然飞行来解释。一些学者认为草地贪夜蛾的潜在传播途径可能包括：①靠风力携载作用进行远距离飞行；②贸易货物的夹带；③通过飞机等交通运输工具进行传播。仅仅依赖风力辅助的迁飞可能不足以保障草地贪夜蛾横跨大西洋，因此频繁往返于各个国家的交通运输工具起到了一定作用（Cock et al.，2017）。

2017年，草地贪夜蛾就已经入侵包括马达加斯加在内的印度洋岛屿，撒哈拉沙漠以南的非洲国家几乎所有适合其定殖的地区都受到了危害（Early et al.，2018）。虽然撒哈拉沙漠形成了这一害虫在非洲向北蔓延的天然阻隔，但是在2019年5月30日埃及农业部农药委员会（APC）报道，考姆翁布镇的一个村庄发现了第一例发生在玉米田的草地贪夜蛾。

在埃及，只有中部和北部地区是草地贪夜蛾中度适生区，而其在南部生存的可能性很低（Day et al.，2017）。入侵埃及的草地贪夜蛾虫源种群来自赞比亚和苏丹（Heinrichs et al.，2018）。草地贪夜蛾进入埃及的途径主要包括：①自然扩散；②旅游传带；③贸易传带。据推断，入侵埃及的草地贪夜蛾种群的自然扩散路线可能有两种：一是苏丹虫

图 2-1　草地贪夜蛾在全球入侵情况

源沿着尼罗河流域直驱北上进入埃及；二是草地贪夜蛾成虫从赞比亚迁出后，横跨曼巴海峡进入也门，最后入侵埃及北部。

自草地贪夜蛾入侵非洲地区以来，已给玉米产业造成重大损失。截至2017年上半年，在非洲国家不采取防治措施的条件下，草地贪夜蛾会造成年玉米产量下降21%～51%，约24.8亿～61.9亿美元的经济损失（Abrahams et al.，2017）。其中，赞比亚受灾面积22.3万hm²，占玉米总种植面积的20%；肯尼亚受灾面积25万hm²，占玉米总种植面积的12.5%；卢旺达受灾面积20.6万hm²，占玉米总种植面积的32%；乌干达受灾面积98万hm²，占玉米总种植面积的75%；津巴布韦受灾面积13万hm²，占玉米总种植面积的10%；马拉维受灾面积13.8万hm²，占玉米总种植面积的8.9%；埃塞俄比亚受灾面积50万hm²，占玉米总种植面积的25%。根据国际应用生物科学中心（CABI）2018年10月的报告，在加纳和赞比亚的农户调查中，约98%的草地贪夜蛾为害玉米植株，2%～4%发生在象草、高粱或谷子上。此外，在赞比亚，32%～48%的草地贪夜蛾发生率可导致12%的玉米产量损失。2018年，加纳报告的玉米平均损失为26.6%，赞比亚为35%，不过这远远低于2017年的数据（Rwomushana et al.，2018）。通过进一步估算，加纳玉米的年经济损失约为1.77亿美元，赞比亚为1.59亿美元。

二、亚洲

草地贪夜蛾于2018年5月由非洲跨越曼德海峡入侵亚洲也门，随后东进入侵印度和孟加拉国，并已确认入侵泰国、斯里兰卡、老挝、缅甸等国，对亚洲粮食生产构成了巨大威胁。

1.南亚

2018年5月，草地贪夜蛾入侵印度卡纳塔克邦（Nakweta，2018），10月扩散至泰米尔纳德邦、特伦甘纳邦、安得拉邦和西孟加拉邦地区。根据印度农业研究委员会（Indian Council of Agricultural Research，ICAR）国家农业昆虫资源局（National Bureau of Agricultural Insect Resources，NBAIR）团队于2018年7月的调查，报道卡纳塔克邦吉格伯拉布尔70%的玉米田都受到草地贪夜蛾为害。

在斯里兰卡，草地贪夜蛾的首次发现时间在2018年8月（Perera et al.，2019），该虫入侵后迅速扩散，截至2019年1月，斯里兰卡全境内均有发生。玉米是斯里兰卡第二重要的谷类作物，主要在雨季（10月至翌年1月）种植，其中，杂交玉米种植面积占95%，单位面积产量约3.8t/hm²。2019年雨季玉米种植面积为8.8万hm²，草地贪夜蛾发生面积占玉米种植面积的49%（约4.4万hm²），造成产量损失在10%以下；在旱季（5—

8月），玉米集中种植在斯里兰卡具有灌溉条件的中北部和东南部地区，种植面积仅为6 055hm²，草地贪夜蛾造成的产量损失在5%以下（刘杰 等，2020）。在斯里兰卡，乌沃省、中北省和东部省是受害最为严重的地区，受害面积分别为3.1万hm²、1.2万hm²和1.1万hm²，分别占各省玉米种植面积的73%、81.6%和58.3%。根据斯里兰卡农业部的实地调查，除玉米外，在甘蔗、番茄、甘蓝和红豆上均有草地贪夜蛾为害（Perera et al.，2019）。

2018年11月，孟加拉国农业研究所（Bangladesh Agriculture Research Institute，BARI）报道，在甘蓝上首次发现了草地贪夜蛾为害（Palma，2018）。据统计，2019年草地贪夜蛾在孟加拉国22个地区发生，孟加拉国玉米种植面积50万hm²，被害株率一般为0.5%～2.0%，局部地区高达18%～32.25%，平均产量损失在25%左右（刘杰 等，2020）。

尼泊尔农业研究委员会（Nepal Agriculture Research Council，NARC）于2019年5月首次报道了草地贪夜蛾在玉米上的发生情况，短短数月内，草地贪夜蛾在尼泊尔内德赖平原中部和丘陵地区相继发生为害（Bhusal和Bhattarai，2019）。

2019年3月，在巴基斯坦信德省大多数玉米种植区均证实了草地贪夜蛾的发生（Gilal et al.，2020）。

2.东南亚

2018年12月，缅甸玉米田发现草地贪夜蛾高龄幼虫，到年底已在10个邦（区）为害，发生面积约14.5万hm²。草地贪夜蛾主要在缅甸西南部地区发生。据统计，在2019年雨季（5—10月），缅甸玉米种植面积约50万hm²，草地贪夜蛾发生面积为7 650hm²，与我国云南毗邻的掸邦普遍发生，发生面积占雨季总发生面积的70%，其次是实皆省、克钦邦等（刘杰 等，2020）。

泰国玉米种植面积107万hm²，其中北部种植面积占67.5%，中北部占21.6%，中部占10.9%，98%为"望天田"（即旱地雨养种植）。2018年12月，泰国首次发现草地贪夜蛾入侵为害，2019年草地贪夜蛾在泰国境内50个玉米种植府发生，其中泰国西部邻近缅甸的6个府发生最为严重，部分玉米田块被害株率达100%。2019年泰国因草地贪夜蛾造成的玉米产量损失一般达25%～40%，经济损失为1.3亿～2.6亿美元，每公顷防治成本增加40～80美元，据统计，该年总防治成本增加2 600万～5 200万美元（刘杰 等，2020）。

在越南，1年可种植3季玉米。全国玉米种植面积为22.1万hm²，主要分布在北部，占比为42%。2019年3月，越南首次见虫，当年全国发生面积约2.3万hm²，其中重发面积4 181.4hm²，越南中南部、中部高地及北部为主要受灾区（刘杰 等，2020）。

在印度尼西亚，玉米是仅次于水稻的第二大农作物，种植面积达310万hm²，且多为小农户种植。2019年3月，印度尼西首次发现草地贪夜蛾幼虫为害玉米，截至2019年10月，已有25个省发生，玉米田发生面积达9 954hm²。集中受害区在中西部，其中，以南苏拉威西省发生最重（刘杰 等，2020）。

束埔寨于2019年6月证实草地贪夜蛾在该国4个省份发生，全年共计受害面积为1.1万hm²（刘杰 等，2020）。

3. 东亚

在韩国，1年可种植两季玉米，玉米种植面积为1.5万hm²，常年在4月10日开始播种，生长时期集中在4—10月。2019年6月13日，济州岛首次发现了草地贪夜蛾发生为害，玉米受害株率为5%，田间以二至三龄幼虫为主。截至9月30日，草地贪夜蛾在8个道31个市郡的61个地块发生，受害作物包括玉米、高粱和苏丹草，总发生面积50.6hm²，其中59个受害地块为玉米田，且忠清南道发生面积占当年总发生面积的58.7%（刘杰 等，2020）。

日本于2019年7月3日在九州岛鹿儿岛县首先发现草地贪夜蛾。当年日本共有20个受灾地点，主要集中在日本南部和中部，最北可达青森县，受害寄主作物以青贮玉米、甜玉米、甘蔗和高粱为主（刘杰 等，2020）。

在中国，2018年12月11日中国农业科学院植物保护研究所设立在云南澜沧的高空测报灯首次诱捕到由缅甸跨境迁入的草地贪夜蛾成虫（Sun et al.，2021）（图2-2），2019年1月11日我国云南省植保植检站首次报告在普洱市江城哈尼族彝族自治县（简称江城

中文名：草地贪夜蛾
拉丁名：*Spodoptera frugiperda*
采集地：云南省澜沧县勐滨村
方式：高空灯诱
日期：2018年12月11日

图2-2　2018年12月11日首次捕获入侵中国的草地贪夜蛾成虫

县）疑似出现草地贪夜蛾为害玉米，全国农业技术推广服务中心紧急派出调查组，赴害虫发现地江城县宝藏镇水城村现场调查，实地查明草地贪夜蛾已入侵我国（图2-3、图2-4）。截至2019年11月10日，我国除新疆、青海、黑龙江、吉林、辽宁外的26个省份见虫，其中，玉米发生面积为110.43万hm²（未统计香港、澳门和台湾）。台湾玉米种植面积约3.0万hm²，2019年6月初台湾发现第一例幼虫。截至2019年6月14日，除了高雄、屏东、南投之外，台湾大部地区均已发现草地贪夜蛾幼虫。2019年10月29日至11月4日，在台湾台北、桃园、嘉义、南投、高雄、屏东小面积零星种植的玉米均发现草地贪夜蛾为害，田间玉米虫株率为30%～50%，百株虫量为50～150头（刘杰等，2020）。此外，在台湾草地贪夜蛾还可为害苗期阶段的狼尾草和姜。草地贪夜蛾成

图2-3　2019年1月13日首次证实草地贪夜蛾幼虫在中国取食为害玉米

图2-4　云南省江城县宝藏镇草地贪夜蛾调查田块

功入侵我国后发生范围不断扩大，截至2019年12月31日共有1 541个县（市、区）发现疫情，累计发生面积114.4万 hm²，发生北界位于北京延庆（北纬40.54°），造成危害损失达25.87万 t。

全国农业技术推广服务中心连续监测结果表明，冬季草地贪夜蛾可在我国云南、广东、海南、四川、广西、福建、贵州7个省（区）的47个市（州）发生为害，此外，浙江、湖南、江西、重庆等4个省（市）的16个市可见活虫（或蛹）。我国草地贪夜蛾冬繁区，即周年繁殖区位于北纬28°以南，即1月平均温度10℃等温线以南区域；越冬区在北纬31°以南，即1月平均温度6℃等温线以南区域（姜玉英 等，2021）。

据全国农业技术推广服务中心普查，除未统计香港、澳门和台湾外，2020年草地贪夜蛾在我国27个省份1 426个县（市、区）见虫，其中辽宁、内蒙古和宁夏3个省份仅查见成虫。与2019年草地贪夜蛾由境外入侵我国首发年份对比，由于2020年我国国内具备一定的本土越冬虫源，因此2020年春季（1—3月）发生扩散速度明显快于2019年（姜玉英 等，2019）。2020年1—3月，我国共有354个县发现草地贪夜蛾发生为害，是2019年同期的8.6倍。对比2019年逐步北扩过程，2020年草地贪夜蛾成虫跨区域迁飞更具有明显的季节性、距离远等特点，如江苏邳州（北纬34.40°）于3月31日首见成虫，比2019年同期最北发现地点——广西宜州（北纬24.48°）北扩了近10°。此外，2020年8月10日草地贪夜蛾成虫首次在辽宁省丹东东港市发现（北纬40°），比2019年同期发生北界——山东烟台福山区（北纬37.5°）北扩了2.5°。2020年辽宁省丹东、大连、盘锦、朝阳、沈阳、葫芦岛共6市12县发现草地贪夜蛾成虫，北界为朝阳建平县（北纬41.84°），比2019年发生北界北京延庆（北纬40.54°）北扩了近1.3°。此外，2020年总见虫县数比2019年减少了115个，增加了1个见成虫省份（辽宁）和2个见幼虫省份（北京和天津）。2020年，除未统计香港、澳门和台湾外，草地贪夜蛾在我国累计发生面积为134.7万hm²，累计防治面积为212.3万hm²，同比分别增加20.3万hm²（增加17.8%）和29.5万hm²（增加16.1%）。两年均发生幼虫的22个省份中，有7个省份全年累计发生面积同比增加，其中，广东是上年的1.8倍，福建、重庆、江苏和四川增加40%~85%，云南增加18%，广西增加1%，其他15个省份低于上年。

2021年，除未统计香港、澳门和台湾外，草地贪夜蛾在我国累计发生面积为133.5万hm²，比2019年多19.1万hm²但接近2020年，共有1 239个县（市、区）见虫，发生北界为辽宁义县（北纬41.63°）。2021年，草地贪夜蛾防治面积为199.8万hm²，挽回损失101.90万t，最终造成危害损失13.16万t。

2022年，除未统计香港、澳门和台湾外，草地贪夜蛾在我国累计发生面积为266.7万hm²，是2019—2021年平均发生面积的2.1倍，造成危害损失为12.49万t。2022年草地贪夜蛾发生县（市、区）数为911个，比2019—2021年平均发生县数减少了34.6%，其发生北界为北京昌平（北纬40.22°），比往年偏南。这表明，草地贪夜蛾在我国完成入侵过程并成功定殖后，已形成其周年繁殖区、季节性迁飞区（北纬28°~33°的长江流域和江淮玉米种植区）和重点发生区（北纬33°以北的黄淮海夏玉米和北方春玉米种植区），拥有时空上完美的食料资源、寄主条件和栖息生境，加之其强大的迁飞能力和源源不断的境外虫源输入，该害虫的发生呈现出重发态势。2022年草地贪夜蛾防治面积增加至339.6万hm²，是2019—2021年平均防治面积的1.7倍，挽回损失107.49万t。

三、大洋洲

2020年1月下旬，澳大利亚赛巴伊岛等地首次发现草地贪夜蛾。随后，澳大利亚昆士兰州也监测到这一害虫。草地贪夜蛾在澳大利亚多个地区陆续发生。澳大利亚北部地区将是草地贪夜蛾周年繁殖区，每年10月开始草地贪夜蛾将通过迁飞进入澳大利亚南部地区（Maino et al.，2021）。

根据欧洲和地中海植物保护组织（European and Mediterranean Plant Protection Organization，EPPO）报道，2022年3月新西兰最初发现草地贪夜蛾卵群。自2022年4月11日起在奥克兰、塔拉纳基和吉斯伯恩地区陆续查见草地贪夜蛾幼虫为害。

【参考文献】

姜玉英, 刘杰, 吴秋琳, 等, 2021. 我国草地贪夜蛾冬繁区和越冬区调查. 植物保护, 47(2): 212-217.

姜玉英, 刘杰, 谢茂昌, 等, 2019. 2019年我国草地贪夜蛾扩散为害规律观测. 植物保护, 45(6): 10-19.

刘杰, 姜玉英, 刘万才, 等, 2020. 亚洲十一国草地贪夜蛾发生防控情况与对策概述. 中国植保导刊, 40(2): 86-91.

Abrahams P, Bateman M, Beale T, et al., 2017. Fall armyworm: impacts and implications for Africa. Outlooks on Pest Management, 28: 196-201.

Andrews K L, 1988. Latin American research on *Spodoptera frugiperda* (Lepidoptera: Noctuidae). Florida Entomologist, 71(4): 630-653.

Ashley T R, 1979. Classification and distribution of fall armyworm parasites. Florida Entomologist, 62(2): 114-123.

Ashley T R, Wiseman B R, Davis F M, et al., 1989. The fall armyworm: a bibliography. Florida Entomologist, 72(1): 152-202.

Bhusal K, Bhattarai K, 2019. A review on fall armyworm (*Spodoptera frugiperda*) and its possible management options in Nepal. Journal of Entomology and Zoology Studies, 7: 1289-1292.

Clavijo S, 1981. Variaciones estacionales de poblaciónes de adultos de *Spodoptera frugiperda* y *Cyrtomenus bergi* en cinco localidades de los alrededores del lago de Valencia, medidas mediante trampas de luz. Ibid, 12: 63-79.

Cock M J, Beseh P K, Buddie A G, et al., 2017. Molecular methods to detect *Spodoptera frugiperda* in Ghana, and implications for monitoring the spread of invasive species in developing countries. Scientific Reports, 7(1): 1-10.

Day R, Abrahams P, Bateman M, et al., 2017. Fall armyworm: impacts and implications for Africa. Outlooks on Pest Management, 28: 196-201.

Doreste E, 1975. Fluctuaciones de la poblaciónde algunas plagas en Cagua, Estado Aragua, Venezuela, según estudios realizados durante diez anos con una trampa de luz. Revista De La Facultad De Agronomia (Maracay), 8: 5-24.

Dumas P, Legeai F, Lemaitre C, et al., 2015. *Spodoptera frugiperda* (Lepidoptera: Noctuidae) host-plant variants: two host strains or two distinct species? Genetica, 143(3): 305-316.

Early R, González-Moreno P, Murphy S T, et al., 2018. Forecasting the global extent of invasion of the cereal pest *Spodoptera frugiperda*, the fall armyworm. NeoBiota, 40: 25-50.

Garcia A, Godoy W, Thomas J, et al., 2018. Delimiting strategic zones for the development of fall armyworm (Lepidoptera: Noctuidae) on corn in the state of Florida. Journal of Economic Entomology, 111: 120-126.

Gilal A A, Bashir L, Faheem M, et al., 2020. First record of invasive fall armyworm *Spodoptera frugiperda* (Smith) (Lepidoptera: Noctuidae)in corn fields of Sindh, Pakistan. Pakistan Journal of Agricultural Research, 33(2): 247.

Glover T, 1856. Insects frequenting the cotton-plant. U. S. Commissioner of patents for the year 1855 (Agriculture). Washington D C: Cornelius Wendell Printer: 64-115.

Goergen G, Kumar P L, Sankung S B, et al., 2016. First report of outbreaks of the fall armyworm *Spodoptera frugiperda* (J E Smith) (Lepidoptera: Noctuidae), a new alien invasive pest in West and Central Africa. PLoS One, 11(10): e0165632.

Heinrichs E, Sidhu J, Muniappan R, et al., 2018. Pest risk assessment of the fall armyworm, *Spodoptera frugiperda* in Egypt. Feed the Future: The US Government's Global Hunger and Food Security Initiative.

Hinds W, Dew J, 1915. The grass worm or fall army worm. Agricultural Experiment Station of The Alabama Polytechnic Institute, Bulletin 186. Montgomery: The Paragon Press.

Hogg D B, Pitre H N, Anderson R E, 1982. Assessment of early-season phenology of the fall armyworm (Lepidoptera: Noctuidae) in Mississippi. Environmental Entomology, 11(3): 705-710.

Huis A V, 1981. Integrated pest management in the small farmer's maize crop in Nicaragua. Wageningen Landbouwhogesch Mededel, 81(6): 221.

Johnson S, 1987. Migration and the life history strategy of the fall armyworm, *Spodoptera frugiperda* in the Western Hemisphere. International Journal of Tropical Insect Science, 8(4/5/6): 543-549.

Lara F M, Silveira S, 1977. Flutuacões populacionais de noctuídeos pragas, na região de Jaboticabal-S.P. Científica, 5: 262-270.

Luginbill P, 1928. The fall armyworm. USDA Technology Bulletin. 34. Washington D C: USDA.

Machuca J, Arretz P, Araya J, et al., 1989. Noctuidos que atacan al cultivo de la alcachofa (*Cynara scolymus* L.) en la zona central de Chile. Identificación y caracterización de los daños. Agricultura Técnica, 49(2): 135-140.

Maia N G, 1978. Medidas que devem ser tomadas para diminuir a incidencia das pragas do milho e o emprego indiscriminado de inseticidas. IPAGRO Informa, 20: 66-69.

Maino J L, Schouten R, Overton K, et al., 2021. Regional and seasonal activity predictions for fall armyworm in Australia. Current Research in Insect Science, 1: 100010.

Manrique G F, Galindo R A, Gonzalez H N, 1979. Fluctuations of the populations of some insects of economic importance in Laguna District in the states of Coahuila and Durango. VII Reunion Nacional de Control Biologico. Veracruz: 10-38.

McGuire J, Crandall B, 1967. Survey of insect pests and plant diseases of selected crops of Mexico, Central America and Panama. Washington D C: USDA/US Agency for International Development.

Mitchell E, McNeil J, Westbrook J, et al., 1991. Seasonal periodicity of fall armyworm (Lepidoptera: Noctuidae) in the Caribbean basin and northward to Canada. Journal of Entomological Science, 26(1):

39-50.

Montezano D G, Specht A, Sosa-Gómez D R, et al., 2018. Host plants of *Spodoptera frugiperda* (Lepidoptera: Noctuidae) in the Americas. African Entomology, 26(2): 286-300.

Murúa G, Molina-ochoa J, Coviella C, 2006. Population dynamics of the fall armyworm, *Spodoptera frugiperda* (lepidoptera: noctuidae) and its parasitoids in northwestern Argentina. Florida Entomologist, 89(2): 175-182.

Nagoshi R N, Fleischer S, Meagher R L, et al., 2017. Fall armyworm migration across the Lesser Antilles and the potential for genetic exchanges between North and South American populations. PloS One, 12: e0171743.

Nagoshi R N, Goergen G, Tounou K A, et al., 2018. Analysis of strain distribution, migratory potential, and invasion history of fall armyworm populations in northern Sub-Saharan Africa. Scientific Reports, 8(1): 1-10.

Nagoshi R N, Meagher R L, Jenkins D A, 2010. Puerto Rico fall armyworm has only limited interactions with those from Brazil or Texas but could have substantial exchanges with Florida populations. Journal of Economic Entomology, 103: 360-367.

Nakweta G, 2018. Global actions needed to combat fall armyworm. https: //www.scidev.net/sub-saharan-africa/farming/news/global-actions-combat-fall-armyworm.html.

Pair S, Raulston J, Rummel D, et al., 1987. Development and production of corn earworm and fall armyworm in the Texas high plains: evidence for reverse fall migration. The Southwestern Entomologist (USA), 12: 89-99.

Pair S, Raulston J, Sparks A, et al., 1986. Fall armyworm distribution and population dynamics in the southeastern states. Florida Entomologist, 468-487.

Palma P, 2018. New threat to crops. https: //www.thedailystar.net/backpage/news/new-threat-crops-1672021.

Pashley D P, Johnson S J, Sparks A N, 1985. Genetic population structure of migratory moths: the fall armyworm (Lepidoptera: Noctuidae). Annals of the Entomological Society of America, 78: 756-762.

Passoa S, 1983. Lista de los insectos asociados con los granos básicos y otros cultivos selectos en Honduras. CEIBA, 25: 97.

Perdiguero J S, Barral J M, De Stacul M V, 1967. Aspectos biológicos de plagas de maíz de la región chaqueña. evaluación de Daño. INTA, Estación Experimental Agropecuaria, Presidencia Roque Saenz Peña. Boletín, 46: 30.

Perera N, Magamage M, Kumara A, et al., 2019. Fall armyworm (FAW) epidemic in Sri Lanka: Ratnapura district perspectives. International Journal of Entomological Research, 7(1): 9-18.

Rwomushana I, Bateman M, Beale T, et al., 2018. Fall armyworm: Impacts and implications for Africa. Wallingford: CABI.

Silvain J F, 1986. Use of pheromone traps as a warning system against attacks of *Spodoptera frugiperda* larvae in French Guiana. Florida Entomologist, 69(1): 139-147.

Silveira N S, Tarrago M, Carvalho S, et al., 1979. Influência da vegetacâo e de fatores meteorologicos na flutuacâo populacional das lagartas do cartucho e da espige do milho em Santa-Maria, RS. Cientifica, 7: 183-190.

Smith J E, Abbot J, 1797. The natural history of the rarer lepidopterous insects of Georgia. Vol 2. London: Missouri Botanical Garden Press.

Snow J W, Copeland W, 1969. Fall armyworm: use of virgin female traps to detect males and to determine seasonal distribution. Washington D C: Agricultural Research Service, USDA.

Sparks A N, 1979. A review of the biology of the fall armyworm. Florida Entomologist, 62(2): 82-87.

Sun X X, Hu C X, Jia H R, et al., 2021. Case study on the first immigration of fall armyworm Spodoptera frugiperda invading into China. Journal of Integrative Agriculture, 18: 2-10.

Walton W R, 1936. The fall armyworm or grass worm and its control. Washington D C: USDA.

Westbrook J, Nagoshi R, Meagher R, et al., 2016. Modeling seasonal migration of fall armyworm moths. International Journal of Biometeorology, 60: 255-267.

Westbrook J, Sparks A, 1986. The role of atmospheric transport in the economic fall armyworm (Lepidoptera: Noctuidae) infestations in the southeastern United States in 1977. Florida Entomologist, 69(3): 492-502.

Wolf W W, Sparks A N, Pair S D, et al., 1986. Radar observations and collections of insects in the Gulf of Mexico //Danthanarayana W. Insect Flight: Dispersal and Migration. Heidelberg: Springer.

第三章

草地贪夜蛾的生物学习性

　　昆虫的行为是指昆虫的感觉器官接受刺激后通过神经系统的整合而使效应器官产生一定的响应。昆虫在长期的进化过程中，形成了与自然昼夜和季节性变化规律相吻合的节律。绝大多数昆虫的生命活动如取食、化蛹、羽化、飞翔、交配、产卵、孵化、迁飞、滞育等，均有固定的昼夜或季节性节律。草地贪夜蛾属于夜出性昆虫，一般在白天潜伏，傍晚或夜间活动，无滞育现象，成虫具有远距离迁飞的习性，其在自然界的迁飞行为具有明显的季节性。

第一节　幼　　虫

一、觅食与寄主植物

　　草地贪夜蛾与大多数昆虫一样，在整个生活史周期内均需要取食，以补充其生长发育所需的营养。昆虫在取食过程中所表现出的觅食行为多种多样，但觅食步骤大体相似，多以化学刺激作为择食的最主要因素。植食性昆虫通常以植物的次生性物质为信息化合物或取食刺激剂。昆虫的觅食步骤一般可分为寄主定位、发现食物、食物识别、食物接受和食物可适性检验。首先，成虫利用寄主植物的挥发性化合物进行寄主定位，然后飞翔至食物源，将卵产于寄主植物上，卵孵化出幼虫后，通过嗅觉和视觉等刺激被引至食物处，即发现食物，随后幼虫利用嗅觉、味觉和触角等刺激决定是否接受食物，即食物识别和食物接受，如果接受食物，即可发生取食行为，当食物富含营养、无抗生素等不利物质时，则说明是合适的，昆虫在该寄主上能顺利完成生活史，出现新的成虫，反之则导致死亡，不能完成生活史，即完成食物可适性检验。

昆虫在长期的演化过程中，对寄主植物的种类形成了特定的选择性。昆虫在自然条件下的取食习性叫食性，包括食物的种类、性质、来源和获取食物的方式等。不同种类的昆虫取食食物的种类和范围不同，同种昆虫的不同发育阶段也不完全一样，有的甚至差异很大。比如，蚊子的幼虫子子以浮游生物及悬浮的有机质为食，成虫则吸食露水、脊椎动物和无脊椎动物的血液等，且仅雌成虫吸食血液；鳞翅目昆虫幼虫大多取食植物，而成虫主要以花蜜、果汁等为食。根据昆虫所取食的食物性质，可分为植食性、肉食性、腐食性和杂食性4类，根据昆虫取食范围的广狭又可分为单食性、寡食性和多食性3类。草地贪夜蛾属杂食性和多食性昆虫，其幼虫可取食禾本科、菊科、豆科和苋科等76科350多种植物（Montezano et al., 2018），趋嫩性明显。幼虫在白天和晚上均可取食，通常在阴凉处或隐蔽场所取食，比如在幼嫩玉米苗的心叶或喇叭口内取食，而在较老的玉米植株上，则通过玉米穗丝进入果穗，并以靠近穗尖的谷粒为食（Vickery，1929）。

1.大田栽培作物

草地贪夜蛾幼虫可取食禾本科、豆科、葫芦科、菊科、茄科、十字花科、石蒜科等19科90种大田栽培作物（表3-1）。

表3-1 草地贪夜蛾取食的大田作物种类及分布

所属科	植物学名	中国分布	世界分布
苋科 Amaranthaceae	厚皮菜 *Beta vulgaris* var. *cicla* L.	福建、湖北、广东、广西、重庆、四川、贵州	原产欧洲
	甜菜 *Beta vulgaris* var. *vulgaris* L.	北京、河北、山西、江苏、山东、湖北、湖南、广东、海南、重庆、四川、云南、陕西、甘肃、新疆	原产欧洲西部和南部沿海，从瑞典移植到西班牙
	甜萝卜 *Beta vulgaris* var. *altissima* Döll	广泛栽培	欧洲、亚洲及非洲北部
	青苋 *Amaranthus quitensis* Kunth	长江流域栽培	
	菠菜 *Spinacia oleracea* L.	广泛栽培	原产伊朗，世界各地广泛栽培
石蒜科 Amaryllidaceae	洋葱 *Allium cepa* L.	广泛栽培	原产亚洲西部，世界各地广泛栽培
	葱 *Allium fistulosum* L.	广泛栽培	世界各地广泛栽培
	蒜 *Allium sativum* L.	广泛栽培	原产亚洲西部或欧洲，世界各地广泛栽培

（续）

所属科	植物学名	中国分布	世界分布
伞形科 Apiaceae	芫荽 *Coriandrum sativum* L.	东北地区、河北、山东、安徽、江苏、浙江、江西、湖南、广东、广西、陕西、四川、贵州、云南、西藏等	原产欧洲地中海地区，世界各地广泛栽培
天门冬科 Asparagaceae	石刁柏 *Asparagus officinalis* L.	新疆西北部野生，其他地区多为栽培	
菊科 Asteraceae	红花 *Carthamus tinctorius* L.	广泛栽培，山西、甘肃、四川亦见有逸生者	俄罗斯、日本、朝鲜广泛栽培
	除虫菊 *Tanacetum cinerariifolium* (Treviranus) Schultz Bipontinus	辽宁、河北、安徽、浙江、贵州等地栽培	原产欧洲，世界各地广泛栽培
	菜蓟 *Cynara scolymus* L.	重庆、江南沿海地区引种栽培	原产地中海地区，西欧地区有栽培
	向日葵 *Helianthus annuus* L.	广泛栽培	原产北美洲，世界各地广泛栽培
	莴苣 *Lactuca sativa* L.	广泛栽培	世界各地广泛栽培
十字花科 Brassicaceae	欧洲油菜（原变种）*Brassica napus* L. var. *napus* L.	广泛栽培	世界各地广泛栽培
	花椰菜 *Brassica oleracea* var. *botrytis* L.	广泛栽培	世界各地广泛栽培
	甘蓝 *Brassica oleracea* var. *capitata* L.	广泛栽培	世界各地广泛栽培
	芥菜 *Brassica rapa* L. var. *rapa* L.	广泛栽培	世界各地广泛栽培
	萝卜 *Raphanus sativus* L.	广泛栽培	世界各地广泛栽培
旋花科 Convolvulaceae	蕹菜 *Ipomoea aquatica* Forssk.	中部及南部各省份常见栽培	热带亚洲、非洲和大洋洲
	番薯 *Ipomoea batatas* L. Lam.	大多数地区普遍栽培	热带、亚热带地区广泛栽培
葫芦科 Cucurbitaceae	西瓜 *Citrullus lanatus* Thunb. Matsum. & Nakai	广泛栽培	世界热带至温带地区广泛栽培
	甜瓜 *Cucumis melo* L.	广泛栽培	世界温带至热带地区广泛栽培
	黄瓜 *Cucumis sativus* L.	广泛栽培	世界温带和热带地区广泛栽培

（续）

所属科	植物学名	中国分布	世界分布
葫芦科 Cucurbitaceae	红南瓜 *Cucurbita argyrosperma* K. Koch		
	笋瓜 *Cucurbita maxima* Duchesne	广泛栽培	原产印度，世界各地普遍栽培
	西葫芦 *Cucurbita pepo* L.	广泛栽培	世界各国普遍栽培
	丝瓜 *Luffa aegyptiaca* Miller	广泛栽培，云南南部有野生	世界温带和热带地区广泛栽培
	佛手瓜 *Sechium edule* Jacq. Sw.	云南、广西、广东等地有栽培或逸为野生	原产南美洲
豆科 Fabaceae	落花生 *Arachis hypogaea* L.	广泛栽培	原产巴西，世界各地广泛栽培
	遍地黄金 *Arachis pintoi* Krapov. & Gregory		原产巴西
	直生刀豆 *Canavalia ensiformis* L. DC.	广东、海南有栽培	原产中美洲及西印度群岛，广泛种植于全球热带、亚热带地区
	鹰嘴豆 *Cicer arietinum* L.	甘肃、青海、新疆、陕西、山西、河北、山东、台湾、内蒙古等地引种栽培	地中海、亚洲、非洲、美洲等地
	Crotalaria breviflora DC.		美洲、非洲、大洋洲及亚洲热带、亚热带地区
	菽麻 *Crotalaria juncea* L.	福建、台湾、广东、广西、四川、云南、江苏、山东	原产印度，广泛栽培或逸生于亚洲、非洲、大洋洲、美洲热带和亚热带地区
	大托叶猪屎豆 *Crotalaria spectabilis* Roth	江苏、安徽、浙江、江西、福建、台湾、湖南、广东、广西	印度、尼泊尔、菲律宾、马来西亚，非洲、美洲热带地区广泛栽培
	大豆 *Glycine max* L. Merr.	广泛栽培	世界各地广泛栽培
	白羽扇豆 *Lupinus albus* L.	全国各地栽培	原产地地中海区域
	紫苜蓿 *Medicago sativa* L.	全国各地都有栽培或呈半野生状态	世界各国广泛种植
	草木樨 *Melilotus officinalis* L. Lam.	东北、华南、西南各地	欧洲地中海东岸、中东、中亚、东亚
	黧豆 *Mucuna pruriens* var. *utilis* Wall. ex Wight Baker ex Burck	广东、海南、广西、四川、贵州、湖北和台湾（逸生）等	亚洲热带、亚热带地区均有栽培

（续）

所属科	植物学名	中国分布	世界分布
豆科 Fabaceae	棉豆 *Phaseolus lunatus* L.	云南、广东、海南、广西、湖南、福建、江西、山东、河北等	原产热带美洲，广泛种植于热带及温带地区
	菜豆 *Phaseolus vulgaris* L.	广泛栽培	原产美洲，广泛种植于热带至温带地区
	豌豆 *Pisum sativum* L.	广泛栽培	世界各地广泛栽培
	蚕豆 *Vicia faba* L.	广泛栽培	原产欧洲地中海沿岸，亚洲西南部至北非均有栽培
	豇豆 *Vigna unguiculata* L. Walp.	广泛栽培	世界各地广泛栽培
	短豇豆 *Vigna unguiculata* L. Walp. subsp. *cylindrica* L. Verdc.	广泛栽培	日本、朝鲜、美国有栽培
唇形科 Lamiaceae	香蜂花 *Melissa officinalis* L.		原产俄罗斯及中亚各国，现分布于伊朗至地中海及大西洋沿岸
	罗勒 *Ocimum basilicum* L.	新疆、吉林、河北、浙江、江苏、安徽、江西、湖北、湖南、广东、广西、福建、台湾、贵州、云南及四川，多为栽培	非洲至亚洲温暖地带
亚麻科 Linaceae	亚麻 *Linum usitatissimum* L.	广泛栽培，但以北方和西南地区较为普遍	原产地中海地区，欧、亚温带多有栽培
锦葵科 Malvaceae	咖啡黄葵 *Abelmoschus esculentus* L. Moench	河北、山东、江苏、浙江、湖南、湖北、云南和广东等地引入栽培	原产印度，广泛栽培于热带和亚热带地区
	黄麻 *Corchorus capsularis* L.	长江以南各地广泛栽培，亦有野生	原产亚洲热带，热带地区广为栽培
	长蒴黄麻 *Corchorus olitorius* L.	南部各省份有栽培	原产印度
	陆地棉 *Gossypium hirsutum* L.	全国各产棉区广泛栽培	原产墨西哥
	大麻槿 *Hibiscus cannabinus* L.	黑龙江、辽宁、河北、江苏、浙江、广东和云南等	原产印度，各热带地区均广泛栽培
芝麻科 Pedaliaceae	芝麻 *Sesamum indicum* L.	广泛栽培	原产印度，广泛栽培

（续）

所属科	植物学名	中国分布	世界分布
禾本科 Poaceae	地中海黑燕麦 *Avena byzantina* K. Koch		欧亚大陆温寒带
	燕麦 *Avena sativa* L.	东北、华北、华中、西北、西南及广东、广西等地多为栽培	
	黑燕麦 *Avena strigosa* Schreb.	以河北为主	北半球温带地区
	大麦 *Hordeum vulgare* L.	广泛栽培	
	阔叶稻 *Oryza latifolia* Desv.	各地引种栽培	南美洲热带、墨西哥至巴西
	稻 *Oryza sativa* L.	南方为主要产稻区，北方各地亦有栽培	亚洲热带广泛种植
	洋野黍 *Panicum dichotomiflorum* Michx.	台湾引种，已归化	原产北美洲，一些温带国家亦有引种
	Panicum laxum Sw.		热带和亚热带，少数分布达温带
	稷 *Panicum miliaceum* L.	西北、华北、西南、东北、华南以及华东等地山区都有栽培，新疆偶见野生	亚洲、欧洲、美洲、非洲等温暖地区都有栽培
	柳枝稷 *Panicum virgatum* L.	广泛栽培	原产北美洲
	穇 *Eleusine coracana* L. Gaertn.	长江以南及安徽、河南、陕西、西藏	广泛栽培于东半球热带及亚热带地区
	御谷 *Pennisetum glaucum* L. R. Br.	河北	原产非洲，亚洲和美洲均已引种栽培
	Saccharum angustifolium Nees Trin.		亚洲的热带与亚热带地区
	甘蔗 *Saccharum officinarum* L.	台湾、福建、广东、海南、广西、四川、云南	东南亚太平洋诸岛国、大洋洲岛屿和古巴
	黑麦 *Secale cereale* L.	北方山区或较寒冷地区	
	谷子 *Setaria italica* L. P. Beauv.	黄河中上游为主要栽培区，其他地区也有少量栽种	广泛栽培于欧亚大陆的温带和热带地区
	高粱 *Sorghum bicolor* L. Moench	广泛栽培	全世界热带、亚热带和温带地区

（续）

所属科	植物学名	中国分布	世界分布
禾本科 Poaceae	苏丹草 *Sorghum sudanense*（Piper）Stapf	黑龙江、内蒙古、北京、河南、陕西、宁夏、新疆、安徽、浙江、贵州、福建	全世界热带、亚热带和温带地区
	小麦 *Triticum aestivum* L.	广泛栽培	世界各地广泛栽培
	玉蜀黍 *Zea mays* L.	广泛栽培	全世界热带和温带地区广泛种植
	墨西哥玉米 *Zea mexicana* Schrad. Kuntze	台湾等地引种栽培	原产墨西哥
蓼科 Polygonaceae	荞麦 *Fagopyrum esculentum* Moench	广泛栽培	亚洲、欧洲有栽培
蔷薇科 Rosaceae	榅桲 *Cydonia oblonga* Mill.	新疆、陕西、江西、福建等地有栽培	原产南美洲，欧洲等地广泛栽培
	草莓 *Fragaria* × *ananassa* Duch.	广泛栽培	
茄科 Solanaceae	颠茄 *Atropa belladonna* L.	南北中药材种植场有引种栽培	原产欧洲中部、西部和南部
	辣椒 *Capsicum annuum* L.	广泛栽培	世界各地广泛栽培
	烟草 *Nicotiana tabacum* L.	广泛栽培	原产南美洲
	番茄 *Lycopersicon esculentum* Miller	广泛栽培	原产南美洲
	茄 *Solanum melongena* L.	广泛栽培	
	蒜芥茄 *Solanum sisymbriifolium* Lam.	广东及云南昆明有栽培	原产南美洲
	马铃薯 *Solanum tuberosum* L.	广泛栽培	原产热带美洲山地，广泛种植于全球温带地区
土人参科 Talinaceae	土人参 *Talinum paniculatum* Jacq. Gaertn.	中部和南部均有栽植，有的逸为野生	原产热带美洲
姜科 Zingiberaceae	姜 *Zingiber officinale* Roscoe	中部、东南部至西南部各地广泛栽培	亚洲热带地区常见栽培

2.果树和茶树等经济林木

草地贪夜蛾幼虫可取食芸香科、大戟科、豆科、杜鹃花科、胡桃科等20科39种果树和茶树等经济林木（表3-2）。

表3-2 草地贪夜蛾取食的果树和茶树等经济林木种类及分布

所属科	植物学名	中国分布	世界分布
漆树科 Anacardicaceae	芒果 *Mangifera indica* L.	云南、广西、广东、四川、福建、台湾	印度、孟加拉国、中南半岛和马来西亚
冬青科 Aquifoliaceae	巴拉圭冬青 *Ilex paraguariensis* A. St.-Hil.		原产南美洲
棕榈科 Arecaceae	椰子 *Cocos nucifera* L.	广东南部诸岛及雷州半岛、海南、台湾及云南南部热带地区	原产亚洲东南部、印度尼西亚至太平洋群岛
	油棕 *Elaeis guineensis* Jacq.	台湾、海南及云南热带地区	原产非洲热带地区
番木瓜科 Caricaceae	番木瓜 *Carica papaya* L.	福建南部、台湾、广东、广西、云南南部	原产美洲热带地区，广泛栽培于热带和较温暖的亚热带地区
柿科 Ebenaceae	柿 *Diospyros kaki* Thunb.	原产我国长江流域，现在辽宁西部，长城一线经甘肃南部，折入四川、云南，在此线以南，东至台湾省，各省、区多有栽培	朝鲜、日本、东南亚、大洋洲、阿尔及利亚、法国、俄罗斯、美国
杜鹃花科 Ericaceae	高丛越橘 *Vaccinium corymbosum* L.		
	大果越橘 *Vaccinium macrocarpum* Aiton		北美洲
	Vaccinium oxicoccos L.		
大戟科 Euphorbiaceae	橡胶树 *Hevea brasiliensis* Willd. ex A. Juss. Müll. Arg.	台湾、福建南部、广东、广西、海南和云南南部	广泛栽培于亚洲热带地区
	麻风树 *Jatropha curcas* L.	福建、台湾、广东、海南、广西、贵州、四川、云南等地有栽培，少量逸为野生	广布于全球热带地区
	木薯 *Manihot esculenta* Crantz	福建、台湾、广东、海南、广西、贵州及云南等地有栽培，偶有逸为野生	原产巴西，现全世界热带地区广泛栽培
	蓖麻 *Ricinus communis* L.	引自印度，自海南至黑龙江北纬49°以南均有分布	广布于全世界热带地区或栽培于热带至温带各地区
	油桐 *Vernicia fordii* Hemsl. Airy-Shaw	秦岭以南各省份	越南
	头序巴豆 *Croton capitatus* Michx.		原产北美洲，现分布于墨西哥、美国、加拿大南部
豆科 Fabaceae	黑荆 *Acacia mearnsii* De Willd.	浙江、福建、台湾、广东、广西、云南、四川等地有引种	原产澳大利亚

（续）

所属科	植物学名	中国分布	世界分布
豆科 Fabaceae	木豆 *Cajanus cajan* L. Millsp.	云南、四川、江西、湖南、广西、广东、海南、浙江、福建、台湾、江苏	原产地或为印度，世界热带和亚热带地区普遍栽培
	钝叶决明 *Senna obtusifolia* L. Irwin & Barnebg	北京、福建、湖北、江苏、浙江有栽培	
胡桃科 Juglandaceae	美国山核桃 *Carya illinoinensis* Wangenh. K. Koch	河北、河南、江苏、浙江、福建、江西、湖南、四川等地有栽培	原产北美洲
	胡桃 *Juglans regia* L.	华北、西北、西南、华中、华南和华东	中亚、西亚、南亚和欧洲
樟科 Lauraceae	鳄梨 *Persea americana* Mill	广东、福建、台湾、云南、四川	原产热带美洲，菲律宾和俄罗斯南部、欧洲中部等地亦有栽培
桑科 Moraceae	无花果 *Ficus carica* L.	南北均有栽培，新疆南部尤多	原产地中海沿岸，分布于土耳其至阿富汗
芭蕉科 Musaceae	大蕉 *Musa × paradisiaca*	福建、台湾、广东、广西及云南等地均有栽培	原产印度、马来西亚等地
桃金娘科 Myrtaceae	番石榴 *Psidium guajava* L.	华南各地栽培，常有逸生	原产南美洲
西番莲科 Passifloraceae	鸡蛋果 *Passiflora edulis* Sims	栽培于广东、海南、福建、云南、台湾，有时逸生	原产大、小安的列斯群岛，广植于热带和亚热带地区
	樟叶西番莲 *Passiflora laurifolia* L.	栽培于广东	原产美洲南部，热带地区常见栽培
蔷薇科 Rosaceae	苹果 *Malus pumila* Mill.	辽宁、河北、山西、山东、陕西、甘肃、四川、云南、西藏	原产欧洲及亚洲中部，栽培历史悠久，全世界温带地区均有种植
	桃 *Amygdalus persica* L.	广泛栽培	世界各地广泛栽培
	西洋梨 *Pyrus comunis* L.		原产欧洲及亚洲西部
茜草科 Rubiaceae	小粒咖啡 *Coffea arabica* L.	福建、台湾、广东、海南、广西、四川、贵州和云南	原产埃塞俄比亚或阿拉伯半岛
芸香科 Rutaceae	酸橙 *Citrus aurantium* L.	秦岭南坡以南各地	
	柠檬 *Citrus limon* L. Burm. F.	长江以南	美国、意大利、西班牙和希腊
	Citrus reticulata Blanco subsp. *unshiu* Marcow. D.Rivera Núñez et al.		

（续）

所属科	植物学名	中国分布	世界分布
芸香科 Rutaceae	葡萄柚 *Citrus paradisi* Macfad.	浙江、广东、四川	
	柑橘 *Citrus reticulata* Blanco	秦岭南坡以南、伏牛山南坡诸水系及大别山区南部，向东南至台湾，南至海南岛，西南至西藏东南部海拔较低地区	
	甜橙 *Citrus sinensis* L. Osbeck	秦岭南坡以南各地广泛栽种，西北界约在陕西西南部、甘肃东南部城固、陕西洋县一带，西南至西藏东南部墨脱	
无患子科 Sapindaceae	蜜莓 *Melicoccus bijugatus* Jacq.		
锦葵科 Sterculaceae	可可 *Teobroma cacao* L.	海南和云南南部有栽培	原产美洲中部及南部，广泛栽培于全世界的热带地区
葡萄科 Vitaceae	葡萄 *Vitis vinifera* L.	广泛栽培	原产亚洲西部，世界各地广泛栽培

3. 花卉和园艺植物

草地贪夜蛾幼虫可取食禾本科、豆科、菊科、锦葵科、竹芋科、桃金娘科等35科72种花卉和园艺植物（表3-3）。

表3-3 草地贪夜蛾取食的花卉和园艺植物种类及分布

所属科	植物学名	中国分布	世界分布
苋科 Amaranthaceae	鸡冠花 *Celosia cristata* L.	南北各地均有栽培	温暖地区
	绿苋草 *Alternanthera ficoidea* L. P. Beauv	广东、福建、云南有栽培	原产美洲热带地区，现广布于东半球热带地区
夹竹桃科 Apocynaceae	马利筋 *Asclepias curassavica* L.	广东、广西、云南、贵州、四川、湖南、江西、福建、台湾等地有栽培，也有逸为野生和驯化的	美洲、非洲、南欧和亚洲热带和亚热带地区
	红鸡蛋花 *Plumeria rubra* L.	南部有栽培	原产南美洲，现广植于亚洲热带和亚热带地区
天南星科 Araceae	喜林芋 *Philodendron cordatum* Vell. Kunth		美洲热带雨林

（续）

所属科	植物学名	中国分布	世界分布
棕榈科 Arecaceae	欧洲矮棕 *Chamaerops humilis* L.	云南	原产地中海地区，现广泛分布于亚热带及温带地区
	软叶刺葵 *Phoenix roebelinii* O'Brien	华南、东南及西南地区	印度、缅甸、泰国
天门冬科 Asparagaceae	象脚丝兰 *Yucca guatemalensis* Baker	华南地区栽培较多	原产北美洲温暖地区，现世界各地均有栽培
铁角蕨科 Aspleniaceae	巢蕨 *Asplenium nidus* L.	台湾、海南、广东、广西、贵州、云南、西藏	斯里兰卡、印度、缅甸、柬埔寨、越南、日本、菲律宾、马来西亚、印度尼西亚、大洋洲热带地区及东非洲
菊科 Asteraceae	藿香蓟 *Ageratum conyzoides* L.	各地广泛分布	原产中南美洲，广泛分布于非洲全境、印度、印度尼西亚、老挝、柬埔寨、越南
	酒神菊树 *Baccharis dracunculifolia* DC.		
	金盏花 *Calendula officinalis* L.	各地广泛分布	原产南欧、地中海沿岸一带，现世界各地广泛栽培
	菊花 *Chrysanthemum morifolium* Ramat	原产中国桐乡	
	栽培菊苣 *Cichorium endivia* L.		原产南欧
	大丽花 *Dahlia pinnata* Cav.	广泛栽培	原产墨西哥，现世界广泛栽培
	菊 *Dendranthema grandiflorum* Ramat. Kitam.	广泛栽培	
	非洲菊 *Gerbera jamesonii* Bolus ex Hook. F.	广泛栽培	原产非洲
凤仙花科 Balsaminaceae	苏丹凤仙花 *Impatiens walleriana* Hook. f.	北京、台湾、海南等	原产非洲赞比亚东北部的乌桑巴拉
秋海棠科 Begoniaceae	大王秋海棠 *Begonia rex* Putz.	云南、贵州、广西	越南北部、印度东部和喜马拉雅山区
十字花科 Brassicaceae	羽衣甘蓝 *Brassica oleracea* var. *acephala* DC.	广泛栽培	世界各地栽培
仙人掌科 Cactaceae	翡翠柱 *Cereus hildmannianus* K. Schum.	南部地区	南美洲、非洲及东南亚

（续）

所属科	植物学名	中国分布	世界分布
桔梗科 Campanulaceae	风铃草属 *Campanula* sp.	广泛栽培	世界各地栽培
石竹科 Caryophyllaceae	香石竹 *Dianthus caryophyllus* L.		南美洲、北美洲
朴科 Celtidaceae	*Celtis ehrenbergiana* Klotzsch Liebm.		
使君子科 Combretaceae	榄仁树 *Terminalia catappa* L.	广东、台湾、云南	马来西亚、越南、印度、大洋洲
鸭跖草科 Commelinaceae	紫竹梅 *Tradescantia pallida* Rose D.R. Hunt		墨西哥
	吊竹梅 *Tradescantia zebrina* Hort. ex Bosse		墨西哥
莎草科 Cyperaceae	纸莎草 *Cyperus papyrus* L.		亚洲西部及欧洲
大戟科 Euphorbiaceae	变叶木 *Codiaeum variegatum* L. A. Juss.	南部各省份常见栽培	原产亚洲马来半岛至大洋洲，现广泛栽培于热带地区
豆科 Fabaceae	圭亚那笔花豆 *Stylosanthes guianensis* Aubl. Sw.	广东有引种	原产南美洲北部
	绛车轴草 *Trifolium incarnatum* L.	长江中下游试种成功	原产意大利、非洲南部和地中海沿岸，美国、加拿大、澳大利亚、新西兰、荷兰、日本等国家引种栽培
	Trifolium polymorphum Poir.		
	红车轴草 *Trifolium pratense* L.	我国南北各地均有种植	原产欧洲中部，引种到世界各国
	白车轴草 *Trifolium repens* L.	广泛栽培，并在湿润草地、河岸、路边呈半自生状态	原产欧洲和北非，世界各地均有栽培
	紫藤 *Wisteria sinensis* Sims DC.	河北以南黄河长江流域及陕西、河南、广西、贵州、云南	
牻牛儿苗科 Geraniaceae	天竺葵 *Pelargonium hortorum* L.H. Bailey	各地普遍栽培	原产非洲南部
鸢尾科 Iridaceae	壶鸢花属 *Cipura campanulata* Ravenna		
	唐菖蒲 *Gladiolus gandavensis* Van Houtte		世界各地普遍栽培

（续）

所属科	植物学名	中国分布	世界分布
火筒树科 Leeaceae	红火筒树 *Leea coccinea* Bojer		热带地区
百合科 Liliaceae	芦荟 *Aloe vera* L. Burm. f.	南方各地和温室常见栽培	
千屈菜科 Lytraceae	紫薇属 *Lagerstroemia* L.		
金虎尾科 Malpighiaceae	光叶金虎尾 *Malpighia glabra* L.	香港	
锦葵科 Malvaceae	蜀葵 *Alcea rosea* L.	全国各地广泛栽培	世界各国均有栽培
	Pavonia cancellata L. Cav.		
	心叶黄花稔 *Sida cordifolia* L.	台湾、福建、广东、广西、四川和云南等	亚洲和非洲热带和亚热带地区
	白背黄花稔 *Sida rhombifolia* L.	台湾、福建、广东、广西、贵州、云南、四川和湖北	越南、老挝、柬埔寨和印度等地区
	锥花沙稔 *Sidastrum paniculatum* L. Fryxell		
竹芋科 Marantaceae	垂花再力花 *Thalia geniculata* L.		热带非洲
	竹芋 *Maranta arundinacea* L.	南方常见栽培	原产美洲热带地区，现广植于各热带地区
	条纹竹芋 *Marantha leuconeura* E. Morren		原产热带地区
桃金娘科 Myrtaceae	赤桉 *Eucalyptus camaldulensis* Dehnh.	华南到西南均有栽培	澳大利亚分布最广，除荒漠及半荒漠外，几乎各地均有分布
	桉 *Eucalyptus robusta* Sm.	四川、云南	原产澳大利亚，主要分布于沼泽地、靠海的河口重黏壤地区，也可见于海岸附近的沙壤地区
	尾叶桉 *Eucalyptus urophylla* S. T. Blake	广东、广西、海南等地广泛栽培	热带、亚热带
紫茉莉科 Nyctaginaceae（Nictaginaceae）	紫茉莉 *Mirabilis jalapa* L.	南北各地常栽培	原产热带美洲
西番莲科 Passifloraceae	翅茎西番莲 *Passiflora alata* Dryand.		原产巴西及秘鲁

（续）

所属科	植物学名	中国分布	世界分布
海桐科 Pittosporaceae	海桐 *Pittosporum tobira* Thunb. W.T. Aiton	长江以南滨海各省份	日本、朝鲜
悬铃木科 Platanaceae	一球悬铃木 *Platanus occidentalis* L.	北部及中部	原产北美洲，现广泛被引种
禾本科 Poaceae	须芒草 *Andropogon virginicus* L.	四川（西部）、云南、西藏	原产非洲西部热带地区，广泛分布于非洲赤道附近
	地毯草 *Axonopus compressus* Sw. P. Beauv.	台湾、广东、广西、云南	原产热带美洲，世界各热带、亚热带地区有引种栽培
	凌风草 *Briza lamarckiana* Nees		多数产于南美洲，欧洲和美洲北部及亚洲西北部也有分布
	银鳞茅 *Briza minor* L.	福建、台湾、江苏有引种栽培	欧洲
	孟仁草 *Chloris barbata* Sw.	广东沿海诸岛	热带东南亚
	非洲虎尾草 *Chloris gayana* Kunth	北京、河北、福建、广东、台湾引种栽培	原产非洲，分布自塞内加尔起向东至苏丹，向南至南非
	丘竹 *Chusquea lorentziana* Griseb.		
	蒲苇 *Cortaderia selloana* Schult. & Schult. f. Asch. & Graebn.	上海、南京、北京等公园有引种	分布于美洲
	画眉草 *Eragrostis airoides* Nees		多分布于全世界热带与温带区域
	丝毛雀稗 *Paspalum urvillei* Steud.	台湾引种	世界较温暖地区已归化
	铺地狼尾草 *Pennisetum clandestinum* Hochst. ex Chiov.	台湾引入作水土保持植物，海南、云南也有引种栽培	分布于东非洲热带地区，但许多国家已引入
	象草 *Pennisetum purpureum* Schumach.	江西、四川、广东、广西、云南	原产非洲，引种栽培至印度、缅甸、大洋洲及美洲
	结缕草属 *Zoysia* sp.		非洲、亚洲和大洋洲热带和亚热带地区
蔷薇科 Rosaceae	蔷薇属 *Rosa* sp.		广泛分布于亚、欧、北非、北美各洲寒温带至亚热带地区
茄科 Solanaceae	自花木曼陀罗 *Brugmansia* × *candida* Pers.		原产南美洲

4.牧草和水土保持植物

草地贪夜蛾幼虫可取食禾本科和莎草科的18种牧草和水土保持植物（表3-4）。

表3-4　草地贪夜蛾为害的牧草和水土保持植物种类及分布

所属科	植物学名	中国分布	世界分布
禾本科 Poaceae	类地毯草 *Axonopus fissifolius* Raddi Kuhlm.	台湾引种栽培作牧草	原产热带美洲
	狗牙根 *Cynodon dactylon* L. Pers.	广布于我国黄河以南各省份，近年北京附近已有栽培	全世界温暖地区
	升马唐 *Digitaria ciliaris* Retz. Koeler	南北各地	广泛分布于世界热带、亚热带地区
	马唐 *Digitaria sanguinalis* L. Scop.	西藏、四川、新疆、陕西、甘肃、山西、河北、河南及安徽	广泛分布于南北半球温带和亚热带山地
	假俭草 *Eremochloa ophiuroides* Munro Hack.	江苏、浙江、安徽、湖北、湖南、福建、台湾、广东、广西、贵州	中南半岛
	Festuca arvernensis Auquier, Kerguélen & Markgr.-Dannenb.		温寒地带、温带及热带高山地区
	虮子草 *Leptochloa panicea* Retz. Ohwi subsp. *mucronata* Michx. Nowack	陕西、河南、江苏、安徽、浙江、台湾、福建、江西、湖北、湖南、四川、云南、广西、广东	热带和亚热带地区
	黑麦草 *Lolium perenne* L.	全国各地普遍引种栽培	广泛分布于巴基斯坦、欧洲、亚洲暖温带、非洲北部等
	糖蜜草 *Melinis minutiflora* P. Beauv.	台湾已归化，四川等地曾有引种	原产非洲，现许多热带国家引种栽培为牧草
	红毛草 *Melinis repens* Willd. Zizka	广东、台湾等地有引种，已归化	原产南非
	芒 *Miscanthus × giganteus* J. M. Greef & Deuter ex Hodk. & Renvoize	江苏、浙江、江西、广东、海南和广西等	主要分布于东南亚，也分布于非洲
	毛花雀稗 *Paspalum dilatatum* Poir.	浙江、上海、台湾、湖北	全球热带和温暖地区
	百喜草 *Paspalum notatum* Flueggé	甘肃及河北引种栽培	美洲
	梯牧草 *Phleum pratense* L.	新疆	欧、亚两洲温带地区
	草地早熟禾 *Poa pratensis* L.	黑龙江、吉林、辽宁、内蒙古、河北、山西、河南、山东、陕西、甘肃、青海、新疆、西藏、四川、云南、贵州、湖北、安徽、江苏、江西	广泛分布于欧亚大陆温带和北美洲

（续）

所属科	植物学名	中国分布	世界分布
禾本科 Poaceae	石茅 *Sorghum halepense* L. Pers.	台湾、广东、四川	地中海沿岸各国及西非、印度、斯里兰卡等地
	巴拉草 *Brachiaria mutica*（Forsk.）Stapf	台湾引种栽培	美国、非洲、印度等
茜草科 Rubiaceae	阔叶丰花草 *Spermacoce alata* Aublet	广东等地	原产南美洲

5.野生植物

草地贪夜蛾幼虫可取食禾本科、豆科、菊科、莎草科、金伞科、十字花科等34科131种野生植物（表3-5）。

表3-5　草地贪夜蛾为害的野生植物种类及分布

所属科	植物学名	中国分布	世界分布
番杏科 Aizoaceae	假海马齿 *Trianthema portulacastrum* L.	台湾、广东、海南和西沙永兴岛	热带地区
苋科 Amaranthaceae	假刺苋 *Amaranthus dubius* Mart. ex Thell.	台湾、广东、浙江等沿海地区	原产热带美洲、西印度群岛，现广布于热带和亚热带地区，特别是海洋沿岸地区
	绿穗苋 *Amaranthus hybridus* L.	陕西南部、河南（洛阳）、安徽、江苏、浙江、江西、湖南、湖北、四川、贵州	欧洲、北美洲、南美洲
	刺苋 *Amaranthus spinosus* L.	陕西、河南、安徽、江苏、浙江、江西、湖南、湖北、四川、云南、贵州、广西、广东、福建、台湾	日本、印度、中南半岛、马来西亚、菲律宾、美洲等
	皱果苋 *Amaranthus viridis* L.	东北、华北、陕西、华东、江西、华南、云南	原产热带非洲，广泛分布在两半球温带、亚热带和热带地区
	藜 *Chenopodium album* L.	广泛分布	全球温带及热带
	昆诺阿藜 *Chenopodium quinoa* Willd.		南美洲安第斯山脉哥伦比亚、厄瓜多尔、秘鲁等中高海拔山区

（续）

所属科	植物学名	中国分布	世界分布
伞形科 Apiaceae	野胡萝卜 *Daucus carota* L.	四川、贵州、湖北至华东北部	欧洲、东南亚地区
	Daucus pusillus Michx.		美国
	刺芹 *Eryngium foetidum* L.	广东、广西、贵州、云南	南美洲东部、中美洲、安的列斯群岛以至亚洲、非洲热带地区
	密刺刺芹 *Eryngium horridum* Malme		
	Eryngium megapotamicum Malme		
夹竹桃科 Apocynaceae	假虎刺属 *Carissa* sp.	云南、贵州	印度、缅甸、斯里兰卡
菊科 Asteraceae	刺苞果 *Acanthospermum hispidum* DC.	云南	原产南美洲
	紫菀属 *Aster* sp. L.	广泛分布	广泛分布
	Baccharis neglecta Britton		
	鬼针草 *Bidens pilosa* L.（*Bidens alba* L. DC）	广泛分布	亚洲和美洲热带和亚热带地区
	飞廉属 *Carduus* sp.	新疆	欧洲、北非、俄罗斯中亚及西伯利亚
	菊苣 *Cichorium intybus* L.	北京、黑龙江、辽宁、山西、陕西、新疆、江西	欧洲、亚洲、北非广泛分布
	小蓬草 *Erigeron canadensis* L.（*Conyza canadensis* L. Cronquist）	广泛分布	原产北美洲，世界各地广泛分布
	刺苞菜蓟 *Cynara cardunculus* L.	重庆、贵州	原产地中海地区西部和南部
	梁子菜 *Erechtites hieraciifolius* L. Raf. ex DC.	四川、贵州、云南、福建、台湾等地归化	北美洲
	败酱叶菊芹 *Erechtites valerianifolius* Link ex Spreng. DC	台湾、广东、海南归化	南美洲
	Pascalia glauca Ortega		
	巴西千里光 *Senecio brasiliensis* Spreng. Less.		原产巴西
	苦苣菜 *Sonchus oleraceus* L.	广泛分布	广泛分布
	药用蒲公英 *Taraxacum officinale* F.H. Wigg.	新疆各地	哈萨克斯坦、吉尔吉斯斯坦及欧洲、北美洲等地

（续）

所属科	植物学名	中国分布	世界分布
菊科 Asteraceae	蒜叶婆罗门参 *Tragopogon porrifolius* L.	陕西、新疆、云南	欧洲及俄罗斯
	加拿大苍耳 *Xanthium strumarium* L. var. *canadense* Mill. Torr. & A. Gray		原产加拿大
紫草科 Boraginaceae	*Onosmodium virginianum* L. A. DC.		
十字花科 Brassicaceae	臭独行菜 *Lepidium didymum* L. (*Coronopus didymus* L. Sm.)	山东、安徽、江苏、浙江、福建、台湾、湖北、江西、广东、四川、云南	欧洲、北美洲、亚洲
	野萝卜 *Raphanus raphanistrum* L.	四川	欧洲、亚洲北部及北美洲
鸭跖草科 Commelinaceae	饭包草 *Commelina benghalensis* L.	山东、河北、河南、陕西、四川、云南、广西、海南、广东、湖南、湖北、江西、安徽、江苏、浙江、福建和台湾	亚洲和非洲热带、亚热带地区广泛分布
	竹节菜 *Commelina diffusa* Burm. F.	西藏南部、云南东南部、贵州、广西、广东、台湾和海南	世界热带、亚热带地区广泛分布
	直立鸭跖草 *Commelina erecta* L.		
旋花科 Convolvulaceae	田旋花 *Convolvulus arvensis* L.	吉林、黑龙江、辽宁、河北、河南、山东、山西、陕西、甘肃、宁夏、新疆、内蒙古、江苏、四川、青海、西藏	广泛分布于南北半球温带，稀见于亚热带及热带地区
	管花薯 *Ipomoea violacea* L. (*Ipomoea grandiflora* L. f. Lam.)	台湾、广东、海南、西沙群岛	美洲热带、非洲东部和亚洲东部
	圆叶牵牛 *Ipomoea purpurea* L. Roth	大部分地区有分布	原产热带美洲，广泛引植于世界各地，或已成为归化植物
	三裂叶薯 *Ipomoea triloba* L.	广东及其沿海岛屿、台湾高雄	原产美洲热带地区，现已成为热带地区杂草
葫芦科 Cucurbitaceae	化毒藤 *Fevillea cordifolia* L.		
莎草科 Cyperaceae	薹草属 *Carex* sp.	广泛分布	
	扁穗莎草 *Cyperus compressus* L.	江苏、浙江、安徽、江西、湖南、湖北、四川、贵州、福建、广东、海南、台湾	喜马拉雅山区，印度、越南、日本

（续）

所属科	植物学名	中国分布	世界分布
莎草科 Cyperaceae	黄香附 *Cyperus esculentus* L.	广东、广西南部及海南等	
	莎草 *Cyperus retrorsus* Chapm. var. *robustus* Boeckeler Kük	华南、华东、西南各地	世界各地广泛分布
	香附子 *Cyperus rotundus* L.	陕西、甘肃、山西、河南、河北、山东、江苏、浙江、江西、安徽、云南、贵州、四川、福建、广东、广西、台湾	世界各地广泛分布
	水虱草 *Fimbristylis littoralis* Gaudich.	除东北各省、山东、山西、甘肃、内蒙古、新疆、西藏尚无记载外，全国各地都有分布	印度、马来西亚、斯里兰卡、泰国、越南、老挝、朝鲜、日本、玻里尼西亚、澳大利亚
	圆筒穗水蜈蚣 *Kyllinga cylindrica* Nees（*Kyllinga odorata* Vahl）	云南	非洲、尼泊尔、越南、印度、马来西亚、印度尼西亚、菲律宾、日本
大戟科 Euphorbiaceae	铁苋菜属 *Acalypha* sp.	除西北外，各地均有分布	世界热带、亚热带地区广泛分布
豆科 Fabaceae	*Desmodium adscendens* Sw. DC.		
	鸡眼草 *Kummerowia striata* Thunb. Schindl.	东北、华北、华东、中南、西南等地	朝鲜、日本、俄罗斯东部
	胡枝子 *Lespedeza bicolor* Turcz.	黑龙江、吉林、辽宁、河北、内蒙古、山西、陕西、甘肃、山东、江苏、安徽、浙江、福建、台湾、河南、湖南、广东、广西	朝鲜、日本、俄罗斯
	日本胡枝子 *Lespedeza thunbergii* DC. Nakai	安徽、福建、甘肃、广东、广西、贵州、河北、河南、湖北、湖南、江苏、江西、陕西、山东、四川、台湾、云南、浙江	印度、日本、朝鲜
	葛麻姆 *Pueraria montana* Lour. Merr. var. *lobata* Willd. Maesen & S.M. Almeida ex Sanjappa & Predeep	云南、四川、贵州、湖北、浙江、江西、湖南、福建、广西、广东、海南和台湾	日本、越南、老挝、泰国、菲律宾
牻牛儿苗科 Geraniaceae	老鹳草属 *Geranium* sp.	全国广布，但主要分布于西南、内陆山地和温带落叶阔叶林区	主要分布于温带及热带山区
唇形科 Lamiaceae	益母草 *Leonurus japonicus* Houtt.	广泛分布	俄罗斯、朝鲜、日本、热带亚洲、非洲以及美洲各地有分布

（续）

所属科	植物学名	中国分布	世界分布
紫茉莉科 Nyctaginaceae（Nictaginaceae）	直立黄细心 *Boerhavia erecta* L.	广东（广州、宝安）、西沙群岛	新加坡、马来西亚、印度尼西亚、太平洋岛屿
兰科 Orchidaceae	紫花苞舌兰 *Spathoglottis plicata* Blume	台湾	广泛分布于从日本经菲律宾、越南、泰国、马来西亚、斯里兰卡、印度南部、印度尼西亚、新几内亚岛到澳大利亚和太平洋的一些群岛
酢浆草科 Oxalidaceae	*Oxalis divaricata* Mart. ex Zucc		广泛分布
	Oxalis eriocarpa DC		广泛分布
露兜树科 Pandanaceae	露兜树属 *Pandanus* sp.		
松科 Pinaceae	加勒比松 *Pinus caribaea* Morelet	广东引种	加勒比海地区巴哈马群岛、古巴西部、中美东部沿海地区洪都拉斯、危地马拉东部及尼加拉瓜东北部
胡椒科 Piperaceae	胡椒属 *Piper* sp.	台湾、广东、广西、海南、云南、四川、江西、福建	主产热带地区
商陆科 Phytolaccaceae	商陆属 *Phytolacca* sp.		分布于热带至温带地区，绝大部分原产南美洲
车前科 Plantaginaceae	车前草 *Plantago tomentosa* Lam.	大部分地区	广泛分布于世界温带及热带地区
禾本科 Poaceae	巨序剪股颖 *Agrostis gigantea* Roth.	黑龙江、吉林、辽宁、河北、内蒙古、山西、山东、陕西、甘肃、青海、新疆、江苏、江西、安徽、西藏、云南	俄罗斯、日本、喜马拉雅山
	Agrostis hyemalis Walter Britton, Sterns & Poggenb.		多分布于寒温地带
	西伯利亚剪股颖 *Agrostis stolonifera* L.	东北地区	俄罗斯、日本
	须芒草 *Andropogon leucostachyus* Kunth	华南、西南等地区	多产于世界温暖地区
	孔颖草 *Bothriochloa pertusa* L. A. Camus	广东、云南	印度

（续）

所属科	植物学名	中国分布	世界分布
禾本科 Poaceae	扁穗雀麦 *Bromus catharticus* Vahl.	华东、江苏、台湾及内蒙古等地有引种栽培	原产美洲，各国广泛引种
	刺蒺藜草 *Cenchrus echinatus* L.	海南、台湾、云南	
	少花蒺藜草 *Cenchrus spinifex* Cav.	辽宁、吉林、内蒙古、福建、台湾、广东、香港、广西、云南、河北	美国、墨西哥、西印度群岛、阿根廷、智利、乌拉圭、澳大利亚、阿富汗、印度、孟加拉国、黎巴嫩、葡萄牙、南非等
	刺苞草 *Cenchrus tribuloides* L.		
	非洲狗牙根 *Cynodon nlemfuensis* Vanderyst		原产非洲
	星草 *Cynodon plectostachyus* K. Schum. Pilg.		
	苍白野黍 *Erioohloa punctata* L. Desv. ex Ham	台湾	美国南部和西印度群岛至阿根廷均有分布
	龙爪茅 *Dactyloctenium aegyptium* L. Willd.	华东、华南和中南	全世界热带及亚热带地区
	毛梗双花草 *Dichanthium aristatum* Poir. C.E. Hubbard	台湾、云南	印度
	阿根廷马唐 *Digitaria aequiglumis* Hack. & Arechav. Parodi		
	Digitaria connivens Trin. Henrard		
	俯仰马唐 *Digitaria eriantha* Steud.		
	牙买加马唐 *Digitaria horizontalis* Willd.		
	止血马唐 *Digitaria ischaemum* (Schreb.) Schreb. ex Muhl.	黑龙江、吉林、辽宁、内蒙古、甘肃、新疆、西藏、陕西、山西、河北、四川及台湾	欧亚温带地区广泛分布，北美温带地区已归化
	Digitaria pseudodiagonalis Chiov.		
	Digitaria swazilandensis Stent		
	光头稗 *Echinochloa colona* L. Link	北京、天津、河北、山西、辽宁、黑龙江、浙江、安徽、福建、湖南、广西、贵州、云南、陕西、甘肃	

（续）

所属科	植物学名	中国分布	世界分布
禾本科 Poaceae	稗 *Echinochloa crus-galli* L. P. Beauv.	广泛分布	温暖地区
	牛筋草 *Eleusine indica* L. Gaertn.	广泛分布	温带和热带地区
	三穗穇 *Eleusine tristachya* Lam. Lam.		热带和亚热带地区
	偃麦草 *Elytrigia repens* (L.) Nevski（*Elymus repens* L. Gould）	新疆、甘肃、青海、西藏	俄罗斯、蒙古
	Eustachys disticophylla Lag. Nees		多分布于热带美洲、西印度群岛和热带南非
	大牛鞭草 *Hemarthria altissima* Poir. Stapf & C.E. Hubbard	东北、华北、华中、华南、西南	北非、欧洲地中海沿岸各国
	两耳草 *Paspalum conjugatum* P.J. Bergius	台湾、云南、海南、广西	热带和温暖地区
	Paspalum cromyorhizon Trin. ex Döll		热带和亚热带地区
	双穗雀稗 *Paspalum distichum* L.	江苏、台湾、湖北、湖南、云南、广西、海南	热带和亚热带地区
	Paspalum exaltatum J.Presl		
	裂颖雀稗 *Paspalum fimbriatum* Kunth	台湾	
	Paspalum pumilum Nees		
	Paspalum stelatum Humb. & Bonpl. ex Flüggé		
	海雀稗 *Paspalum vaginatum* Sw.	台湾、海南及云南	印度、马来西亚及全世界热带、亚热带地区均有分布
	Phalaris angusta Nees ex Trin.		
	加那利虉草 *Phalaris canariensis* L.	台湾、上海、河北	美国
	早熟禾 *Poa annua* L.	广泛分布	欧洲、亚洲及北美洲均有分布

（续）

所属科	植物学名	中国分布	世界分布
禾本科 Poaceae	水茅 *Scolochloa festucacea* Link（*Schedonorus arundinaceus* Schreb. Dumort.）	黑龙江、吉林、辽宁、内蒙古、四川	欧洲及俄罗斯、蒙古和北美洲
	Schizachyrium tenerum Nees		热带和亚热带地区
	狗尾草 *Setaria viridis* L. P. Beauv.	广泛分布	原产欧亚大陆温带和暖温带地区，现广布于全世界温带和亚热带地区
	幽狗尾草 *Setaria parviflora* Poir. Kerguélen	江西、湖南、四川、贵州、云南、福建、台湾、广东、广西、海南	
	野生高粱 *Sorghum bicolor* L. Moench subsp. *arundinaceum* Desv. de Wet & Harlan		
	鼠尾粟 *Sporobolus indicus* L. R. Br.		
	侧钝叶草 *Stenotaphrum secundatum* Walter Kuntze	广东、云南、四川、广东、香港	自然分布于西印度群岛、澳大利亚、墨西哥南部和南非开普敦到纳塔尔等地，亚洲、非洲、美洲、欧洲、大洋洲等地均有引种栽培
	非洲尾稃草 *Urochloa arrecta* Hack. ex T. Dur. & Schinz O. Morrone & F. Zuloaga		分布于东半球热带地区
	Urochloa brizantha Hochst. ex A. Rich. R. Webster		
	Urochloa decumbens Stapf R. Webster		
	Urochloa fusca Sw. B.F. Hansen & Wunderlin		
	Urochloa maxima Jacq. R. Webster		
	Urochloa plantaginea Link R. Webster		
	Urochloa platyphylla Munro ex C. Wright R.D. Webster		

（续）

所属科	植物学名	中国分布	世界分布
禾本科 Poaceae	多枝臂形草 *Brachiaria ramosa* （L.）Stapf（*Urochloa ramosa* L. Nguyen）	海南、云南	印度和马来西亚以至非洲
	得克萨斯尾稃草 *Urochloa texana* Buckley R. Webster		
蓼科 Polygonaceae	*Muehlenbeckia sagittifolia* Ortega Meisn.		
	皱叶酸模 *Rumex crispus* L.	东北、华北、西北、山东、河南、湖北、四川、贵州及云南	高加索、哈萨克斯坦、俄罗斯（西伯利亚、远东）、蒙古、朝鲜、日本、欧洲及北美洲
雨久花科 Pontederiaceae	凤眼蓝 *Eichhornia crassipes* Mart. Solms	长江、黄河流域及华南各省份	原产巴西，亚洲热带地区广泛分布
马齿苋科 Portulacaceae	马齿苋 *Portulaca oleracea* L.	广泛分布	温带和热带地区
蔷薇科 Rosaceae	野草莓 *Fragaria vesca* L.	吉林、陕西、甘肃、新疆、四川、云南、贵州	广泛分布于北温带，欧洲、北美洲均有记录
茜草科 Rubiaceae	盖裂果 *Mitracarpus hirtus* L. DC.	海南	印度，热带南美洲和热带东非、西非
	Richardia grandiflora Cham. & Schltdl. Schult. & Schult. f.		热带和亚热带地区
玄参科 Scrophulariaceae	*Verbascum virgatum* Stockes		
茄科 Solanaceae	欧白英 *Solanum dulcamara* L.	云南西北部及四川西南部	欧洲、高加索、西伯利亚直到里海、咸海，向东分布至喜马拉雅山
荨麻科 Urticaceae	橙黄肉果麻 *Urera aurantiaca* Weedd.		
马鞭草科 Verbenaceae	白花假马鞭 *Stachytarpheta cayennensis* Rich. Vahl.		
堇菜科 Violaceae	堇菜属 *Viola* sp.		

二、自相残杀与捕食行为

草地贪夜蛾幼虫发育至三龄后具有自相残杀的习性。草地贪夜蛾种内攻防行为中头部接触是最主要的行为表现，其中六龄与六龄以及六龄与五龄幼虫竞争时头部接触行为出现次数最多，在20min内分别为（17.8±1.7）次和（15.3±1.1）次（施建琴等，2021）。将超过400粒草地贪夜蛾卵放在一个封闭的空间中，待孵化出幼虫后以玉米叶饲喂，大部分幼虫都因自相残杀而死亡，最后只剩1～2头能正常化蛹（Vickery，1929）。当低龄和高龄幼虫共存时，低龄幼虫通常会被高龄幼虫杀死（王道通 等，2020）。然而，在田间很难找到草地贪夜蛾幼虫自相残杀的直接证据，这可能是由于三龄以后的草地贪夜蛾幼虫扩散至周围植株叶片、土壤表层等隐蔽场所而不受干扰。五至六龄高龄幼虫喜潜藏于植株心叶、转入植株茎秆或果穗内部，很有可能是幸存的幼虫成功杀害了其他试图侵略的幼虫（Vickery，1929）。

草地贪夜蛾幼虫还具有捕食的特性，可驱赶、攻击和取食其他种类的昆虫。室内研究发现，草地贪夜蛾与大灰优食蚜蝇存在相互捕食关系（图3-1），二龄、三龄大灰优食蚜蝇幼虫对一龄和二龄草地贪夜蛾幼虫具有捕食作用，理论最大捕食量分别为43.4头/d和83.3头/d。但当草地贪夜蛾幼虫发育至三龄后，显现出对低龄大灰优食蚜蝇幼虫的捕

图3-1　草地贪夜蛾与大灰优食蚜蝇相互捕食

A、B.大灰优食蚜蝇三龄幼虫猎捕和取食草地贪夜蛾二龄幼虫

C、D.草地贪夜蛾六龄幼虫猎捕和取食大灰优食蚜蝇三龄幼虫

食行为，五龄和六龄草地贪夜蛾幼虫对一龄、二龄、三龄大灰优食蚜蝇幼虫的理论最大捕食量分别为16.4～19.2头/d、6.0～19.6头/d和6.8～8.2头/d，捕食作用符合功能反应Ⅲ，即捕食者的捕食率随着猎物密度的增加呈S形曲线增长（Li et al.，2021）。

田间调查发现草地贪夜蛾可猎杀二点委夜蛾、东方黏虫和劳氏黏虫等其他夜蛾类害虫的幼虫。草地贪夜蛾和亚洲玉米螟发生种间竞争时，二者主要表现均为头部接触行为，但草地贪夜蛾的攻击行为表现更明显。在同一龄期的亚洲玉米螟和草地贪夜蛾种间竞争中，草地贪夜蛾具有明显优势（施建琴 等，2021）。常向前等（2022）的研究发现，草地贪夜蛾和东方黏虫在相同生态位的种群竞争中，草地贪夜蛾具有明显的优势；无论寄主为小麦还是玉米，东方黏虫在与草地贪夜蛾的混合种群中每日存活率通常低于草地贪夜蛾及单独饲养的东方黏虫种群，甚至不能完成幼虫发育，造成东方黏虫种群可能被草地贪夜蛾取代。Song等（2021）报道，草地贪夜蛾与斜纹夜蛾在玉米田的生态位重叠，从一龄幼虫发育至三龄幼虫，草地贪夜蛾需要的时间显著短于斜纹夜蛾（图3-2）；草地贪夜蛾在田间与斜纹夜蛾混合发生时，使得斜纹夜蛾的死亡率高于90%；诱虫灯诱集的斜纹夜蛾成虫数量显著高于草地贪夜蛾，而草地贪夜蛾在玉米田的幼虫发生数量显著高于斜纹夜蛾（图3-3），说明草地贪夜蛾具有明显的竞争优势，其在入侵云南1年的时间里就已取代当地鳞翅目害虫的优势种——斜纹夜蛾，成为玉米田的主要害虫。

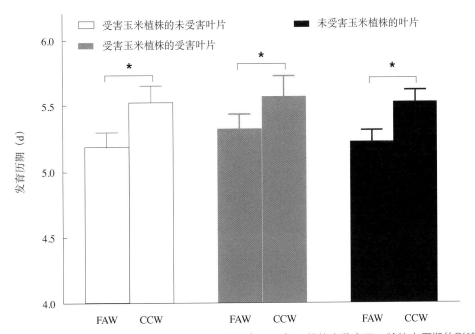

图3-2　食物对草地贪夜蛾（FAW）和斜纹夜蛾（CCW）一龄幼虫发育至三龄幼虫历期的影响

注：*表示差异显著。

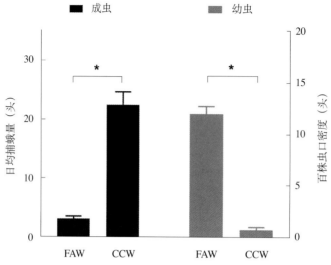

图 3-3　草地贪夜蛾（FAW）和斜纹夜蛾（CCW）在田间的种群数量

注：*表示差异显著。

三、扩散与化蛹

草地贪夜蛾的幼虫孵化后，先取食卵壳，随后在卵块附近聚集为害。当发育至一龄末期，幼虫就已扩散转移至远离卵块的位置。发育到二龄幼虫时，可吐丝随风迁移扩散至周围植株的幼嫩部位或生长点。随着幼虫龄期的增长，扩散范围逐渐扩大。四至六龄高龄幼虫可扩散转移至附近的植株上为害，而如果幼虫的数量足够多，将周围的寄主植物摧毁后，又能像行军虫黏虫一样，进行大规模的迁移扩散活动。草地贪夜蛾幼虫具有自相残杀的习性，这也促使它们向外扩张，找寻新的食物来源。因此，当草地贪夜蛾成虫在一株植物上产卵后，其周围的植物最终也会被扩散的草地贪夜蛾幼虫取食为害（Vickery，1929）。

多数草地贪夜蛾老熟幼虫钻入土壤化蛹，化蛹深度受土壤质地、温度与湿度的影响，一般为 2 ~ 8 厘米（Vickery，1929），个别老熟幼虫亦可直接在玉米穗等植株部位化蛹。老熟幼虫将土壤颗粒与茧丝结合在一起筑成茧，形状为椭圆形或卵形，长为 1.4 ~ 1.8cm，宽约 4.5cm。如果土壤太硬，幼虫会将植物叶片和其他物质粘在一起，形成土壤表面的茧。蛹期无法承受长时间的寒冷天气，在美国佛罗里达州南部的存活率为 51%，而佛罗里达州中部的存活率为 27.5%，佛罗里达州北部的存活率仅为 11.6%。

第二节　成　　虫

一、取食

草地贪夜蛾成虫具有访花的习性，可取食向日葵、蒲公英、油菜、蔷薇、松树等植物的花蜜或花粉。室内研究表明，草地贪夜蛾幼虫在人工饲料饲养条件下发育良好，成虫仅取食清水即可完成交配、产卵等过程，但补充营养对成虫的产卵前期、产卵期、产卵量、交配率、卵的孵化率和寿命等均有显著影响，与清水处理相比，补充花粉和蜂蜜可显著促进草地贪夜蛾内生殖系统的发育进度、增加雌蛾的交配率和产卵量、延长成虫寿命和飞行时间。取食5%洋槐蜂蜜水的草地贪夜蛾产卵前期、产卵期和寿命最长，分别为10.85d、6.82d和19.28d；而补充2.5%洋槐蜂蜜+0.25%松花粉的草地贪夜蛾雌蛾交配率最高，为79.7%，平均单雌产卵量达644.9粒，卵的孵化率为82.3%。取食蜂蜜可延缓草地贪夜蛾精巢的衰减，2.5%洋槐蜂蜜+0.25%松花粉对草地贪夜蛾卵巢发育的促进作用最强。与取食花粉相比，蜂蜜可显著增强草地贪夜蛾的飞行能力，连续吊飞12h后，取食5%洋槐蜂蜜水的草地贪夜蛾飞行时间最长（9.5h），飞行距离最远（29.9km），飞行速度最大（3.1km/h）（He et al.，2021a）。同时，营养物质的种类和浓度对草地贪夜蛾成虫的产卵期和寿命也有影响，房敏等（2020）以蒸馏水、5%蜂蜜水、10%蜂蜜水、15%蜂蜜水、5%蔗糖水、10%蔗糖水、15%蔗糖水饲喂草地贪夜蛾成虫，结果表明，补充蒸馏水处理组的产卵前期显著短于其他处理组，10%蜂蜜水及10%蔗糖水处理组的产卵期及雌成虫寿命均显著长于其他处理组，且10%蜂蜜水处理组的产卵量及卵孵化率最高，分别为983.20粒和98.07%，因此，室内饲养草地贪夜蛾时，成虫期营养补充以10%蜂蜜水为最佳。

二、求偶与交配

草地贪夜蛾在羽化当日即出现召唤和求偶行为，但无交配发生，羽化后第2天开始交配（张罗燕 等，2021）。草地贪夜蛾成虫的交配行为大多发生在夜晚。Simmons和Marti（1992）的研究表明，整个夜晚都可观察到草地贪夜蛾的交配行为，但73%～84%的交配行为发生在22:00至翌日3:00。其中80%的交配持续时间超过45min，交配的平均持续时间为130min。雌蛾一生的交配次数在0～11次之间，平均为3.7次，雄蛾一生的交配次数为0～15次，平均为6.7次。雄蛾在羽化后的前3晚交配活动最为频繁，随后交配活动随着日龄的增加而减少。草地贪夜蛾成虫在25℃和30℃的交配次数达到峰值，而在10℃和15℃时，则很少发生交配行为。

田太安等（2020）在室内评价了黑暗环境以及微弱的紫光（365～375nm）、蓝光（460～475nm）和绿光（490～505nm）对草地贪夜蛾生殖行为的影响，结果表明弱紫光、弱蓝光和弱绿光对草地贪夜蛾雌蛾的交配行为有显著的干扰作用。在第1个暗期，弱紫光会显著延迟雌蛾初次求偶和交配的时间，在第2～4个暗期，弱紫光、弱蓝光和弱绿光处理下的雌蛾交配高峰期较黑暗处理的提前。弱紫光处理后，47.67%的雌蛾个体初次交配发生在第2个暗期，而黑暗、弱蓝光和弱绿光处理的雌蛾初次交配主要发生在第1个暗期，分别占总个体的50%、50%和63.33%。经黑暗、弱紫光、弱蓝光和弱绿光处理后，草地贪夜蛾雌蛾的最高交配次数分别为5次、3次、2次和3次，各处理下的大部分雌蛾均交配1次。

三、产卵

草地贪夜蛾在羽化后第3天开始产卵，雌蛾白天潜藏在寄主植物上，夜晚出来产卵，在遇到新配偶或与新配偶交配后，会延缓产卵或下调产卵速率（Vickery，1929；张罗燕 等，2021）。在玉米上，草地贪夜蛾雌蛾白天潜藏于幼嫩玉米植株的心叶中，晚上以卵块的形式将卵产于玉米叶片的背面，也有少量卵块分布于叶片的正面、叶鞘和茎秆等其他部位。同时，雌蛾也喜欢将卵块产于田间的杂草和其他相对较高的植株上，卵块表面通常覆盖有雌蛾腹部的鳞毛（Vickery，1929）。雌蛾能在羽化后7d内产下绝大多数的卵，占总产卵量的68.1%，而后7d产卵量仅占31.9%，总体上产卵量呈现随日龄先上升后下降的趋势；且多集于晚间接近凌晨的时间段产卵，每日产卵量节律呈波浪形变化；相比于复印纸、牛皮纸、玉米心叶和玻璃等介质，草地贪夜蛾对玉米老叶具有较明显的产卵偏好性（金涛 等，2020）。

草地贪夜蛾雌蛾偏好在禾本科植物如玉米、高粱、狗牙根、黑麦草等植株上产卵，而很少将卵产于棉花和大豆上，单雌可产卵12.2块，总产卵量约1 500粒（Luginbill，1928；Pitre et al.，1983；Whitford et al.，1988；Kebede，2018）。巴吐西等（2020）报道，相比于小麦，草地贪夜蛾更喜欢在玉米上产卵，产卵量在玉米和小麦叶片、玉米和小麦茎秆上存在显著差异，以玉米叶片背面卵块数量7.11块/笼最高。在草地贪夜蛾对烟草和玉米偏好性的研究中亦发现，雌蛾产卵时对玉米有明显的偏好性，其玉米植株上的卵块数量17块/笼显著多于烟草叶片上的卵块数量3块/笼（徐蓬军 等，2019）。在草地贪夜蛾对玉米和水稻的偏好性研究中发现，自由产卵6d后，草地贪夜蛾在玉米上的产卵量是在水稻上的8.64倍（邱良妙 等，2020）。He 等（2021b）研究了草地贪夜蛾对转基因抗虫玉米（Bt玉米）、普通玉米以及其他多种寄主植物的产卵选择行为。结果表明草地贪夜蛾偏好在未受害或受害较轻的玉米植株上产卵和取食，当玉米未受害或受害较轻时，普通玉米和转基因玉米植株上的产卵量无显著差异，但当幼虫孵化取食为害后，因Bt玉米可杀死孵化的幼虫而保持极低的受害率，而普通玉米受害严重，因此草地贪夜蛾成虫主要集中在Bt玉米植株上产卵，而大幅度减少在受害较重的普通玉米上产卵。姚领等（2020）以婆婆纳、鹅肠菜和泽漆为测试植物的研究发现，草地贪夜蛾在婆婆纳上的卵块数为（14.00±0.58）块，卵粒数为（1 305.00±28.16）粒，均显著高于其他两种杂草。与番茄（卵粒数669.00粒）、豇豆（116.33粒）和菜心（101.00粒）相比，草地贪夜蛾偏好在玉米（2 522.33粒）和黄瓜（2 948.00粒）上产卵（肖勇 等，2022）。黄建荣等（2021）调查分析了草地贪夜蛾卵块在玉米植株上的空间分布，发现草地贪夜蛾卵块主要分布于植株中部，即玉米小喇叭口期的倒3叶与倒4叶、吐丝期的倒5叶与倒6叶上的卵块最多。在玉米小喇叭口期，卵块主要分布于叶正面，而在吐丝期则主要分布于叶背面，距叶尖的平均距离分别为23.4cm和35.2cm。

四、趋光性

草地贪夜蛾成虫具有趋光性，对绿光（500～565nm）、黄光（565～590nm）和白光（可见光）行为选择性较强，而对红光和蓝光的选择性较弱（Nascimento et al.，2018）。Liu 等（2021）报道，草地贪夜蛾与棉铃虫等夜蛾科害虫类似，具有4个视蛋白基因。以棉铃虫为对照，利用高通量测序比较分析发现草地贪夜蛾雌、雄成虫的视蛋白基因表达水平显著低于棉铃虫成虫的相应基因。类似于棉铃虫，草地贪夜蛾雌、雄成虫同样具有很强的趋光性，但因视蛋白表达水平低，因此草地贪夜蛾雌、雄成虫的上灯率显著低于棉铃虫成虫。黄光（565～585nm）和绿光（525～545nm）对草地贪夜蛾的生殖和成虫寿命有明显的干扰作用，黄光和绿光处理均能明显降低雌蛾的产卵量，绿光处理可降低卵孵化率和延长产卵前期，黄光处理能明显缩短雄蛾的寿命（蒋月丽 等，2020）。

第三节　室内人工饲养技术

鉴于草地贪夜蛾的严重危害性，关于其人工饲养技术的研究迅速增加。笔者结合文献资料（温小昭 等，2007；黄艳君和浦冠勤，2011；曾凡荣，2018）和鳞翅目害虫的饲养经验，总结了草地贪夜蛾的室内人工饲养技术，主要包含采集和引进虫源、饲养条件与器具、食料、饲养方法四部分。

一、采集和引进虫源

草地贪夜蛾的人工饲养首先需要健康的虫源，不管是野外采集还是从其他实验室引进，起始虫源的质量是决定能否成功建立室内种群的关键。适应性差或活力不强的虫源会使新建种群过早衰退，受化学农药污染或被病原感染的虫源会导致室内种群绝种。因此，在野外采集时应尽可能地扩大样本量，采集地点需有一定的宽度。草地贪夜蛾的卵、幼虫、蛹和成虫均可作为室内种群的起始虫源，具体视采集方便程度及试验所需的时间要求而定。通常情况下，幼虫采集方便，但往往发育参差不齐，也容易采集到被天敌昆虫寄生或病原物感染的虫源；卵和蛹的采集相对困难，但在进行抗药性生物测定研究时，以田间采集的卵孵化的幼虫或蛹羽化出成虫后的F_1代作为供试虫源可缩短人工饲养所需的时间，并能真实反映田间种群的抗性水平；成虫通常采用灯光诱捕，采集的成本相对较高。若从其他实验室引种，需了解原实验室的饲养条件和发育指标，以便根据具体情况采取合适的饲养方法。

二、饲养条件与器具

草地贪夜蛾饲养结果的好坏受环境条件的影响。养虫室的温度通常控制在（25±1）℃，相对湿度控制在75%±5%，光照条件为L16h∶D8h。养虫室要定期进行彻底的消毒防病工作，常用的消毒方法有福尔马林+高锰酸钾熏蒸、紫外线灭菌等。福尔马林+高锰酸钾熏蒸消毒是利用甲醛与高锰酸钾发生氧化还原反应过程中产生的大量的热，使其中的甲醛受热挥发，从而达到杀死病原微生物的目的，具有省时、省力和消毒效果好等优点，是目前应用较为广泛的消毒方法。具体操作时，一定要先将高锰酸钾倒入容器中，然后倒入福尔马林，不可将高锰酸钾倒入福尔马林中，以免药液迸溅，造成人员灼伤。紫外线消毒灯可向外辐射波长为253.7nm的紫外线，紫外线主要作用于微生物的DNA，破坏DNA结构，使其失去繁殖和自我复制的能力，从而达到杀菌消毒的目的。紫外线可能会引起皮肤红肿、疼痒、脱屑，甚至发生癌变等，还会引起结膜炎、角膜炎，长期照射可能会导致白内障，因此在使用紫外线消毒灯时一定要注意防护，不能在有人的时候开启。养虫器具可用1%～2%漂白粉液浸洗消毒。

饲养初孵和低龄草地贪夜蛾幼虫时，可采用指形管、培养皿、养虫盒等器具群养。指形管需用棉塞塞紧管口，培养皿需用封口膜封口，养虫盒则用尼龙网布或封口薄膜封口。三龄后的幼虫具有自相残杀的习性，通常用指形管、25mL或50mL的塑料瓶单头饲养。老熟幼虫挑入装有蛭石（含水量约为20%）的塑料盒（长×宽×高＝22cm×15cm×8cm）中化蛹。成虫置于塑料养虫盒或2.5L塑料桶内饲养，用脱脂纱布封口以供成虫产卵。

三、食料

草地贪夜蛾的食料包括天然食料和人工饲料两类。

1.天然食料

植食性昆虫的天然食料通常是其在自然界的寄主植物。草地贪夜蛾的天然食料有玉米、小麦、高粱、花生、大豆等各种寄主植物，其中幼嫩的玉米叶和花生叶的饲养效果较好（详见第六章）。但这些天然食料受到季节的限制而不能常年提供，且容易受到农药和各种病原的污染，从而影响饲养效果。

2.人工饲料

人工饲料饲养昆虫可直接用于昆虫营养生理、昆虫生物学和害虫防治等领域的研究，人工饲料也是昆虫规模化饲养和工厂化生产的基础，具有降低成本和有效控制昆虫生长发育整齐度的优点。由于大多数天然食料在冬季缺乏，只能依靠人工饲料才能在冬季大量饲养昆虫，因此人工饲料是解决昆虫饲养季节性食料短缺的主要途径（曾凡荣，2018）。目前报道的草地贪夜蛾人工饲料的营养要素主要包含碳水化合物、蛋白质、脂类和固醇类、维生素和天然营养物质，基本原料主要以豆类、麦胚或麦麸、玉米粉、酵母和干酪素为主。

（1）国内报道的草地贪夜蛾人工饲料配方。草地贪夜蛾入侵我国后，我国植物保护科技工作者研究报道了多种人工饲料配方对其生长发育和繁殖的影响。李子园等（2019）以玉米叶饲养的草地贪夜蛾为对照，研究了3种人工饲料对草地贪夜蛾生长发育、繁殖力和种群增长潜力的影响。结果发现以饲料1（表3-6和表3-8）饲养的草地贪夜蛾幼虫存活率、蛹重、产卵量等指标均优于对照，种群的净增殖率、内禀增长率、周限增长率也高于对照，因此得出饲料1是饲养草地贪夜蛾的适宜人工饲料。李传瑛等（2019）以玉米粉、黄豆粉、酵母粉和干酪素为基本原料配制了草地贪夜蛾的人工饲料，在室内将草地贪夜蛾以该人工饲料连续饲养5代的平均发育历期为27.7d，幼虫存活率、化蛹率和羽化率分别为85.20%、89.20%和89.90%。苏湘宁等（2019）基于李传瑛等（2019）的研究结果，设计了4种人工饲料配方，结果发现饲料2（表3-6至表3-8）比较适宜草地贪夜蛾的室内饲养。以饲料2饲养的草地贪夜蛾幼虫存活率高达83.80%，化蛹率为91.20%，单雌产卵量为836粒。王世英等（2019）以夜蛾饲料为基础配方，设计了3种不同配方的人工饲料饲喂草地贪夜蛾，结果发现饲料3（表3-6至表3-8）饲养的草地贪夜蛾存活率最高，为83.30%，幼虫的发育历期最短，为27.8d，单雌产卵量最多，为452粒。杨亚军等（2020）报道，饲喂饲料4（表3-6至表3-8）和饲喂玉米叶的草地贪夜蛾幼虫存活率分别为86.30%和86.00%，幼虫发育历期分别为17.9d和18.1d，雌蛾寿命分别为13.9d和13.8d，雄成虫寿命分别为12.0d和12.1d，单雌产卵量分别为944粒和885粒，草地贪夜蛾在饲料4和玉米叶上的生长发育和繁殖指标不存在显著差异，因此饲料4可用于草地贪夜蛾的大规模饲养。葛世帅等以玉米叶饲养的草地贪夜蛾为对照，利用两性生命表和昆虫吊飞技术研究了饲料5、饲料6、饲料7和饲料8对草地贪夜蛾生长发育、繁殖和飞行的影响。结果表明，饲料5、饲料6、饲料7和饲料8均比较适合草地贪夜蛾的室内饲养（表3-6至表3-8）。饲料8是一种基于麦麸的人工饲料，将传统饲料6的黄豆粉和酵母粉用麦麸替代，与饲料6相比，可使原料成本节约30%，每吨饲料可节省1 700元。取食该饲料的草地贪夜蛾幼虫期为15.9d，蛹期为9.5d，蛹重为270.45mg，产卵量为1 364粒，飞行速度、飞行时间和飞行距离分别为2.90km/h、6.91h和19.73km，以饲料8饲养的草地贪夜蛾多项生长发育指标与饲料6饲养的一致。将饲料6中的麦麸、黄豆粉和酵母粉全部替换成玉米粉，接入草地贪夜蛾一龄幼虫，数天后全部死亡。取食饲料5的草地贪夜蛾幼虫期生长较慢，部分幼虫会发育至七龄，说明饲料中玉米粉的比例过高不利于草地贪夜蛾的生长发育。综合考虑饲养成本和草地贪夜蛾的生长发育情况，以麦麸和干酪素为基本原料的饲料8是目前室内饲养草地贪夜蛾最理想的人工饲料。

表3-6　国内报道的适宜饲养草地贪夜蛾的8种人工饲料配方

原料	饲料1	饲料2	饲料3	饲料4	饲料5	饲料6	饲料7	饲料8
黄豆粉（g）	100	87	125	—	40	80	260	—
大豆蛋白粉（g）	—	—	—	90				
麦麸粉（g）	80	—	—	—	50	150	—	260
小麦胚芽粉（g）	—	—	—	280				
玉米粉（g）	—	150	225	—	100			
酵母粉（g）	26	30	40	35	30	30		
干酪素（g）	8	15	20	—	40	40	40	40
蔗糖（g）	—	10						
抗坏血酸（g）	8	2.2	—	12	3.5	3	3	3
复合B族维生素（g）	—	0.5	—	0.2				
复合维生素（g）	—	—	7	—	0.15	0.1	0.1	0.1
琼脂（g）	26	15	30	25	24	20	20	20
胆固醇（g）	—	—	0.6	12				
氯化胆碱（g）	1	0.5	3	—				
山梨酸（g）	2	1	6	2	3	3	3	3
肌醇（g）	0.2	0.1	0.1					
链霉素（g）	0.1	—						
青霉素钠（g）	0.1	—						
青霉素（g）	—	—	—	0.2				
尼泊金丙酯（g）	2							
对羟基苯甲酸甲酯（g）	—	1.4	7.5	5				
甲醛（mL）	—	—	—	4	4	2	2	2
冰乙酸（mL）	—	—	—	—	4	4	4	4
韦氏盐（g）	—	0.1						
菜籽油（mL）	—	2						
蒸馏水（mL）	1 000	685	1 500	1 500	1 200	1 500	1 500	1 500
参考文献	李子园等，2019	苏湘宁 等，2019；李传瑛 等，2019	王世英等，2019	杨亚军等，2020	葛世帅提供			

表3-7　韦氏盐和复合维生素配方

韦氏盐组分	含量（g）	复合B族维生素组分	含量（g）	复合维生素组分	含量（%）
NaCl	10.5	烟酰胺	0.152 5	烟酰胺	0.6
KCl	12	烟酸硫胺素	0.0382	盐酸硫胺	7.6
KH_2PO_4	31	核黄素	0.076 4	核黄素	15.2
$Ca_3(PO_4)_2$	14.9	盐酸吡哆醇	0.038 2	盐酸吡哆醇	7.6
$CaCO_3$	21	氰钴胺素	0.001	氰钴胺	0.6
$MgSO_4$	9	叶酸	0.038 2	叶酸	7.6
$FePO_4 \cdot 4H_2O$	1.47	泛酸钙	0.152 8	泛酸钙	30.4
$MnSO_4$	0.02	生物素	0.030 5	烟酸	30.4
$K_2Al_2(SO_4)_4 \cdot 24H_2O$	0.009				
$CuSO_4 \cdot 5H_2O$	0.039				
NaF	0.057				
KI	0.005				

表3-8　草地贪夜蛾取食8种人工饲料后的生长发育参数

生长发育参数	饲料1	饲料2	饲料3	饲料4	饲料5	饲料6	饲料7	饲料8
蛹重（mg）	—	—	314	—	241	262	231	270
雌蛹重（mg）	244	—	—	250	—	—	—	—
雄蛹重（mg）	252	—	—	233	—	—	—	—
幼虫成活率（%）	88.00	83.80	83.30	86.33	92.08	98.33	71.25	87.08
单雌产卵量（粒）	846	836	452	944	859	1 439	1 005	1 364
净增殖力（粒/头）	346.29				288.59	580.37	176.53	410.23
内禀增长率（d^{-1}）	0.185 9				0.149 5	0.185 8	0.139 4	0.174 3
周限增长率（d^{-1}）	1.204 3				1.161 0	1.204 0	1.150 0	1.190 4
平均世代周期（d）	21.45				37.89	34.25	37.11	34.52
参考文献	李子园 等，2019	苏湘宁 等，2019；李传瑛 等，2019	王世英 等，2019	杨亚军 等，2020	葛世帅提供			

　　（2）国外报道的草地贪夜蛾人工饲料配方。国外报道的草地贪夜蛾人工饲料主要以豆类、麦胚、玉米粉和酵母等为基本原料。Bowling（1967）研究了基于斑豆（pinto beans）和酵母的人工饲料A（表3-9和表3-11）对草地贪夜蛾生长和繁殖的影响。结果发现，以饲料A饲养的草地贪夜蛾幼虫发育历期为16～25d，平均19.2d；蛹期为9～18d，平均12d；蛹重为336～519mg，平均432mg；单雌产卵量为696粒；卵孵化期为3～4d，平均3.5d。Pinto等（2019）报道了以菜豆（*Phaseolus vulgaris* L. var. *carioca*）、麦胚、玉米/鲜玉米和酵母为基本原料的3种人工饲料对草地贪夜蛾生长发育和繁殖的影响（表3-9至表3-11）。饲料C中玉米粉的含量较高，以该饲料饲养的草地贪夜蛾发育历期明显长于饲料B和饲料D，而幼虫和蛹的存活率明显低于饲料B和饲料D。以饲料B、饲料C和饲料D饲养的草地贪夜蛾成虫的畸形率分别为6.4%、64.7%和2.9%。以上研究结果说明人工饲料中玉米粉含量过高不利于草地贪夜蛾的生长发育、存活和繁殖。饲料B饲养的草地贪夜蛾发育历期较短、存活率和繁殖力较高，因此以菜豆、麦胚和酵母为基本原料的饲料B是草地贪夜蛾室内饲养的适宜人工饲料。Lekha等（2020）以豆类和酵母为基本原料设计了5种人工饲料配方（表3-9至表3-11），取食这5种饲料的草地贪夜蛾的幼虫发育历期为14.0～18.5d，蛹期为7.0～11.0d，单雌产卵量为832～1 097粒，雌性和雄性的世代周期分别为38.33～46.50d和36.99～44.50d，说明以豆类和酵母为基本原料的人工饲料饲养的草地贪夜蛾生长发育良好。综上，以菜豆、麦胚和酵母为基本原料的人工饲料饲养的草地贪夜蛾生长发育指标最优，因此，在设计草地贪夜蛾的人工饲料配方时可考虑以豆类、麦胚和酵母或此3种物质的替代物为主要原料。

表3-9 国外报道的9种草地贪夜蛾人工饲料配方

原料	A	B	C	D	E	F	G	H	I
斑豆（g）	100	—	—	—					
菜豆（g）	—	240	240	—					
豇豆粉（g）	—	—	—	100					
鹰嘴豆粉（g）	—	—	—		100				
黑豆粉（g）	—	—	—				100		
绿豆粉（g）	—	—	—					100	
黄豆粉（g）	—	—	—						100
小麦胚芽（g）	—	120	—	120					
鲜玉米（g）	—	—	—	60					
玉米粉（g）	—	—	240	—					
酵母粉（g）	15	72	72	72	10	10	10	10	10

（续）

原料	A	B	C	D	E	F	G	H	I
抗坏血酸（g）	1.5	7.3	7.3	7.3	3.6	3.6	3.6	3.6	3.6
对羟基苯甲酸甲酯（g）	1	4.4	4.4	4.4	2	2	2	2	2
山梨酸（g）	0.5	2.4	2.4	2.4	1	1	1	1	1
维生素溶液(mL)	—	10	10	10	7	7	7	7	7
甲醛（mL）	1	6	6	6	5	5	5	5	5
琼脂（g）	6	20	20	20	12	12	12	12	12
蒸馏水（mL）	375	1 000	1 000	1 000	800	800	800	800	800
参考文献	Bowling，1967	Pinto et al.，2019			Lekha et al.，2020				

表3-10　维生素溶液配方

组分	烟酰胺（mg）	泛酸钙（mg）	盐酸硫胺素（mg）	核黄素（mg）	盐酸吡哆醇（mg）	叶酸（mg）	生物素（mg）	维生素B$_{12}$（mg）	蒸馏水（mL）
含量	4	4	1	2	1	1	0.08	0.008	400

表3-11　草地贪夜蛾取食9种人工饲料后的生长发育参数

生长发育参数	A	B	C	D	E	F	G	H	I
蛹重（mg）	432.0	253.3	156.7	258.5	—	—	—	—	—
幼虫发育历期（d）	19.2	15.6	34.5	15.3	15.0	14.5	18.0	18.5	14.0
幼虫存活率（%）	—	92.0	48.0	94.7	—	—	—	—	—
蛹历期（d）	12.0	11.6	22.1	11.3	8.0	7.3	10.5	11.0	7.0
蛹存活率（%）	—	73.4	34.7	89.3	—	—	—	—	—
单雌产卵量（粒）	696	1 850	—	1 746	1 026	1 078	840	832	1 097
参考文献	Bowling，1967	Pinto et al.，2019			Lekha et al.，2020				

四、饲养方法

　　草地贪夜蛾的室内人工饲养方法基本成熟，主要包括卵的收集与消毒、幼虫饲养、蛹期保护和成虫收集与保护四部分。

1.卵的收集与消毒

　　从草地贪夜蛾成虫产卵开始，每天定时收集脱脂纱布上的卵块，分别标记产卵日期，将带有卵块的纱布放入自封袋中。每天观察卵块的颜色变化，于草地贪夜蛾卵孵化前1d（黑头期），将卵块放入5%（V/V）甲醛溶液中浸泡15～25min，然后用去离子水漂洗3次，晾干，放在培养皿或长方形塑料盒等器皿中待其孵化。

2.幼虫饲养

初孵和低龄幼虫在指形管、培养皿或塑料养虫盒内群养，饲养密度根据养虫器皿的大小和食料确定。如果用天然食料饲养，需在指形管内盛约2cm高1%的琼脂供植株保湿保鲜，饲养密度以每管20～30头低龄幼虫为宜。如果用人工饲料饲养，在塑料养虫盒内饲养时，每盒可饲养100～200头低龄幼虫。三龄以后，需减少养虫盒内的幼虫数量，每盒15～20头，或将幼虫转入25mL或50mL的塑料杯内单头饲养。用天然食料饲养时需每天更换新鲜的食料和清理排泄物，用人工饲料饲养时，可一次性加入足够量的饲料饲养至化蛹。

3.蛹期保护

用养虫盒饲养的草地贪夜蛾幼虫老熟后，将其挑入装有蛭石的塑料盒内化蛹，4～5d后将蛹挑出，置于底部放有吸水纸的培养皿中。单头饲养的幼虫化蛹后第3天，将蛹挑出置于玻璃培养皿中。之后每天给培养皿中的蛹喷水保湿（每2h喷1次）。

4.成虫收集与保护

在蛹羽化前2d，将其置于塑料桶中待其羽化。羽化出成虫后，每天以5%或10%的蜂蜜水饲喂，每天定期给养虫笼上的脱脂纱布喷水保湿（每2h喷1次）。成虫产卵后，每天收集脱脂纱布上的卵块。

【参考文献】

巴吐西, 张云慧, 张智, 等, 2020. 草地贪夜蛾对小麦和玉米的产卵选择性及其种群生命表. 植物保护, 46(1): 17-23.

常向前, 吕亮, 许东, 等, 2022. 草地贪夜蛾(*Spodoptera frugiperda*)与东方黏虫(*Mythimna separata*)种间竞争的室内模拟研究. 湖北农业科学, 61(6): 61-65.

房敏, 姚领, 李晓萌, 等, 2020. 成虫期补充不同营养对草地贪夜蛾繁殖力的影响. 植物保护, 46(2): 193-195.

黄建荣, 刘彬, 田彩红, 等, 2021. 草地贪夜蛾卵块在玉米植株上的空间分布. 植物保护, 47(1): 218-221, 240.

黄艳君, 浦冠勤, 2011. 斜纹夜蛾的人工饲养技术. 中国蚕业, 32(3): 76-79.

蒋月丽, 郭培, 李彤, 等, 2020. 黄光和绿光照射对草地贪夜蛾成虫生殖和寿命的影响. 植物保护学报, 47(4): 902-903.

金涛, 林玉英, 马光昌, 等, 2020. 草地贪夜蛾的产卵节律及其对不同介质的产卵选择性. 植物保护,

46(3): 99-103.

李传瑛, 章玉苹, 黄少华, 等, 2019.草地贪夜蛾室内人工饲养技术的研究.环境昆虫学报, 41(5): 986-991.

李子园, 戴钎萱, 邝昭琅, 等, 2019.3种人工饲料对草地贪夜蛾生长发育及繁殖力的影响.环境昆虫学报, 46(6): 1147-1154.

邱良妙, 刘其全, 杨秀娟, 等, 2020.草地贪夜蛾对水稻和玉米的取食和产卵选择与适合度.昆虫学报.63(5): 604-612.

施建琴, 郭井菲, 何康来, 等, 2021.草地贪夜蛾和亚洲玉米螟种内及种间的竞争行为.植物保护, 47(6): 148-152.

苏湘宁, 李传瑛, 黄少华, 等, 2019.草地贪夜蛾人工饲料及饲养条件的优化.环境昆虫学报, 41(5): 992-998.

田太安, 刘健锋, 于晓飞, 等, 2020.不同光源对草地贪夜蛾生殖行为的影响.植物保护学报, 47(4): 822-830.

王道通, 张蕾, 程云霞, 等, 2020.草地贪夜蛾幼虫龄期对自相残杀行为的影响.植物保护, 46(3): 94-98.

王世英, 朱启绽, 谭煜婷, 等, 2019.草地贪夜蛾室内人工饲料群体饲养技术.环境昆虫学报, 41(4): 742-747.

温小昭, 邓钧华, 吴海昌, 2007.实验室昆虫人工饲养技术与管理.生物学通报, 42(7): 58.

肖勇, 单双, 沈修婧, 等, 2022.草地贪夜蛾对四种蔬菜的胁迫取食和产卵偏好选择.植物保护学报, https://doi.org/10.13802/j.cnki.zwbhxb.2022.2021030.

徐蓬军, 张丹丹, 王杰, 等, 2019.草地贪夜蛾对玉米和烟草的偏好性研究.植物保护, 45(4): 61-64.

杨亚军, 徐红星, 胡阳, 等, 2020.人工饲料饲养草地贪夜蛾的生长发育与繁殖.应用昆虫学报, 57(6): 1341-1344.

姚领, 房敏, 李晓萌, 等, 2020.草地贪夜蛾对三种杂草的产卵和取食选择性.植物保护, 46(4): 181-184.

曾凡荣, 2018.昆虫人工饲料研究.中国生物防治学报, 34(2): 184-197.

张罗燕, 汪分, 万小双, 等, 2021.草地贪夜蛾生殖行为及其昼夜节律研究.环境昆虫学报, https://kns.cnki.net/kcms/detail/44.1640.Q.20211014.1311.002.html.

Bowling C C, 1967. Rearing of two lepidopterous pests of rice on a common artificial diet. Annals of the Entomological Society of America, 60(6): 1215-1216.

He L M, Jiang S, Chen Y C, et al., 2021a. Adult nutrition affects reproduction and flight performance of the invasive fall armyworm, *Spodoptera frugiperda* in China. Journal of Integrative Agriculture, 20(3): 715-726.

He L M, Zhao S Y, Gao X W, et al., 2021b. Ovipositional responses of *Spodoptera frugiperda* on host plants provide a basis for using Bt-transgenic maize as trap crop in China. Journal of Integrative

Agriculture, 20(3): 804-814.

Kebede M, 2018. Out-break, distribution and management of fall armyworm, *Spodoptera frugiperda* J E Smith in Africa: The status and prospects. Academy of Agriculture Journal, 3(10): 551-568.

Lekha M K, Swami H, Vyas A K, et al., 2020. Biology of fall armyworm, *Spodoptera frugiperda* (J E Smith) on different artificial diets. Journal of Entomology and Zoology Studies, 8(1): 584-586.

Li H, Jiang S S, Zhang H W, et al., 2021. Two-way predation between immature stages of the hoverfly *Eupeodes corollae* and the invasive fall armyworm (*Spodoptera frugiperda* J.E. Smith). Journal of Integrative Agriculture, 20(3): 829-839.

Liu Y J, Zhang D D, Yang L Y, et al., 2021. Analysis of phototactic responses in *Spodoptera frugiperda* using *Helicoverpa armigera* as control. Journal of Integrative Agriculture, 20(3): 821-828.

Luginbill P, 1928. The Fall Army Worm. Washington D C: US Department of Agriculture.

Montezano D G, Specht A, Sosa-Gómez D R, et al., 2018. Host plants of *Spodoptera frugiperda* (Lepidoptera: Noctuidae) in the Americas. African Entomology, 26(2): 286-301.

Nascimento I N, Oliveira G M, Souza MS, et al., 2018. Light-emitting diodes (LED) as luminous lure for adult *Spodoptera frugiperda* (J. E. Smith, 1797) (Lepidoptera: Noctuidae). Journal of Experimental Agriculture International, 25(4): 1-8.

Pinto J R L, Torres A F, Truzi C C, et al., 2019. Artificial corn-based diet for rearing *Spodoptera frugiperda* (Lepidoptera: Noctuidae). Journal of Insect Science, 19(4): 1-8.

Pitre H N, Mulrooney J E, Hogg D B, 1983. Fall armyworm (Lepidoptera: Noctuidae) oviposition: crop preferences and egg distribution on plants. Journal of Economic Entomology, 76(3): 463-466.

Simmons AM, Marti O G, 1992. Mating by the fall armyworm (Lepidoptera: Noctuidae): frequency, duration, and effect of temperature. Environmental Entomology, 21(2): 371-375.

Song Y F, Yang X M, Zhang H W, et al., 2021. Interference competition and predation between invasive and native herbivores in maize. Journal of Pest Science, 94: 1053-1063.

Vickery R A, 1929. Studies on the fall army worm in the Gulf Coast District of Texas. Washington D C: USDA.

Whitford F, Quisenberry S S, Riley T J, et al., 1988. Oviposition preference, mating compatibility, and development of two fall armyworm strains. Florida Entomologist, 71(3): 234-243.

第四章

草地贪夜蛾的生物型与基因组分析

草地贪夜蛾在美洲地区可分为水稻型（rice strain，RS）和玉米型（corn strain，CS），两种生物型在形态学上差异很小，但在取食选择性、产卵选择性、交配行为特性、环境适应性方面有显著差异。目前两种生物型主要通过分子标记鉴定区分。另外，基因组分析可以准确鉴定草地贪夜蛾生物型，并且在草地贪夜蛾致害性机制研究方面也具有重要意义。

第一节　种群的生物型分化

一、两种生物型的取食选择性与时空分布差异

水稻型草地贪夜蛾食性较广，主要取食水稻、苜蓿、谷子以及各种牧草等植物，玉米型主要取食玉米、高粱、甘蔗和棉花等植物。寄主植物特异性反映了不同生物型的营养适应性差异，水稻型幼虫取食玉米和取食牧草相比，体重增长更慢，发育时间更长，蛹重更轻，存活率更低。有研究显示，取食水稻型寄主的玉米型草地贪夜蛾化蛹率、蛹重、羽化率、产卵量等指标均低于取食玉米时的相应指标，玉米型种群在水稻型寄主植物上的适合度明显低于在玉米上的适合度。

尽管草地贪夜蛾两种生物型在美洲地区均分布广泛，但二者在不同季节和不同区域的占比存在着显著的差异，原因在于取食选择性的差异。在美国佛罗里达州南部，草地贪夜蛾种群数量的峰值出现在春季和秋季，夏季和冬季较少。在春季，水稻型和玉米型都大量发生，在秋季，水稻型发生的比例明显增加，在冬季，也以水稻型为主。分析表

明两种生物型在佛罗里达越冬地区的种群动态差异可能与寄主植物特异性有关。另外，两种生物型在向北迁移的时间上也有差异，玉米型的发生与玉米种植和收获周期相对应，而水稻型的发生与草场的季节性变化相关。2012年2月，对阿根廷北部多个地区草地贪夜蛾的调查显示，在玉米和高粱种植区以玉米型为主；在牧草和苜蓿主要种植区，水稻型占主导地位。两种生物型在阿根廷的地理分布主要由寄主植物的可获得性决定，而不是气候因素。

二、两种生物型的产卵选择性差异

在对美国佛罗里达州南部草地贪夜蛾种群的调查中发现，水稻型草地贪夜蛾种群在植物多样性更丰富且植物品质变化较大的规划湿地和牧场生境中占主导地位，在该环境中，雌蛾更倾向于选择在适合幼虫生长发育的植物上产卵，以确保种群的优势；玉米型主要分布在以玉米、棉花和蔬菜等为主的农作物种植区，在这些地区，寄主植物经常是面积更大且更密集的单一作物。在这种情况下，为促进种群扩散以及减少被寄生风险，相较于对产卵植物的选择，玉米型雌蛾在寄主植物上选择合适的产卵位置更重要。对不同寄主植物的选择偏好性可能是草地贪夜蛾两种类型发生分化的主要因素，类似的物种分化方式在其他鳞翅目昆虫中也有报道。特异的产卵选择行为可能是两种生物型在栖息地选择上存在差异的原因之一。利用温室种植的玉米和牧草进行生物测定试验同样可以观察到玉米型和水稻型的产卵偏好性存在明显差异，玉米型雌蛾在玉米植株和牧草上的产卵量基本相等，而水稻型雌蛾在牧草上的产卵量是在玉米植株上的3.5倍以上。

三、两种生物型的交配行为差异

玉米型在夜晚的平均交配时间早于水稻型，两者之间相差大约3h。实验室条件下，玉米型交配高峰期主要发生在人工夜间环境的第3～6小时之间，而水稻型交配主要发生在最后的4个小时。这种生物周期节律分化由生物钟基因 *vrille* 调控，在玉米型草地贪夜蛾体内 *vrille* 基因的表达水平显著低于水稻型。也有研究表明两种生物型的交配行为差异与雌蛾的性信息素组成成分差异有关，对佛罗里达州收集的雌性草地贪夜蛾性信息素腺体提取物的成分分析表明，雌性玉米型中（Z）-7-十二碳烯-1-醇乙酸酯（Z7-12：OAc）和（Z）-9-十二碳烯-1-醇乙酸酯（Z9-12：OAc）的含量远低于其在水稻型中的含量，生测显示2%的Z7-12：OAc对玉米型雄成虫更具吸引力，而2%～10%的Z7-12：OAc对水稻型均具有吸引力。通过比较两个单核苷酸多态性（SNPs）位点，对田间种群生物型间交配频率进行量化分析，结果表明两种生物型之间的交配频率仅为同一生物型内部交配频率的20%～25%。在实验室开展的两种生物型间交配特征研究中，玉米型雌虫与玉米型雄虫交配的频率远高于玉米型雌虫与水稻型雄虫的交配频率，然而水稻型雌虫与玉米型雄虫的交配频率竟略高于水稻型雌虫与水稻型雄虫交配频率。

四、两种生物型的环境适应性差异

有研究推测，草地贪夜蛾玉米型是经过长期的寄主选择演化而来的，水稻型与分化前的原始类型更加相似。在长期演化进程中，玉米型的寄主范围逐渐缩小，而水稻型一直保留着对更多植物种类的适应能力。对从多个地区玉米、水稻和牧草上收集的草地贪夜蛾样本利用酯酶（esterase）、线粒体DNA（mitochondrial DNA，mtDNA）以及扩增片段长度多态性（amplified fragment-length polymorphism，AFLP）位点进行遗传分析发现玉米田收集的样本中含大约16%的水稻型，而水稻和牧草上极少发现玉米型，表明玉米型具有较高的寄主特异性，水稻型的寄主则更加广泛，除了水稻和牧草等主要寄主，玉米也可以成为其寄主植物，玉米型草地贪夜蛾对主要寄主植物以外的其他植物的适应性弱于水稻型。两种生物型的环境适应性差异也体现在抗药性的演化速率上，有研究表明水稻型草地贪夜蛾对灭多威、高效氯氟氰菊酯等化学农药演化出10倍抗性的世代数显著少于玉米型。这种环境适应性差异可能与两种生物型在进化过程中解毒代谢相关通路基因的差异性分化相关。

五、两种生物型翅形态和大小的差异

目前较为普遍的观点认为草地贪夜蛾两种生物型在形态学上几乎没有差异。然而，Cañas-Hoyos等对哥伦比亚同一地区的159头草地贪夜蛾的翅形态通过基于左翅上15个解剖标记位点的翅形态测量方法进行了分析，结果显示两种生物型的翅形态有显著差异。在水稻型内部也表现出性别二型性，雌蛾比雄蛾的翅大。然后，他们使用另一种翅形态测量方法对实验室饲养的草地贪夜蛾品系翅大小和形状的遗传力进行了分析，并在野生种群中进行了验证，结果显示草地贪夜蛾的翅大小和形状在雄蛾中的遗传力均高于雌蛾，野生种群生物型之间翅形态和大小存在差异。这些结果表明，翅形态测量理论上可以作为除了分子标记以外的另一种方法来区分草地贪夜蛾生物型，尤其是对雄蛾生物型的鉴定方面。然而，由于不同发育阶段以及不同个体间具有的差异，通过翅形态和大小的差异对草地贪夜蛾生物型进行鉴定的实际操作难度较大。

六、通过分子鉴定区分两种生物型

线粒体细胞色素氧化酶亚基Ⅰ（cytochrome oxidase I，COI）基因和位于Z染色体的磷酸甘油醛异构酶（triose phosphate isomerase，Tpi）基因是目前被广泛认可的分子标记基因。*COI*基因用于物种的系统发育分析和DNA条码分析，在草地贪夜蛾两种生物型之间存在多个SNPs位点（图4-1），是鉴定两种生物型的重要分子标记。位于Z染色体的*Tpi*基因存在于草地贪夜蛾的核基因组中，与寄主植物的关联性更强，在不同亚型鉴定上的表现比线粒体标记更加准确。在实际鉴定中，将两种分子标记结合使用，可起到互相验证的作用，确保鉴定结果的可靠性。

图4-1 草地贪夜蛾*COI*基因在两种生物型之间的差异

*COI*基因序列分析不仅用于生物型鉴定，还常基于个别SNP位点鉴别同一草地贪夜蛾生物型的不同亚型。在美国，通过*COI*多态性分析可将玉米型分为4种单倍型（CS-h1、CS-h2、CS-h3和CS-h4）（图4-2），这4种单倍型的比例在美国得克萨斯州和佛罗里达州玉米型草地贪夜蛾种群中差异明显，可以将两个地理种群很好地区分开。其中，得克萨斯种群CS-h4/CS-h2的比值为0.15，而佛罗里达种群该比值达2.4，并且该数值在多年监测结果中表现稳定，可以将其作为分析其他地区草地贪夜蛾迁飞来源的重要参考。

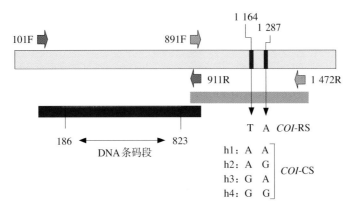

图4-2　通过*COI*基因两个SNP位点将玉米型分为4种单倍型

注：F表示正向引物，R表示反向引物。

七、草地贪夜蛾的生物型分化趋势

草地贪夜蛾两种生物型之间并非完全生殖隔离，存在渐渗杂交。基因流存在下的遗传分化可能是物种形成过程中的一个普遍阶段，而这种分化的方向将很大程度上受到人类活动的影响。两种生物型寄主植物选择性、时空分布、交配最适时间、生物节律相关基因表达以及部分基因位点的差异表明草地贪夜蛾处于同域物种形成的过渡阶段。寄主植物差异以及生物节律相关基因表达量差异引起的交配时间差异等因素，很可能造成草地贪夜蛾两种生物型分化程度的加深和遗传交流的逐渐减少，最终形成彼此隔离的两个物种。然而，也不排除人类活动造成草地贪夜蛾遗传分化进程改变的可能。

第二节　入侵种群的生物型特征

一、入侵非洲和亚洲（除中国）草地贪夜蛾的分子鉴定

基于*COI*和*Tpi*基因开发的分子标记目前被广泛用于草地贪夜蛾生物型鉴定。在美洲地区，利用上述两个标记均可以有效区分玉米型和水稻型草地贪夜蛾，鉴定结果基本一致。然而，利用这两种标记鉴定迁入非洲和亚洲的草地贪夜蛾时，却表现出明显不一致的结果。

草地贪夜蛾于2016年年初从美洲进入非洲，对非洲的粮食生产造成了严重影响。起初农业科研人员期待通过类似美洲的分子鉴定手段明确非洲种群的生物型，以开展

更具有针对性的防控措施。*COI*标记鉴定显示，2017年2—3月从斯威士兰（非洲南部）收集的草地贪夜蛾样本全部为水稻型（*COI*-RS）；乌干达草地贪夜蛾样本同时存在玉米型（*COI*-CS）和水稻型（*COI*-RS）；喀麦隆农业生态区的草地贪夜蛾也同时包括两种生物型，并推断两种生物型很可能是同时发生的。以*COI*标记为基础的系统发育分析可将南非的19个草地贪夜蛾样本分为两个分支，并且同样认为玉米型和水稻型在南非都存在，且两种单倍型的内部也存在遗传变异。

撒哈拉沙漠以南地区的玉米田和高粱田普遍发生草地贪夜蛾为害，玉米和高粱都是玉米型草地贪夜蛾的寄主，除此之外，其他20余种植物上也发现过草地贪夜蛾，然而并未发现水稻型的寄主植物被草地贪夜蛾广泛为害并造成严重影响的报道。这一事实明显与利用*COI*标记鉴定草地贪夜蛾水稻型和玉米型在非洲大陆共存的结论不相符。与Z染色体连锁的*Tpi*基因在草地贪夜蛾水稻型和玉米型之间存在多态性，是用于鉴定草地贪夜蛾生物型的另一个非常重要的基因。利用*Tpi*基因对非洲多个地点的草地贪夜蛾样品再次进行了鉴定，结果表明95%以上为玉米型（*Tpi*-C），剩下的5%存在碱基位点的变异，不能准确判定其生物型，该结果与非洲草地贪夜蛾的寄主偏好性特征一致。

草地贪夜蛾于2018年年初从非洲扩散至也门，并于2018年5月在印度被发现，当年12月，斯里兰卡、孟加拉国、泰国、缅甸等地均确认发现草地贪夜蛾。草地贪夜蛾对玉米生产造成的影响较大，对甘蔗也有一定的影响，尽管偶有报道在印度卡纳塔克邦南部不同水稻种植区发现草地贪夜蛾，幼虫所在的水稻叶片上具有被取食的症状，但是没有在水稻上发现虫卵，也没有草地贪夜蛾大面积为害水稻的情况发生。分子标记鉴定结果显示，绝大多数印度草地贪夜蛾样本利用*COI*标记鉴定为水稻型（*COI*-RS），而*Tpi*基因鉴定显示为玉米型（*Tpi*-C），只有约15%的印度样本*COI*标记鉴定为玉米型（*COI*-CS）。该结果与之前从肯尼亚、坦桑尼亚以及南非等地收集的草地贪夜蛾样本的分子鉴定结果相似。

二、入侵中国草地贪夜蛾的分子鉴定

草地贪夜蛾于2018年12月从缅甸进入中国境内，在2019年扩散至我国26个省份（不包括香港、澳门、台湾）。其大面积扩散为害对我国粮食安全构成重大威胁。入侵中国的草地贪夜蛾主要寄主为玉米，其次为甘蔗和高粱，受其为害的其他农作物主要包括谷子、小麦、薏米、花生、香蕉、马铃薯、油菜等。草地贪夜蛾入侵我国后，中国农业科学院农业基因组研究所张磊等第一时间收集我国云南、广西、广东、四川、贵州、海南、湖南、福建、浙江、江西、上海、重庆、湖北13个省份131个县（市、区）样本，通过对*COI*基因序列进行比对分析发现，318份样本中包含两种类型，其中水稻型306

份，占比96.2%，玉米型占比不足4%，表明入侵中国种群*COI*标记鉴定水稻型（*COI*-RS）占有绝对主导地位。与美国、巴西、南非、印度等地草地贪夜蛾*COI*序列的比对结果显示，入侵中国的草地贪夜蛾与美国佛罗里达种群序列相似度最高（图4-3）。通过对入侵中国、*COI*鉴定为玉米型的少量样本的SNPs多态性分析显示，所有已检测样本均为CS-h4亚型，与佛罗里达优势种群为同一亚型，进一步表明入侵我国的草地贪夜蛾很可能起源于美国佛罗里达。

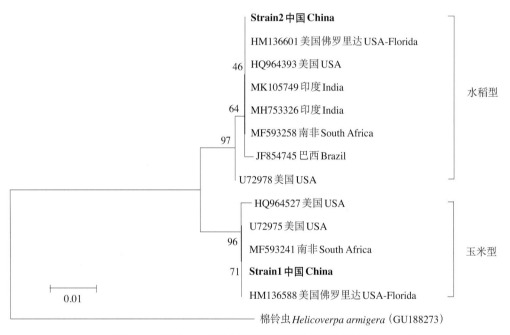

图4-3　基于*COI*序列构建的系统进化树（张磊 等，2019）

对中国不同地区草地贪夜蛾样本的*Tpi*基因序列进行比对发现，在水稻型和玉米型的10个差异单倍型位点中，除了在我国个别地区收集的少量样本*Tpi*基因的174和175两个位点显示为杂合类型外（图4-4），其他样品均显示为同一种基因型，并且都符合玉米型单倍型特征。表明所有中国样本基于*Tpi*基因的序列分析结果均为玉米型（*Tpi*-C），该鉴定结果与非洲以及亚洲其他地区草地贪夜蛾的生物型鉴定结果基本一致。

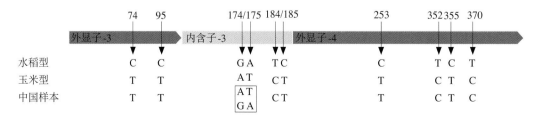

图4-4　玉米型和水稻型*Tpi*基因片段单倍型比较（张磊 等，2019）

注：箭头表明差异单倍型位点，方框代表中国部分样本杂合的两个位点。

三、入侵非洲和亚洲种群形成原因分析

基于线粒体*COI*基因和与Z染色体连锁的*Tpi*基因的遗传特点，推断起初传入非洲的草地贪夜蛾很可能是水稻型和玉米型杂交的后代，杂合个体属于*COI*-RS母系起源。有报道水稻型雌蛾与玉米型雄蛾的交配频率远高于玉米型雌蛾与水稻型雄蛾的交配频率。因此*COI*-RS母系的杂交后代有更大的概率产生种群。

这种杂交类型在非洲大陆广泛扩散，并于2018年传入亚洲。因此，在对非洲和亚洲草地贪夜蛾的分子鉴定中，发现线粒体DNA标记（*COI*）与细胞核DNA标记（*Tpi*）结果不一致，大多数利用*Tpi*标记鉴定为玉米型（*Tpi*-C）的样本在利用*COI*标记鉴定时表现为水稻型（*COI*-RS）。我们将这种利用两种分子标记鉴定结果不一致的草地贪夜蛾类型称为"特殊玉米型（*COI*-RS & *Tpi*-C）"。

非洲和亚洲目前并没有发现在美洲广泛存在的水稻型（*COI*-RS & *Tpi*-R），对非洲和亚洲造成严重威胁的草地贪夜蛾大多数为"特殊玉米型（*COI*-RS & *Tpi*-C）"。

第三节　入侵种群的基因组分析

一、草地贪夜蛾基因组特征分析

1.草地贪夜蛾基因组基本情况

中国农业科学院农业基因组研究所萧玉涛团队对实验室草地贪夜蛾近交系雄虫进行了PacBio、Illumina以及Hi-C测序，组装获得染色体级别的高质量基因组。基因组大小为390.38Mb，与通过K-mer分析评估的基因组大小（395Mb）以及通过流式细胞仪评估的基因组大小[（396±3）Mb]非常接近，该基因组的contig N50达5.6Mb。利用BUSCO（Benchmarking Universal Single-Copy Ortholog）软件评估基因组的完整性达98.2%，利用Illumina测序数据对基因组的比对率达98.67%，基因组覆盖度达99.68%，表明该基因组的组装质量非常高。利用Hi-C进一步进行了染色体水平组装，将占基因组总长度98.67%的序列拼接到31条染色体上，scaffold N50为13.3Mb（图4-5）。该基因组大小与法国蒙彼利埃大学Nam Kiwoong等利用实验室纯化多代的草地贪夜蛾进行测序组装的基因组大小（384.46Mb）非常接近。

草地贪夜蛾基因组中，重复序列占比约为27.18%，逆转录转座子是基因组中占比

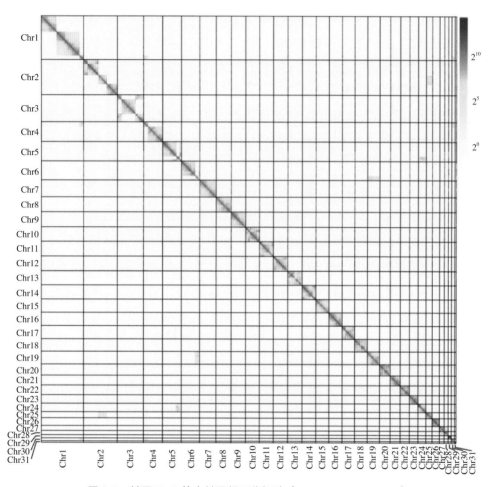

图4-5　基于Hi-C 的全基因组互作矩阵（Zhang et al., 2020）

注：Chr表示染色体。

最高的重复序列，其中LINEs（long interspersed nuclear elements，长散在重复序列）占比为8.66%，LTR（long terminal repeated，长末端重复序列）占比则只有1.38%。在草地贪夜蛾基因组中，共鉴定到23 281个蛋白质编码基因，蛋白编码序列（CDS）平均长度为1 476bp，外显子平均数目为5.39个，内含子平均长度为1 165bp。

深圳华大基因研究院刘欢等对入侵我国云南的草地贪夜蛾开展了基因组测序分析，组装的雄虫和雌虫基因组大小分别为542.42Mb和530.77Mb。浙江大学肖花美等利用迁飞至浙江的草地贪夜蛾开展基因组研究，组装获得的基因组大小为486Mb。上述两个基因组组装结果大于预估基因组大小，可能是由于草地贪夜蛾样本来自迁飞至中国的自然群体，没有经过实验室的多代近交纯化，基因组具有非常高的杂合度，导致组装的基因组偏大，利用BUSCO软件评估，结果也表明利用我国云南和浙江自然群体样本组装获得的基因组重复比例偏高。

2.基因同源性和比较基因组分析

对包含草地贪夜蛾在内的9种鳞翅目昆虫以及黑腹果蝇的基因组比较分析发现，草地贪夜蛾含17 571个基因家族，与斜纹夜蛾相比，草地贪夜蛾包含更多物种特异性基因，未定义基因的数量远远多于斜纹夜蛾。利用1 571个单拷贝基因进行的系统发育分析将夜蛾科的草地贪夜蛾、斜纹夜蛾、棉铃虫聚类在了一起，其中，草地贪夜蛾与斜纹夜蛾的亲缘关系最近。

浙江大学肖花美等利用隶属鳞翅目、毛翅目、双翅目、鞘翅目、膜翅目以及半翅目的22种昆虫（包括草地贪夜蛾）进行比较基因组分析（图4-6），相较于另外4个夜蛾科物种，草地贪夜蛾的夜蛾科同源基因、种特异性基因和种特异性重复基因数量最多，共鉴定出种特异性重复基因1 646个，并且其中494个为串联重复序列，表明在草地贪夜蛾基因组中存在基因扩增现象。利用238个单拷贝基因进行的进化分析表明草地贪夜蛾与斜纹夜蛾遗传关系最近，两者的分化时间大概在980万年前。另一研究选取12个鳞翅目昆虫物种进行比较基因组学分析，并利用化石信息对物种分化时间进行校正，表明鳞翅目起源于2.04亿年前，而草地贪夜蛾与斜纹夜蛾的分化时间约在1 284万年前。

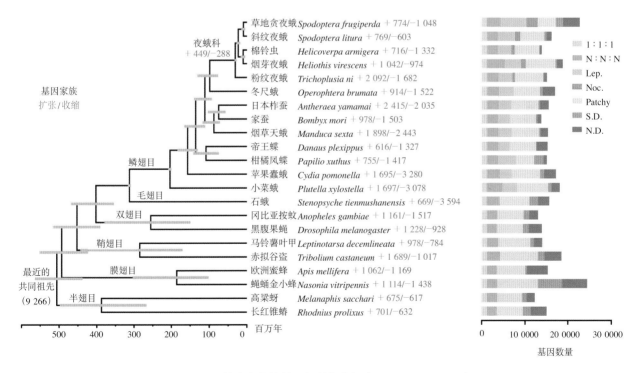

图4-6　草地贪夜蛾基因组进化分析（Xiao et al.，2020）

注：1∶1∶1表示所有物种都普遍存在的单拷贝基因，N∶N∶N表示所有物种都普遍存在的非单拷贝基因，Lep.表示鳞翅目共有的特异性基因，Noc.表示夜蛾科共有的特异性基因，S.D.表示物种特异性复制的基因，N.D.表示物种特异性的基因，Patchy表示其余的全部基因。

基因家族演化分析表明，与草地贪夜蛾和斜纹夜蛾共同的祖先相比，草地贪夜蛾有774个基因家族扩张，1 048个基因家族收缩。夜蛾科与夜蛾科和冬尺蠖蛾（*Operophtera brumata*）共同祖先相比，449个基因家族扩张，288个基因家族收缩。其中，扩张的基因家族主要与营养代谢相关，另外，夜蛾科扩张的还有ABC转运蛋白等物质转运相关基因家族。营养代谢和运输系统基因的扩张促进了对不同寄主植物营养物质的吸收以及对外源有毒物质的代谢，这些基因家族的扩张也可能促进了草地贪夜蛾的迁飞为害。

另一研究对包括草地贪夜蛾在内的12个鳞翅目昆虫蛋白质编码基因进行同源分析、GO富集分析以及KEGG通路富集分析发现，草地贪夜蛾的特异扩张基因主要涉及HIF-1信号通路、糖代谢通路和寿命调节通路等（图4-7A），草地贪夜蛾特异基因主要

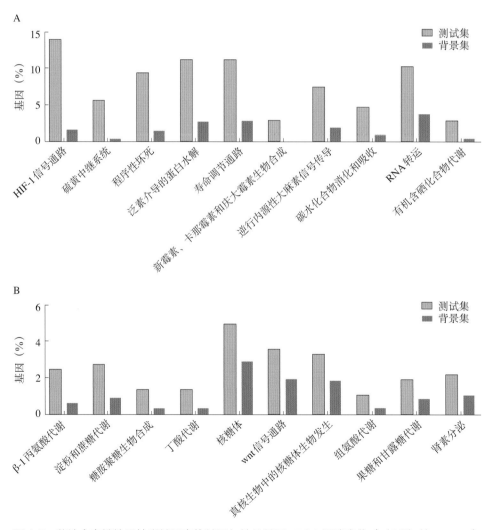

图4-7　草地贪夜蛾特异扩张基因家族基因与特异基因KEGG通路富集（叶昕海 等，2019）
A.草地贪夜蛾特异扩张基因家族基因的KEGG通路富集　B.草地贪夜蛾特异基因KEGG通路富集

参与氨基酸代谢通路、糖代谢通路和Wnt信号通路（图4-7B）。

3.解毒代谢的基因组学机制

昆虫在与寄主植物互作的进化过程中，为适应植物有毒代谢物而演化出强大的解毒代谢系统，尤其是草地贪夜蛾等杂食性昆虫的解毒相关酶种类和表达量显著高于单食性昆虫。其中，细胞色素P450氧化酶是昆虫体内最重要的解毒酶。肖花美等利用入侵浙江草地贪夜蛾的基因组，通过TBLASTN和GENEWISE共预测到169个细胞色素P450（cytochrome P450）基因，该数目几乎是单食性鳞翅目昆虫家蚕P450基因数目的两倍。系统发育分析显示，草地贪夜蛾P450的clan 3和clan 4与模式昆虫家蚕相比存在明显扩张，而P450的clan mito和clan 2在两种昆虫间表现出强烈的保守性（图4-8）。163个P450基因被定位到了草地贪夜蛾的23条染色体上，分布分析表明，草地贪夜蛾基因组中至少存在19个P450s基因簇，其中最大的一个基因簇位于14号染色体，含39个CYP340基因。另外，梅洋等人在草地贪夜蛾sf9细胞系基因组中，共鉴定ABC（ATP binding cassette）转

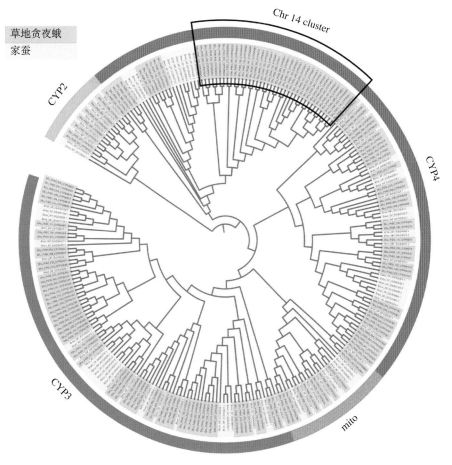

图4-8　草地贪夜蛾和家蚕P450基因的系统发育分析（Xiao et al., 2020）

运蛋白基因92个、谷胱甘肽转移酶（glutathione S-transferase，GST）基因44个、尿苷二磷酸葡萄糖醛酸转移酶（UDP-glucuronosyltransferases，UGT）基因39个。

对草地贪夜蛾所有发育阶段进行的转录组测序分析共发现166个P450基因的表达，其中CYP321A（7-9）基因家族倾向于在五龄和六龄幼虫体内表达。大多数P450基因在草地贪夜蛾所有发育阶段广泛表达，尤其是P450的clan 3和clan 4，clan3（含CYP6AE、CYP6B、CYP6AB、CYP9基因家族）的51个基因和clan 4（含CYP4、CYP340、CYP341基因家族）的52个基因在草地贪夜蛾的9个发育阶段均表达，这些基因大都与植物次生物质代谢相关。

草地贪夜蛾的P450基因和GST基因在所有已发表基因组的鳞翅目昆虫中数量最多。与家蚕相比，草地贪夜蛾GST和ABC家族基因的数量也明显增多，UGT家族基因数目没有明显增加，但有成簇现象，可能在近期发生了扩张。P450、GST、ABC和UGT基因的数量增加与扩张，构成了草地贪夜蛾强大的解毒代谢系统，使其能够以多种植物为食，这些基因家族的扩张可能也与其对杀虫剂的解毒代谢相关。进而导致其能够在短时间内对多种化学农药及Bt产生抗性。有研究认为草地贪夜蛾杀虫剂抗性的进化可能独立于对寄主植物的适应性进化，相较于对寄主植物的适应性，解毒基因拷贝数的变化在草地贪夜蛾对杀虫剂的抗性中起更关键的作用。

4.草地贪夜蛾味觉受体基因家族分析

味觉受体在昆虫快速寻找寄主植物以及迁飞扩散过程中扮演着重要角色。通过对入侵浙江草地贪夜蛾基因组的人工注释，确定了221个味觉受体基因，其中包括189个苦味受体、24个糖受体以及8个二氧化碳受体（图4-9）。在9号和24号染色体上分别包含1个大的味觉受体基因簇，在4号染色体上包含1个糖受体基因簇。转录组分析共检测到152个苦味受体基因表达，且味觉受体更倾向于在成虫体内表达。

中国农业科学院植物保护研究所常亚军等基于对玉米型和水稻型草地贪夜蛾基因组数据的对比分析发现，在玉米型的基因组中共鉴定到69个嗅觉受体基因、42个离子型受体基因、231个味觉受体基因、50个气味结合蛋白基因、22个化学感受蛋白基因。在水稻型中鉴定到69个嗅觉受体基因、43个离子型受体基因、230个味觉受体基因、51个气味结合蛋白基因、22个化学感受蛋白基因。两种生物型的化感受体基因数量差异不显著。与家蚕、烟草天蛾、黑脉金斑蝶、红带袖蝶等单食性鳞翅目昆虫相比，草地贪夜蛾的味觉受体基因显著扩增，数量远高于家蚕等单食性昆虫的45～74个，并且比杂食性的棉铃虫（197个）更多，且大多数扩张的味觉受体基因为苦味受体，与杂食性相关。云南省农业科学院农业环境资源研究所刘莹等利用基因组数据分析发现草地贪夜蛾气味结合蛋白和气味受体数量在所有已发表基因组的鳞翅目物种中最多。

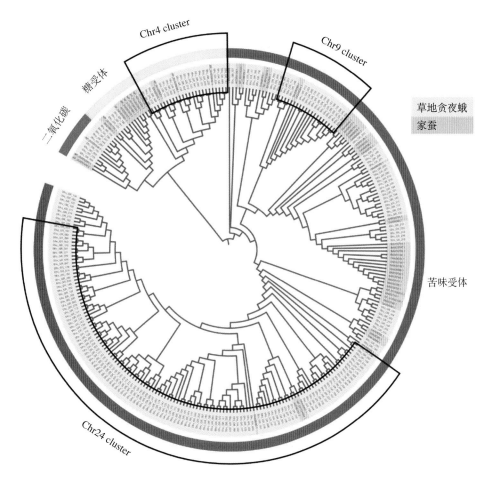

图4-9 草地贪夜蛾与家蚕的味觉受体系统进化分析（Xiao et al., 2020）

味觉受体家族基因有助于草地贪夜蛾在长距离迁飞过程中进行寄主快速识别和能量补充。味觉受体基因家族的扩张从基因组层面进一步解释了草地贪夜蛾可以迁飞蔓延并严重为害多种农作物的深层次原因。

5.翅发育相关基因家族扩张

作为重大迁飞性农业害虫，远距离飞行能力是草地贪夜蛾的重要特征之一，翅膀和肌肉发育、脂质代谢、能量代谢和抗氧化活性等因素与昆虫的飞行能力具有非常密切的联系。通过将草地贪夜蛾基因组与已发表的家蚕、苹果蠹蛾、斜纹夜蛾、柑橘凤蝶、果蝇等8种昆虫的基因组进行比较发现，草地贪夜蛾基因组中与能量代谢、脂质代谢和抗氧化活性相关的基因拷贝数显著增加。而飞行是昆虫能量消耗最大的运动之一，脂质代谢和能量代谢相关基因的扩增表明草地贪夜蛾已形成高效的能量供应系统，用于满足其长距离飞行的密集能量需求。此外，抗氧化基因家族参与保护机体免受飞行活动引起的活性氧损伤。

二、入侵种群的基因组特征

1.入侵种群生物型的基因组特征

美洲地区草地贪夜蛾玉米型和水稻型的 Tpi 基因第四外显子区域存在3个特异性位点（E4165、E4168、E4183），其中E4183是利用 Tpi 基因鉴定两种生物型的有效标记。深圳华大基因研究院和云南农业大学等单位联合开展对入侵云南和广东的草地贪夜蛾样本鉴定发现，两个云南样本和1个广东样本的E4183与玉米型该位点的特征相同，另1个广东样本该位点则与水稻型的相同，这些变异位点在非洲样品中也均有报道。然而，通过单个基因位点的变异尚不足以证明入侵中国的草地贪夜蛾种群中包含水稻型，并且该研究样本量太少，能够获得的入侵种群生物型基因组特征信息有限。

中国农业科学院农业基因组研究所萧玉涛团队对我国16个省份的105份草地贪夜蛾样本以及4份非洲赞比亚和马拉维的样本进行了重测序。根据已发表水稻型和玉米型基因组，在两种类型的线粒体基因组中共筛选出208个SNPs，根据这些SNPs位点信息对国内105份样本进行分析发现，只有4个线粒体基因型为玉米型，其余的样本线粒体基因型均为水稻型，非洲的4个样本线粒体基因型为玉米型。以 COI 基因为基础进行另外173份中国样本的PCR鉴定，线粒体基因型为玉米型的比例在10%左右。

草地贪夜蛾水稻型和玉米型 Tpi 基因共有22个SNPs，绝大多数中国收集的样本 Tpi 基因包含更多玉米型SNP位点。在水稻型和玉米型之间筛选出了70多万个SNPs，包含4个非洲样本在内的所有重测序样本中，美国玉米型的遗传背景比例超过70%，但没有与美国玉米型遗传背景完全相同的样本，水稻型遗传背景的比例少于15%，其余15%为杂合类型。该结果表明在全基因组水平上，入侵中国的草地贪夜蛾以玉米型遗传背景为主。通过对线粒体基因组、 Tpi 基因和全基因组鉴定结果的比较，可以看出线粒体与全基因组基因型之间没有明显的相关性。利用 Tpi 基因鉴定的结果与全基因组水平的遗传背景更接近。生物型特异性位点的杂合比例较高可能是因为雄蛾具有的ZZ染色体降低了 Tpi 基因鉴定的准确性。

从我国16个省份50个市的不同地区收集了105份重测序的样本，收集的时间和地点与草地贪夜蛾入侵中国的扩散情况几乎完全吻合。测序结果表明，采集时间和地点与草地贪夜蛾种群的遗传结构没有明显的相关性。几乎所有的样本都具有相似的基因组背景，这说明入侵群体可能来自单一的遗传来源，在入侵过程中没有明确证据表明存在遗传选择。基于线粒体基因组和 Tpi 基因分析推测的群体遗传多样性可能并不准确。全基因组水平的分析揭示了入侵我国的草地贪夜蛾为一种以玉米型遗传背景为主导的杂交类型（图4-10），也证实了之前利用*COI*和*Tpi*分子标记对多份样品进行鉴定得到的推论。

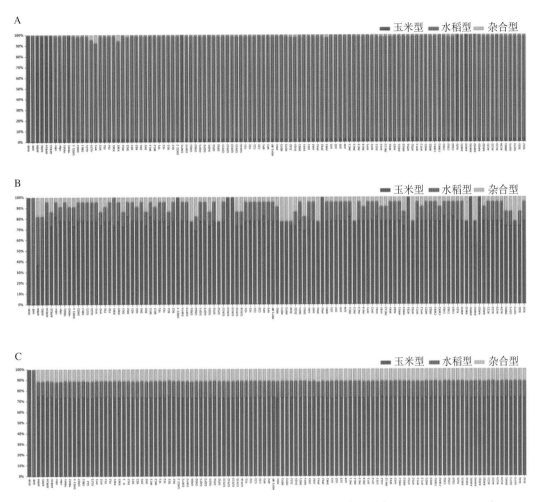

图4-10 入侵中国的草地贪夜蛾为玉米型遗传背景为主导的种群（Zhang et al., 2020）

A.基于全线粒体基因序列的群体结构分析 B.基于*Tpi*基因的群体结构分析

C.基于全基因组SNPs的群体结构分析

2.入侵种群抗药性的基因组特征

抗药性演化是草地贪夜蛾有效防控的主要挑战之一，抗性相关基因变异位点的鉴定对于抗性监测、预警以及治理至关重要。根据已经报道的鳞翅目害虫细胞色素P450（CYP450）、乙酰胆碱酯酶（acetyl cholinesterase，AChE）、电压门控钠离子通道（voltage-gated sodium channels，VGSC）以及鱼尼丁受体（ryanodine receptor，RyR）等14个与杀虫剂抗性相关靶标，对重测序样本进行靶标基因位点扫描，结果显示*CYP450*和*AChE*基因序列的多样性均达到0.01，而其余基因的多样性不超过0.005（包括杂合子）。AChE的A201S、G227A，F290V，VGSC的T929I、L932F、L1014F，以及RyR的

I4790M和G4946E等氨基酸变异分别与有机磷、拟除虫菊酯和双酰胺类杀虫剂抗性有关。对重测序样本的变异位点扫描发现，AChE的第1个（AA201）和第3个（AA290）位点存在抗性突变。其中，第1个位点有17.1%的杂合突变，第3个位点有29.7%的纯合抗性突变和58.2%的杂合突变。在VGSC中，第2个位点（AA932）检测到45.5%的杂合突变。在所有样本中，RyR对应的两个位点均未检测到抗性突变。抗药性靶标位点扫描结果表明，入侵我国的草地贪夜蛾对有机磷、氨基甲酸酯、拟除虫菊酯等传统杀虫剂存在较大的潜在抗药性风险（表4-1）。

表4-1　入侵中国的草地贪夜蛾抗药性位点扫描（Zhang et al.，2020）

基因	基因型							
	乙酰胆碱酯酶			电压门控钠离子通道			鱼尼丁受体	
突变位点	AA201	AA227	AA290	AA929	AA932	AA1014	AA4790	AA4946
敏感品系（氨基酸）	A	G	F	T	L	L	I	G
抗性品系（氨基酸）	S	A	V	I	F	F	M	GE
重测序样本	AA (82.9%) AS (17.1%)	GG (100%)	FF (12.1%) FV (58.2%) VV (29.7%)	TT (100%)	LL (100%)	LL (100%)	II (100%)	GG (100%)

　　有研究发现2个碱基的插入在草地贪夜蛾的*ABCC2*基因中引起移码突变，导致其对Bt-Cry1Fa毒素产生了抗性。在入侵种群重测序样本中并没有检测到相同的插入突变，利用PCR和Sanger测序分析173个中国样品也没有发现此类突变，该结果与田间试验结果均表明入侵中国的草地贪夜蛾目前对Bt毒素依然敏感。尽管Bt作物以及Bt制剂可作为草地贪夜蛾防控的重要措施，但需要持续的抗性监测并采取合理的抗性治理策略。

【参考文献】

常亚军, 廖永林, 蒋兴川, 等, 2019. 草地贪夜蛾及其功能基因组学的研究进展. 植物保护, 45(5): 1-7.

姜玉英, 刘杰, 谢茂昌, 等, 2019. 2019年我国草地贪夜蛾扩散为害规律观测. 植物保护, 45(6): 10-19.

刘莹, 肖花美, 梅洋, 等, 2019. 草地贪夜蛾化学感受相关基因家族的进化分析. 环境昆虫学报,

41(4): 718-726.

梅洋, 杨义, 叶昕海, 等, 2019. 草地贪夜蛾解毒代谢相关基因家族的进化分析. 环境昆虫学报,
41(4): 727-735.

齐国君, 黄德超, 王磊, 等, 2020. 广东省草地贪夜蛾冬季发生特征及周年繁殖区域研究. 环境昆虫
学报, 42(3): 1-15.

叶昕海, 杨义, 梅洋, 等, 2019. 草地贪夜蛾基因组注释及分析. 环境昆虫学报, 41(4): 706-717.

张磊, 靳明辉, 张丹丹, 等, 2019. 入侵云南草地贪夜蛾的分子鉴定. 植物保护, 45(2): 19-24.

张磊, 柳贝, 姜玉英, 等, 2019. 中国不同地区草地贪夜蛾种群生物型分子特征分析. 植物保护,
45(4): 20-27.

Acharya R, Ashraf A A, Akintola M J, et al., 2021. Genetic relationship of fall armyworm (*Spodoptera frugiperda*) populations that invaded Africa and Asia. Insects, 12(5): 439.

Assefa Y, 2019. Molecular identification of the invasive strain of *Spodoptera frugiperda* (J. E. smith) (Lepidoptera: Noctuidae) in Swaziland. International Journal of Tropical Insect Science, 39(1): 1-6.

Cañas-Hoyos N, Márquez E J, Saldamando-Benjumea C I, 2016. Heritability of wing size and shape of the rice and corn strains of *Spodoptera frugiperda* (J. E. Smith) (Lepidoptera: Noctuidae). Neotropical Entomology, 45(4): 411-419.

Cock M J W, Beseh P K, Buddie A G, et al., 2017. Molecular methods to detect *Spodoptera frugiperda* in Ghana, and implications for monitoring the spread of invasive species in developing countries. Scientific Reports, 7(1): 4103.

Day R, Abrahams P, Bateman M, et al., 2017. Fall armyworm: impacts and implications for Africa . Outlooks on Pest Management, 28(5): 196-201.

Emelianov I, Simpson F, Narang P, et al., 2003. Host choice promote reproductive isolation between host races of the larch budmoth Zeiraphera diniana. Journal of Evolutionary Biology, 16(2): 208-218.

Gimenez S, Abdelgaffar H, Goff G L, et al., 2020. Adaptation by copy number variation increases insecticide resistance in the fall armyworm. Communications Biology, 3(1): 664.

Groot A T, Marr M, Heckel D G, et al., 2010. The roles and interactions of reproductive isolation mechanisms in fall armyworm (Lepidoptera: Noctuidae) host strains. Ecological Entomology, 35(Supplement s1): 105-118.

Guan F, Zhang J, Shen H, et al., 2021. Whole-genome sequencing to detect mutations associated with resistance to insecticides and Bt proteins in *Spodoptera frugiperda*. Insect Science, 28(3): 627-638.

Hänniger S, Dumas P, Schöfl G, et al., 2017. Genetic basis of allochronic differentiation in the fall armyworm. BMC Evolutionary Biology, 17(1): 68.

Juárez M L, Murua M G, García M G, et al., 2012. Host association of *Spodoptera frugiperda* (Lepidoptera: Noctuidae) corn and rice strains in Argentina, Brazil and Paraguay. Journal of Economic Entomology, 105(2): 573-582.

Juárez M L, Schöfl G, Vera M T, et al., 2014. Population structure of *Spodoptera frugiperda* maize and rice host forms in South America: are they host strains? Entomologia Experimentalis et Applicata, 152(3): 182-199.

Kalleshwaraswamy C M, Asokan R, Mahadevaswamy H M, 2019. First record of invasive fall armyworm, *Spodoptera frugiperda* (J E Smith)(Lepidoptera: Noctuidae) on rice (Oryza sativa) from India. Journal of Entomology and Zoology Studies, 7(3): 332-337.

Kuate A F, Hanna R, Fotio A R P D, et al., 2019. *Spodoptera frugiperda* Smith (Lepidoptera: Noctuidae) in Cameroon: Case study on its distribution, damage, pesticide use, genetic differentiation and host plants. PloS One, 14(4): e0215749.

Liu H, Lan T M, Fang D M, et al., 2019. Chromosome level draft genomes of the fall armyworm, *Spodoptera frugiperda* (Lepidoptera: Noctuidae), an alien invasive pest in China. bioRxiv 671560；doi: https: //doi.org/10.1101/671560.

Meagher R L, Nagoshi R N, 2012. Differential feeding of fall armyworm (Lepidoptera: Noctuidae) host strains on meridic and natural diets. Annals of the Entomological Society of America, 105(3): 462-470.

Meagher R L, Nagoshi R N, Stuhl C J, 2011. Oviposition choice of two fall armyworm (Lepidoptera: Noctuidae) host strains. Journal of Insect Behavior, 24(5): 337-347.

Montezano D G, Specht A, Sosa-Gómez D R, et al., 2018. Host plants of *Spodoptera frugiperda* (Lepidoptera: Noctuidae) in the Americas. African Entomology, 26(2): 286-300.

Murúa M G, Nagoshi R N, Dos-Santos D A, et al., 2015. Demonstration using field collections that Argentina fall armyworm populations exhibit strain-specific host plant preferences. Journal of Economic Entomology, 108(5): 2305-2315.

Nagoshi R N, 2010. The fall armyworm triose phosphate isomerase (TPI) gene as a marker of strain identity and inter-strain mating. Annals of the Entomological Society of America, 103(2): 283-292.

Nagoshi R N, 2019. Evidence that a major subpopulation of fall armyworm found in the Western Hemisphere is rare or absent in Africa, which may limit the range of crops at risk of infestation. Plos One, 14(4): e0208966.

Nagoshi R N, Dhanani I, Asokan R, et al., 2019. Genetic characterization of fall armyworm infesting South Africa and India indicate recent introduction from a common source population. Plos One, 14(5): e0217755.

Nagoshi R N, Fleischer S, Meagher R L, 2017a. Demonstration and quantification of restricted mating between fall armyworm host strains in field collections by SNP comparisons. Journal of Economic Entomology, 110(6): 2568-2575.

Nagoshi R N, Koffi D, Agboka K, et al., 2017b. Comparative molecular analyses of invasive fall armyworm in Togo reveal strong similarities to populations from the eastern United States and the Greater Antilles. Plos One, 12(7): e0181982.

Nagoshi R N, Meagher R L, 2003. Fall armyworm FR sequences map to sex chromosomes and their distribution in the wild indicate limitations in inter strain mating. Insect Molecular Biology, 12(5): 453-458.

Nagoshi R N, Meagher R L, 2004a. Behavior and distribution of the two fall armyworm host strains in Florida. Florida Entomologist, 87(4): 440-449.

Nagoshi R N, Meagher R L, 2004b. Seasonal distribution of fall armyworm (Lepidoptera: Noctuidae) host strains in agricultural and turf grass habitats. Environmental Entomology, 33(4): 881-889.

Nagoshi R N, Murúa M G, Hayroe M, et al., 2012. Genetic characterization of fall armyworm (Lepidoptera: Noctuidae) host strains in Argentina. Journal of Economic Entomology, 105(2): 418-428.

Otim M H, Tek T W, Walsh T K, et al., 2018. Detection of sister-species in invasive populations of the fall armyworm *Spodoptera frugiperda* (Lepidoptera: Noctuidae) from Uganda. Plos One, 13(4): e0194571.

Pashley D P, Hardy T N, Hammond A M, 1995. Host effects on developmental and reproductive traits in fall armyworm strains (Lepidoptera: Noctuidae). Annals of the Entomological Society of America, 88(6): 748-755.

Pashley D P, Martin J A, 1987. Reproductive incompatibility between host strains of the fall armyworm (Lepidoptera: Noctuidae). Annals of the Entomological Society of America, 80(6): 731-733.

Prowell D P, Mcmichael M, Silvain J F, 2004. Multilocus genetic analysis of host use, introgression, and speciation in host strains of fall armyworm (Lepidoptera: Noctuidae). Annals of the Entomological Society of America, 97(5): 1034-1044.

Saldamando C I, Vélez-Arango A M, 2010. Host plant association and genetic differentiation of corn and rice strains of Spodoptera frugiperda Smith (Lepidoptera: Noctuidae) in Colombia. Neotropical Entomology, 39(6): 921-929.

Schöfl G, Heckel D G, Groot A T, 2009. Time-shifted reproductive behaviours among fall armyworm (Noctuidae: *Spodoptera frugiperda*) host strains: evidence for differing modes of inheritance. Journal of Evolutionary Biology, 22(7): 1337-1459.

Xiao H M, Ye X H, Xu H X, et al., 2020. The genetic adaptations of fall armyworm *Spodoptera frugiperda* facilitated its rapid global dispersal and invasion. Molecular Ecology Resources, 20(4): 1050-1068.

Zhang L, Liu B, Zheng W G, et al., 2020. Genetic structure and insecticide resistance characteristics of fall armyworm populations invading China. Molecular Ecology Resources, 20(6): 1682-1696.

第五章

草地贪夜蛾的飞行生物学

昆虫在长期的进化过程中形成了特有的形态结构和生物学特性，具翅能飞是昆虫生活史中的一个重要特征，昆虫的许多重要生命活动如取食、求偶、交配、扩散、迁飞等均需要通过飞行来实现（Engel，2015）。昆虫翅膀的运动是由神经系统调控飞行肌收缩形成的，飞行肌是昆虫肌肉系统的重要组成部分，为迁飞性昆虫提供强大的动力与物质需求，飞行肌的生理变化直接反映昆虫的飞行能力（冯红林 等，2011）。迁飞性昆虫通常具有较强的飞行能力，在长期的自然选择中进化出了适合利用气流进行远距离迁飞的翅形特征。草地贪夜蛾属于典型的迁飞性昆虫，国外研究通过轨迹分析和雷达监测等技术证明了其具有较强的远距离迁飞能力（Wolf et al.，1986；Westbrook et al.，2016）。昆虫的飞行生物学一直是迁飞研究的热点，研究草地贪夜蛾的飞行生物学有助于深入了解其飞行行为，完善其迁飞理论，从而提高测报和防控水平。

第一节　草地贪夜蛾飞行参数的测定方法

测定昆虫的飞行能力是研究昆虫飞行生物学的基础（Campos et al.，2004）。昆虫飞行磨的诞生为昆虫飞行能力的测定带来了便利，在可控环境条件下利用该系统同时测定多头昆虫的飞行能力，通过对计算机采集的数据进行转化和分析，可将昆虫的飞行距离、飞行时间和飞行速度等飞行参数直观定量地呈现出来，便于揭示昆虫飞行能力与环境因子和自身生理因子之间的关系。1953年，Hocking首次设计并制造了许多直径16～64cm的飞行磨，它们由细钢臂和玻璃轴承构成，记录系统允许两个磨同时运行。此后，研究人员不断尝试新的材料来减轻吊臂的重量和摩擦力，并且增加运行的飞行磨数量，以此来减小误差并提高测试效率。1968年，Rowley等设计了4个飞行磨和监控设备对蚊子的飞行活动进行室内研究。1984年，Clark等将飞行磨的同时运行数量增加到了16个，并且首次使用计算机系统对飞行磨的数据进行采集和处理。在此之前，相关人员一般使用计时器和计数器来统计昆虫的飞行数据，工作效率较低。飞行磨吊臂的结构也经历了向玻璃、更轻的石英管等的转变。磁铁在飞行磨上的应用十分具有创造性，Dybovskiy（1970）使用马蹄形磁铁支撑昆虫针作为轴承，极大减轻了昆虫吊飞时必须克服的重力和摩擦力。相较于国外，国内飞行磨研究起步相对较晚。20世纪80年代以来，国内研究人员也相继研制出多种不同类型的飞行磨，包括32通道飞行磨系统（中国农业科学院）、12～24通道飞行磨系统（河南佳多科工贸有限责任公司）和26通道飞行磨系统（河南科技学院）等。根据功能不同，又细化为适合测试草地贪夜蛾、棉铃虫、小地老虎等大型昆虫的大磨，以及适合测试飞虱、叶蝉、蚜虫等微小昆虫的小磨（图5-1）。多数鳞翅目昆虫体型较大，适合用大磨进行吊飞。目前已使用飞行磨测定了多种鳞翅目昆虫的飞行能力，如草地贪夜蛾、黏虫、棉铃虫、黄地老虎、斜纹夜蛾、旋幽夜蛾、银锭夜蛾、甜菜夜蛾等。20世纪70年代，国外研究人员即利用飞行磨研究了草地贪夜蛾在起飞和飞行中使用的能源物质种类（Handel，1972；1974）。近年来，随着草地贪夜蛾在世界范围内的快速扩散蔓延，研究人员利用飞行磨对该虫的飞行能力进行了全面评估，并试图阐明其迁飞机制及迁飞后的成灾机制（Ge et al.，2021a；2021b）。飞行磨为昆虫飞行生物学研究作出了巨大贡献，然而也存在一定的缺陷，例如昆虫在飞行磨上是吊飞状态，不能代表自由飞行；由于阻力和摩擦力的存在，飞行磨测得的昆虫飞行数据值可能小于实际情况。因此，室内飞行磨研究结果不能完全代表昆虫在野外真实的飞

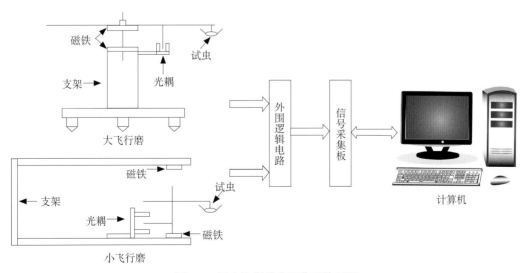

图5-1　昆虫飞行信息采集系统原理

行活动，但其仍然具有较强的参考价值。飞行磨在研究昆虫的相对飞行能力、不同生理因素和环境条件对飞行活动的影响、飞行与生殖的互作关系等方面具有独特的优势。

　　振翅频率也是昆虫飞行生物学研究中的一个重要参数，昆虫的振翅频率与其飞行能力密切相关，一定程度上可反映其飞行能力（Alexander et al.，2003）。昆虫的振翅频率越高，其飞行速度就越快，逆风飞行的能力就越强。高月波等（2010）研究发现棉铃虫的振翅频率与飞行时长有关，振翅频率会随飞行时间的延长而降低。高速红外摄像机、频闪仪等均可用于测定昆虫的振翅频率，其中频闪仪是测定昆虫振翅频率最简单经济的工具。使用时只需调节频闪仪的闪光频率，当视线中试虫的翅膀在闪光下只有1对并出现"静止"状态时，此时的闪光频率便是昆虫的振翅频率。Yu等（2020）利用频闪仪研究了多种跨渤海迁飞昆虫的振翅频率，发现鳞翅目昆虫（11科85种）的振翅频率分布范围为6.71 ～ 84.45Hz，多数集中在30 ～ 45Hz。目前先进的昆虫雷达已能准确测定高空迁飞昆虫的振翅频率，并以此作为鉴别昆虫种类的一个重要参数（封洪强，2011）。研究昆虫的振翅频率可促进对其飞行生物学的了解，还可以为雷达自动识别昆虫种类提供数据参考。

第二节　草地贪夜蛾成虫的飞行能力

　　昆虫的飞行能力通常受到环境因素以及自身生理状态的影响，例如温湿度、光照强度、光周期、风速、风向、营养、交配状态、振翅频率、日龄和性别等。准确了解迁飞性害虫的飞行能力对于阐明其迁飞机制和迁飞规律具有重要意义。

一、不同日龄成虫的飞行能力

　　日龄是影响昆虫飞行能力的重要因素，一般昆虫初羽化时飞行能力较弱，之后会逐渐增强，飞行能力达到最强后会随日龄增加而减弱。葛世帅等（2019）研究发现日龄是影响草地贪夜蛾飞行能力的重要因素，草地贪夜蛾成虫的飞行能力随日龄增加呈现出先增强后减弱的趋势。在25℃、相对湿度75%环境条件下，使用飞行磨对1 ～ 13日龄的草地贪夜蛾成虫吊飞24h，结合各飞行参数发现1 ～ 5日龄成虫具有较强的飞行能力，其中3日龄成虫飞行能力最强，后随日龄增加飞行能力逐渐减弱。3日龄成虫的平均飞行距离可达29.21km，平均飞行时间可达11.00h。1 ～ 11日龄成虫的振翅频率和飞行速度均没有显著差异，平均振翅频率范围为42.39 ～ 44.64Hz，飞行速度范围为2.41 ～ 2.72km/h。13日龄成虫的各飞行参数均最低，振翅频率、飞行距离、飞行时间和飞行速度分别为

39.62Hz、5.58km、3.09h和2.41km/h（表5-1）。王天硕等（2021）使用相同的方法对1～7日龄的草地贪夜蛾成虫进行了连续8h的吊飞测试，发现1日龄雌蛾飞行能力较弱，但具有较快的飞行速度，3～6日龄飞行能力最强，7日龄飞行能力降低。

表5-1　不同日龄草地贪夜蛾的飞行参数

日龄（d）	振翅频率（Hz）	飞行距离（km）	飞行时间（h）	飞行速度（km/h）
1	44.08	25.61	9.34	2.69
3	43.72	29.21	11.00	2.69
5	44.24	21.46	8.00	2.72
7	43.14	17.51	7.06	2.56
9	44.64	15.23	5.87	2.52
11	42.39	7.69	3.09	2.41
13	39.62	5.58	2.91	2.15

草地贪夜蛾飞行能力随日龄增加先增强后减弱的变化规律与棉铃虫、黄地老虎、甘蓝夜蛾等多种迁飞性昆虫一致。1日龄草地贪夜蛾成虫飞行能力较弱的原因可能是其飞行系统尚未发育完全，需要经过1～2d的时间逐渐成熟。另外，3～11日龄成虫的平均飞行速度没有差异，但飞行时间却随日龄增加明显下降，这表明草地贪夜蛾飞行能力降低主要体现在飞行时间的减少，原因可能是随日龄增加，草地贪夜蛾成虫进入性成熟阶段，保幼激素含量增加导致飞行肌降解，使其无法维持较长时间的飞行。低日龄成虫的飞行能力较强，此时期是其最佳的飞行时期，在此时期内草地贪夜蛾可以进行远距离迁飞，若起飞时间错过该时期，草地贪夜蛾可能无法完成远距离的迁飞活动。Zhou等（2020）通过比较基因组学分析发现草地贪夜蛾优越的飞行能力可能与其体内能量代谢、脂质代谢和飞行肌发育等相关基因（如 *Mio*、*Sik2*、*CRTC* 和 *Lpin*）的正向调控有关。

二、不同性别成虫的飞行能力

性别也是影响昆虫飞行能力的一个重要因素，许多昆虫不同性别之间飞行能力存在显著差异。明确迁飞昆虫不同性别间的飞行能力有助于分析其迁飞模式和迁飞轨迹等，提高预测预报的准确度。一般情况下，雌虫的飞行能力会强于雄虫，如绿盲蝽、意大利蝗等迁飞昆虫雌虫的飞行能力显著强于雄虫（Lu et al.，2007；任金龙 等，2015），这有利于其栖息地的开辟以及种群的生存繁衍。雌、雄虫之间飞行能力的差异也可能与飞行时间的长短有关，郑作涛等（2014）研究发现在12h吊飞条件下，二点委夜蛾雌、雄蛾飞行能力没有显著差异，连续吊飞80h，雄蛾的飞行能力优于雌蛾。

葛世帅等（2019）研究了不同性别之间草地贪夜蛾的飞行能力，发现在24h连续吊飞条件下，相同日龄雌、雄蛾的飞行距离和飞行时间均无显著差异；除1日龄雄蛾飞行速度显著大于雌蛾、11日龄雌蛾振翅频率显著大于雄蛾外，其他各日龄雌、雄蛾各飞行参数均无显著差异，其中1日龄雌、雄蛾飞行速度分别为2.46km/h和2.92km/h，11日龄雌、雄蛾振翅频率分别为45.63Hz和39.49Hz（图5-2）。这表明性别对草地贪夜蛾的飞行能力影响较小，但不排除随飞行时间的增加差异逐渐显著的可能性。草地贪夜蛾雌、雄蛾之间飞行能力变化趋势大致为初羽化时雄蛾比雌蛾拥有更强的飞行能力，此后二者飞行能力相当。室内研究和野外调查均发现雄蛾羽化时间比雌蛾晚1～2d，1日龄雄蛾即拥有较强的飞行能力，有利于寻觅配偶进行交配或与雌蛾一起进行迁飞活动。

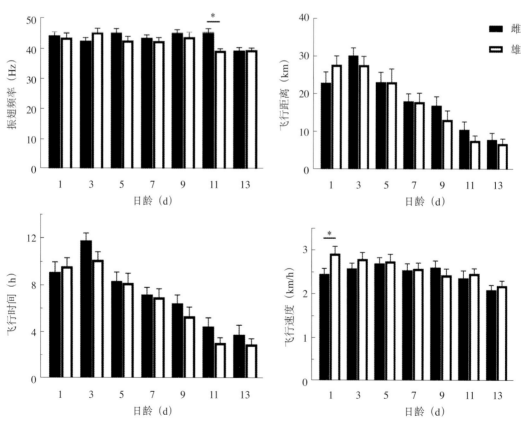

图5-2 草地贪夜蛾雌、雄蛾的飞行参数比较

注：＊表示差异显著。

三、生殖活动对成虫飞行能力的影响

交配和产卵等生殖活动通常会显著影响昆虫的飞行能力。多数昆虫生殖前飞行能力较强，生殖后飞行能力会下降，这也是多种迁飞性昆虫迁飞期发生在生殖前的原因。褐飞虱中未交配个体的再迁飞比率高，交配后飞行能力减弱，会转变为居留型。Toghara等（2009）发现交配会诱导昆虫飞行肌和线粒体发生降解，供能能力减弱，从而致使昆虫的飞行能力减弱。"卵子发生－飞行拮抗综合征"是迁飞研究中的经典理论，该理论认为昆虫的迁飞通常发生在产卵前，迁飞前卵巢暂时停止发育，能源物质用于飞行系统的建立或维持飞行；飞行结束后，飞行系统降解，能源物质转向生殖（Johnson，1969）。一般通过比较昆虫生殖前后的飞行能力判断该虫是否存在"卵子发生－飞行拮抗综合征"现象。

Ge等（2021c）研究了交配和产卵对草地贪夜蛾飞行能力的影响。具体方法为：选择初羽化的草地贪夜蛾雌、雄蛾进行配对，统计每天的产卵情况，至9日龄时使用飞行磨吊飞测试飞行能力（温湿度条件为25℃、75%，吊飞12h）。吊飞结束后，对雌蛾进行卵巢解剖，根据受精囊内的精包数确定是否交配，分析交配和产卵活动对草地贪夜蛾飞行能力的影响。结果发现交配与未交配成虫的飞行能力没有显著性差异（t检验，$P < 0.05$），交配成虫与未交配成虫的飞行距离、飞行时间和飞行速度均无显著差异，只有振翅频率出现明显下降。未交配雌蛾和交配雌蛾的飞行距离分别为35.92km和33.70km，飞行时间分别为10.45h和9.90h，飞行速度分别为3.36km/h和3.31km/h，振翅频率分别为45.04Hz和43.72Hz（表5-2）。研究结果表明交配对草地贪夜蛾的飞行能力影响较小，这与多数迁飞昆虫如黄地老虎、二点委夜蛾、甘蓝夜蛾等交配后飞行能力显著降低明显不同。

表5-2　交配对草地贪夜蛾飞行能力的影响

交配状态	飞行距离（km）	飞行时间（h）	飞行速度（km/h）	振翅频率（Hz）
未交配	35.92	10.45	3.36	45.04
交配	33.70	9.90	3.31	43.72

产卵量和产卵天数对草地贪夜蛾雌蛾的飞行能力影响显著。产卵0～3d或产卵量为0、0～500、500～1 000粒的雌蛾飞行能力与未产卵雌蛾的飞行能力没有显著差异，产卵天数超过4d或产卵量高于1 000粒的雌蛾飞行能力明显下降（Tukey'HSD，

$P<0.05$），其飞行距离分别仅有14.31km和15.12km、飞行时间仅有4.95h和5.49h，远低于产卵0～3d的雌蛾（表5-3、表5-4）。该研究结果表明，草地贪夜蛾雌蛾在产卵初期仍然具有较强的飞行能力，产卵中后期飞行能力显著下降。对产卵量与飞行距离、飞行时间进行线性回归分析，发现草地贪夜蛾飞行能力与产卵量呈负相关，随产卵量的增加，飞行能力逐渐减弱。

表5-3　不同产卵天数下草地贪夜蛾雌蛾的飞行参数

产卵天数（d）	飞行距离（km）	飞行时间（h）	飞行速度（km/h）	振翅频率（Hz）
0	39.39	10.46	3.72	44.90
1	42.40	10.37	4.02	46.77
2	40.71	10.28	3.85	44.83
3	29.18	9.23	3.07	42.00
≥4	14.31	4.95	2.62	37.66

表5-4　不同产卵量的草地贪夜蛾雌蛾的飞行参数

产卵量（n）	飞行距离（km）	飞行时间（h）	飞行速度（km/h）	振翅频率（Hz）
0	39.39	10.46	3.72	44.90
0～500	38.98	10.23	3.66	46.09
501～1 000	38.16	9.82	3.69	44.04
>1 000	15.12	5.49	2.58	38.74

　　许多昆虫完成迁飞活动需要经过连续几个夜晚，在此过程中卵巢逐渐发育，很有可能进行交配和产卵，并且会继续迁飞到达目的地。在渤海湾的一个小岛上对跨海迁飞昆虫的长期监测发现，5—6月在岛上诱到的旋幽夜蛾、宽胫夜蛾和黄地老虎等迁飞昆虫的卵巢发育级别较高，一些昆虫已进行交配且已产卵，表明这几种昆虫在产卵过程中也能进行迁飞活动。根据草地贪夜蛾交配和产卵后的飞行能力变化，推测草地贪夜蛾也具备携卵迁飞的能力，不符合典型的卵子发生－飞行拮抗综合征。对云南澜沧地区高空灯诱集的草地贪夜蛾雌蛾进行卵巢解剖，发现超过80%的雌蛾处于性成熟阶段（卵巢级别为Ⅲ级及以上）（卵巢发育分级见图10-12），且雌蛾交配率超过50%，交配雌蛾中有接近一半的个体为多次交配（交配次数为2次及以上），交配次数最多可达5次（Ge et al.，2021c）。该研究结果证实了上述草地贪夜蛾可以携卵迁飞的推论，也证实了室内吊飞结果的可靠性。草地贪夜蛾雌蛾在产卵初期仍然具有较强的飞行能力，当迁飞到不利环境

时，仍然具备再次迁飞的可能，有利于其选择合适的生境和产卵环境，这对其种群的维持和繁衍具有重要意义。

四、取食对成虫飞行能力的影响

Holmes（2011）研究发现昆虫飞行时的生理代谢速率是静息时的20～100倍，这说明昆虫飞行是一个高能耗的过程。昆虫体内的能源物质积累主要来自幼虫期取食积累的营养和成虫期的补充营养。幼虫期取食对于调节昆虫的迁飞行为、翅型分化、飞行能力强弱等方面具有重要作用；成虫期营养可转化为昆虫飞行的能源物质，进而影响昆虫的飞行活动。昆虫飞行消耗的能源物质一般是糖类和脂质，糖类能快速产生能量，是多数昆虫起飞或短距离飞行的主要能源；脂类能量较高，适合作为昆虫长距离飞行的能源物质；蛋白质通常不作为飞行的能源物质，其主要构建飞行肌，参与飞行系统的发育，并且可以通过合成各种代谢中间产物参与迁飞的调控过程。相关研究表明，草地贪夜蛾在飞行过程中利用的能源物质为糖类和脂类，糖原是飞行前期的主要供能物质，甘油三酯是长距离飞行的主要供能物质（Handle，1972；1974）。

在25℃、相对湿度75%环境条件下，葛世帅等（2019）研究了补充营养和补充清水成虫的飞行能力，结果表明成虫期营养显著影响草地贪夜蛾的飞行能力。与补充清水的草地贪夜蛾成虫相比，补充营养（10%槐花蜂蜜水）的成虫拥有更强的飞行能力，主要体现在飞行距离和飞行时间的增加。另外，补充营养对增强草地贪夜蛾雄蛾的飞行能力更加明显，补充营养后的雄蛾振翅频率、飞行距离和飞行时间均显著增加，而补充营养后的雌蛾仅飞行时间显著增加。补充10%蜂蜜水和补充清水雌蛾的飞行时间分别为11.80h和9.20h，补充10%蜂蜜水和补充清水雄蛾的振翅频率分别为45.5Hz和40.00Hz、飞行距离分别为27.92km和20.50km、飞行时间分别为10.15h和7.48h（表5-5）。说明与雌蛾相比，雄蛾更需要成虫期补充营养来增强自身的飞行能力，这可能是因为雌蛾体内储存的脂肪等能源物质较雄蛾更为丰富，在没有取食的情况下仍然能够维持较强的飞行能力。另外，He等（2021）测试了取食不同营养草地贪夜蛾成虫的飞行能力，包括槐花蜂蜜、玫瑰花粉、松花粉、槐花蜂蜜+松花粉、向日葵花粉、油菜花粉、槐花蜂蜜+油菜花粉、玉米花粉以及清水，结果表明补充5%槐花蜂蜜的成虫飞行能力最强，并且补充各种营养的成虫飞行能力均强于补充清水的成虫。

表5-5 补充营养对草地贪夜蛾飞行能力的影响

飞行参数	雌蛾		雄蛾	
	10%蜂蜜水	清水	10%蜂蜜水	清水
振翅频率（Hz）	42.12	44.85	45.5	40.00
飞行距离（km）	30.43	26.40	27.92	20.50
飞行时间（h）	11.80	9.20	10.15	7.48
飞行速度（km/h）	2.58	2.93	2.79	2.78

幼虫期取食也显著影响草地贪夜蛾的飞行能力，如取食毛叶苕子的幼虫其成虫飞行能力显著低于取食玉米叶的（Wu et al.，2022），取食不同配方人工饲料的幼虫其成虫飞行能力存在显著差异（Ge et al.，2022）。这可能主要与不同寄主植物或饲料内含有的营养物质种类、含量不同有关。

第三节　环境因子对草地贪夜蛾飞行活动的影响

环境因子如温度、湿度、光周期、光照强度等会直接影响昆虫的飞行活动，也会通过影响生长发育、翅型分化、能量积累、物质代谢等间接影响昆虫的飞行能力。昆虫飞行一般需要适宜的温度和湿度范围，此条件下其飞行能力最强，高于或低于此范围，其飞行活动均会受到抑制。

一、温度对成虫飞行活动的影响

Ge等（2021a）研究发现温度显著影响草地贪夜蛾的飞行能力。在连续吊飞12h条件下，不同温度下草地贪夜蛾的各飞行参数均存在显著差异。10～30℃温度范围内，飞行距离、飞行时间和平均飞行速度随温度升高呈现出先上升后下降的趋势。飞行距离和飞行速度在25℃时达到最大值；飞行时间在15℃时达到最大值；振翅频率随温度的升高而增大，30℃时达到最大值；10℃时各飞行参数值均最小。其中，25℃时飞行距离、飞行时间、平均飞行速度和振翅频率分别为30.37km、8.90h、3.40km/h和44.18Hz；10℃时各飞行参数分别为10.66km、5.02h、1.87km/h和28.86Hz。草地贪夜蛾飞行过程中的体重消耗量基本上呈现出随温度升高而增大的趋势。10℃时体重消耗量最小，为

9.16mg；30℃体重消耗量最大，为19.41mg（表5-6）。结合草地贪夜蛾的飞行能力和体重消耗量，判断其最佳飞行温度范围为20～25℃。草地贪夜蛾对温度的耐受范围较广，在15～30℃范围内均可进行正常的飞行活动，即使在低温10℃时，仍有少数个体的飞行时间接近12h。但是低温明显抑制其飞行活动，飞行速度和振翅频率显著降低，部分试虫在10℃下振翅意愿较弱，由此可见，低温不适宜草地贪夜蛾飞行，10℃条件下草地贪夜蛾无法完成远距离迁飞。Chen等（2022）利用飞行磨系统测试了低温条件下野外草地贪夜蛾的飞行活动，发现该虫的低温飞行阈值为13.1℃，该结果与上述结果基本一致。草地贪夜蛾的振翅频率会随温度的升高而增大，30℃时振翅频率最大，但是平均飞行速度却低于25℃时的平均飞行速度，这可能是因为草地贪夜蛾在高温条件下体内水分散失快，代谢速率升高，需要消耗大量的能量，因此无法长时间维持较快的振翅频率。

表5-6　温度对草地贪夜蛾飞行活动的影响

温度（℃）	飞行距离（km）	飞行时间（h）	平均飞行速度（km/h）	振翅频率（Hz）	体重消耗量（mg）
10	10.66	5.02	1.87	28.86	9.16
15	22.76	9.13	2.37	36.72	13.15
20	27.14	9.00	2.92	38.28	13.01
25	30.37	8.90	3.40	44.18	16.53
30	22.69	7.36	3.05	47.21	19.41

温度不仅影响昆虫的飞行能力，还会影响昆虫的翅型分化，例如夏季高温会诱导稻纵卷叶螟生殖停滞并向北迁飞。谢殿杰等（2019）研究发现饲养温度显著影响草地贪夜蛾的飞行能力，在20～32℃范围内，草地贪夜蛾飞行能力随饲养温度升高而增强；32℃的高温虽然不利于草地贪夜蛾幼虫的生长发育以及成虫长时间飞行，但是能增加其迁飞逃离不利环境的倾向。

迁飞性昆虫的起飞和飞行都有一定的温度阈值，通常会选择适宜的温度大规模起飞，并且在迁飞过程中也会选择温度适宜的高度层进行迁飞。昆虫的迁飞高度通常与不同纬度下不同季节的温度有关，在我国，春夏季北迁期的昆虫迁飞高度高于夏秋季回迁期。国外通过雷达监测发现草地贪夜蛾夜间迁飞的飞行高度通常集中在距地600m左右的高空。

二、相对湿度对成虫飞行活动的影响

Ge等（2021a）研究表明，相较于温度而言，湿度对草地贪夜蛾的飞行能力影响较小。相对湿度30%～90%范围内，草地贪夜蛾的飞行距离、飞行时间和平均飞行速度均无显著差异；只有相对湿度30%条件下的振翅频率显著低于相对湿度75%。相对湿度30%条件下的振翅频率、飞行距离、飞行时间和平均飞行速度分别为40.40Hz、24.01km、8.12h和2.83km/h；相对湿度75%条件下的上述飞行参数分别为44.18Hz、30.37km、8.90h和3.40km/h。草地贪夜蛾飞行后的体重消耗量基本上呈现出随湿度升高而减小的趋势，相对湿度30%时体重消耗量最大，为23.50mg；相对湿度90%时体重消耗量最小，为14.66mg；相对湿度75%条件下的体重消耗量较大，原因可能是此条件下的飞行距离最远、飞行时间最长，消耗的能量和水分较多（表5-7）。总体来看，草地贪夜蛾在相对湿度30%～90%范围内均可进行正常的飞行活动，但湿度较低时不利于草地贪夜蛾的振翅，并且会加速虫体内水分散失，抑制生理代谢活动，进而影响其飞行活动。因此，相对湿度60%～90%是其飞行的适宜湿度范围。

表5-7　湿度对草地贪夜蛾飞行活动的影响

相对湿度（%）	飞行距离（km）	飞行时间（h）	平均飞行速度（km/h）	振翅频率（Hz）	体重消耗量（mg）
30	24.01	8.12	2.83	40.40	23.50
45	24.59	8.36	2.97	43.30	20.76
60	25.08	8.33	3.01	41.93	16.69
75	30.37	8.90	3.40	44.18	18.03
90	26.19	8.40	3.06	42.02	14.66

三、最佳温湿度条件下成虫的多夜晚飞行潜力

许多昆虫具有连续多夜晚飞行的能力，以便尽可能在较短时间内完成迁飞活动。如黏虫和稻纵卷叶螟等迁飞性昆虫均会采用这种迁飞策略，它们一般在黄昏起飞，翌日黎明停止飞行，翌日黄昏再次起飞，并且其间会取食花蜜，为后续飞行积累能源物质。王凤英等（2010）研究了稻纵卷叶螟在非自然条件下的多夜晚飞行能力，发现其可连续飞行4～5个夜晚，最多可进行连续9个夜晚的飞行活动。

Ge等（2021a）在25℃、相对湿度75%条件下对1日龄草地贪夜蛾进行连续5个夜晚的吊飞（每晚吊飞10h，白天补充10%蜂蜜水），发现个体总飞行距离最远达到163.58km，累计飞行时间最长可达46.73h。即使在第五晚飞行中，仍有个体飞行了近10h。从吊飞结果来看，草地贪夜蛾第一晚飞行能力稍弱，第二、三晚飞行能力较强，后随飞行夜晚

的增加飞行能力逐渐减弱。草地贪夜蛾第一、二、三晚的飞行距离和飞行时间分别为
14.09km和4.36h、21.33km和6.11h、17.13km和5.93h，至第四晚和第五晚，各飞行参数值
均明显减少（表5-8）。根据以上结果推测，草地贪夜蛾羽化后翌日即可进行远距离飞行，
飞行后补充营养，仍然具有较强的飞行能力，具有连续迁飞2～3晚的飞行潜力。

表5-8 草地贪夜蛾连续吊飞5晚的飞行参数

羽化日龄 (d)	飞行距离（km）		飞行时间（h）		平均飞行速度（km/h）	
	平均值	最大值	平均值	最大值	平均值	最大值
1	14.09	47.76	4.39	9.98	2.91	6.78
2	21.33	51.32	6.11	9.99	3.36	6.4
3	17.13	39.79	5.93	9.96	2.93	5.9
4	10.87	37.77	4.31	9.97	2.53	4.6
5	9.63	36.27	3.74	9.90	2.50	4.54
合计	73.05	163.58	24.48	46.73	2.85	4.83

国外通过轨迹分析研究表明，草地贪夜蛾一晚或连续几晚即可从非洲西部进入撒
哈拉沙漠南部造成危害（Westbrook et al.，2016）；国内吴秋琳等（2019）通过轨迹分析
预测草地贪夜蛾连续迁飞两个夜晚，便可由中国热带地区进入长江以北地区，条件适宜时
3个夜晚即可进入黄河以北的广大地区甚至东北地区南部。草地贪夜蛾的连续多夜晚飞行能
力使其飞行过程和飞行轨迹变得复杂，将增加预测预报工作的难度。我国丰富的食物资源
以及气候条件为草地贪夜蛾种群跨区域迁飞提供了良好的自然条件，容易引起其大规模发
生，造成严重的经济损失。可以根据草地贪夜蛾的飞行潜力，结合气候因素（温湿度、风
速、风向、降雨等）以及食物资源等条件，建立准确有效的草地贪夜蛾迁飞模型。

此外，光周期也显著影响草地贪夜蛾的飞行活动。孟令贺（2021）研究发现，草地
贪夜蛾在光周期L12∶D12条件下的飞行能力最强，并且在该光周期下具有明显的向东
南方定向飞行的趋势。光周期L12∶D12条件下草地贪夜蛾雌虫的飞行距离（27.56km）
和飞行时间（7.50h）显著高于光周期L14∶D10。

第四节 草地贪夜蛾成虫飞行活动对生殖的影响

草地贪夜蛾具有较强的飞行能力和繁殖能力，这是其在世界范围内快速扩散蔓延

的生物学基础。昆虫的飞行活动和生殖活动都是高能量消耗的过程，而昆虫体内的能源物质是有限的，两种行为间可能存在一定的拮抗关系（迁飞消耗的能源增多，对应的用于生殖的能源就会减少）。通常认为昆虫迁飞会付出一定的生殖代价，例如产卵量降低、产卵前期延长以及寿命缩短等。昆虫的飞行行为如果对生殖产生较大的负面影响，对于种群的生存和繁衍是很不利的。然而，这种生殖代价并不是绝对的，常因昆虫的种类、迁飞日龄、迁飞时长等而异。一些昆虫飞行后生殖活动不仅不会受到抑制，反而会有所增强，如沙漠蝗、黑蝗、东亚飞蝗和蟋蟀等（Bertram，2007；Dyakonova et al.，2008；Guerra et al.，2007，2009）。Jiang 等（2010）研究发现，甜菜夜蛾1日龄飞行会抑制交配且降低产卵量，但其他日龄飞行对生殖能力没有影响；Zhang 等（2015）研究表明，稻纵卷叶螟在吊飞6h和12h条件下，产卵前期会缩短，产卵整齐度增加，吊飞18h后没有出现这种现象。

卵巢解剖技术是研究昆虫迁飞与生殖、预测种群发生趋势的重要方法，主要是对雌虫生殖系统进行解剖，观察卵巢发育级别、交配状况以及脂肪体变化情况等。赵胜园等（2019）结合以往对鳞翅目昆虫卵巢发育的研究，将草地贪夜蛾的卵巢发育划分为5个级别，即乳白透明期（Ⅰ级）（图10-12）、卵黄沉积期（Ⅱ级）、成熟待产期（Ⅲ级）、产卵盛期（Ⅳ级）及产卵末期（Ⅴ级），有助于预测草地贪夜蛾的发生趋势。另外，和伟等（2019）对草地贪夜蛾雄性生殖系统进行了解剖，发现草地贪夜蛾雄虫的精巢随日龄的增加呈规律性地衰减，可根据精巢发育状况推算田间种群的年龄结构，达到预测预报的目的。

昆虫迁飞与生殖之间的相互关系一直是迁飞研究的重点，迁飞对生殖的正、负影响是研究争议的焦点问题。目前国内外主要利用昆虫飞行磨吊飞来模拟昆虫的飞行活动，通过卵巢解剖等技术研究昆虫飞行活动对生殖活动的影响，以阐明昆虫迁飞与区域性暴发的内在联系。

一、飞行对成虫生殖器官发育的影响

Ge 等（2021b）研究发现适当的飞行活动会显著促进草地贪夜蛾生殖系统的发育。对1日龄草地贪夜蛾雌、雄蛾进行5h吊飞处理，吊飞完成后将试虫单雌单雄配对，以没有经过吊飞的1日龄雌、雄蛾配对作为对照，分别于3、5、7、9日龄对雌蛾的卵巢及雄蛾的精巢进行解剖。结果发现飞行组雌蛾各日龄卵巢发育级别显著高于对照；雄蛾9日龄精巢长轴长度显著小于对照，其他日龄均无显著差异。飞行对草地贪夜蛾生殖系统发育的促进作用在低日龄时尤为明显。通过卵巢解剖发现，吊飞组3日龄个体卵巢发育级别多为Ⅲ级，且有1/3的个体已经交配，而对照组3日龄个体卵巢发育级别多为Ⅰ级和Ⅱ级，交配率为0；吊飞组5日龄个体卵巢发育级别多为Ⅳ级，表明此时已进入产卵盛期，而对照组个体卵巢发育级别多为Ⅱ级和Ⅲ级，仅有18%的个体进行了交配（表5-9；图5-3）。

表5-9　吊飞组和对照组成虫不同时期生殖系统发育进程和交配状态

日龄（d）	卵巢发育级别		精巢长轴长度（μm）		交配率（%）	
	对照组	吊飞组	对照组	吊飞组	对照组	吊飞组
3	1.89	2.85	2 370.32	2 415.62	0	33.33
5	2.63	3.39	2 248.52	2 227.26	18.75	58.06
7	3.34	3.70	2 127.19	2 093.82	65.52	66.67
9	3.64	4.10	2 039.62	1 847.81	60.71	67.74

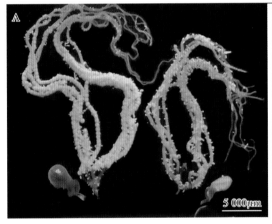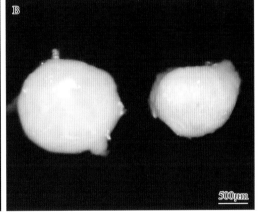

图5-3　对照组和吊飞组卵巢（A）、精巢（B）发育对比

注：图A左边为吊飞组3日龄卵巢，右边为对照组3日龄卵巢；图B左边为对照组9日龄精巢，右边为吊飞组9日龄精巢。

李克斌等（2005）研究发现飞行可以提高黏虫咽侧体（CA）的活性，促进保幼激素（JH）的分泌。通常认为较高浓度的保幼激素可以促进卵巢发育，抑制飞行能源物质甘油三酯的积累（Jindra et al.，2013；Liu et al.，2016）。Zhang等（2008a，2008b）研究发现保幼激素在黏虫迁飞型与居留型转换中起重要作用，外源保幼激素可促进黏虫成虫由迁飞型转化为居留型。以上研究均证实了保幼激素能促进黏虫的生殖，在君主斑蝶和马利筋长蝽等迁飞性昆虫中也有类似结果（Velde et al.，2013）。草地贪夜蛾飞行后促进卵巢发育的机制可能与黏虫类似，即飞行提高了咽侧体活性，加速了保幼激素的分泌，进而促进了卵巢发育、交配和产卵等活动。一些迁飞性昆虫完成迁飞活动后，其飞行肌会出现凋亡，飞行肌的降解物一部分会直接参与到生殖行为，另一部分可能间接为卵子发生提供脂肪、氨基酸和蛋白质等能源物质（Gibbs et al.，2010）。这也可能是草地贪夜蛾飞行后加速生殖器官发育进程的重要原因。

近年来，国内外对昆虫迁飞与生殖行为的生理机制研究较为深入，发现神经肽（AT 和 AST）和保幼激素酯酶（JHE）与保幼激素合成有关，卵黄原蛋白及其受体（Vg 和 VgR）、性信息素合成激活肽及其受体（PBAN 和 PBANR）均与生殖相关，这些蛋白在昆虫的迁飞与生殖行为的发生和调控中起着重要的作用。

二、飞行对成虫繁殖力和寿命的影响

Ge 等（2021b）研究了不同日龄吊飞以及不同时长吊飞后草地贪夜蛾的生殖活动，确定了草地贪夜蛾的最佳迁飞日龄，明确了短时间的扩散飞行和远距离迁飞飞行后对其生殖的影响。具体实验方法为：①分别对1、2、3日龄草地贪夜蛾雌、雄蛾进行10h吊飞处理，吊飞完成后将雌、雄蛾两两配对，以没有经过吊飞的1日龄雌、雄蛾配对作为对照，统计每天的产卵情况、卵孵化率、雌雄蛾寿命等参数，待雌蛾死亡后进行卵巢解剖确定交配率和交配次数。②选取2日龄雌、雄蛾分别吊飞1.25h、2.5h、5h、10h、15h，吊飞完成后按照上述方法进行配对，统计各生殖参数。

研究发现与未飞行的对照组相比，1、2、3日龄飞行组的产卵前期均显著缩短，产卵同步性显著增强，且产卵量、产卵历期、孵化率、交配率等参数没有显著差异；草地贪夜蛾飞行不同时长后，除1.25h飞行组产卵前期与对照组无显著差异外，其他飞行组与对照相比产卵前期均显著缩短；且所有飞行组的产卵同步性均显著增强，其他生殖参数无显著差异（图5-4；表5-10、表5-11）。以上研究结果表明草地贪夜蛾1、2、3日龄的飞行活动会促进生殖，草地贪夜蛾选择此时进行迁飞具有明显的优势。因1日龄草地贪夜蛾成虫飞行系统尚未发育完全，可能无法适应远距离的迁飞飞行，推断2、3日龄是草地贪夜蛾进行迁飞的最佳时期。根据不同飞行时长对草地贪夜蛾生殖的影响结果，发现无论是短时间的扩散飞行还是长时间的远距离迁飞，草地贪夜蛾的产卵同步性都会增强。产卵同步性的增强会促进幼虫为害的同步性，容易造成虫害的集中暴发。而且昆虫的迁飞一般是集体行为，一般会共同降落到适宜的空间环境，再加上飞行对产卵同步性的促进作用，大大增加了草地贪夜蛾在迁入地迅速暴发成灾的可能。

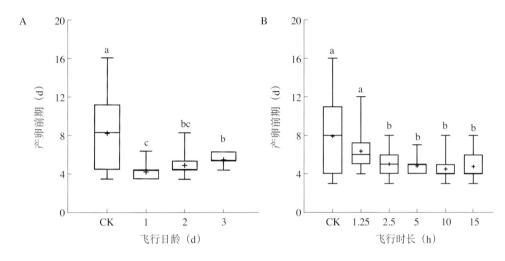

图5-4　不同日龄（A）、不同时长（B）吊飞后雌蛾的产卵前期

注：矩形盒的顶部和底部分别表示上4分位数和下4分位数，矩形盒中间的水平实线表示中位数，加号（＋）表示平均值，矩形盒上、下两端的尾须分别表示最大值和最小值。其上不同小写字母表示各组产卵前期的平均值差异显著。

表5-10　1～3日龄草地贪夜蛾吊飞10h后的生殖参数

飞行日龄 （d）	产卵历期 （d）	产卵量 （粒）	孵化率 （%）	交配率 （%）	交配次数 （次）	雌虫寿命 （d）	雄虫寿命 （d）
CK	6.04	1 077.74	81.13	59.57	1.57	19.62	17.83
1	5.52	1 212.36	89.88	55.56	1.52	13.36	11.27
2	5.93	1 213.82	92.36	60.38	1.94	12.50	12.62
3	5.38	1 002.50	88.00	57.41	1.65	13.52	14.67

表5-11　2日龄草地贪夜蛾飞行不同时长后的生殖参数

飞行时长 （h）	产卵历期 （d）	产卵量 （粒）	孵化率 （%）	交配率 （%）	交配次数 （次）	雌虫寿命 （d）	雄虫寿命 （d）
CK	6.04	1 077.74	81.13	59.57	1.57	19.62	17.83
1.25	5.91	1 152.56	86.29	59.65	1.76	14.51	18.26
2.5	6.03	1 269.63	92.78	68.97	2.1	15.19	19.76
5	5.54	1 006.97	91.31	60.61	1.98	15.30	15.18
10	5.93	1 213.82	92.36	60.38	1.94	12.94	12.62
15	6.10	1 196.30	94.6	56.67	2.38	14.55	14.48

飞行会显著缩短草地贪夜蛾雌蛾的寿命，这与黏虫、稻纵卷叶螟等迁飞害虫相似，与甜菜夜蛾、草地螟等不同。飞行是一种高能量消耗的运动，草地贪夜蛾飞行后，产卵量并未降低，雌蛾寿命却显著缩短。推测产卵量没有降低与雌蛾寿命的缩短有关，雌蛾寿命缩短会提高用于生殖活动的能量消耗比例，将有限的资源最大化用于生殖，保证种群的延续性，这可能是草地贪夜蛾长期以来的一种生存策略。另外，草地贪夜蛾的产卵量也与成虫期补充营养有关，房敏等（2019）研究发现补充营养会增加草地贪夜蛾的产卵量。草地贪夜蛾体内可能存在一种调节机制来抑制飞行的不利影响，通过补充营养来弥补能量损耗可能是这种调节机制的主要途径。草地贪夜蛾完成飞行后，及时补充营养在一定程度上弥补了飞行的能量消耗，保证了后续生殖所需的能量。

草地贪夜蛾的远距离迁飞受到季节性大气环流的影响，目前已在我国形成北迁南回的迁飞格局，草地贪夜蛾迁飞后将显著增加暴发成灾的可能。因此，有必要做好固定虫源地的防控工作，压低北迁种群基数，加强对迁入地的监测预警工作，避免草地贪夜蛾大规模暴发成灾。

【参考文献】

房敏，姚领，李晓萌，等，2020. 成虫期补充不同营养对草地贪夜蛾繁殖力的影响. 植物保护，46(2)：193-195，215.

封洪强，2011. 雷达在昆虫学研究中的应用. 植物保护，37(5)：1-13.

冯红林，孙红岩，李克斌，等，2011. 昆虫飞行肌细胞凋亡的分子生物学研究进展. 应用昆虫学报，48(3)：701-709.

高月波，翟保平，2010. 飞行过程中棉铃虫对温度的主动选择. 昆虫学报，53(5)：540-548.

葛世帅，何莉梅，和伟，等，2019. 草地贪夜蛾的飞行能力测定. 植物保护，45(4)：28-33.

和伟，赵胜园，葛世帅，等，2019. 草地贪夜蛾种群诱测报方法研究. 植物保护，45(4)：48-53.

李克斌，曹雅忠，罗礼智，等，2005. 飞行对黏虫体内甘油酯积累与咽侧体活性的影响. 昆虫学报，48(2)：155-160.

孟令贺，2021. 光周期对草地贪夜蛾生长发育、飞行、生殖及抗逆能力的影响. 北京：中国农业科学院.

任金龙，林丽，赵雄飞，等，2015. 意大利蝗 *Calliptamus italicus* (L.) 飞行能力的研究. 应用昆虫学报，52(5)：1272-1276.

王凤英，张孝羲，翟保平，2010. 稻纵卷叶螟的飞行和再迁飞能力. 昆虫学报，53(11)：1265-1272.

王天硕，陈法军，张蕾，等，2021. 草地贪夜蛾不同日龄飞行对生殖及寿命的影响. 植物保护，47(6)：115-120.

吴秋琳，姜玉英，胡高，等，2019. 中国热带和南亚热带地区草地贪夜蛾春夏两季迁飞轨迹的分析. 植物保护，45(3)：1-9.

谢殿杰, 张蕾, 程云霞, 等, 2019. 温度对草地贪夜蛾飞行能力的影响. 植物保护, 45(5): 13-17.

赵胜园, 杨现明, 和伟, 等, 2019. 草地贪夜蛾卵巢发育分级与繁殖潜力预测方法. 植物保护, 45(6): 28-34.

郑作涛, 江幸福, 张蕾, 等, 2014. 二点委夜蛾飞行行为特征. 应用昆虫学报, 51(3): 643-653.

Alexander D E, Wang Z J, 2003. Nature's flyers: Birds, insects, and the biomechanics of flight. Physics Today, 56(5): 60.

Bertram S M, 2007. Positive relationship between signalling time and flight capability in the texas field cricket, *Gryllus texensis*. Ethology, 113(9): 875-880.

Campos W G, Schoereder J H, Sperber C F, 2004. Does the age of the host plant modulate migratory activity of *Plutella xylostella*? Entomological Science, 7(4): 323-329.

Chen H, Wang Y, Huang L, et al., 2022. Flight capability and the low temperature threshold of a Chinese field population of the fall armyworm *Spodoptera frugiperda*. Insects, 13(5): 422.

Clarke J L, Rowley W A, Christiansen S, et al., 1984. Microcomputer-based monitoring and data acquisition system for a mosquito flight mill. Annals of the Entomological Society of America, 77(2): 119-122.

Dyakonova V, Krushinsky A, 2008. Previous motor experience enhances courtship behavior in male cricket *Gryllus bimaculatus*. Journal of Insect Behaviour, 21(3): 172-180.

Dybovskiy V V, 1970. Device for investigation of the flight of small insects. Entomological Review, 49: 435-436.

Engel S M, 2015. Insect evolution. Current Biology, 25(19): 868-872.

Ge S S, Chu B, He W, et al., 2022. Wheat-bran-based artificial diet for mass culturing of the fall armyworm, *Spodoptera frugiperda* Smith (Lepidoptera: Noctuidae). Insects, 13(12): 1177.

Ge S S, He L M, He W, et al., 2021a. Laboratory-based flight performance of the fall armyworm *Spodoptera frugiperda*. Journal of Integrative Agriculture, 20(3): 707-714.

Ge S S, He W, He L M, et al., 2021b. Flight activity promotes reproductive processes in the fall armyworm, *Spodoptera frugiperda*. Journal of Integrative Agriculture, 20(3): 727-735.

Ge S S, Sun X X, He W, et al., 2021c. Potential trade-offs between reproduction and migratory flight in *Spodoptera frugiperda*. Journal of Insect Physiology, 132: 104248.

Gibbs M, Dyck H V, 2010. Butterfly flight activity affects reproductive performance and longevity relative to landscape structure. Oecologia, 163(2): 341-350.

Guerra P A, Pollack G S, 2007. A life history trade-off between flight ability and reproductive behavior in male field Crickets (*Gryllus texensis*). Journal of Insect Behavior, 20(4): 377-387.

Guerra P A, Pollack G S, 2009. Flight behaviour attenuates the trade-off between flight capability and reproduction in a wing polymorphic cricket. Biology Letters, 5(2): 229-231.

Handel E V, 1974. Lipid utilization during sustained flight of moths. Journal of Insect Physiology, 20(12):

2329-2332.

Handel E V, Nayar J K, 1972. Direct use of carbohydrates during sustained flight in the moth, *Spodoptera frugiperda*. Insect Biochemistry, 2(6): 203-208.

He L M, Jiang S, Chen Y C, et al., 2021. Adult nutrition affects reproduction and flight performance of the invasive fall armyworm, *Spodoptera frugiperda* in China. Journal of Integrative Agriculture, 20(3): 715-726.

Hocking B, 1953. The intrinsic range and speed of flight of insects. Transactions of the Royal Entomology Society of London, 104(8): 223-345.

Holmes K C, 2011. Steric blocking mechanism explains stretch activation in insect flight muscle. Proceedings of the National Academy of Sciences of the United States of America, 108 (1): 7-8.

Jiang X F, Luo L Z, Sappington T W, 2010. Relationship of flight and reproduction in beet armyworm, *Spodoptera exigua* (Lepidoptera: Noctuidae), a migrant lacking the oogenesis-flight syndrome. Journal of Insect Physiology, 56(11): 1631-1637.

Jindra M, Palli S R, Riddiford L M, 2013. The juvenile hormone signaling pathway in insect development. Annual Review of Entomology, 58(1): 181-204.

Johnson C G, 1969. Migration and dispersal of insects by flight. London: Methuen.

Liu W, Li Y, Zhu L, et al., 2016. Juvenile hormone facilitates the antagonism between adult reproduction and diapause through the methoprene-tolerant gene in the female *Colaphellus bowringi*. Insect Biochemistry and Molecular Biology, 74: 50-60.

Lu Y H, Wu K M, Guo Y Y, 2007. Flight potential of *Lygus lucorum* (Meyer-Dür) (Heteroptera: Miridae). Environmental Entomology, 36(5): 1007-1013.

Rowley W A, Graham C L, Williams R E, 1968. A flight mill system for the laboratory study of mosquito flight. Annals of the Entomological Society of America, 61(6): 1507-1514.

Toghara A, Johnston J S, Bradleigh V S, 2009. Initiation of flight muscle apoptosis and wing casting in the red imported fire ant *Solenopsis invicta*. Physiology Entomology, 34(1): 79-85.

Velde L V, Dyck H V, 2013. Lipid economy, flight activity and reproductive behaviour in the speckled wood butterfly: on the energetic cost of territory holding. Oikos, 122(4): 555-562.

Westbrook J K, Nagoshi R N, Meagher R L, et al., 2016. Modeling seasonal migration of fall armyworm moths. International Journal of Biometeorology, 60(2): 255-267.

Wolf W W, Sparks A N, Pair S D, et al., 1986. Radar observations and collections of insects in the Gulf of Mexico //Danthanarayana W. Insect Flight: Dispersal and Migration. Heidelberg: Springer.

Wu F F, Zhang L, Liu Y Q, et al., 2022. Population development, fecundity, and flight of *Spodoptera frugiperda* (Lepidoptera: Noctuidae) reared on three green manure crops: implications for an ecologically based pest management approach in China. Journal of Economic Entomology, 115(1): 124-132.

Yu W H, Zhou Y, Guo J L, et al., 2020. Interspecific and seasonal variation in wingbeat frequency among migratory Lepidoptera in northern China. Journal of Economic Entomology, 113(5): 2134-2140.

Zhang L, Jiang X F, Luo L Z, 2008a. Determination of sensitive stage for switching migrant oriental armyworms into residents. Environmental Entomology, 37(6): 1389-1395.

Zhang L, Luo L Z, Jiang X F, 2008b. Starvation influences allatotropin gene expression and juvenile hormone titer in the female adult oriental armyworm, *Mythimna separata*. Archives of Insect Biochemistry and Physiology, 68(2): 63-70.

Zhang L, Pan P, Sappington T W, et al., 2015. Accelerated and synchronized oviposition induced by flight of young females may intensify larval outbreaks of the rice leaf roller. PLoS One, 10(3): e0121821.

Zhou C, Wang L, Price M, et al., 2020. Genomic features of the fall armyworm (*Spodoptera frugiperda*) (J. E. Smith) yield insights into its defense system and flight capability. Entomological Research, 50(2): 100-112.

第六章

环境因子对草地贪夜蛾种群增长的影响

　　昆虫在一定的环境中生长、发育和繁衍。昆虫生存的环境包括非生物因素和生物因素，昆虫的生存依赖环境提供的物质和能量，受到环境的制约，同时昆虫的生存又不断地影响和改变环境，使得昆虫与环境形成了一个相互作用的有机统一体。非生物因素如温度、湿度、光照、降雨、风（气流）等直接影响昆虫的生长发育、繁殖、存活、分布和种群数量动态，还可通过对昆虫的寄主、天敌等的作用而间接影响昆虫。本章主要介绍温度、湿度、光周期、幼虫期寄主植物和土壤对草地贪夜蛾生长发育、繁殖、存活和种群增长等的影响。

第一节　温度对草地贪夜蛾生长发育和繁殖的影响

　　昆虫是变温动物，其生活所需的热能主要来源于太阳辐射和体内新陈代谢所产生的热代谢。昆虫调节体温的能力较差，主要通过热量的吸收和散失以及改变行为和选择适应的栖息场所，以保持适宜的体温。昆虫的体温随着外界环境温度的变化而变化。外界温度直接影响昆虫的体温和代谢速率，从而对昆虫的发育速率、存活、种群密度、取食行为和分布、成虫繁殖以及在一个地区发生的代数产生重要影响。

一、发育历期

　　草地贪夜蛾在15 ~ 36℃温度范围内均能完成生长发育，且发育速率随着温度的升高而加快，而发育历期则相反，随着温度的增加而缩短。20 ~ 32℃是草地贪夜蛾生长发育较适宜的温度范围（Hogg et al.，1982；Schlemmer，2018；何莉梅等，2019；鲁智慧 等，2019；谢殿杰 等，2019；Plessis et al.，2020）。在15 ℃条件下，草地贪夜蛾卵的发育时间为8 ～ 9d，幼虫的发育时间长达55d，蛹的发育时间为43d，完成1个世代需3个月以上。在30℃条件下，草地贪夜蛾卵的发育时间为2d，幼虫的发育时间为10d左右，蛹的发育时间为6 ～ 7d，完成1个世代只需30d左右。在36℃条件下，草地贪夜蛾卵的发育时间为2d，幼虫的发育时间为11d，蛹的发育时间为4.7d，完成1个世代仅需24.8d。在20 ～ 35℃温度范围内，草地贪夜蛾成虫寿命随着温度的升高而缩短，在20℃时成虫寿命最长，为21d左右，在35℃时成虫寿命为11d左右。在15 ～ 35℃条件下，草地贪夜蛾幼虫和蛹的发育速率存在性别差异，雌性幼虫和蛹的发育速率明显快于雄性，因此雌性幼虫和蛹的发育时间明显比雄性短。草地贪夜蛾卵的发育历期和成虫寿命在不同温度条件下均无性别差异（表6-1）。在42℃条件下，草地贪夜蛾仅能短暂存活，无法正常生长发育。

表6-1　不同性别的草地贪夜蛾在15 ～ 35℃条件下的发育历期

发育历期（d）		15℃			20℃			25℃			30℃			35℃	
	♀	♂	♀+♂	♀	♂	♀+♂	♀	♂	♀+♂	♀	♂	♀+♂	♀	♂	♀+♂
卵	8.4	8.4	8.4	5.0	5.0	5.0	3.0	3.0	3.0	2.0	2.0	2.0	2.0	2.0	2.0
一龄	8.8	8.9	8.8	4.1	4.2	4.2	3.0	3.0	3.0	2.0	2.0	2.0	2.0	2.0	2.0
二龄	5.8	5.9	5.8	3.3	3.3	3.3	1.9	2.0	1.9	1.0	1.0	1.0	1.0	1.0	1.0
三龄	5.8	5.8	5.8	3.1	3.2	3.2	1.9	2.0	1.9	1.2	1.2	1.2	1.0	1.0	1.0
四龄	6.0	6.0	6.0	3.2	3.2	3.2	1.1	1.2	1.2	1.2	1.2	1.2	1.0	1.0	1.0
五龄	8.5	8.1	8.4	4.0	4.1	4.1	1.6	1.5	1.5	1.4	1.4	1.4	1.4	1.4	1.4
六龄	19.0	19.8	19.4	7.6	8.0	7.8	4.2	4.4	4.3	3.5	3.5	3.5	2.8	3.2	3.0
七龄	13.0	15.2	14.4	4.0	6.5	5.2	——	——	——	——	——	——	——	——	——
六至七龄	19.6	21.5	20.4	7.7	8.4	8.0									
幼虫期	54.6	56.2	55.2	25.5	26.4	25.9	13.9	14.0	14.0	10.4	10.4	10.4	9.2	9.9	9.6
蛹	42.2	44.6	43.0	16.8	19.5	18.0	9.0	10.8	9.8	6.4	7.2	6.8	6.5	6.4	6.5
卵至蛹	104.8	105.6	105.1	47.3	50.9	49.0	26.0	27.8	26.8	18.8	19.6	19.2	17.6	18.2	17.9
成虫	5.0	3.3	4.4	21.8	21.2	21.6	12.6	13.6	13.1	12.3	11.2	11.8	11.8	10.4	11.2
世代	109.8	109.0	109.6	69.2	72.1	70.6	38.6	41.4	40.0	31.2	30.8	31.0	27.4	28.5	27.8

（幼虫）

二、存活率

高温可抑制昆虫的发育，使死亡率增加。从生理角度来看，温度升高会引起昆虫体内水分过量蒸发，使体内蛋白质凝固、变性，酶系或细胞内的线粒体被破坏。同时，高温在一定程度上加速了各种生理过程的不协调，如不能供应足够的氧气，不能排泄更多的代谢产物而引起中毒，以及造成神经系统的麻痹等。低温对昆虫的致死作用主要是由于体液的冰冻和结晶，使原生质遭受机械损伤、脱水和生理结构的破坏，当达到一定程度时，将使组织和细胞内产生不可复原的变化，使虫体死亡。

在不同温度条件下，草地贪夜蛾的存活率随着年龄的增加而降低（图6-1）。温度对草地贪夜蛾老熟幼虫的存活率与化蛹率、蛹的存活率与正常羽化率均有影响（表6-2）。较低温度和较高温度条件下，幼虫存活率和化蛹率、蛹的存活率和正常羽化率均较低（Schlemmer，2018；何莉梅 等，2019；鲁智慧 等，2019）。在15℃时，草地贪夜蛾幼虫的存活率为86.57%，幼虫的化蛹率为65.11%，蛹的存活率仅为7.47%，蛹的正常羽化率为24.44%。在20～30℃时，草地贪夜蛾幼虫的存活率均大于98%，幼虫的化蛹率均高于87%，蛹的存活率和正常羽化率均大于74%。在35℃时，草地贪夜蛾幼虫的存活率为99.58%，幼虫的化蛹率仅为33.42%，蛹的存活率为72.05%，蛹的正常羽化率为71.91%（何莉梅 等，2019）。在42℃条件下，草地贪夜蛾一龄幼虫的存活率仅为21.87%，发育到二龄则全部死亡，不能完成生活史（鲁智慧 等，2019）。

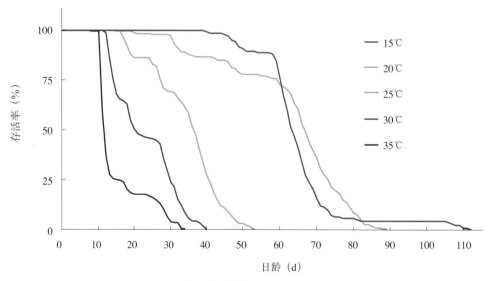

图6-1　草地贪夜蛾在15～35℃条件下存活率

表6-2 草地贪夜蛾在15～35℃条件下的存活率

生长发育参数	15℃	20℃	25℃	30℃	35℃
幼虫存活率（%）	86.57	98.33	100.00	100.00	99.58
幼虫化蛹率（%）	65.11	97.03	91.25	87.92	33.42
蛹的存活率（%）	7.47	88.23	94.46	74.04	72.05
蛹的正常羽化率（%）	24.44	92.05	81.23	74.03	71.91

三、繁殖力

昆虫的繁殖受温度影响较大，过高或过低的温度均不利于昆虫的繁衍。昆虫在低温条件下虽能生存，但低温会导致成虫性腺不能发育成熟，无法交配产卵，或交配后产卵量少，而且多为不孕卵。持续的高温会破坏昆虫细胞的线粒体，抑制酶、激素的活性，影响成虫交配行为，且会使成虫寿命变短，发育不全，翅不能正常展开，雄虫不易产生精子或精子形成后失去活力，雌虫产卵量减少或产下的卵多为未受精的无效卵。昆虫繁殖的适宜温度范围较生长发育的适温范围窄，一般接近昆虫生长发育的最适温区。在此温度范围内，成虫性成熟快，产卵前期和产卵期短，繁殖力最大，且繁殖力随着温度的升高而增加。

多项研究表明，温度对草地贪夜蛾成虫繁殖能力的影响显著，18～27℃是草地贪夜蛾繁殖的适宜温度范围（Schlemmer，2018；何莉梅 等，2019；鲁智慧 等，2019；谢殿杰 等，2019）。15℃条件下的成虫未产卵就已死亡。在20～35℃温度范围内，草地贪夜蛾雌蛾的产卵前期存在差异，在25℃条件下的产卵前期最短，为6.2d，低于或高于25℃均会使产卵前期延长。在18～35℃温度范围内，草地贪夜蛾产卵期随着温度的升高而缩短，18℃时产卵期长达8.0d（Schlemmer，2018），35℃时产卵期最短，为2.8d。较高温度或较低温度均不利于草地贪夜蛾产卵和卵的孵化，单雌平均产卵量在20℃时最高，为912.1粒，在35℃时最低，仅为175.2粒。在25℃条件下卵的孵化率最高，为83.03%，较高或较低温度卵的孵化率均会降低，在35℃条件下卵的孵化率降低为0。雌蛾的交配率随着温度的升高而显著降低，由20℃的90.80%降低到35℃的41.41%（何莉梅 等，2019）（表6-3）。当温度升高至37℃时，草地贪夜蛾成虫无法正常羽化，大部分出现翅畸形，雌成虫也不产卵，不利于草地贪夜蛾的繁殖（鲁智慧 等，2019）。

表6-3 草地贪夜蛾在20 ~ 35℃条件下的繁殖特性

生长发育参数	20℃	25℃	30℃	35℃
产卵前期（d）	8.8	6.2	7.0	8.0
产卵期（d）	8.9	4.3	4.0	2.8
平均单雌产卵量（粒）	912.1	736.6	403.6	175.2
雌蛾交配率（%）	90.80	82.05	66.67	41.41
卵孵化率（%）	66.19	83.03	40.08	0

四、生命表参数

在20 ~ 36℃温度范围内，以人工饲料和玉米叶饲喂的草地贪夜蛾实验种群的内禀增长率和周限增长率分别大于0和1，在此温度范围内，草地贪夜蛾均能实现种群的增长；草地贪夜蛾在25 ~ 30℃温度范围内的内禀增长率和周限增长率大于20 ~ 24℃和32 ~ 36℃温度范围内的，说明25 ~ 30℃更有利于草地贪夜蛾种群的增长；草地贪夜蛾种群平均世代周期随温度升高而降低（表6-4）。

表6-4 草地贪夜蛾实验种群在20 ~ 36℃条件下的生命表参数

幼虫食物	温度（℃）	净增殖率（粒/头）	平均世代周期（d）	内禀增长率（d^{-1}）	周限增长率（d^{-1}）
幼虫以人工饲料为食	20	263.88	57.74	0.096	1.10
	25	113.66	33.16	0.142	1.15
	30	42.46	27.03	0.135	1.14
	35	7.83	27.35	0.074	1.08
幼虫以玉米叶为食	20	66.33	67.86	0.062	1.06
	24	420.16	45.12	0.134	1.14
	28	227.98	30.24	0.180	1.20
	32	108.95	28.13	0.167	1.18
	36	32.40	24.09	0.144	1.16

五、发育起点温度和有效积温

每种昆虫完成某一发育阶段必须积累一定量的有效温度，即有效积温。当环境温度高于昆虫的发育起点温度时，昆虫开始发育，但过高的温度亦会抑制昆虫的生长发育和繁殖。昆虫的发育起点温度、有效积温以及适宜的温度范围决定其是否能在某一地区完成生活史。因此，昆虫的发育起点温度和有效积温可用于预测其在某一地区的发生时间、发生世代以及各发育阶段的发育历期。

由于发育起点温度和有效积温是根据有效积温法则人为测定的，测定结果受试验所选择的温度范围、昆虫种群、昆虫的食物、实验仪器设备和数据记录方法等因素的影响。如 Hogg 等（1982）在 20 ～ 30℃ 温度范围内研究了草地贪夜蛾的发育起点温度和有效积温，结果表明，草地贪夜蛾卵、幼虫、雌蛹、雄蛹和幼虫至蛹期的发育起点温度分别为 13.4、13.9、13.8、12.9、13.8℃。草地贪夜蛾卵和幼虫的有效积温分别为 34.1℃ 和 174.2℃，雌性和雄性蛹期的有效积温分别为 123.7℃ 和 138.7℃，从幼虫发育至蛹期，雌性和雄性需要的有效积温分别为 299.4℃ 和 212.1℃。Ali 等（1990）在 17 ～ 38℃ 温度范围内的研究表明，草地贪夜蛾卵、幼虫、蛹的发育起点温度分别为 12.69、13.14、13.66℃，有效积温分别为 39.94、197.60、112.86℃。Schlemmer（2018）、Plessis 等（2020）在 18 ～ 32℃ 温度范围内研究了草地贪夜蛾的发育起点温度和有效积温，结果表明，草地贪夜蛾卵、幼虫、蛹和全世代（卵到成虫）的发育起点温度分别为 13.01、12.12、13.06、12.57℃，有效积温分别为 35.68、204.60、150.54、391.61℃。

何莉梅等（2019）以人工饲料为幼虫食物，在室内 15 ～ 35℃ 条件下研究了草地贪夜蛾的有效积温和发育起点温度。研究结果表明，草地贪夜蛾不同性别和发育阶段的发育起点温度和所需要的有效积温不同。草地贪夜蛾（♀＋♂）卵、幼虫、蛹、卵到蛹和全世代的发育起点温度分别为 10.27、11.10、11.92、11.34、9.16℃，有效积温分别为 44.57、211.93、135.69、390.55、680.02℃；雌性草地贪夜蛾卵、幼虫、蛹、卵到蛹和全世代的发育起点温度分别为 10.26、11.12、11.84、11.29、9.10℃，有效积温分别为 44.58、208.86、130.35、382.51、673.78℃；雄性草地贪夜蛾卵、幼虫、蛹、卵到蛹和全世代发育起点温度分别为 10.27、11.14、12.20、11.38、9.20℃，有效积温分别为 44.55、214.63、138.81、399.34、689.00℃。

谢殿杰等（2021）以玉米苗为幼虫食物，在室内 20 ～ 36℃ 温度范围内测定了草地贪夜蛾不同发育阶段的发育起点温度和有效积温，结果表明，卵、一至六龄幼虫、蛹、雌成虫和雄成虫的发育起点温度分别为 11.20、9.63、13.03、12.88、11.09、13.04、

10.73、13.90、13.98、16.68℃，有效积温分别为41.32、41.32、18.71、28.23、45.87、60.33、55.90、90.97、166.89、121.90℃，全世代的发育起点温度为12.6℃，有效积温为584.0℃。根据全国不同地区气象数据推测草地贪夜蛾在我国的理论年平均发生世代数在0～7.41代之间，总体上发生世代数随纬度和海拔的升高而减少。我国1月12.6℃等温线以南地区全年最低温度高于草地贪夜蛾发育起点温度，为草地贪夜蛾周年繁殖区域，主要位于云南南部（全年世代数最高可超过5代）、广西南部、广东中部以南、福建东南部（全年世代数最高可超过6代）、台湾大部（全年世代数最高可超过7代）以及海南省全境（全年可发生7代以上）。江南和江淮迁飞过渡区主要为4～5代区和3～4代区。黄淮海及北方重点防范区主要为2～3代区和1～2代区，部分为3～4代区（图6-2）。

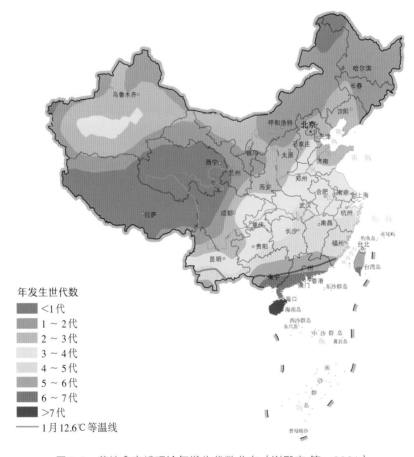

图6-2　草地贪夜蛾理论年发生代数分布（谢殿杰 等，2021）

根据四川省2010—2019年的气温数据，计算得出各站点10年1月平均气温均值，以1月平均气温>10℃的地区作为草地贪夜蛾周年繁殖区，1月平均气温7～10℃为草地贪夜蛾的潜在越冬区，据此分析其在四川省的越冬区和繁殖区。结果表明草地贪夜蛾在四川省的周年繁殖区主要在攀枝花市除西北部的其他地区（攀枝花东区、西区和仁和区，米易县，盐边县东南部）和凉山州南部的部分地区（会理县北部、盐源县东部、德昌县西部、西昌市南部局部地区）；潜在越冬区为攀西地区、凉山州部分地区、四川盆地西南部和中部的部分地区以及整个四川盆地南部（图6-3）（张雪艳 等，2022）。

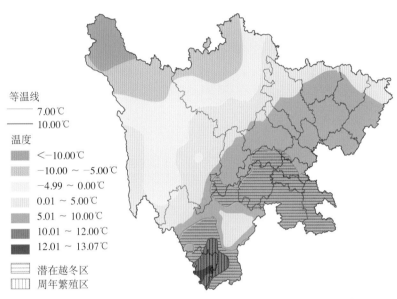

图6-3　四川省2010—2019年1月平均气温及草地贪夜蛾潜在
越冬区和周年繁殖区（张雪艳 等，2022）

基于2019年和2020年草地贪夜蛾在四川的虫情数据，以9.87℃为发育起点温度和656.78℃为有效积温计算草地贪夜蛾在四川省各地区的发生世代。结果发现草地贪夜蛾在四川省的发生世代数总体呈现由西北向东南、由东北向西南增加的趋势，其在川西高原地区发生不足1代，盆地西南部部分地区和西北部发生2～4代，盆地中部和东北部发生3～5代，盆地西南部部分地区和南部发生4～6代，攀西周年繁殖区发生5～7代（图6-4）（张雪艳 等，2022）。

六、耐寒性

昆虫对温度变化的响应分为抗寒能力和高温耐受能力，昆虫的抗寒能力一定程度上决定了昆虫的分布范围。昆虫耐寒性的一个重要指标是其体液的过冷却现象，即由于昆

图6-4　四川省草地贪夜蛾发生世代区划（张雪艳 等，2022）

虫的体液内含有大量的糖、脂肪、蛋白质等物质，与原生质形成一定的有机结构，使其体液能忍受0℃以下的一定低温而不冻结。过冷却理论也称复苏现象，认为当昆虫体温下降到0℃时（N_1），体液并不结冰，当体温下降到T_1时，其体温突然上升（因此时体液开始结冰而放出凝固热），但体温只能短暂地上升至接近0℃（N_2），随之下降，并且体液开始结冰；体温降至T_2时（与T_1为同一温度），昆虫死亡。其中N_2表示体液开始结冰，成为体液结冰点。T_1称为过冷却点，T_2称为死亡点。在昆虫体温下降至过冷却点以前，虫体处于昏迷状态，但不出现生理失调，而只是体液处于过冷却阶段，此时如果环境温度回升，昆虫仍可恢复其正常的生命活动。但当体温降低至T_2以下时，昆虫一般不能复苏而死亡。昆虫的种类、虫态、生活环境以及体内生理状况等均会影响昆虫的过冷却点。

1.过冷却点与体液冰点

草地贪夜蛾的过冷却点和体液冰点在各虫态之间存在极显著差异（张智 等，2019；Zhang et al.，2021）。张智等（2019）的研究结果表明，草地贪夜蛾卵的过冷却点和体液冰点最低，显著低于其他虫态。六龄幼虫的过冷却点和体液冰点最高，过冷却点由低到高顺序为：卵（−25.45℃）＜一龄幼虫（−19.02℃）＜3日龄蛹（−17.23℃）＜二龄幼虫（−16.70℃）＜1日龄成虫（−15.03℃）＜三龄幼虫（−10.92℃）＜四龄幼虫（−9.39℃）＜五龄幼虫（−9.03℃）＜预蛹（−9.02℃）＜六龄幼虫（−7.35℃）。体液冰点的变化趋势和过冷却点相似，由低到高的顺序为：卵（−24.70℃）＜一龄幼虫（−17.69℃）＜二龄幼虫（−12.72℃）＜3日龄蛹（−9.67℃）＜三龄幼虫（−7.60℃）＜1日龄成虫

（−5.86℃）＜四龄幼虫（−4.81℃）＜预蛹（−3.49℃）＜五龄幼虫（−2.62℃）＜六龄幼虫（−2.07℃）。草地贪夜蛾幼虫期过冷却点和体液冰点均随着龄期增加而逐渐升高。Zhang等（2021）的研究结果表明，草地贪夜蛾过冷却点为：雄成虫（−15.5℃）＜雌成虫（−14.6℃）＜3日龄蛹（−13.5℃）＜1日龄蛹（−13.3℃）＜5日龄和7日龄蛹（−13.1℃）＜二龄幼虫（−11.2℃）＜预蛹（−10.5℃）＜三龄幼虫（−9.7℃）＜四龄幼虫（−9.3℃）＜六龄幼虫（−7.9℃）＜五龄幼虫（−7.7℃），体液冰点为：二龄幼虫（−8.83℃）＜雌成虫（−6.5℃）＜雄成虫（−4.4℃）＜1日龄蛹（−3.3℃）＜5日龄蛹（−3.0℃）＜3日龄蛹（−2.6℃）＜三龄幼虫（−2.0℃）＜7日龄蛹（−1.9℃）＜预蛹（−1.7℃）＜四龄幼虫（−1.2℃）＜五、六龄幼虫（−0.5℃）。

草地贪夜蛾的体液冰点和过冷却点与其所处的环境温度有关。在16～36℃范围内，草地贪夜蛾各虫态过冷却点和体液冰点存在显著差异（谢殿杰 等，2020）。其中，草地贪夜蛾三龄幼虫、六龄幼虫以及2日龄蛹的过冷却点和体液冰点均在16℃下饲养时最低，三龄幼虫分别为−13.48℃和−8.97℃，六龄幼虫分别为−8.94℃和−4.99℃，2日龄蛹分别为−18.09℃和−12.17℃。5日龄蛹过冷却点在16℃下饲养时最低，为−17.76℃，体液冰点在32℃和16℃下饲养时较低，分别为−11.72℃和−11.02℃；成虫过冷却点在16℃下饲养时最低，为−17.87℃，体液冰点在28℃和16℃下饲养时较低，分别为−11.23℃和−10.98℃。说明低温对草地贪夜蛾的耐寒能力具有一定的驯化作用，同时适当的高温也可以提高草地贪夜蛾的耐寒能力。

草地贪夜蛾的过冷却点和体液冰点不仅跟其所处的环境温度和发育状态有关，还与幼虫期的食物种类密切相关。取食玉米、小麦和高粱的草地贪夜蛾均表现为蛹的过冷却点和体液冰点最低，六龄幼虫过冷却点和体液冰点最高。取食高粱的幼虫发育成的蛹过冷却点最低，为−16.24℃，显著低于取食小麦的−13.91℃，但与取食玉米的−16.22℃无显著差异；蛹的体液冰点以取食小麦的幼虫发育成的蛹最低，为−4.14℃，而取食高粱的最高，为−3.42℃。与幼虫期取食小麦和高粱的相比，取食玉米发育成的雌成虫过冷却点和体液冰点最低，分别为−12.21℃和−3.54℃；与幼虫期取食小麦和玉米的相比，取食高粱发育成的雄成虫过冷却点和体液冰点最低，分别为−13.52℃和−3.54℃，其中过冷却点显著低于取食小麦发育成的雄成虫（−11.55℃）（张悦 等，2020）。

2. 低温耐受能力

美国佛罗里达大学Foster和Cherry（1987）在0℃、−2.5℃、−5℃、−7.5℃和−10℃的低温箱中测定了草地贪夜蛾4个虫态经受3h低温的耐受能力，其耐寒力由强至弱的顺序为：卵＞低龄幼虫＞蛹＞成虫。卵是最耐低温的阶段，在−10℃下可存活30%，在−7.5℃下存活率没有显著降低；低龄幼虫暴露在−10℃、−7.5℃、−5℃、−2.5℃和0℃下存活率没有显著降低；高龄幼虫和蛹在−5℃的温度下存活率显著降低，−10℃下仅5%的蛹能存活；成虫期最易受低温影响，在−5℃条件下只有26%的成虫存活，−7.5℃或−10℃下无存活。各虫态在0℃以下均无法长时间存活。

Zhang等（2021）在2℃、7℃和13℃的人工智能培养箱中测定了草地贪夜蛾卵和一至四龄幼虫的50%（LT_{50}）、90%（LT_{90}）和99%（LT_{99}）致死时间。草地贪夜蛾卵和一至四龄幼虫在2℃的LT_{50}为1.1～6.1d，在7℃的LT_{50}为0.1～27.6d，在13℃的LT_{50}为1.4～43.4d。草地贪夜蛾卵和一至四龄幼虫在2℃的LT_{90}为3.8～12.9d，在7℃的LT_{90}为6.9～45.6d，在13℃的LT_{90}为8.8～62.2d。草地贪夜蛾卵和一至四龄幼虫在2℃的LT_{99}为5.3～18.6d，在7℃的LT_{99}为12.97～66.28d，在13℃的LT_{99}为12.97～66.28d。在2～7℃条件下，草地贪夜蛾卵的耐寒力强于一龄幼虫，幼虫的LT_{50}、LT_{90}和LT_{99}均随着龄期的增加而增加，龄期越高，对低温的耐受能力越强，且三至四龄幼虫的存活率显著高于卵和一至二龄幼虫，但均不能发育至成虫，不能完成生活史。此研究结果与Foster和Cherry（1987）的研究结果存在一定差异，可能是由于试验方法及供试昆虫的种群差异所致。

草地贪夜蛾在美国的越冬范围为南佛罗里达州约北纬28°以南，按此纬度推测，草地贪夜蛾在我国海南、云南、广西、广东、福建、台湾、贵州大部（遵义以南）、湖南南部（湘潭以南）、四川南部（西昌以南）、江西南部（宜春以南）都能越冬。

七、耐热性

不同发育阶段的草地贪夜蛾都具有很强的耐热性，高温对其种群的抑制作用具有一定的时滞效应（李祥瑞 等，2022）。37℃对卵的孵化率无显著影响，卵经40℃处理4h后，孵化率显著降低，在45℃处理3h时，卵的孵化率降低到7.29%，而在45℃处理4h或以上时，卵无法孵化。37～40℃对蛹的成活率无显著影响，连续5d将蛹暴露于43℃高温4h后，蛹成活率显著降低，连续5d将蛹暴露于46℃高温4h后，蛹的成活率为61.29%。短时高温暴露幼虫对蛹重具有显著影响，用37℃高温处理五、六龄幼虫4h后，其蛹重显著降低，且随着温度的升高、处理幼虫龄期的增加，蛹重减轻的幅度增大，六龄幼虫经46℃高温处理2h后，蛹重为111.54mg，仅为对照（205.42mg）蛹重的54.30%。成虫期高温暴露对卵的孵化率也有显著影响，连续3d将成虫暴露于40℃高温4h，卵的孵化率显著降低，随着温度升高和处理时间增加，卵的孵化率呈下降的趋势，46℃高温暴露4h卵的孵化率降低到12.34%。

第二节　湿度对草地贪夜蛾生长发育和繁殖的影响

任何一个物种都有一定的生存环境范围，以确保个体能够正常生长发育、种群得以延续，而长时间的极端环境（过高或过低的环境压力）均会导致物种死亡。水是生物体生命活动的基础，昆虫的一切生命活动，如营养物质的运输、代谢产物的输送、废物的排出、激素的传递、体温的调节等都与水分密切相关。不同种类的昆虫和同种昆虫的不同发育阶段都对湿度有一定的适应范围，高湿或低湿对其生长发育，尤其是繁殖和存活均有较大的影响。湿度过高或过低均可抑制昆虫发育，对昆虫的性成熟、生殖和寿命都有一定的影响，尤其是极端高湿或低湿的影响更为明显。同时，湿度和降雨还可通过影响天敌和食物而间接对昆虫产生影响。

一、发育历期

草地贪夜蛾幼虫在环境相对湿度为80%时的发育速率最快，以此为分界点，升高或降低湿度均会使幼虫发育速率减慢。在20%、40%、60%、80%和100%湿度条件下，草地贪夜蛾幼虫的发育时间分别为16.5、15.5、14.5、13.9、14.2d，蛹的发育时间均为9～10d，成虫寿命为14d左右，较高的湿度有利于草地贪夜蛾的生长发育。在20%～100%湿度条件下，草地贪夜蛾幼虫、蛹、成虫和整个世代的发育时间存在明显的性别差异。雌性草地贪夜蛾幼虫期和蛹期的发育速率快于雄性，特别是蛹期，雌性草地贪夜蛾的发育历期显著短于雄性。草地贪夜蛾幼虫期、蛹期和成虫期的发育时间在性别间的差异最终表现为雌蛾较雄蛾早2～3d出现。雄性草地贪夜蛾整个世代的发育时间均显著长于雌性（He et al.，2021a）（表6-5）。

表6-5　草地贪夜蛾在不同湿度条件下的发育历期

发育阶段		发育历期（d）														
		20%			40%			60%			80%			100%		
		♀	♂	♀+♂	♀	♂	♀+♂	♀	♂	♀+♂	♀	♂	♀+♂	♀	♂	♀+♂
卵		3.0	3.0	3.0	3.0	3.0	3.0	3.0	3.0	3.0	3.0	3.0	3.0	3.0	3.0	3.0
幼虫	一龄	3.0	3.0	3.0	3.0	3.0	3.0	3.0	3.0	3.0	2.9	3.0	3.0	2.8	2.7	2.7
	二龄	2.0	2.0	2.0	2.0	2.0	2.0	2.0	2.0	2.0	1.7	1.8	1.7	1.7	1.8	1.8

（续）

发育阶段		发育历期（d）														
		20%			40%			60%			80%			100%		
		♀	♂	♀+♂	♀	♂	♀+♂	♀	♂	♀+♂	♀	♂	♀+♂	♀	♂	♀+♂
幼虫	三龄	2.0	2.0	2.0	1.9	1.9	1.9	1.8	1.6	1.7	1.7	1.7	1.7	1.7	1.8	1.8
	四龄	1.8	1.8	1.8	1.6	1.6	1.6	1.3	1.5	1.4	1.5	1.5	1.5	1.4	1.4	1.4
	五龄	2.1	2.2	2.2	1.7	1.9	1.9	1.5	1.7	1.7	1.5	1.6	1.6	1.8	1.8	1.8
	六龄	5.5	5.8	5.6	4.9	5.2	5.1	4.8	4.8	4.9	4.4	4.5	4.4	4.6	4.8	4.7
	一至六龄	16.3	16.7	16.5	15.1	15.7	15.5	14.3	14.6	14.5	13.7	14.0	13.9	14.2	14.3	14.2
蛹		9.7	11.1	10.3	9.1	10.3	9.6	8.9	10.5	9.6	8.9	10.6	9.7	9.4	10.8	10.1
成虫		14.6	14.4	14.5	13.0	17.1	14.7	13.6	12.7	13.2	13.3	14.2	13.7	13	14.0	13.5
世代		43.2	45.3	44.1	39.8	46.2	42.5	39.4	40.7	40.0	39.0	41.7	40.2	39.5	42.1	40.8

二、存活率

湿度对草地贪夜蛾的存活有显著的影响，尤其是蛹期。草地贪夜蛾的存活率随着虫龄的增加、湿度的降低而降低，在20%～100%相对湿度范围内，草地贪夜蛾老熟幼虫的化蛹率均在90%以上。蛹的存活率和羽化率均随着湿度的升高而增加，在100%的相对湿度条件下，蛹的存活率和羽化率均大于90%，相对湿度为80%时，蛹的存活率降至78.14%，蛹的羽化率为71.75%，相对湿度为60%时，蛹的存活率和羽化率分别为55.37%和49.45%，较低的湿度极不利于蛹的存活和羽化，相对湿度为40%时，蛹的存活率和羽化率分别为39.71%和34.19%，当相对湿度降低至20%时，仅有31.55%的蛹能够存活下来，蛹的羽化率为25.85%，说明高湿度环境有利于草地贪夜蛾蛹的存活和羽化（He et al.，2021a）（表6-6；图6-5）。

表6-6　草地贪夜蛾在不同湿度条件下蛹的参数

生长发育参数	相对湿度（%）				
	20	40	60	80	100
幼虫化蛹率（%）	97.03	98.32	91.54	97.92	96.64
蛹的存活率（%）	31.55	39.71	55.37	78.14	93.50
蛹的羽化率（%）	25.85	34.19	49.45	71.75	90.01

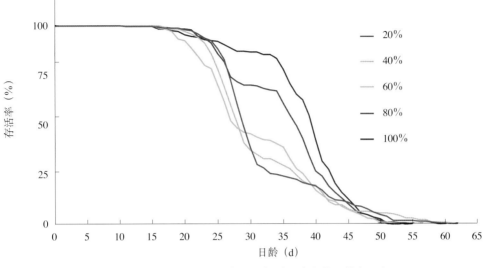

图6-5 草地贪夜蛾在不同相对湿度条件下的存活率

三、繁殖力

湿度对草地贪夜蛾繁殖的影响显著，草地贪夜蛾的平均单雌产卵量、卵的孵化率、雌蛾的交配率先随着湿度的增加而增加，达到峰值后，又随着湿度的增加而降低。在相对湿度为80%时，草地贪夜蛾的平均单雌产卵量、卵的孵化率和雌蛾交配率达到最高值，分别为784.0粒、59.66%和89.23%；当相对湿度增加到100%时，平均单雌产卵量减少至592.1粒，卵的孵化率降至54.32%，交配率为77.77%；当相对湿度降低至20%时，草地贪夜蛾的平均单雌产卵量降低至440.2粒，仅有14.99%的卵能孵出幼虫，雌蛾的交配率降低至53.25%，说明草地贪夜蛾繁殖最适宜的相对湿度为80%（He et al., 2021a）（表6-7）。

表6-7 草地贪夜蛾在不同相对湿度条件下的繁殖特性

生长发育参数	相对湿度（%）				
	20	40	60	80	100
产卵前期（d）	6.7	6.2	6.3	6.1	6.9
产卵期（d）	4.6	5.0	5.5	5.7	4.9
平均单雌产卵量（粒）	440.2	510.9	680.7	784.0	592.1
卵的孵化率（%）	14.99	37.82	56.03	59.66	54.32
雌蛾交配率（%）	53.25	75.37	78.96	89.23	77.77
雌蛾交配次数（次）	0.6	0.8	0.9	0.9	0.9

四、生命表参数

在20%～80%相对湿度范围内，草地贪夜蛾的种群净增殖率、平均世代周期、内禀增长率和周限增长率均随着湿度的增加而增加，而在80%～100%相对湿度范围内，则随着湿度的增加而减小。当相对湿度为80%时，草地贪夜蛾的净增殖率最高（294.00粒/头），是20%时的5.34倍。当相对湿度为20%时，草地贪夜蛾的平均世代周期最长（37.54d），而在相对湿度为80%时最短，二者相差4.08d。在20%～100%相对湿度范围内，草地贪夜蛾的内禀增长率和周限增长率分别大于0和1，均能实现种群增长。当相对湿度为80%时，草地贪夜蛾的内禀增长率和周限增长率最高，种群增长最快，此湿度条件最有利于草地贪夜蛾种群的增长。生命表参数结果表明，草地贪夜蛾种群增长能力由强到弱的相对湿度顺序为80%＞100%＞60%＞40%＞20%（He et al., 2021a）（表6-8）。

表6-8　草地贪夜蛾实验种群在不同相对湿度条件下的生命表参数

相对湿度（%）	净增殖率（粒/头）	平均世代周期（d）	内禀增长率（d⁻¹）	周限增长率（d⁻¹）
20	55.02	37.54	0.103 9	1.109 4
40	94.75	35.15	0.127 4	1.136 0
60	158.84	34.08	0.147 6	1.159 1
80	294.00	33.46	0.169 1	1.184 4
100	246.69	34.61	0.158 7	1.172 0

第三节　光周期对草地贪夜蛾生长发育和繁殖的影响

光照是重要的环境因子，它不仅直接或间接地为生物提供生存所必需的能量，还以波长、光照强度和光周期三个属性作用于生物，对生物的生长、发育和繁殖等生命活动产生影响。光周期是较温度、食物等因子更为可靠的环境因素，具有稳定的变化规律。光周期的变更往往也预示着环境的季节性变化，为了适应环境的季节性变化，昆虫在漫长的进化过程中形成了迁飞和（或）滞育的生存对策，从空间和（或）时间上逃避不良环境（短光照、低温等）。在赤道附近的热带地区，光周期无明显的季节性变化，因此光周期对昆虫的迁飞没有明显的影响。在温带地区，光照期变短，将预示着气温下降，食料条件恶化，而一些昆虫种群在生长季节的后期，积累有较高的虫口密度，拥挤度增加，为了避开不良环境条件，维持种群延续，此时昆虫开始迁飞。因此，昆虫的迁飞活动具有明显的季节性变化。光周期是影响昆虫生活节律的重要环境因子，也是诱导和解除昆虫滞育的关键因素之一。草地贪夜蛾虽无滞育现象，但光周期作为影响昆虫生物学的重要环境因素，对草地贪夜蛾的生长发育和繁殖也存在影响。

一、发育历期

许多昆虫对光敏感的时期主要集中在若虫/幼虫期，光周期的变化可影响昆虫的发育速率。草地贪夜蛾在0～24h光照条件下均能完成生活史，其幼虫期和蛹期的发育时间随着光照时间的缩短而显著增加，较长光照可加快草地贪夜蛾幼虫和蛹的发育速率。幼虫和蛹的发育时间在全光照的光周期条件下最短，分别为14.3d和9.2d；在无光照时最长，分别为15.5d和10.9d。光照时间越长，草地贪夜蛾幼虫和蛹的发育时间越短。草地贪夜蛾在长光照L16h：D8h和短光照L8h：D16h条件下的成虫寿命显著低于其他光周期处理，且在全光照的光周期条件下寿命最长，其次是无光照，可见全光照和无光照条件可使成虫延长寿命。草地贪夜蛾在长光照L16h：D8h条件下完成1个世代需要的时间最短，为40.2d，而在全光照时需要48.2d。长光照L16h：D8h是其最适宜生长的光周期（He et al.，2021b）（表6-9）。

表6-9 草地贪夜蛾在不同光周期条件下的发育历期

发育阶段		发育历期（d）						
		L24h：D0h	L16h：D8h	L14h：D10h	L12h：D12h	L10h：D14h	L8h：D16h	L0h：D24h
卵		3.0	3.0	3.0	3.0	3.0	3.0	3.0
幼虫	一龄	2.4	2.3	2.8	2.9	2.9	3.0	3.0
	二龄	1.6	1.8	1.6	1.8	1.8	1.9	1.9
	三龄	2.2	2.0	2.2	2.0	1.8	1.8	1.9
	四龄	1.8	1.8	1.9	1.9	1.9	1.9	2.0
	五龄	1.8	1.9	1.8	1.8	1.8	1.8	1.7
	六龄	4.4	4.4	4.2	4.6	4.7	4.7	4.9
	一至六龄	14.3	14.4	14.6	15.4	15.2	15.2	15.5
蛹		9.2	9.6	10.2	10.4	10.2	10.4	10.9
成虫		24.6	16.4	19.2	18.8	18.6	16.4	20.6
幼虫到成虫		48.2	40.2	43.8	44.4	43.7	42	46.8

在不同的光周期条件下，草地贪夜蛾幼虫、蛹、成虫和整个世代的发育历期存在明显的性别差异。雌性草地贪夜蛾幼虫期和蛹期的发育速率快于雄性，特别是蛹期，雌性草地贪夜蛾的发育历期显著短于雄性。草地贪夜蛾幼虫期、蛹期和成虫期的发育历期在性别间的差异最终表现为雌蛾较雄蛾早出现，在L24h：D0h、L16h：D8h、L14h：D10h、L12h：D12h、L10h：D14h、L8h：D16h和L0h：D24h的光周期条件下，草地贪夜蛾雌蛾比雄蛾分别早3、3、2、2、3、2、2d出现。雄性草地贪夜蛾整个世代的发育历期均显著长于雌性（He et al.，2021b）。

二、存活率

在长光照L16h：D8h条件下，草地贪夜蛾蛹的存活率和羽化率最高，分别为89.92％和87.40％，而在无光照时最低，分别为74.98％和71.95％。在短光照L12h：D12h条件下，草地贪夜蛾的蛹最重，为0.277 6g，而在无光照时，蛹最轻，为0.266 0g。光周期对蛹的雌、雄性比也有一定的影响，在全光照、长光照L16h：D8h和短光照L8h：D16h的光周期条件下，草地贪夜蛾蛹的雌、雄性比大于1，而在另外4个光周期处理条件下，雌、雄性比小于1（表6-10）。在0～24h光照条件下，草地贪夜蛾幼虫期和蛹期的存活率均大于95.83％。而从卵发育至成虫期，草地贪夜蛾在L16h：D8h时的存活率最高，为86.67％，并以光照时长16h为分界点，增加或缩短光照时间均会使草地贪夜蛾的存活率降低，当光照时间增加到24h时，草地贪夜蛾的存活率降低至82.92％，而当光照时间缩短至0h时，草地贪夜蛾的存活率降低为69.58％（He et al.，2021b）（图6-6）。

表6-10　草地贪夜蛾在不同光周期条件下蛹的参数

生长发育参数	光周期						
	L24h：D0h	L16h：D8h	L14h：D10h	L12h：D12h	L10h：D14h	L8h：D16h	L0h：D24h
蛹的存活率（％）	89.28	89.92	88.63	84.52	81.67	81.04	74.98
蛹的羽化率（％）	85.43	87.40	85.99	80.75	76.54	76.30	71.95
雌、雄性比	1.14	1.11	0.89	0.79	0.95	1.09	0.96

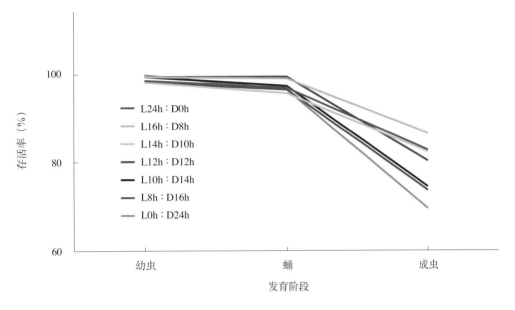

图6-6　草地贪夜蛾在不同光周期条件下的存活率

三、繁殖力

　　光周期也是影响昆虫生殖节律的重要因素，对成虫的取食、交配、产卵等行为以及成虫寿命和生理代谢等都有影响。在全光照条件下，草地贪夜蛾的产卵前期最长、产卵期最短、单雌产卵量和卵的孵化率最低、雌蛾的交配次数最少、交配率最低、成虫寿命最长，24h 全光照不利于草地贪夜蛾的繁殖；在长光照L16h：D8h条件下，草地贪夜蛾的产卵前期最短、单雌产卵量最高、雌蛾的交配次数最多、交配率最高，成虫寿命明显缩短，因此长光照L16h：D8h是最适宜草地贪夜蛾成虫繁殖的光周期（表6-11）。在L24h：D0h、L16h：D8h、L14h：D10h、L12h：D12h、L10h：D14h、L8h：D16h和L0h：D24h的光周期条件下，草地贪夜蛾种群分别在第33～43天、29～39天、30～39天、31～38天、31～44天、32～40天、34～41天出现繁殖高峰期，高峰日分别出现在第34天、32天、31天、33天、34天、34天、37天。在L24h：D0h、L16h：D8h、L14h：D10h、L12h：D12h、L10h：D14h、L8h：D16h和L0h：D24h的光周期条件下，草地贪夜蛾雌蛾虫龄–阶段特定繁殖力曲线（f_x）的最大值分别为26.3、87.9、78.4、85.8、54.2、72.0、75.9（He et al.，2021b）。

表6-11　草地贪夜蛾在不同光周期条件下的繁殖特性

生长发育参数	光周期						
	L24h：D0h	L16h：D8h	L14h：D10h	L12h：D12h	L10h：D14h	L8h：D16h	L0h：D24h
产卵前期（d）	12.1	5.2	6.0	5.5	6.6	5.5	6.8
产卵期（d）	4.4	8.6	7.0	7.8	8.4	8.5	8.8
平均单雌产卵量（粒）	208.8	731.9	687.9	682.4	668.4	706.6	613.0
卵孵化率（%）	5.64	40.38	58.83	50.42	45.42	42.14	31.82
雌蛾交配率（%）	35.91	87.93	81.39	83.33	75.86	68.39	71.38
雌蛾交配次数（次）	0.4	1.4	0.8	1.0	0.8	0.8	0.9

四、生命表参数

在光照时长8～16h的条件下，草地贪夜蛾的种群净增殖率均大于200粒/头，且在长光照L16h：D8h条件下，草地贪夜蛾种群净增殖率最高，是全光照和无光照时的3.94倍和1.66倍，最有利于种群的增长。在长光照L16h：D8h光周期条件下，草地贪夜蛾的平均世代周期最短（34.24d），而在无光照时最长，二者相差4.35d。在全光照条件下，草地贪夜蛾的内禀增长率和周限增长率最低，说明种群增长最慢。草地贪夜蛾实验种群在光照时长0～24h条件下的种群内禀增长率均大于0，周限增长率均大于1，说明草地贪夜蛾在光照时长0～24h条件下均能实现种群的增长。草地贪夜蛾种群在长光照L16h：D8h时的内禀增长率和周限增长率最大，平均世代周期最短，净增殖率最高，因此长光照L16h：D8h是草地贪夜蛾种群增长最适宜的光周期。草地贪夜蛾种群增长能力由强到弱的光周期顺序为长光照（L16h：D8h）、短光照（L8h：D16h＞L12h：D12h＞L10h：D14h）、长光照（L14h：D10h）、无光照和全光照（He et al.，2021b）（表6-12）。

CHAPTER 6 **第六章**
环境因子对草地贪夜蛾种群增长的影响

表6-12　草地贪夜蛾实验种群在不同光周期条件下的生命参数

光周期	净增殖率（粒/头）	平均世代周期（d）	内禀增长率（d⁻¹）	周限增长率（d⁻¹）
L24h：D0h	68.64	37.82	0.111 6	1.118 1
L16h：D8h	270.92	34.24	0.163 8	1.177 8
L14h：D10h	204.33	34.38	0.153 2	1.165 6
L12h：D12h	230.97	35.87	0.151 3	1.163 3
L10h：D14h	215.57	37.00	0.145 4	1.156 5
L8h：D16h	236.92	36.43	0.150 0	1.161 9
L0h：D24h	163.12	38.59	0.131 7	1.140 8

第四节　寄主植物对草地贪夜蛾生长发育和繁殖的影响

　　食物是一种营养性环境因素。食物的质量和数量影响昆虫的分布、生长、发育、存活和繁殖，从而影响种群密度。昆虫对不同食物的适应可引起昆虫的食性分化和种型分化。每种昆虫均有适应的食物，虽然杂食性和多食性昆虫可取食多种食物，但它们仍有各自最嗜好的寄主种类。昆虫取食嗜好的寄主后，其发育期缩短、生长快，死亡率低，而且繁殖力高。同时，取食同一植物的不同器官对昆虫的生长发育和繁殖也有较大的影响。草地贪夜蛾是杂食性害虫，对350多种寄主植物具有广泛的适应性。根据对不同寄主植物的嗜好，草地贪夜蛾可分为玉米型和水稻型，玉米型主要为害玉米、棉花和高粱等作物，水稻型主要为害水稻和各种牧草。不同的寄主植物含有不同的次生物质，也存在一定的营养差异，这些差异会作用于草地贪夜蛾的生长发育、繁殖等生命活动中，进而影响其种群动态。

一、发育历期

　　草地贪夜蛾幼虫可取食76科350多种植物，但寄主植物的种类对其生长发育有显著的影响，通常在玉米上的适合度较高。Dias等（2016）在室内25℃条件下评价了包括玉米、向日葵、谷子、黑燕麦、白羽扇豆、苘麻、*Urochloa decumbens*等多种作物对草地贪夜蛾生长发育的影响。结果表明，取食燕麦、白羽扇豆和向日葵的幼虫历期较短，为15d左右，取食谷子、玉米的幼虫历期为16～17d，取食苎麻的幼虫历期为18d，而取食 U. decumbens 的幼虫历期长达19d。取食向日葵、白羽扇豆和燕麦的草地贪夜蛾成虫卵至蛹期为24～25d，取食谷子、玉米和 U. decumbens 的成虫卵至蛹期为26～27d，而取食苎麻的成虫卵至蛹期最长，为28d。Silva等（2017）报道，取食玉米的草地贪夜蛾蛹历期最短，为8.5d，取食燕麦的蛹历期为8.8d，而取食大豆、棉花和小麦的蛹历期均在9d以上。从幼虫发育到成虫，取食玉米、燕麦的草地贪夜蛾发育历期为22d左右，取食小麦和大豆的草地贪夜蛾发育历期分别为23.4d和26.2d，而取食棉花的草地贪夜蛾发育历期长达29.4d。

草地贪夜蛾的发育历期不仅与幼虫期的寄主植物种类有关，同一寄主植物的不同生长发育状态或器官组织也会影响草地贪夜蛾的发育历期。草地贪夜蛾幼虫具有趋嫩性，通常取食幼嫩植株叶片或组织器官的草地贪夜蛾生长发育速率较快（Barfield和Ashley，1987；唐庆峰等，2020）。在21℃时，取食1～2叶期玉米幼苗、3～4叶期玉米幼苗和5～8叶期玉米叶片的草地贪夜蛾幼虫发育历期差异显著，取食的玉米叶片越幼嫩，草地贪夜蛾幼虫的发育时间越短。其中取食1～2叶期玉米幼苗的幼虫发育历期最短，为38.0d，而取食5～8叶期玉米叶片的草地贪夜蛾幼虫发育时间增加到40.8d。取食不同生长期玉米叶片的草地贪夜蛾，其幼虫所经历的龄期明显不同。植株越幼嫩，进入七龄幼虫的百分比越少，取食1～2叶期玉米幼苗的草地贪夜蛾七龄幼虫所占的比例为8.3%，而取食5～8叶期玉米叶片的草地贪夜蛾高达50.0%的个体进入了七龄幼虫期。在25℃时，取食1～2叶期玉米幼苗的草地贪夜蛾幼虫发育时间为27.5d，幼虫总共6个龄期，而取食5～8叶期玉米叶片的草地贪夜蛾幼虫发育时间长达33.0d，有30.8%的个体进入七龄幼虫期。玉米叶片的成熟度也会影响草地贪夜蛾的生长发育。取食处于生长期的玉米叶片和玉米成熟叶片的草地贪夜蛾幼虫发育历期分别为31.6d和27.6d，成虫寿命分别为19.1d和15.1d，并且取食生长期玉米叶片的草地贪夜蛾出现了八龄幼虫，其幼虫历期长达41d，而取食玉米成熟叶片的草地贪夜蛾仅出现了七龄幼虫，最长的幼虫历期为29.6d。取食玉米不同组织和器官对草地贪夜蛾各阶段发育历期的影响显著，取食花丝的草地贪夜蛾幼虫历期最短，为13.4d，蛹历期为11.1d，成虫寿命为11.3d。取食雌穗和心叶的幼虫发育历期分别为14.2d和15.2d，蛹历期均为10d左右，成虫寿命均为11d左右。取食玉米功能叶的幼虫发育历期长达23.2d，蛹的历期也最长，为12.8d，成虫寿命最短，仅7.2d。以甜玉米籽粒饲喂草地贪夜蛾时幼虫历期为13.69d，预蛹期为2.31d，均显著短于取食甜玉米叶片对照组的14.07d和2.51d（毛永凯等，2021）。

草地贪夜蛾入侵中国后，国内的植保科技工作者对草地贪夜蛾的寄主偏好性进行了广泛研究，发现入侵我国云南的草地贪夜蛾在玉米上的适合度较高。如徐蓬军等（2019）以云南省普洱市江城县的草地贪夜蛾为研究对象，发现以玉米籽粒和烟草叶片为食的草地贪夜蛾均能完成一个完整的世代。取食玉米籽粒的草地贪夜蛾幼虫发育历期为17.2d，而以烟草叶片饲养的幼虫发育历期显著延长，达26.8d，取食玉米籽粒和烟草叶片的蛹历期均为10d左右。何莉梅等（2020）、He等（2021c，2021d）的研究表明，入侵中国云南德宏傣族景颇族自治州（简称德宏州）玉米田的草地贪夜蛾（室内继代饲养4代以上）在玉米、高粱、小麦、大豆、油菜、向日葵和花生上均能正常发育、完成生活史，也能取食水稻，但多在幼虫期死亡，不能完成完整的生活史。在温度25℃、湿度75%的条件下，取食玉米的草地贪夜蛾幼虫发育历期最短，15d左右就可化蛹，取食小麦和油菜的草地贪夜蛾幼虫发育历期为18d左右，取食高粱、向日葵和花生的幼虫需20d左右化蛹，而取食大豆的则需要24d左右才能化蛹。取食玉米、小麦、高粱、花生、向日葵等的草地贪夜蛾蛹历期为9～10d，而取食油菜的长达12d。草地贪夜蛾幼虫一般有6个龄期，但随着温度或寄主植物不同，也可能出现七龄幼虫。取食大豆、向日葵和花生的草地贪夜蛾进入七龄幼虫的比例分别为15.42%、7.08%和10.4%（表6-13）。取食玉米、高粱、小麦、大豆、油菜、向日葵和花生的草地贪夜蛾幼虫、蛹、成虫和幼虫到成虫的发育时间存在明显的性别差异，雌性草地贪夜蛾幼虫期和蛹期的发育速率快于雄性，特别是蛹期，雌性的发育历期明显短于雄性，除大豆外，取食玉米等其他几种寄主作物的雄性草

表6-13　取食不同寄主植物的草地贪夜蛾（♀+♂）发育历期

发育阶段		发育历期（d）							
		玉米	高粱	小麦	水稻	大豆	油菜	向日葵	花生
幼虫	一至二龄	4.3	5.9	5.0	5.2	5.2	4.9	5.2	5.4
	三龄	1.8	2.9	1.8	2.8	2.2	2.0	2.4	2.0
	四龄	2.6	2.2	2.8	3.9	2.7	1.9	2.8	2.9
	五龄	1.8	2.6	3	3.4	4.0	2.6	3.8	3.2
	六龄	4.8	5.6	5.8	—	6.9	6.2	6.6	5.8
	七龄	—	—	—	—	5.9	—	5.4	5.4
	幼虫期	15.4	19.4	18.4		23.3	17.6	21.2	19.3
蛹		9.8	10.6	9.9		9.2	12.0	10.2	10.8
成虫		17.4	19.2	22.0		10.0	10.5	10.2	13.5
幼虫到成虫		42.6	49	50.5	—	42.4	39.8	41.4	43.8

地贪夜蛾从幼虫到成虫的发育历期明显长于雌性。巴吐西等（2020）以云南省普洱市江城县冬玉米田的草地贪夜蛾（室内继代饲养）为研究对象，发现取食玉米和小麦的草地贪夜蛾卵和一至七龄幼虫发育历期差异不显著，取食玉米的一龄、四至七龄幼虫的发育历期比取食小麦的偏长，其在小麦和玉米上的整个幼虫期分别为14.6d和16.3d，蛹期分别为10.7d和10.9d，成虫期分别为14.4d和13.0d，世代周期分别为39.8d和40.3d。

吴正伟等（2019）以广东省湛江市玉米田采集的草地贪夜蛾经室内繁殖的 F_1 代为研究对象，发现其在甘蔗、水稻和玉米上均能完成生活史。取食玉米的草地贪夜蛾低龄幼虫历期短于取食甘蔗和水稻的，在六龄幼虫期及预蛹期，取食水稻的发育速率最慢，发育历期最长，取食水稻的成虫卵至蛹期最长，为27.8d，而取食玉米和甘蔗的成虫卵至蛹期分别为25.0d和25.5d。邱良妙等（2020）以福建省福清市镜洋镇琯口村玉米田采集的草地贪夜蛾（经室内饲养2代）为研究对象，发现其取食玉米和水稻均能完成生活史，以取食水稻的草地贪夜蛾发育进度相对缓慢，其幼虫、蛹和世代的发育历期分别为20.2、10.2、37.6d，而取食玉米的草地贪夜蛾幼虫、蛹和世代的发育历期分别为18.6、9.1、33.5d。吕亮等（2020）以湖北省通山县大畈镇板桥村夏玉米田采集的草地贪夜蛾（室内继代饲养多代）为研究对象，发现在23℃条件下，取食玉米的草地贪夜蛾幼虫发育速率较取食小麦的慢，各龄所需发育时间均长于取食小麦的，其取食玉米和小麦后的幼虫总历期分别为25.0d和17.8d。孙悦等（2020）以河南省信阳市平桥区明港镇春玉米田采集的草地贪夜蛾（经室内饲养多代）为对象，研究了其在小麦和不同玉米品种上的适合度，发现取食不同玉米品种的草地贪夜蛾幼虫和蛹的发育历期不同，取食郑单1002和郑麦366的草地贪夜蛾幼虫总历期较短，分别为16.2d和15.8d，幼虫期取食郑单958和郑黄糯2号的草地贪夜蛾蛹期较短，分别为9.3d和9.4d。苏湘宁等（2021）以玉米、甘蔗、花生、大豆和香蕉5种作物以及稗草、马唐、牛筋草、莎草、马齿苋和鹅肠菜6种杂草为草地贪夜蛾幼虫食物的研究发现，作物中以取食香蕉的草地贪夜蛾成虫前期最长，为29.66d，杂草中以取食莎草的成虫卵至蛹期最长，为30.21d。根据已有的文献报道，入侵我国云南、福建、湖北、河南等地的草地贪夜蛾在玉米、小麦、花生上有较高的适合度，这些种群很有可能为玉米型。而入侵我国广东的草地贪夜蛾在玉米和水稻上均有一定的适合度，说明该入侵种群很可能来自杂交群体的后代，其可能存在兼具两种生物型特征的生物学习性，在不同的寄主植物（特别是主要栽培作物）上具有暴发为害的潜在风险。

二、存活率

幼虫期寄主植物的种类和寄主植物的不同组织器官不仅影响草地贪夜蛾的发育历

期，还显著影响其存活率。通常幼虫期取食玉米或植株生长点等幼嫩部位的草地贪夜蛾存活率较高。取食玉米不同组织会影响草地贪夜蛾的存活率，取食玉米功能叶的草地贪夜蛾各阶段存活率均显著低于取食玉米花丝、雌穗和心叶的。取食花丝和雌穗的草地贪夜蛾在一至三龄期存活率较高，均高于95%，取食玉米心叶的次之，为90.83%。取食玉米功能叶的草地贪夜蛾幼虫存活率最低，仅为50%左右，而取食玉米花丝、雌穗和心叶的幼虫存活率均高于80%。取食雌穗和玉米心叶的草地贪夜蛾蛹存活率较高，分别为83.85%和88.03%，而取食花丝和功能叶的蛹存活率较低，分别为79.58%和62.27%（唐庆峰 等，2020）。Ali 等（1990）报道，在17、21、25、29、35.5、38℃条件下，取食棉花的草地贪夜蛾幼虫存活率明显低于取食玉米的。Barros 等（2010）的研究结果表明，取食玉米和谷子的草地贪夜蛾幼虫存活率明显高于取食大豆和棉花的。Dias 等（2016）报道，在实验室条件下，草地贪夜蛾取食燕麦、*U. decumbens*、谷子、玉米、白羽扇豆、向日葵和荻麻的幼虫存活率为57%～93%。其中取食白羽扇豆的幼虫存活率最低，取食玉米和向日葵的幼虫存活率大于90%，取食荻麻、谷子、燕麦和*U. decumbens*的幼虫存活率在70%～90%之间。在温室中，取食萝卜的幼虫存活率最高，为67%，取食*U. decumbens*、*U. ruziziensis*、燕麦、玉米和谷子的幼虫存活率为52%～62%，取食荻麻和白羽扇豆的幼虫存活率分别为44%和47%，而取食向日葵的幼虫存活率仅为38%。Silva 等（2017）报道，取食玉米、小麦和大豆的草地贪夜蛾存活率较高，分别为82%、86%和88%，而取食棉花和燕麦的存活率较低，分别为79%和76%。以黄瓜、番茄、豇豆和菜心嫩叶饲养的草地贪夜蛾幼虫存活率分别为30.56%、19.44%、20.83%和5.56%，显著低于玉米嫩叶饲养的幼虫存活率（75.00%）（肖勇 等，2022）。

草地贪夜蛾的地理种群也会影响其在不同寄主植物上的存活率。入侵我国云南省普洱市江城县的草地贪夜蛾以烟草叶片为食时，幼虫从第4天到第11天大量死亡，最终幼虫存活率仅为14.51%，而取食玉米籽粒的幼虫存活率为75.65%，但取食烟草的草地贪夜蛾成虫亦能成功产卵并孵化出幼虫（徐蓬军 等，2019）。取食不同寄主作物的草地贪夜蛾存活率随着年龄的增加呈下降趋势（图6-7）。取食玉米、高粱和花生的草地贪夜蛾幼虫存活率均高于80%，取食小麦、油菜和向日葵的幼虫存活率为67%～80%，取食大豆的幼虫存活率仅为44%左右，取食水稻的草地贪夜蛾大多在幼虫期就死亡，发育至老熟幼虫的存活率仅为0.42%，不能成功化蛹。取食玉米、高粱、花生和向日葵的草地贪夜蛾老熟幼虫的化蛹率和蛹的存活率均大于80%，取食油菜的草地贪夜蛾老熟幼虫的化蛹率和蛹的存活率较低，分别为64.24%和54.99%。取食玉米、大豆、油菜和花生的草地贪夜雌、雄性比均大于1，而取食高粱、小麦和向日葵的雌、雄性比小于1（表6-14）。

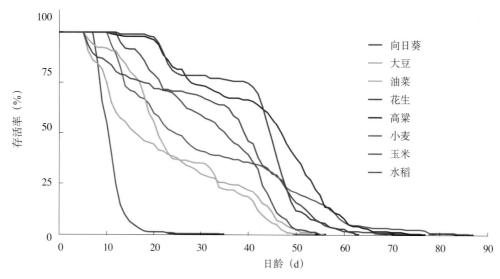

图6-7 取食不同寄主植物的草地贪夜蛾存活率

表6-14 取食不同寄主植物的草地贪夜蛾蛹的发育参数

发育阶段	玉米	高粱	小麦	水稻	大豆	油菜	向日葵	花生
幼虫存活率（%）	93.33	94.58	67.92	0.42	44.17	79.17	74.17	81.55
化蛹率（%）	86.65	83.67	76.63	0.00	66.82	55.22	82.56	98.18
蛹存活率（%）	86.09	85.81	82.24	—	85.89	64.24	83.68	96.69
羽化率（%）	94.59	93.18	92.57	—	81.33	54.99	74.81	92.68
雌、雄性比	1.06	0.98	0.99	—	1.18	1.13	0.89	1.13

　　入侵我国广东省湛江市的草地贪夜蛾取食甘蔗、水稻的幼虫存活率均低于取食玉米的幼虫，特别是在低龄阶段，取食玉米的二、三龄幼虫存活率分别为76.5%和68.2%，而取食水稻的分别为41.7%和34.1%，取食甘蔗的相对最低，分别为34.9%和30.3%。发育至蛹期，取食甘蔗的存活率最高，为28.8%，分别比取食玉米和水稻的高出3.8%和9.1%（吴正伟 等，2019）。李定银等（2019）以贵州省贵阳市花溪区天鹅村玉米田采集的草地贪夜蛾（室内玉米叶饲养两代）为研究对象，发现取食薏米和玉米的草地贪夜蛾幼虫存活率差异不显著，分别为97.0%和96.3%，均显著高于取食荞麦的幼虫存活率（88.3%），而取食菜豆的幼虫存活率最低，为78.4%。入侵云南省普洱市江城县和河南省信阳市平桥区明港镇的草地贪夜蛾，取食玉米的幼虫存活率、化蛹率、羽化率和世代存活率都高于取食小麦的草地贪夜蛾（巴吐西 等，2020；

孙悦 等，2020）。特别在低龄阶段，一龄和二龄幼虫的存活率取食玉米和小麦分别为99.57%、98.28%和92.22%、86.77%。整个幼虫期存活率取食玉米为91.81%，取食小麦为78.99%；化蛹率和羽化率取食玉米为95.64%和93.54%，取食小麦为91.05%和90.67%；世代存活率取食玉米为81.03%，而取食小麦为60.7%（巴吐西 等，2020）。草地贪夜蛾幼虫期取食不同品种的玉米后，化蛹率差异明显。其中，取食郑单1002的草地贪夜蛾幼虫的化蛹率最高，为80.00%，而取食郑单958的化蛹率最低，为73.33%（孙悦 等，2020）。入侵福建省福清市镜洋镇琯口村的草地贪夜蛾，取食水稻的幼虫存活率、化蛹率和成虫的羽化率为80%～90%，而取食玉米的幼虫存活率、化蛹率和成虫羽化率均大于90%。取食水稻的雌性比率为41.91%，而取食玉米的为53.66%（邱良妙 等，2020）。

三、繁殖力

幼虫期寄主植物的种类对草地贪夜蛾成虫的繁殖力有显著影响。如取食玉米、大豆和谷子的草地贪夜蛾单雌产卵量分别为1 604.2、1 590.8、1 574.1粒，明显高于取食棉花的1 144.7粒（Barros et al.，2010）。

草地贪夜蛾的不同地理种群在不同寄主植物上的繁殖力不同。入侵我国云南省普洱市江城县的草地贪夜蛾，取食玉米、大豆、油菜和向日葵的雌蛾产卵前期为5～6d，而取食高粱、小麦和花生的产卵前期为6～8d。取食玉米和高粱的产卵期为7～8d，取食小麦、大豆、油菜、向日葵和花生的产卵期为5～7d。取食玉米和花生的单雌产卵量较高，分别为699.6粒和637.0粒，取食高粱、小麦、油菜、向日葵的产卵量为500～600粒，而取食大豆的最少，为421.2粒。取食玉米、大豆、油菜、向日葵和花生的草地贪夜蛾雌蛾交配率均大于85%，而取食小麦和高粱的草地贪夜蛾雌蛾交配率较低，分别为73.02%和58.03%。取食不同寄主作物的草地贪夜蛾按单雌单雄配对后，雌蛾的交配次数大多为1～2次（表6-15）（何莉梅 等，2020；He et al.，2021c，2021d）。

表6-15 取食不同寄主植物的草地贪夜蛾繁殖特性

繁殖参数	玉米	高粱	小麦	大豆	油菜	向日葵	花生
产卵前期（d）	5.8	7.2	7.4	5.2	5.4	5.6	6.4
产卵期（d）	7.9	7.0	6.4	5.6	5.6	5.7	5.4
单雌产卵量（粒）	699.6	525.4	587.0	421.2	553.1	538.0	637.0

（续）

繁殖参数	玉米	高粱	小麦	大豆	油菜	向日葵	花生
卵孵化率（%）	78.40	64.76	65.90	73.54	72.50	65.24	81.86
雌蛾交配率（%）	92.46	58.03	73.02	95.24	86.67	88.24	97.36
雌蛾交配次数（次）	1.4	1.4	1.4	1.5	1.1	1.2	1.2

入侵广东省湛江市的草地贪夜蛾，取食玉米的产卵前期、产卵期和单雌产卵量均明显少于取食甘蔗和水稻的。取食甘蔗、水稻和玉米的草地贪夜蛾雌蛾产卵前期分别为4.7、5.4、3.3d，产卵期分别为5.1、4.8、2.2d，平均单雌产卵量分别为719.1、551.4、519.2粒（吴正伟 等，2019）。入侵云南省普洱市江城县的草地贪夜蛾，取食玉米和小麦的雌蛾产卵前期均为4.6d，平均单雌产卵量分别为831.6粒和976.3粒。取食玉米和小麦的草地贪夜蛾种群在第25～35天出现繁殖高峰期，峰值出现在第30～33天，取食玉米和小麦的繁殖力最高值分别为46.09和67.71，繁殖值最高值分别为39.7和43.09（巴吐西 等，2020）。入侵湖北通山县大畈镇板桥村的草地贪夜蛾，取食玉米和小麦的产卵前期和单雌产卵量无显著差异，产卵前期分别为3.9d和3.8d，单雌产卵量分别为951.3粒和739.4粒，但取食玉米的草地贪夜蛾种群卵的孵化率高达94.8%，远高于取食小麦的77.9%（吕亮 等，2020）。入侵河南省信阳市平桥区明港镇的草地贪夜蛾，取食不同玉米品种的单雌产卵量差异明显，取食郑单1002的单雌产卵量为1 052.0粒，而取食郑单958、郑黄糯2号和豫研1501的均高于1 280.0粒，取食不同玉米品种的草地贪夜蛾单雌产卵量均明显高于取食小麦品种郑麦366的971.7粒（孙悦 等，2020）。入侵福建省福清市镜洋镇珰口村的草地贪夜蛾，取食水稻的室内种群繁殖力比取食玉米的弱，具体表现为雌性比率降低，产卵前期延长，单雌产卵量减少，取食水稻和玉米的草地贪夜蛾雌性比率分别为41.91%和53.66%，雌蛾的产卵前期分别为4.8d和3.6d，产卵期分别为5.7d和4.8d，单雌产卵量分别为176.6粒和404.8粒（邱良妙 等，2020）。

草地贪夜蛾成虫的繁殖力不仅与虫源种群、寄主植物的种类和品种有关，还受幼虫期取食寄主植物生长发育状态的影响。Barfield和Ashley（1987）报道，玉米的物候期会对草地贪夜蛾的繁殖力产生影响。在21℃时，取食3～4叶期玉米叶片的草地贪夜蛾单雌产卵量最多，为1 929粒，其次是取食1～2叶期玉米幼苗的1 716粒，取食5～8叶期玉米叶片的最低，为1 510粒。在25℃时，取食1～2叶期玉米幼苗、3～4叶期玉米叶片和5～8叶期玉米叶片的草地贪夜单雌产卵量分别为2 059、2 080、2 019粒，差异不明显。在30℃时，取食1～2叶期玉米幼苗的草地贪夜蛾单雌产卵量最少，仅为

890粒，而取食3～4叶期玉米叶片的最多，为1 337粒。在25℃时，取食处于生长期的玉米叶片的草地贪夜蛾单雌产卵量明显低于取食玉米成熟叶片的，分别为1 446粒和1 921粒。唐庆峰等（2020）的研究结果表明，取食玉米不同组织也会影响草地贪夜蛾的繁殖力。取食玉米花丝和功能叶的草地贪夜蛾成虫产卵量较低，平均单雌产卵量均为810粒左右，而取食玉米雌穗和心叶的平均单雌产卵量均高达970粒。取食玉米心叶的草地贪夜蛾卵的孵化率也最高，为97.82%，而取食花丝、雌穗和功能叶的卵孵化率降低至95%左右。

四、生命表参数

草地贪夜蛾的种群增长能力与寄主植物的种类密切相关，通常取食较适应寄主植物的草地贪夜蛾种群增长能力较强。取食玉米、高粱、小麦、大豆、油菜、向日葵和花生的草地贪夜蛾实验种群的内禀增长率和周限增长率分别大于0和1，这些寄主作物均能使草地贪夜蛾实现种群增长。取食花生的草地贪夜蛾种群净增殖率高达228.97粒/头，取食玉米、高粱、小麦、油菜和向日葵的为58.66～182.74粒/头，而取食大豆的仅为35.31粒/头。取食玉米、高粱、小麦和油菜的草地贪夜蛾平均世代周期为35～40d，而取食大豆、向日葵和花生的平均世代周期大于40d。说明取食花生和玉米的草地贪夜蛾种群增长能力高于取食小麦、高粱、大豆、油菜和向日葵的（表6-16）。Barros等（2010）研究表明，取食谷子和玉米的草地贪夜蛾种群增长能力高于取食大豆和棉花的。取食玉米、大豆、谷子和棉花的草地贪夜蛾种群的内禀增长率分别为0.141、0.131、0.166、0.110d^{-1}，净增殖率分别为72.3、51.2、90.5、37.9粒/头，平均世代周期分别为30.3、30.0、27.1、33.1d。草地贪夜蛾幼虫取食玉米后的种群增长能力高于取食小麦的（巴吐西 等，2020；吕亮 等，2020；孙悦 等，2020）。取食玉米和小麦的草地贪夜蛾内禀增长率分别为0.167 8d^{-1}和0.152 6d^{-1}，周限增长率分别为1.182 7d^{-1}和1.164 9d^{-1}，净增殖率分别为363.14粒/头和258.63粒/头，平均世代周期分别为33.50d和32.83d（巴吐西 等，2020）。吕亮等（2020）报道，取食玉米和小麦的草地贪夜蛾内禀增长率分别为0.1405d^{-1}和0.1321d^{-1}，周限增长率分别为1.1497d^{-1}和1.130 7d^{-1}，净增殖率分别为303.55粒/头和176.92粒/头，平均世代周期分别为40.68d和39.18d。孙悦等（2020）的研究结果表明，玉米的品种也会影响草地贪夜蛾的种群增长能力，取食郑单958、郑单1002、郑黄糯2号和豫研1501的草地贪夜蛾种群趋势指数分别为437.06、321.47、578.38和493.40，郑黄糯2号更有利于草地贪夜蛾种群的增长。

表6-16　取食不同寄主植物的草地贪夜蛾实验种群生命表参数

寄主作物	净增殖率（粒/头）	平均世代周期（d）	内禀增长率（d⁻¹）	周限增长率（d⁻¹）
大豆	35.31	42.21	0.082 3	1.085 9
油菜	58.66	39.14	0.103 5	1.109 1
向日葵	98.45	40.64	0.112 9	1.119 5
花生	228.97	40.80	0.131 4	1.140 5
玉米	182.74	35.47	0.146 3	1.157 6
高粱	98.98	39.81	0.114 2	1.121 1
小麦	77.83	38.37	0.113 4	1.120 1

第五节　土壤对草地贪夜蛾种群增长的影响

　　土壤与昆虫的关系十分密切，它既能通过影响植物而间接影响昆虫，又是一些昆虫的生活场所。因而土壤的生态环境，如温度、含水量、理化性质和生物组成等以及各种农事活动均会通过土壤对昆虫产生较大的影响。土壤的含水量主要取决于降水量和灌溉。土壤中的空气经常处于高湿度状态，因此昆虫不会因为湿度过低而死亡，但当土壤含水量过高时，往往使一些地下昆虫易罹病死亡。夜蛾类昆虫的老熟幼虫一般钻入土壤化蛹，这些昆虫的化蛹率、蛹的存活与羽化受土壤质地、温度和湿度等的影响。土壤含水量和土壤类型对草地贪夜蛾的影响主要表现在老熟幼虫的化蛹、蛹的存活和羽化等方面。

　　土壤含水量过高或过低均不利于草地贪夜蛾老熟幼虫的化蛹。当土壤含水量为0时，草地贪夜蛾的化蛹率较低，仅为27%，在13.60%～67.99%的土壤相对含水量范围内，草地贪夜蛾老熟幼虫的化蛹率为60%～87%，土壤相对含水量为81.59%时，草地贪夜蛾老熟幼虫的化蛹率为41%，而当土壤相对含水量增加到95.19%时，草地贪夜蛾老熟幼虫全部死亡，无法正常化蛹。较低或较高的土壤含水量也不利于草地贪夜蛾蛹的存活，当土壤含水量为0时，蛹的死亡率高达40.71%，土壤相对含水量为13.60%～67.99%时，蛹的死亡率低于10%，而当土壤相对含水量为81.59%时，蛹的死亡率为10.98%。在不同含水量的土壤中各放入100头草地贪夜蛾老熟幼虫，最后羽化出的正常成虫数量随着土壤含水量的增加先增加后减少，当土壤相对含水量小于13.60%或大于67.99%时，羽化出的正常成虫数量少于45头，而当土壤相对含水量为13.60%时，正常羽化的成虫数量最多，为84头（He et al.，2021a）（表6-17）。

表6-17　土壤相对含水量对草地贪夜蛾幼虫的化蛹、蛹的存活和羽化的影响

土壤相对含水量（%）	供试老熟幼虫（头）	化蛹数（头）	死亡蛹（头）	畸形成虫（头）	出土成虫（头）	化蛹率（%）	蛹死亡率（%）	羽化畸形率（%）	正常羽化率（%）
0	100	27	11	0	16	27	40.71	0	59.29
13.6	100	87	1	2	84	87	1.09	2.33	96.59
27.2	100	78	2	13	63	81	2.39	20.09	77.53
40.79	100	81	6	3	72	81	7.23	3.41	89.36
54.39	100	73	3	4	66	73	3.57	5.6	90.83
67.99	100	60	0	0	60	60	0	0	100
81.59	100	41	5	0	36	41	10.98	0	89.02
95.19	100	0	0	0	0	0	—	—	—

　　闫三强等（2022）通过模拟降雨研究了不同质地土壤在不同模拟降水量下的水分状况对草地贪夜蛾土中蛹历期和羽化率的影响，发现不同土壤相对含水量对于草地贪夜蛾土中蛹历期无显著性影响；蛹期模拟降雨处理对蛹羽化率的影响显著，土壤相对含水量维持在40%～60%有利于草地贪夜蛾蛹的羽化出土，土壤相对含水量过低（<20%）和过高（>80%）均极不利于草地贪夜蛾蛹的羽化出土；沙壤土比沙土更适合草地贪夜蛾蛹的羽化出土（图6-8）。

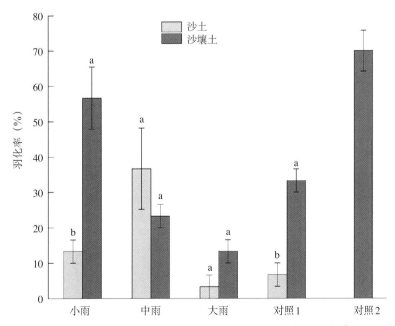

图6-8　草地贪夜蛾蛹在不同质地土壤中人工模拟不同降雨条件下的羽化率（闫三强 等，2022）
注：图中不同小写字母表示差异显著。

【参考文献】

巴吐西, 张云慧, 张智, 等, 2020. 草地贪夜蛾对小麦和玉米的产卵选择性及其种群生命表. 植物保护, 46(1): 17-23.

何莉梅, 葛世帅, 陈玉超, 等, 2019. 草地贪夜蛾的发育起点温度、有效积温和发育历期预测模型. 植物保护, 45(5): 18-26.

何莉梅, 赵胜园, 吴孔明, 2020. 草地贪夜蛾取食为害花生的研究. 植物保护, 46(1): 28-33.

李定银, 郓军锐, 张涛, 等, 2019. 草地贪夜蛾对4种寄主植物的偏好性. 植物保护, 45(6): 50-54.

李祥瑞, 陈智勇, 巴吐西, 等, 2022. 短时高温暴露对草地贪夜蛾存活及生殖的影响. 植物保护, 48(1): 90-96.

鲁智慧, 和淑琪, 严乃胜, 等, 2019. 温度对草地贪夜蛾生长发育及繁殖的影响. 植物保护, 45(5): 27-31.

吕亮, 李雨晴, 陈从良, 等, 2020. 草地贪夜蛾幼虫在玉米和小麦上的取食和生长发育特性比较. 昆虫学报, 63(5): 597-603.

毛永凯, 成印洁, 李泓智, 等, 2021. 鲜食甜玉米籽粒对草地贪夜蛾的饲养效果评价. 甘蔗糖业, 50(6): 14-18.

邱良妙, 刘其全, 杨秀娟, 等, 2020. 草地贪夜蛾对水稻和玉米的取食和产卵选择性与适合度. 昆虫学报, 63(5): 604-612.

苏湘宁, 李传瑛, 许益镌, 等, 2021. 草地贪夜蛾对5种寄主植物和6种杂草的取食选择性和适应性. 环境昆虫学报, https://kns.cnki.net/kcms/detail/44.1640.Q.20211216.1053.002.html.

孙悦, 刘晓光, 吕国强, 等, 2020. 草地贪夜蛾在小麦和不同玉米品种上的种群适合度比较. 植物保护, 46(4): 126-131.

唐庆峰, 房敏, 姚领, 等, 2020. 取食玉米不同组织对草地贪夜蛾生长发育及营养指标的影响. 植物保护, 46(1): 24-27.

吴正伟, 师沛琼, 曾永辉, 等, 2019. 3种寄主植物饲养的草地贪夜蛾种群生命表. 植物保护, 45(6): 59-64.

肖勇, 单双, 沈修婧, 等, 2022. 草地贪夜蛾对四种蔬菜的胁迫取食和产卵偏好选择. 植物保护学报. https://doi.org/10.13802/j.cnki.zwbhxb.2022.2021030.

谢殿杰, 唐继洪, 张蕾, 等, 2021. 我国草地贪夜蛾年发生世代区划分. 植物保护, 47(1): 61-67.

谢殿杰, 张蕾, 程云霞, 等, 2019. 不同温度下草地贪夜蛾年龄-阶段实验种群两性生命表的构建. 植物保护, 45(6): 20-27.

谢殿杰, 张蕾, 程云霞, 等, 2020. 不同饲养温度对草地贪夜蛾过冷却点和体液冰点的影响. 植物保护, 46(2): 62-71.

徐蓬军, 张丹丹, 王杰, 等, 2019. 草地贪夜蛾对玉米和烟草的偏好性研究. 植物保护, 45(4): 61-64.

闫三强, 吕宝乾, 唐继洪, 等, 2022. 模拟降雨对草地贪夜蛾羽化出土的影响. 环境昆虫学报, 44(1): 18-26.

张雪艳, 谢文琪, 王茹琳, 等, 2022. 四川省草地贪夜蛾世代区划. 植物保护, 48(2): 33-39.

张悦, 邓晓悦, 张雪艳, 等, 2020. 取食不同食物的草地贪夜蛾的过冷却点和结冰点. 植物保护,

46(2): 72-77.

张智, 郑乔, 张云慧, 等, 2019. 草地贪夜蛾室内种群抗寒能力测定. 植物保护, 45(6): 43-49.

Ali A, Gaylor M J, 1990. Effects of temperature and larval diet on development of the beet armyworm (Lepidoptera: Noctuidae). Annals of the Entomological Society of America, 83(4): 725-733.

Barfield C S, Ashley T R, 1987. Effects of corn phenology and temperature on the life cycle of the fall armyworm, *Spodoptera frugiperda* (Lepidoptera: Noctuidae). Florida Entomologist, 70(1): 110-116.

Barros E M, Torres J B, Ruberson J R, et al., 2010. Development of *Spodoptera frugiperda* on different hosts and damage to reproductive structures in cotton. Entomologia Experimentalis et Applicata, 137(3): 237-245.

Dias A S, Marucci R C, Mendes S M, et al., 2016. Bioecology of *Spodoptera frugiperda* (J. E. Smith, 1757) in different cover crops. Bioence Journal, 32(2): 337-345.

Foster R E, Cherry R H, 1987. Survival of fall armyworm *Spodoptera frugiperda* (Lepidoptera: Noctuidae) exposed to cold temperature. Florida Entomologist, 70(4): 419-422.

He L M, Ge S S, Zhang H W, et al., 2021b. Photoregime affects development, reproduction and flight performance of the invasive fall armyworm, *Spodoptera frugiperda*, in China. Environmental Entomology, 50(2): 367-381.

He L M, Wang T L, Chen Y C, et al., 2021c. Larval diet affects development and reproduction of East Asian strain of the fall armyworm, *Spodoptera frugiperda*. Journal of Integrative Agriculture, 20(3): 736-744.

He L M, Wu Q L, Gao X W, et al., 2021d. Population life tables for the invasive fall armyworm, *Spodoptera frugiperda* fed on major oil crops planted in China. Journal of Integrative Agriculture, 20(3): 745-754.

He L M, Zhao S Y, Ali A, et al., 2021a. Ambient humidity affects development, survival and reproduction of the invasive fall armyworm, *Spodoptera frugiperda* in China. Journal of Economic Entomology, 114(3): 1145-1158.

Hogg D B, Pitre H N, Anderson R E, 1982. Assessment of early-season phenology of the fall armyworm (Lepidoptera: Noctuidae) in Mississippi. Environmental Entomology, 11(3): 705-710.

Plessis H D, Schlemmer M L, Berg J V D, 2020. The effect of temperature on the development of *Spodoptera frugiperda* (Lepidoptera: Noctuidae). Insects, 11(4): 228.

Schlemmer M, 2018. Effect of temperature on development and reproduction of *Spodoptera frugiperda* (Lepidoptera: Noctuidae). Evanston: North-West University.

Silva D M D, Bueno A D F, Andrade K, et al., 2017. Biology and nutrition of *Spodoptera frugiperda* (Lepidoptera: Noctuidae) fed on different food sources. Scientia Agricola, 74(1): 18-31.

Zhang D D, Zhao S Y, Wu Q L, et al., 2021. Cold hardiness of the invasive fall armyworm, *Spodoptera frugiperda* in China. Journal of Integrative Agriculture, 20(3): 764-771.

第七章

草地贪夜蛾的种群迁飞活动

昆虫的迁飞活动包括迁飞准备、起飞、空中运行和降落四个方面。影响昆虫迁飞的因素有很多，例如昆虫自身由于遗传性内在因素决定的飞行行为，也有不同物种对地面资源适应性和对高空气象因子的响应机制。调节昆虫飞行能力的内在因素，包括昆虫的种类、体型大小、成虫日龄、交配次数、激素水平及能源物质储备等，而控制昆虫迁飞过程的外界因素更加复杂，比如风速、风向、温度、降雨、下沉气流、地形、寄主作物生育期与地理分布等。此外，内外因素的交互作用又使昆虫的迁飞行为和过程各式各样，可以体现在起飞与否的判断、起飞时刻的确定、飞行高度、飞行定向、自主或被动降落等，最终决定了昆虫迁飞的距离、轨迹与降落地分布。

第一节　环境因子对草地贪夜蛾迁飞活动的影响

一、季风环流

与鸟类和蝙蝠等迁飞动物相比，昆虫因体型较小且飞行能力有限，其起飞后必须借助高空中气流的动力携载作用来完成上百公里到上千公里的迁徙（Drake 和 Farrow，1988；Drake 和 Gatehouse，1995）。中国地跨热带、亚热带、暖温带、中温带和寒温带等温度带，在西太平洋副热带高压季节性移动的影响下，加之"西抬东倾"的地势地貌条件，中国多种农作物生育期随着季节和纬度的变化，由南至北，再自北向南依次推移，这种时间和空间上互补的生境和丰富的寄主、食料条件不仅为迁飞性害虫提供了适宜的季节性生长发育繁殖空间，也造成了其在中国的区域性南北迁移为害（吴秋琳 等，2019b）。

在亚洲，西太平洋副热带高压系统的季节性动态特征主要表现为高压脊线的南北进退和西端脊点的西伸东撤（陶诗言 等，1962；陶诗言 等，2001），在该系统的控制下，中国受到相互联系又独立存在的印度季风系统（印度洋西南季风）和东亚季风系统（南海—太平洋东南季风）交叉控制（陈隆勋，1984；Lau 和 Li，1984；Tao 和 Chen，1987），进而主导着中国迁飞性昆虫的北迁南返（Wu et al.，2019a；胡高 等，2020）。在中国，每年3月为冬春之交，温度开始回升，但冷空气仍有一定势力。进入4月，除云南西部受西南风影响外，中国长江流域以南大部地区高空盛行偏南—东南风，平均风速接近甚至高于草地贪夜蛾的自身飞行速度，形成了其自冬繁区北上的重要动力条件。5月中旬左右，亚洲夏季风暴发（陈隆勋 等，2000），中国南部上空的风向为一致的偏南风。进入6月后，西太平洋副热带高压加强西伸北抬，来自孟加拉湾的西南夏季风输送充沛的水汽经由中国西南地区直驱北上，导致整个东部农作物主产区受西南风控制。7月西太平洋副热带高压脊线继续北抬，强盛的西南风可控制中国中东部，往往风速远超草地贪夜蛾等迁飞性昆虫的自身飞行速度，形成了它们远距离北迁最有利的大气动力携载条件。8月开始，西西伯利亚冷涡开始活跃并东移南下，西太平洋副热带高压向南撤退，偏北风逐渐加强，迫使草地贪夜蛾逐代往南回迁。因此，在中国，东亚季风和印度季风的季节性进退主导着草地贪夜蛾的迁飞过程，而每年亚洲夏季风的开始、暴发与消亡时间，可作为其北迁南返的时间节点（吴秋琳 等，2019a；吴孔明 等，2020）。与草地贪夜蛾类似，这些大气环流形势也是主导我国水稻"头号"害虫——稻飞虱空中飞行及降落重要的气象因素。西太平洋副热带高压的位置是稻飞虱北迁南回的重要动力携载条件，如在西太平洋副热带高压显著偏南的年份雨带南移，通常伴随稻飞虱特大发生（刘富明和刘牛，1994）；西太平洋副热带高压的强度和面积也影响着稻飞虱种群的发展（钱拴和霍治国，2007；Hu et al.，2019），如在1991年西太平洋副热带高压持续强盛时期，稻飞虱特大发生（封传红 等，2002；侯婷婷 等，2003）。而由西太平洋副热带高压推动冷暖气团汇合形成的锋面降雨是导致空中稻飞虱迫降的主要因素（江广恒 等，1981；Lu et al.，2017）。除了西太平洋副热带高压指数，其他关键大气环流因子，包括北半球极涡强度指数、印缅槽指数、亚洲纬向环流指数、东亚槽强度、太阳黑子数、大西洋欧洲环流型指数等，都决定着中国稻飞虱的发生面积和程度（于彩霞 等，2014）。随着近年来气候异常或极端天气频发，中国屡次出现迁飞害虫大规模迁入后的滞留成灾事件。

在北美洲，草地贪夜蛾的季节性迁移也是对大气和生境变化的适应性响应。夜间迁飞的昆虫往往在有利风向的最大风速层出现高度聚集（Drake，1985；Drake 和 Farrow，1988；Beerwinkle et al.，1994；Chapman et al.，2008a，2008b，2010）。值得关注的是，落基山脉东侧平原频繁出现的低空急流是著名的昆虫"传送带"（Zhu et al.，2006）。草地贪夜蛾曾借助低空急流在30h内便实现了从美国南部的密西西比州至加拿大南部的跨区域迁飞，其飞行距离达1 600km（Rose et al.，1975）。此外，Wolf等（1990）利用空中雷达对在1989年7月20日傍晚从美国得克萨斯州里约格兰德流域（Lower Rio Grande Valley）大规模起飞的美洲棉铃虫（corn earworm, *Helicoverpa zea*）和草地贪夜蛾混合虫群的迁飞活动实时监测发现，该虫群主要在距地面200 ~ 700m的高度层顺风迁飞，连续飞行距离达400km，且空中移动速度达12 ~ 25m/s，结合天气系统剖析明确了该过程与当日夜间出现的一次低空急流有极其密切的关系。低空急流是全球广泛存在的重要天气系统之一，作为低层水汽的输送通道，其时空分布取决于季节性大气环流的形式（Bonner，1968）。人们对低空急流的关注不仅仅是因为急流本身以及其与暴雨、龙卷风、冰雹等强对流天气的密切关系，还因其在空气污染、山火蔓延、沙尘输送乃至动物迁飞（包括鸟类和昆虫）等方面也产生重要影响（刘淑媛等，2003；Watanabe et al.，1991a，1991b；Liechti和Schaller，1999；Fromm和Servranckx，2003；Zhang et al.，2016）。在中国，东部地区的西南低空急流主要发生在850hPa高空，基于Stensrud（1996）对低空急流和低空高速气流带这两个概念的区分，可将其具体定义为850hPa高度场上风速大于12m/s的西南风向，且该高度层的风速高于其之上和之下高度层的风速（刘鸿波 等，2014）。低空急流也是稻飞虱在我国北迁的重要动力机制，对该虫降虫时段、降落区分布和降虫规模起到决定性作用（封传红 等，2002；包云轩 等，2009）。

天气尺度系统"锋面气旋"和"副热带反气旋"（即大尺度涡旋）的生消演化也影响着昆虫的远距离迁飞（Drake和Gatehouse，1995）。这些气旋或反气旋系统通常伴随着天气的剧烈变化，因此在不同时期和特定区域内，随着涡旋不同高度水平或垂直流场结构的不断演变，往往会形成不同程度的降水和下沉气流，继而可引起本地种群滞留或改变空中虫群迁飞路径。在中国，西南地区东部或东南部（主要在四川盆地东南部和南部）850hPa高度场上常出现的气旋式涡旋（也称"川东低涡"）可导致湖南至贵州一带的偏南气流先在四川东部再向西或向北转折进入盆地，进一步造成四川东部稻飞虱及稻纵卷叶螟成虫的屡屡突增（潘学贤 等，1985；向卫国 等，1995）。2003年中国南中部和中东部由反气旋切变产生的下沉气流是当年稻纵卷叶螟大规模灾变性迁入的重要因素之一（包云轩 等，2008）。在对流层边界层（convective boundary layers），昆虫通常在下沉气流中向下移动（Reynolds和Reynolds，2009；Wainwright et al.，2017）。随着雷达昆虫学研究的不断深入，有报道称空中昆虫虫群通过闭合双翅的自由落体式下降或主动下降飞行来避免对流中强烈上升气流的不断向上输送，因此这将在一定程度上导致虫群的聚集（Achtemeier，1991；Geerts和Miao，2005；Wainwright et al.，2017）。

在中国，台风是产生在赤道以北、西北太平洋和南海的一种沿逆时针方向旋转的热带气旋，不但是影响我国的主要气象灾害之一，其中心位置、强度和范围也同样影响着我国重大害虫的迁飞过程（包云轩 等，2008；王翠花和翟保平，2013；史金剑 等，2014）。据研究，影响我国稻飞虱迁飞的台风类型包括北部湾型、南海型和东海型（汪毓才 等，1982）。受北部湾或其沿岸地区台风的控制，中国西部地区盛行东风，广东稻飞虱可西进迁入广西和云南东部；中国江南出现的东南气流可携带虫群大规模进入四川东南部，进一步造成大发生。位于中国南海、华南东南沿海的台风或热带低压可导致南岭以南主要受东风控制，华北上空则大体为偏南气流，西部地区风向多变，因此不同地区害虫的迁飞路线各异（江广恒 等，1981），也是导致中部武陵山区稻飞虱大量迁入的特定天气条件（胡国文 等，1995）。东海型台风一般位于长江下游东部沿海地区，在台风西侧形成的偏北气流对我国江淮及东部沿海农作区包括稻飞虱在内的迁飞害虫往南迁飞十分有利（江广恒 等，1981；Hu et al.，2013），而台风东侧的西南气流则有利于稻飞虱等迁飞害虫从我国台湾向北进入日本（Watanabe et al.，1991b）；此外，这些种群还可借助台风由菲律宾迁入我国东南沿海（包括台湾、广东和福建等地）和日本（Otuka et al.，2005；沈慧梅 等，2011a）。随着研究的深入，台风对昆虫迁飞的影响从起初气流场分析（包括风场、切变线、上升气流、下沉气流、辐合区域等）延伸到对台风发展动态以及其系统内部结构特征的作用机制探究（包云轩 等，2008；王翠花和翟保平，2013；Ma et al.，2018）。一般来说，台风对迁飞性昆虫的起飞促进、空中运输和降落胁迫最主要的动力机制有三个方面：①台风作用下出现的气旋式风向切变区及涡旋区往往是强上升气流区，也是昆虫起飞十分有利的助力条件，可以将低空起飞或盘旋的个体快速携带至高空（包云轩 等，2007）；②台风带来的强劲气流场决定了迁飞种群的水平输送速度和范围（Watanabe et al.，1991b；姚德宏 等，2007；王翠花 等，2009）；③台风系统结构中不同部位的区域降水或强下沉气流是害虫降落的动力迫降因素（胡国文 等，1995；向卫国 等，1995；郝振华 等，2011；江广恒 等，1982；王翠花和翟保平，2013；Hu et al.，2013；Ma et al.，2018）。但是，国内外在台风形成、发展至消亡过程中（Hu et al.，2013；Ma et al.，2018）或在其过境前、登陆过境时以及过境后（郝振华 等，2011）又或不同登陆地点和移动路径（王翠花 等，2009）对迁飞性昆虫主要降落区、波及区和降虫数量的影响大多仅为个例研究，尚未形成定量化、规律性的结论。此外，多个台风或涡旋（北半球即为气旋）耦合互作背景下的迁飞形势及其机制更为复杂（吴秋琳，2018）。

二、降雨

不同液滴大小对空气中的气溶胶、孢子或花粉等总冲蚀系数（total washout

coefficient）的贡献研究结果清晰地表明，半径在100～1 000μm之间的液滴对去除气体介质中的颗粒是最有效的（Starr，1967）。在持续2h的小雨情境下（降雨量＝1mm/h），仅有25%的马勃属孢子（平均半径＝2.5μm）可被雨滴冲刷掉，而2h的阵雨条件（降雨量＝5mm/h）可清除空气中约65%的花粉；此外，2h的小雨可冲蚀约80%的构树花粉（平均半径＝6.4μm），而在阵雨时，只需约35min即可达到相同的冲刷作用。在自然界中，降雨也可致使空中昆虫双翅闭合并自由落体下降（Dickerson et al.，2015），若昆虫在迁飞过程中遇到强降雨或大范围的降雨，则无法穿越雨区而降落，最终可导致其滞留成灾（胡高 等，2007；Hu et al.，2013；Wu et al.，2018）；遇到下雨或雾天，很少有昆虫起飞迁移（陈若篪和程遐年，1980）。

在东亚，西太平洋副热带高压系统的季节性活动对该区域夏季旱涝天气起着重要的调控作用，同时也与夏季风指数的强弱变化有着密切关系（罗绍华和金祖辉，1986；陶诗言 等，2001）。在西太平洋副热带高压脊线位于北纬20°以南时，由该天气系统控制下转向的西南风和南下的冷空气交绥，华南迎来雨季，称为华南前汛期雨季。当其西伸北跳，雨带向北移动，脊线徘徊在北纬20°～25°时，江淮流域便进入梅雨季节。随着脊线进一步向西北推进，雨带则位于黄淮流域乃至华北平原。一旦西太平洋副热带高压南撤东退，可导致雨带随之南移。在中国，南海夏季风一般在5月中旬暴发（陈隆勋 等，2000），我国将进入主汛期。无论是在北美洲大平原（Great Plains）还是在中国东部平原，低空急流不仅对空中生物地域间的传播有明显的输送作用，而且与暴雨的产生存在密切关系（陶诗言 等，1979；Schubert et al.，1998；Wu和Raman，1998）。其中，中国华南低空急流的出现常伴随降水过程且对应着强降水中心，且超低层急流风速大小决定着降水强度（刘淑媛 等，2003），而风场辐合是该地区产生暴雨的重要机制之一（丁治英 等，2011）。降雨分布不仅制约着我国农作区的时空格局，也决定了迁飞性昆虫的再分布。除此之外，一些迁飞性昆虫的始见期与上一月份的降水量和相对湿度呈正相关关系（余丽萍 等，2011）。还有不少研究学者也证实了锋面降水天气过程可对正在迁飞中的昆虫（例如蚜虫、稻飞虱、云杉卷叶蛾等）起到一定的冲刷作用进而引起大量降落（Kisimoto，1976；江广恒 等，1981，1982；全国白背飞虱科研协作组，1981；Dickison et al.，1983，1986；Zhu et al.，2006；Wu et al.，2018）。

除了锋面降水（季风进退、冷暖气团交绥等）外，特定地形通过对大气动力场和水汽场产生扰动，影响大气环流、天气系统以及气候，引起不同程度的地形降水现象（廖菲 等，2007；付超 等，2017）。若爬升气流受到地形的机械动力抬升作用与热力交换效应时触发对流，降水在迎风坡加强（高坤 等，1994；廖菲 等，2007）；若绕山气流在背风坡处汇合并产生辐合上升或由于太阳辐射导致在背风坡触发对流，背风坡也可产生降水或加强低层对流活动（朱民 等，1999；王凌梓 等，2018），这些降水过程也最终会中断空中虫群的飞行（胡高 等，2007；吴秋琳 等，2015）。由于中国地形地貌十分复杂，山地高度、坡度、坡向等差异加之气候的独特性，地形对降水的分布和强度影响机制仍需要进一步深入研究。此外，近些年全球极端天气频发、重发，我国气候更加复杂多变，新气候形势下中国昆虫迁飞格局是否将被重塑？随着现代科技手段的更迭，昆虫迁飞学的研究工作需要不断推进，深入且全面的机制研究必将成为主流。

三、温度

温度不但影响着昆虫的生活史过程，还与其迁飞活动密切相关（Drake 和Reynolds，2012；Hallworth et al.，2018）。在温度较低或过高时，昆虫便可以通过迁飞来躲避不良的栖息环境（Dingle 和Drake，2007；Chapman et al.，2011，2015；Guerra 和Reppert，2013）。对于具有翅多型性的兼性迁飞农业害虫，如褐飞虱和蚜虫等，温度也是调控其长、短翅型分化的关键环境因子之一（张增全，1983；刘树生和吴晓晶，1994；Kenten，1955；Schaefers 和Judge，1971；Müller et al.，2001；Zhang et al.，2019）；对于不存在翅多态现象的昆虫，如黏虫、棉铃虫等，特定的温度也可以诱导成虫迁飞（Han 和Gatehouse，1991；Zhou et al.，2000）。草地贪夜蛾是一种专性迁飞昆虫，其飞行活动可以促进卵巢和精巢的发育速度（Ge et al.，2021b）。20 ~ 25℃是草地贪夜蛾成虫飞行的最适温度环境，在最适温、湿度条件下使用飞行磨连续吊飞5个夜晚，草地贪夜蛾个体自主飞行距离可达160km（谢殿杰 等，2019；Ge et al.，2021a）。

夜间迁飞的昆虫还可在逆温层顶出现的高度聚集成层（Drake，1984，1985；Drake 和Farrow，1988；Chen et al.，1989；翟保平和张孝曦，1993；翟保平，2005；Feng et al.，2003；Reynolds et al.，2005；Wood et al.，2006；Chapman et al.，2004，2011；Alerstam et al.，2011），此外，昆虫在飞行过程中还可以主动选择最适飞行温度（Wood et al.，2006，2010；高月波和翟保平，2010）。在中国，老一辈学者使用机载捕虫装置对空中稻飞虱进行捕捉或采用雷达观测其迁飞高度，证实了这一害虫在空中的飞行高度与大气低层温度场的垂直分布有关，例如在夏季稻飞虱迁飞的上限温度为30℃，下限温度为12℃，在秋季褐飞虱迁飞的顶层温度（或称最高飞行上限温度，ceiling layer）为16℃（邓望喜，1981；Riley et al.，1991）。但当环境温度（或瞬时温度）低于一定的临界值（即限制飞行活动的低温阈值）时，昆虫将由于生理适应而降低振翅频率、飞行速度和迁飞高度而被迫降落（Riley et al.，1991；高月波和翟保平，2010）。在海拔较高的地区，低温往往也会阻碍迁飞性昆虫继续前行而聚集降落。在中国云南，春季是白背飞虱前期迁入时期，而较低的温度是白背飞虱迁飞的限制因素，因而云南白背飞虱大规模降虫的区域位于高于16℃等温线的南侧和西侧（沈慧梅 等，2011b）；在湖南，天然的低温屏障是春季大迁入峰主降湘西南的主要原因，例如在2012年5月3日20:00，位于16℃等温线南侧的蓝山出现了一次单灯8 070头上灯的降虫高峰，9日凌晨2:00，龙山也因位于16℃等温线南缘而出现一次单晚单灯多达3万头的白背飞虱灯诱高峰（吴秋琳 等，2015）。另外据报道，君主斑蝶迁飞的飞行低温阈值为15.5℃（Calvert和Brower，1986），稻纵卷叶螟为13℃（农学系昆虫教研室，1979；陈永年和汪清武，1980；张孝羲 等，1981），黏虫为8℃（Chen et al.，1989），美洲棉铃虫为10℃（Westbrook et al.，1998）。室内吊飞实验表明，当环境温度低于10℃时，草地贪夜蛾飞行活动会受到明显抑制（Ge et al.，2021a）。

气温还可对昆虫的迁徙速度产生影响，在一定温度范围内，较高温度下迁飞个体移动得更快，但当温度过高时，昆虫体内水分也会迅速散失，代谢加快，能量消耗也随之升高，进而影响其飞行活动（Alerstam et al.，2011；Knight et al.，2019）。但从全球尺度上看，气候变暖导致昆虫繁殖代数增加、越冬界限北移、迁飞规模和数量扩大（Sparks et al.，2005），从而使得害虫发生和为害时间延长，海平面温度或最冷月温度升高都可对迁飞昆虫的始见期及迁入量产生一定影响（Sujayanand和Karuppaiah，2016）。

四、地形地貌

昆虫的迁飞活动发生在大气圈最下层，因而其行为过程取决于一些突出的气象特征，例如迁飞虫群聚集成层结构的形成（或称边界层顶现象）不仅在时间变化上不稳定，在空间分布上也不均匀，而且与低空逆温层、低空急流（或最大极值风速带）以及大气涡旋运动等密切相关（翟保平和张孝羲，1993；翟保平，2005），但是这些环流与天气系统又极易受到地形地貌的影响（Smith，1979；Whiteman，2000；Wu et al.，2018）。与个体微小的昆虫相比，鸟类可以通过主动调整其迁徙行为，如改变飞翔高度与方向等，来响应不同地理范围不同尺度地形障碍的影响（Todd et al.，2012；Liechti et al.，2013）。地形导致昆虫在迁飞过程中聚集或降落的机制主要来自三个方面：①随着山体地势的升高温度降低，运载虫群的气流遇山脉的阻碍被迫爬升，当环境温度低于迁飞昆虫的飞行低温阈值时，可导致迁飞昆虫迫降（胡高 等，2007）。②地形具有对降雨中心位置和降水强度的时空调整作用，即地形对迎风坡暖湿气流的阻挡和机械抬升作用引起空气中的水汽遇冷凝结降水，形成地形雨（林之光，1995），以及地表加热作用和摩擦效应产生的中小尺度环流对山区局地强对流天气有明显强化作用（章名立，1978），同时降水释放的潜热又可以降低压强，进而激发了气流的上升运动以及对流活动的加强，使降雨加强（廖菲 等，2007），空中虫群在迎风坡遇雨集中降落（胡高 等，2007；Wu et al.，2018）。③气流在较高海拔山脉阻滞下形成绕流和穿谷流，在水平流场上，空气被迫形成绕流或通过山地的低谷和垭口进入时形成较强的峡谷风和上升气流，气流辐合和切变发生在山体背风侧；在垂直流场上，空气由于山体阻塞和地面摩擦作用可在山麓间形成小型涡旋。这种山谷间"狭管效应"和山麓间垂直涡旋的"转子效应"使得随风而来的空中虫群大规模集聚并集中降落（吴秋琳 等，2015）。

北美洲的阿帕拉契亚山脉是地球上历史十分悠久的山脉之一，北起加拿大东北部，横亘于北美洲东部，南至美国东南部，呈东北—西南走向，形成了绵延的天然地理屏障。在北美洲，美国得克萨斯州和佛罗里达州两个草地贪夜蛾越冬种群每年均可借助气流逐代渐次北迁，但也因为阿帕拉契亚山脉的地理阻隔作用，草地贪夜蛾在山体两侧形成明显的东、西两条迁飞路径（Westbrook et al.，2016）。

在中国华南，地处南岭以南的粤北高山盆地稻区包括广东乐昌、连州和曲江等地，地势北高南低，在春季西南气流的运输作用下，大量来自中南半岛的稻飞虱跨海迁入，加之受准静止锋影响，易造成早稻稻飞虱大发生；此外，西江丘陵盆地稻区位于广东新兴、罗定和肇庆等地，珠江三角洲滨洋稻区则覆盖广东新会、番禺、中山和东莞等地，在云开大山山脉地形阻隔作用下，盆地边缘和珠江多个江河入口是主降虫区，也是早稻稻飞虱种群常年重发区（陈忠诚 等，1996）。南岭山脉位于湖南、广东和广西的交界处，大体呈东—西走向，但其西段诸岭的各分岭与呈东北—西南走向的武陵山和雪峰山构成"川"字形分布，越城岭、海洋山和都庞岭之间形成了著名的"湘桂走廊"，大娄山和雪峰山之间的槽型地带，大娄山和武陵山形成的峡谷地带，都是昆虫随亚洲季风北上和南下的重要迁飞通道（胡国文 等，1988；陈德茂，1984；胡高 等，2007；王泽乐 等，2011；吴秋琳 等，2015）。中国西南地区的云南山高谷深、沟壑纵横且气候多样，其境内多为海拔1 000～2 000m的山地，地势大体多呈西北—东南走向，其西北部是横断山脉，东部和南部为云贵高原，受山系的阻隔作用和河谷的通道效应，滇东南极易成为"虫窝子"（沈慧梅 等，2011b）。此外，云南还受印度季风和东亚季风交叉控制（陈隆勋，1984；党建涛，2007），这种独特的地理气候条件造就了云南与我国东半部的东亚迁飞场迥然不同的昆虫迁飞环境（沈慧梅 等，2010；沈慧梅 等，2011b）。中国秦岭—淮河流域是玉米和小麦的主产区，也是中国南北气候过渡带，受复杂的地形地貌影响，草地贪夜蛾自该流域迁出后可形成明显的东、西两条飞行路线。其中，秦岭山区草地贪夜蛾在9月中旬之前以北迁为主进入宁夏和内蒙古；在地势平坦的淮河流域，8月中旬之前草地贪夜蛾主要随季风向北迁入华北平原，8月中旬开始向南回迁至长江流域（Wu et al.，2021a）。位于中国中北部的太行山脉呈明显的南—北走向，不仅是中国地形第二阶梯的东缘，也是华北平原西部和黄土高原的天然分界线。受我国"西抬东倾"地貌格局与东亚季风的影响，华北平原草地贪夜蛾迁出路径具有明显的季节性规律，可形成西南—东北方向的"空中走廊"（Wu et al.，2021b）。

第二节　草地贪夜蛾在亚洲地区的迁飞规律

亚洲季风是全球最典型、最强盛的季风系统，包括东亚季风和印度季风。季风建立的早晚、北进南退的快慢和强度变化直接决定着东亚迁飞昆虫的季节性时空分布和发生程度。基于近10年（2011—2020年）逐月925hPa亚洲区域流场条件，构建了草地贪夜蛾在亚洲的迁飞模式示意图（图7-1）。

一、南亚

在春季伊始（3月），除了南部地区（主要包括印度南部和斯里兰卡），南亚大部草地贪夜蛾开始向东扩散，形成两条迁飞路径，包括：①尼泊尔和不丹的草地贪夜蛾向东直接进入中国西藏；②巴基斯坦种群进入印度中北部地区，而印度北部地区的草地贪夜蛾可向东迁入孟加拉国与缅甸（吴秋琳 等，未发表数据）。进入4月，南亚虫源主要向东北方向迁徙，缅甸与中国西藏是其主降区。在秋季，风向季节性反转引起了顺风迁飞昆虫路径的变化。秋末冬初，孟加拉国与印度东北部的草地贪夜蛾种群向西和西南方向回迁，在10月，印度南部种群则可向南迁飞抵达斯里兰卡。

二、东南亚

东南亚地区是草地贪夜蛾可周年繁殖的地区，而中南半岛是中国最重要的境外虫源所在地（吴秋琳 等，2019b；Li et al.，2020；陈辉 等，2020）。其中，一般在1—9月缅甸、泰国、老挝部分地区虫源可借助盛行的西南气流向北迁飞扩散进入中国云南；在3—8月，中南半岛种群还可陆续迁入中国海南、广西、广东、福建及台湾等地。

越南位于中南半岛的东部，地势西北高，向东南倾斜，且地形狭长，呈S形，越南草地贪夜蛾与柬埔寨、老挝、泰国和中国种群存在着直接的虫源交流关系（Wu et al.，2019a）。尤其在草地贪夜蛾关键的北迁初期（即春季），在中南半岛北纬13°以南盛行东风，促进了越南南部与泰国东部和柬埔寨中部种群交流。越南湄公河三角洲地处中南半岛最南端，受东风的控制，该地迁飞性昆虫在冬春季应主要以往西或西北方向近距离扩散为主，主要降虫区域为柬埔寨的湄公河平原及其南部沿海区，据此可判断，其与中国种群并无直接虫源关系。但是，在热带气旋盛发季节，极少数草地贪夜蛾强迁飞个体经由连续多个夜晚的迁飞，可以在强热带气旋或台风的携带作用下由湄公河三角洲先迁至柬埔寨、泰国南部和东部，再进入越南中部。在中南半岛北纬13°以北地区，春季风向多变，老挝南部大部分草地贪夜蛾一旦起飞后可迁入泰国和越南中北部；泰国东北部稻区草地贪夜蛾的迁飞范围可波及整个中南半岛中部，其中老挝和越南中北部为主降虫区；泰国东部种群起飞后大概率为近距离扩散，柬埔寨和缅甸为波及区；柬埔寨中部洞里萨湖地区的虫群则主要迁入泰国、老挝和缅甸等地。纵观草地贪夜蛾全年在整个东南亚的迁飞（图7-1），在菲律宾、越南湄公河三角洲、柬埔寨等低纬度地区，从10月至翌年4月盛行的偏东风输送草地贪夜蛾种群主要向西扩散。但是在3月伊始，东南亚较高纬度地区的缅甸和泰国种群便可向东北方向、老挝和越南虫源可向西北方向迁飞，分别抵达中国云南和广西部分地区（吴秋琳 等，2019a；陈辉 等，2020）。进入5月，整个东南亚风场为一致的西南气流，7月西南夏季风进入最强盛时期，是整个东南亚虫源直驱北上进入中国的最佳时段，印度尼西亚和马来西亚草地贪夜蛾也可以通过跨海迁飞进入菲律宾（吴孔明 等，2020）。8月中下旬，中国北方地区冷空气蓄势待发，进入9月北风开始活跃并南下，草地贪夜蛾乘风渐次往南回迁。秋、冬季节东南亚种群大多往西南方向迁飞，越南、老挝、缅甸和泰国等国（主要为中南半岛北部地区）成为中国南方虫源回迁的主要降落地。

三、东亚

1.中国

（1）境外入侵种群。中国草地贪夜蛾的虫源来自国外和国内越冬种群。境外草地贪夜蛾进入中国有4条主要迁入路径。一是由南亚的尼泊尔、不丹和印度东北部等地在春、夏季进入中国西藏；二是由缅甸、老挝随盛行偏南气流迁入中国云南等地，形成持续时间最长、过境虫量较为集中的重要侵入路径；三是由中南半岛于冬末春初随西南风迁入中国广西、广东及海南等地，是中国北方地区种群建立的关键虫源所在；四是由菲律宾随7—8月台风或热带气旋迁入中国东南沿海的福建和台湾地区（吴孔明 等，2020）。

2018年年底后，草地贪夜蛾在缅甸已形成可周年繁殖的虫源基地，并源源不断地进入中国西南地区的云南等地（吴秋琳 等，2019b；Sun et al.，2021；Ge et al.，2022）。在云南澜沧，高空测报灯下（北纬22°30′，东经99°53′，海拔989m）草地贪夜蛾成虫诱集数量呈现出明显的季节性差异，冬季缅甸高空主要受偏东风或西北风控制，澜沧

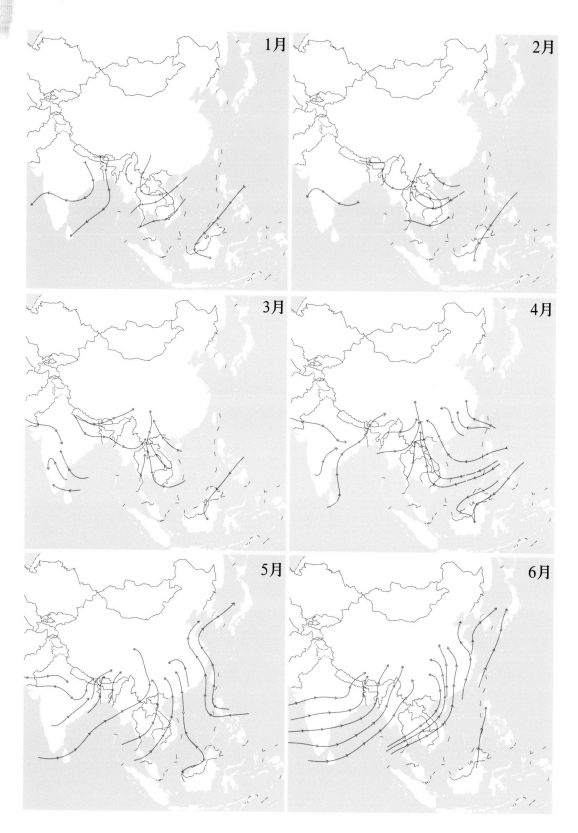

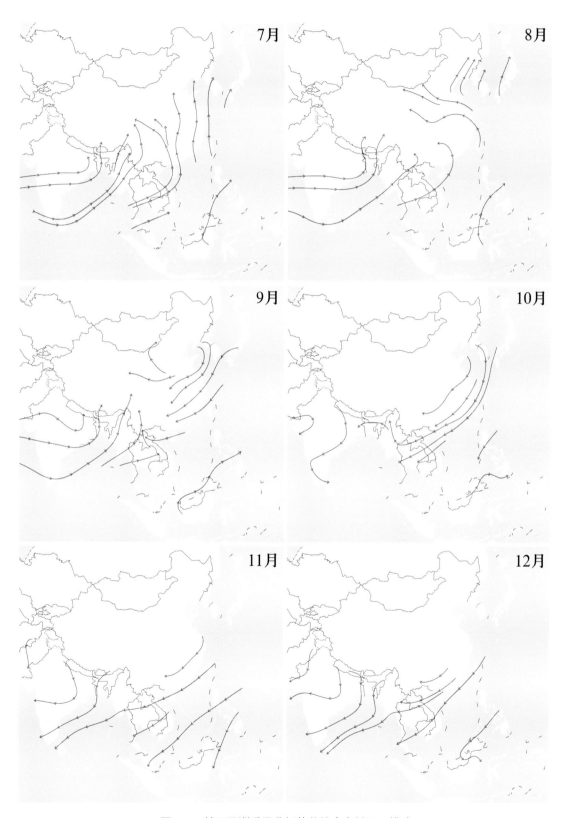

图 7-1 基于亚洲季风分析的草地贪夜蛾迁飞模式

监测站诱虫量往往很少（Ge et al., 2022）。3—4月盛行的微弱西风不利于该地区种群的远距离迁移，但草地贪夜蛾成虫的自主飞行可形成对云南和广西局部地区的近距离入侵，澜沧也存在小规模持续的诱蛾峰。进入5月后，随着西南夏季风的加强，云南和广西全境成为缅甸虫源的主要迁入地，并可能波及贵州、广东、海南和湖南等省份（吴秋琳 等，2019b；Ge et al., 2022）。在秋季则具有明显的诱虫高峰，并可回迁至缅甸（Ge et al., 2022）。

越南中部和北部、老挝大部和泰国东北部地区的草地贪夜蛾也是中国华南地区广东、广西和海南每年春季种群重新建立的最主要的境外虫源。每年3月，来自孟加拉湾的西南季风开始推进，水汽输送也逐渐加强，直至8月整个中南半岛至中国南海上空盛行西南气流（吴秋琳 等，2019a），是草地贪夜蛾北迁高峰阶段（Li et al., 2020；陈辉 等，2020）。

草地贪夜蛾跨海迁飞活动具有明显的季节性（Zhou et al., 2021）。渤海海峡是中国华北地区昆虫迁入东北地区的必经之地，在秋季，草地贪夜蛾也可以频繁地自东北平原跨海飞行返回华北平原（Jia et al., 2021）。在中国南海上空，春、夏季草地贪夜蛾以北迁为主，秋季则向南回迁。中国海南三沙永兴岛的草地贪夜蛾种群与中南半岛虫源存在频繁的基因交流关系。其中，在春季永兴岛诱捕到的草地贪夜蛾成虫主要来自越南中南部北迁种群；夏季虫源地主要位于中南半岛南部，部分来自中国东南沿海地区和菲律宾；秋季则主要为中国东部沿海的本地回迁种群（Zhou et al., 2021）。

（2）中国周年繁殖区。草地贪夜蛾由缅甸入侵中国热带和南亚热带地区后，于2019年冬季就形成了其周年繁殖区（姜玉英 等，2021）。在中国冬繁区成功羽化的新一代成虫还可以进一步向北迁飞扩散（吴秋琳 等，2019a）（图7-2）。由于中国东部地区春季与夏季盛行偏南风或西南风，热带和南亚热带地区草地贪夜蛾主要向东北方向迁移，长江以南是其北进的必经之地和主要的降落地区。随着3月后气温的逐渐回升，北方冷空气逐渐减弱，但仍有一定势力，10℃等温线位于华南北界，温度不再是限制草地贪夜蛾北迁的主要因素。如果连续迁飞2个夜晚，草地贪夜蛾便可入侵长江以北至黄河以南地区。在夏季6—7月东部西南季风最强时期，草地贪夜蛾连续迁飞3个夜晚可到达黄河以北至内蒙古与东北南部的广大区域（吴秋琳 等，2019a）。

从各个省份看，春季源于云南的草地贪夜蛾主要向东北迁飞，有超过93%的个体将继续在云南省内扩散或向中国东部农作区北迁，还有不足7%的个体同以缅甸为主的与中国接壤的国家种群交流密切。在春季，从云南迁至省外地区的草地贪夜蛾主要进入贵州、四川与广西，也可通过连续2～3个夜晚的迁飞抵达重庆、湖南、江西、湖北、安徽和陕西。在夏季，由云南迁出的草地贪夜蛾主要降落区位于四川和贵州，其次为广西、重庆与湖北（吴秋琳 等，2019a）。

广西草地贪夜蛾在春季起飞后主要可迁至湖南和贵州，其次为湖北、安徽，并可波及江西与河南。在夏季，湖南、湖北以及贵州仍然是草地贪夜蛾广西种群的主要迁入区，安徽、河南、山东、江西与江苏等地为广西夏季虫源的迁飞波及区（吴秋琳 等，2019a）。

入侵广东的草地贪夜蛾一旦成功定殖并存续繁衍，在春、夏两季将同样往东北方向迁飞蔓延为害。其中，江西为春、夏季种群的主要降落区，其次为湖南、福建、安徽、湖北、江苏与浙江（吴秋琳 等，2019a）。

自海南迁出的草地贪夜蛾也以东北方向飞行为主，广东和广西地区为其春、夏季的主要降落区，而湖南、江西、福建、湖北、安徽与江苏等华东地区为迁飞波及区（吴秋琳 等，2019a）。

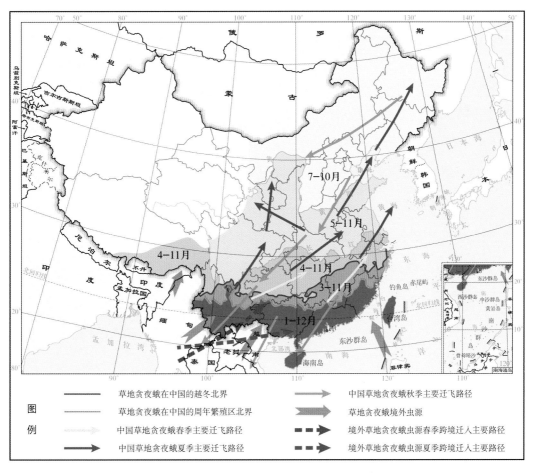

图 7-2　草地贪夜蛾在我国季节性迁飞模式

（3）长江流域。2019年长江流域首批入侵（时间：4月20日至5月30日）草地贪夜蛾第一至二代成虫的迁出期集中在当年5月20日至7月30日。该地区成虫迁出后主要降落在江苏、河南与山东三省。其次为华北平原的陕西省和东北平原的辽宁省。同时，可波及我国山西、河北、甘肃及朝鲜、韩国等地。如果其连续飞行2～3个夜晚，甚至可以扩散到日本（Wu et al.，2019b）。

（4）黄淮海地区。秦岭—淮河流域是我国玉米和小麦的主产区，也是我国南北气候过渡带，横跨江苏、山东、河南、山西、陕西和甘肃6个省。秦岭—淮河一带草地贪夜蛾成虫的迁飞活动始于6月下旬。受复杂的地形地貌的影响，秦岭山区草地贪夜蛾在9月中旬之前以北迁为主，终点主要落在北纬35.2°以北的地区（即秦岭—淮河一带的北部边界），即宁夏和内蒙古是其主要迁入地；在地势平坦的淮河流域，草地贪夜蛾8月中旬之前主要随季风向北迁移，华北平原是主降区，但可能波及东北平原，8月中旬开始向南回迁，终点大多位于北纬31.3°以南地区（即秦岭—淮河一带的南部边界），即主要迁至长江流域（Wu et al.，2021a）。

华北平原是草地贪夜蛾在我国的重要发生为害区，也是中国冬小麦和夏玉米的主产区。华北平原（北纬31.38°～42.7°和东经110.35°～122.7°）粮食产量占全国粮食总产量的20%以上，是中国最重要的玉米产区之一。夏末前（6—7月）华北平原草地贪夜蛾成虫以北迁为主，东北平原的辽宁和吉林是其主要降落地，其次为黑龙江、内蒙古高原和黄土高原；秋季（9—10月）草地贪夜蛾则向南部的湖北、安徽和湖南等地迁飞，即长江流域是重点降落地区（Wu et al.，2021b）。

（5）西北地区。自我国首次发现草地贪夜蛾的重大虫情以来，该害虫经由东迁路线逐代向北迁飞，最终可达华北平原和东北地区的辽宁，而沿西迁路线陆续北侵的终点位于我国西北地区的宁夏全境和内蒙古阿拉善左旗（姜玉英 等，2019；吴秋琳 等，2022）。宁夏地处黄土高原西北部、黄河中上游，地势南高北低，具有贺兰山地、银川平原及丘陵的复杂地貌特征，属典型的大陆性气候，位于我国东部季风区和西北干旱区交界处（郑景云 等，2010），也是我国草地贪夜蛾重点防范区。7—9月，以宁夏为代表的西北地区草地贪夜蛾虫源主要来自于甘肃东南部、四川东部，其次为陕西西部，此外，重庆西南部、云南东北部和山西西部局部也可为西北地区提供一定的虫源。在偏南夏季风的主导作用下，草地贪夜蛾经由多个夜晚的连续迁飞可构成其在中国西部地区的主要迁飞路径。该路径源自缅甸，自南向北依次经由中国"云南—四川、重庆—陕西和甘肃—宁夏"，最北可达内蒙古（吴秋琳 等，2022）。

2.朝鲜半岛和日本

草地贪夜蛾在东北亚的季节性迁飞活动主要集中在5—10月（Wu et al.，2019）。在5—7月，位于我国周年繁殖区的广东、福建、台湾和长江流域的浙江、江苏、安徽以及山东等东部沿海地区虫源向东北方向跨海迁飞进入朝鲜半岛；日本草地贪夜蛾虫源地可追溯到我国台湾、浙江、福建、广东、江西等地（Ma et al.，2019；Wu et al.，2022）。随着我国虫源的分布位置由南向北推移，草地贪夜蛾的降落区分布也从东北亚南部、中部向北部地区转移。进入9月后，东北亚种群可以向西南方向回迁至我国东部沿海各地（图7-1）。

【参考文献】

包云轩, 严明良, 袁成松, 等, 2008."海棠"台风对褐飞虱灾变性迁入影响的个例研究.气象科学,
　　28(4): 450-455.

包云轩, 谢杰, 向勇, 等, 2009.低空急流对中国褐飞虱重大北迁过程的影响.生态学报, 29(11):
　　5773-5782.

包云轩, 徐希燕, 王建强, 等, 2007.白背飞虱重大迁入过程的大气动力背景.生态学报, 27(11):
　　4527-4535.

陈德茂, 1984.贵州稻飞虱研究(1981—1983年).贵州农业科学(5): 24-28.

陈辉, 武明飞, 刘杰, 等, 2020.我国草地贪夜蛾迁飞路径及其发生区划.植物保护学报, 47(4):
　　747-757.

陈隆勋, 1984.东亚季风环流系统的结构及其中期变动.海洋学报, 6(6): 744-758.

陈隆勋, 李薇, 赵平, 等, 2000.东亚地区夏季风爆发过程.气候与环境研究, 5(4): 345-355.

陈若篪, 程遐年, 1980.褐飞虱起飞行为与自身生物学节律、环境因素同步关系的初步研究.南京农
　　业大学学报(2): 42-49.

陈彦卓, 冯志坚, 汪敏刚, 等, 1979.上海地区1962—1965三年内空中花粉的初步观察.华东师范大
　　学学报(自然科学版), 1: 111-120.

陈永年, 汪清武, 1980.稻纵卷叶螟飞翔特性的初步观察——Ⅲ、起飞的主动性和运转的被动性.湖
　　南农学院学报(2): 23-33.

陈忠诚, 包华理, 杨丽梅, 等, 1996.广东省稻飞虱降落分布规律初步研究.广东农业科学(4): 2-5.

党建涛, 2007.西南天气.北京: 国防工业出版社.

邓望喜, 1981.褐飞虱及白背飞虱空中迁飞规律的研究.植物保护学报, 8(2): 73-81.

丁治英, 刘彩虹, 沈新勇, 2011.2005—2008年5、6月华南暖区暴雨与高、低空急流和南亚高压关
　　系的统计分析.热带气象学报, 27(3): 307-316.

封传红, 翟保平, 张孝曦, 等, 2002.我国低空急流的时空分布与稻飞虱北迁.生态学报, 22(4): 559-565.

付超, 谌芸, 单九生, 2017.地形因子对降水的影响研究综述.气象与减灾研究, 40(4): 318-324.

高坤, 翟国庆, 俞樟孝, 等, 1994.华东中尺度地形对浙北暴雨影响的模拟研究.气象学报, 52(2):
　　157-164.

高月波, 翟保平, 2010.飞行过程中棉铃虫对温度的主动选择.昆虫学报, 53(5): 540-548.

郝振华, 杨海博, 张海燕, 等, 2011.台风莫兰蒂对褐飞虱迁飞的影响.应用昆虫学报, 48(5): 1278-1287.

侯婷婷, 霍治国, 李世奎, 等, 2003.影响稻飞虱迁飞规律的气象环境成因.自然灾害学报, 12(3):
　　142-148.

胡高, 包云轩, 王建强, 等, 2007.褐飞虱的降落机制.生态学报, 27(12): 5068-5075.

胡高, 高博雅, 封洪强, 等, 2020.迁飞昆虫的个体行为、种群动态及生态效应.中国科学基金,
　　34(4): 456-463.

胡国文,谢明霞,汪毓才,1988.对我国白背飞虱的区划意见.昆虫学报,31(1): 42-49.

胡国文,朱敏,唐健,等,1995.武陵山区稻飞虱常年大发生的特点及原因剖析.西南农业学报(2): 53-60.

江广恒,谈涵秋,沈婉贞,等,1981.褐飞虱远距离向北迁飞的气象条件.昆虫学报,24(3): 251-261.

江广恒,谈涵秋,沈婉贞,等,1982.褐飞虱远距离向南迁飞的气象条件.昆虫学报,25(2): 147-155.

姜玉英,刘杰,吴秋琳,等,2021.我国草地贪夜蛾冬繁区和越冬区调查.植物保护,47(1): 212-217.

姜玉英,刘杰,谢茂昌,等,2019.2019年我国草地贪夜蛾扩散为害规律观测.植物保护,45(6): 10-19.

廖菲,洪延超,郑国光,2007.地形对降水的影响研究概述.气象科技,35(3): 309-316.

林之光,1995.地形降水气候学.北京:科学出版社.

刘富明,刘牛,1994.我国稻飞虱大发生年的气候特点及热带副热带环流异常特征.四川气象,14(3): 13-17.

刘鸿波,何明洋,王斌,等,2014.低空急流的研究进展与展望.气象学报,72(2): 191-206.

刘淑媛,郑永光,陶祖钰,2003.利用风廓线雷达资料分析低空急流的脉动与暴雨关系.热带气象学报,19(3): 285-290.

刘树生,吴晓晶,1994.温度对桃蚜和萝卜蚜翅型分化的影响.昆虫学报,37(3): 292-297.

罗绍华,金祖辉,1986.南海海温变化与初夏西太平洋副高活动及长江中下游汛期降水关系的分析.大气科学,10(4): 409-418.

农学系昆虫教研室,1979.稻纵卷叶螟飞翔特性的初步观察: II.飞翔前期、飞翔起始温度及起飞蛾龄.湖南农学院学报,4:17-25.

潘学贤,1985.四川盆地稻纵卷叶螟的迁飞规律及防治策略.南京农业大学学报(3): 32-40.

钱拴,霍治国,2007.大气环流对中国稻飞虱危害的影响及其预测.气象学报,65(6): 994-1002.

全国白背飞虱科研协作组,1981.白背飞虱迁飞规律的初步研究.中国农业科学,14(5): 25-30.

沈慧梅,2010.我国褐飞虱与白背飞虱的境外虫源研究.南京:南京农业大学.

沈慧梅,孔丽萍,章霜红,等,2011a.福建省白背飞虱前期迁入虫源分析.昆虫学报,54(6): 701-713.

沈慧梅,吕建平,周金玉,等,2011b.2009年云南省白背飞虱早期迁入种群的虫源地范围与降落机制.生态学报,31(15): 4350-4364.

史金剑,陈晓,陆明红,等,2014.2012年盛夏多台风发生对褐飞虱迁飞动态的影响.应用昆虫学报,51(3): 757-771.

陶诗言,丁一汇,周晓平,1979.暴雨和强对流天气的研究.大气科学,3(3): 227-238.

陶诗言,徐淑英,郭其蕴,1962.夏季东亚热带和副热带地区经向和纬向流型的特征.气象学报,32(1): 91-102.

陶诗言,张庆云,张顺利,2001.夏季北太平洋副热带高压系统的活动.气象学报,59(6): 747-758.

汪毓才,胡国文,谢明霞,1982.我国白背飞虱和褐稻虱迁飞路径的气流分析.植物保护学报,9(2): 73-82.

王翠花,翟保平,2013.褐飞虱在台风系统中的降落特征.南京农业大学学报,36(6): 30-36.

王翠花,翟保平,包云轩,2009."海棠"台风气流场对褐飞虱北迁路径的影响.应用生态学报,20(10): 2506-2512.

王凌梓，苗峻峰，韩芙蓉，2018. 近10年中国地区地形对降水影响研究进展. 气象科技，46(1): 64-75.

王泽乐，王梓英，刘祥贵，等，2011. 重庆市稻飞虱、稻纵卷叶螟2009年重发生的特点及原因. 西南师范大学学报(自然科学版)，36(1): 83-87.

吴孔明，杨现明，赵胜园，等，2020. 草地贪夜蛾防控手册. 北京：中国农业科学技术出版社.

吴秋琳，2018. 东亚稻飞虱的迁飞：格局、过程及气象背景. 南京：南京农业大学.

吴秋琳，胡高，陆明红，等，2015. 湖南白背飞虱前期迁入种群中小尺度虫源地及降落机制. 生态学报，35(22): 7397-7417.

吴秋琳，姜玉英，胡高，等，2019a. 中国热带和南亚热带地区草地贪夜蛾春夏两季迁飞轨迹的分析. 植物保护，45: 1-9.

吴秋琳，姜玉英，刘媛，等，2022. 草地贪夜蛾在中国西北地区的迁飞路径. 中国农业科学，55(10): 1949-1960.

吴秋琳，姜玉英，吴孔明，2019b. 草地贪夜蛾缅甸虫源迁入中国的路径分析. 植物保护，45(2): 1-6, 18.

向卫国，胡红兵，万军，等，1995. 四川水稻稻飞虱发生的天气环流型式分析. 成都气象学院学报(3): 211-219.

谢殿杰，张蕾，程云霞，等，2019. 温度对草地贪夜蛾飞行能力的影响. 植物保护，45(5): 13-17.

姚德宏，陈雄飞，姚士桐，等，2007. "卡努"(0515)台风在褐飞虱突增中的作用探析. 中国农业气象(3): 347-349, 353.

于彩霞，霍治国，张蕾，等，2014. 中国稻飞虱发生的大气环流指示指标. 生态学杂志，33(4): 1053-1060.

余丽萍，陈江锋，陈健民，等，2011. 衢州柑橘潜叶蛾始见期的天气气候背景分析及其预测. 中国农学通报，27(10): 243-249.

翟保平，2005. 昆虫雷达让我们看到了什么？昆虫知识，42(2): 217-226.

翟保平，张孝羲，1993. 迁飞过程中昆虫的行为：对风温场的适应与选择. 生态学报，13(4): 356-363.

章名立，1978. 地形对暴雨的影响 // 《暴雨文集》编委会. 暴雨文集. 长春：吉林人民出版社.

张孝羲，耿济国，周威君，1981. 稻纵卷叶螟迁飞规律的研究进展. 植物保护，6: 2-7.

张增全，1983. 褐稻虱翅型分化的研究. 昆虫学报，26(3): 260-267.

郑景云，尹云鹤，李炳元，2010. 中国气候区划新方案. 地理学报，65(1): 3-12.

朱民，余志豪，陆汉城，1999. 中尺度地形背风波的作用及其应用. 气象学报，57(6): 795-804.

Achtemeier G L, 1991. The use of insects as tracers for "clear-air" boundary-layer studies by Doppler radar. Journal of Atmospheric and Oceanic Technology, 8(6): 746-765.

Alerstam T, Chapman J W, Bäckman J, et al., 2011. Convergent patterns of long-distance nocturnal migration in noctuid moths and passerine birds. Proceedings of the Royal Society B, 278(1721): 3074-3080.

Beerwinkle K R, Lopez J D Jr, Witz J A, et al., 1994. Seasonal radar and meteorological observations associated with nocturnal insect flight at altitudes to 900meters. Environment Entomology, 23(3): 676-683.

Bonner W D, 1968. Climatology of the low level jet. Monthly Weather Review, 96(12): 833-850.

Calvert W H, Brower L P, 1986. The location of monarch butterfly (*Danaus plexippus* L.) overwintering colonies in Mexico in relation to topography and climate. Journal of the Lepidopterists' Society, 40(3): 164-187.

Chapman J W, Drake V A, Reynolds D R, 2011. Recent insights from radar studies of insect flight. Annual Review of Entomology, 56: 337-356.

Chapman J W, Nesbit R L, Burgin L E, et al., 2010. Flight orientation behaviors promote optimal migration trajectories in high-flying insects. Science, 327: 682-685.

Chapman J W, Reynolds D R, Hill J K, et al., 2008a. A seasonal switch in compass orientation in a high-flying migrant moth. Current Biology, 18(19): 908-909.

Chapman J W, Reynolds D R, Mouritsen H, et al., 2008b. Wind selection and drift compensation optimize migratory pathways in a high-flying moth. Current Biology, 18: 514-518.

Chapman J W, Reynolds D R, Smith A D, 2004. Migratory and foraging movements in beneficial insects: a review of radar monitoring and tracking methods. International Journal of Pest Management. 50: 225-232.

Chapman J W, Reynolds D R, Wilson K, 2015. Long-range seasonal migration in insects: Mechanisms, evolutionary drivers and ecological consequences. Ecology Letters, 18(3): 287-302.

Chen R L, Bao X Z, Drake V A, et al., 1989. Radar observations of the spring migration into northeastern China of the oriental armyworm moth, *Mythimna separata*, and other insects. Ecological Entomology, 14(2): 149-162.

Dickerson A K, Liu X, Zhu T, et al., 2015. Fog spontaneously folds mosquito wings. Physics of Fluids, 27(2): 021901.

Dickison R B B, Haggis M J, Rainey R C, 1983. Spruce budworm moth flight and storms: case study of a cold front system. Journal of Climate and Applied Meteorology, 22(2): 278-286.

Dickison R B B, Haggis M J, Rainey R C, et al., 1986. Spruce budworm moth flight and storms, further studies using aircraft and radar. Journal of Climate and Applied Meteorology, 25(11): 1600-1608.

Dingle H, Drake V A, 2007. What is migration? Bioscience, 57(2): 113-121.

Drake V A, 1984. The vertical distribution of macro-insects migrating in the nocturnal boundary layer: a radar study. Boundary-layer Meteorology, 28(3): 353-374.

Drake V A, 1985. Radar observations of moths migrating in a nocturnal low-level jet. Ecological Entomology, 10(3): 259-265.

Drake V A, Farrow R A, 1988. The influence of atmospheric structure and motions on insect migration. Annual Review of Entomology, 33(1): 183-210.

Drake V A, Gatehouse A G. 1995. Insect migration: Tracking resources through space and time. Cambridge: Cambridge University Press.

Drake V A, Reynolds D R, 2012. Radar entomology: observing insect flight and migration. Oxfordshire: CABI.

Feng H Q, Wu K M, Cheng D F, et al., 2003. Radar observations of the autumn migration of the beet armyworm *Spodoptera exigua* (Lepidoptera: Noctuidae) and other moths in northern China. Bulletin of Entomological Research, 93(2): 115-124.

Fromm M D, Servranckx R, 2003. Transport of forest fire smoke above the tropopause by supercell convection. Geophysical Research Letters, 30(10): 1542.

Ge S S, He L M, He W, et al., 2021a. Laboratory-based flight performance of the fall armyworm, *Spodoptera frugiperda*. Journal of Integrative Agriculture, 20: 707-714.

Ge S S, He W, He L M, et al., 2021b. Flight activity promotes reproductive processes in the fall armyworm, *Spodoptera frugiperda*. Journal of Integrative Agriculture, 20: 727-735.

Ge S S, Zhang H W, Liu D Z, et al., 2022. Seasonal migratory activity of *Spodoptera frugiperda* (J. E. Smith) (Lepidoptera: Noctuidae) across China and Myanmar. Pest Management Science. DOI: 10.1002/ps.7120.

Geerts B, Miao Q, 2005. Airborne radar observations of the flight behavior of small insects in the atmospheric convective boundary layer. Environmental Entomology, 34(2): 361-377.

Guerra A P, Reppert S M, 2013. Coldness triggers northward flight in remigrant monarch butterflies. Current Biology, 23(5): 419-423.

Hallworth M T, Marra P P, McFarland K P, et al., 2018. Tracking dragons: stable isotopes reveal the annual cycle of a long-distance migratory insect. Biology Letters, 14(12): 20180741.

Han E N, Gatehouse A G, 1991. Effect of temperature and photoperiod on the calling behaviour of a migratory insect, the oriental armyworm *Mythimna separata*. Physiological Entomology, 16(4): 419-427.

Hu G, Lu F, Lu M H, et al., 2013. The influence of Typhoon Khanun on the return migration of *Nilaparvata lugens* (Stål) in Eastern China. PLoS One, 2013, 8(2): e57277.

Hu G, Lu M H, Reynolds D R, et al., 2019. Long-term seasonal forecasting of a major migrant insect pest: the brown planthopper in the Lower Yangtze River Valley. Journal of Pest Science, 92: 417-428.

Jia H R, Guo J L, Wu Q L, et al., 2021. Migration of invasive *Spodoptera frugiperda* (Lepidoptera: Noctuidae) across the Bohai Sea in northern China. Journal of Integrative Agriculture, 20: 685-693.

Kenten J, 1955. The effect of photoperiod and temperature on reproduction in *Acyrthosiphon pisum* (Harris) and on the forms produced. Bulletin of Entomological Research, 46(3): 599-624.

Kisimoto R, 1976. Synoptic weather conditions inducing long-distance immigration of planthoppers, *Sogatella furcifera* Horváth and *Nilaparvata lugens* Stål. Ecological Entomology, 1(2): 95-109.

Knight S M, Pitman G M, Flockhart D T T, et al., 2019. Radio-tracking reveals how wind and temperature influence the pace of daytime insect migration. Biology Letters, 15: 20190327.

Lau K M, Li M T, 1984. The monsoon of East Asia and its global associations—A survey. Bulletin of the American Meteorological Society, 65: 114-125.

Li X J, Wu M F, Ma J, et al., 2020. Prediction of migratory routes of the invasive fall armyworm in eastern China using a trajectory analytical approach. Pest Management Science, 76: 454-463.

Liechti F, Guélat J, Komenda-Zehnder S, 2013. Modelling the spatial concentrations of bird migration to assess conflicts with wind turbines. Biological Conservation, 162: 24-32.

Liechti F, Schaller E, 1999. The use of low-level jets by migrating birds. Naturwissenschaften, 86(11): 549-551.

Lu M H, Chen X, Liu W C, et al., 2017. Swarms of brown planthopper migrate into the lower Yangtze River Valley under strong western Pacific subtropical highs. Ecosphere, 8(10): e01967.

Ma J, Wang Y C, Hu Y Y, et al., 2018. Brown planthopper *Nilaparvata lugens* (Stål) was concentrated at the rear of the typhoon Soudelor in Eastern China in August 2015. Insect Science, 25(5): 916-926.

Ma J, Wang Y P, Wu M F, et al., 2019. High risk of the fall armyworm invading Japan and the Korean Peninsula via overseas migration, Journal of Applied Entomology, 143(9): 911-920.

Müller C B, Williams I S, Hardie J, 2001. The role of nutrition, crowding and interspecific interactions in the development of winged aphids. Ecological Entomology, 26: 330-340.

Otuka A, Watanabe T, Suzuki Y, et al., 2005. A migration analysis of the rice planthopper *Nilaparvata lugens* from the Philippines to East Asia with three-dimensional computer simulations. Population Ecology, 47: 143-150.

Reynolds A M, Reynolds D R, 2009. Aphid aerial density profiles are consistent with turbulent advection amplifying flight behaviours: abandoning the epithet "passive". Philosophical Transactions of the Royal Society B, 276: 137-143.

Reynolds D R, Chapman J W, Edwards A S, et al., 2005. Radar studies of the vertical distribution of insects migrating over southern Britain: the influence of temperature inversions on nocturnal layer concentrations. Bulletin of Entomological Research, 95(3): 259-274.

Reynolds D, Mukhopadhyay S, Riley J, et al., 1999. Seasonal variation in the windborne movement of insect pests over northeast India. International Journal of Pest Management, 45: 195-205.

Riley J R, Cheng X N, Zhang X X, et al., 1991. The long-distance migration of *Nilaparvata lugens* (Stål) (Delphacidae) in China: radar observations of mass return flight in the autumn. Ecological Entomology, 16(4): 471-489.

Rose A, Silversides R, Lindquist O, 1975. Migration flight by an aphid, *Rhopalosiphum maidis* (Hemiptera: Aphididae), and a noctuid, *Spodoptera frugiperda* (Lepidoptera: Noctuidae). The Canadian Entomologist, 107: 567-576.

Schaefers G A, Judge F D, 1971. Effects of temperature, photoperiod, and host plant on alary polymorphism in the aphid, *Chaetosiphon fragaefolii*. Journal of Insect Physiology, 17: 365-379.

Schubert S D, Helfand H M, Wu C, et al., 1998. Subseasonal variations in warm-season moisture transport and precipitation over the central and eastern United States. Journal of Climate, 11: 2530-2555.

Smith R B, 1979. The influence of mountains on the atmosphere. Advances in Geophysics, 21: 87-230.

Sparks T H, Roy D B, Dennis R L H, 2005. The influence of temperature on migration of Lepidoptera into Britain. Global Change Biology, 11(3): 507-514.

Starr J R, 1967. Deposition of particulate matter by hydrometeors. Quarterly Journal of the Royal Meteorological Society, 93: 516-521.

Stensrud D J, 1996. Important of low-level jets to climate: A review. Journal of Climate, 9(8): 1698-1711.

Sujayanand G K, Karuppaiah V, 2016. Aftermath of climate change on insect migration: A review. Agricultural Reviews, 37(3): 221-227.

Sun X X, Hu C X, Jia H R, et al., 2021. Case study on the first immigration of fall armyworm *Spodoptera frugiperda* invading into China. Journal of Integrative Agriculture, 18: 2-10.

Tao S Y, Chen L X, 1987. A review of recent research on the East Asian summer monsoon in China // Chang CP, Krishnamurti TN. Monsoon meteorology. Oxford: Oxford University Press.

Todd E K, David B, Tricia M, et al., 2012. Topography drives migratory flight altitude of golden eagles: Implications for on-shore wind energy development. Journal of Applied Ecology, 49: 1178-1186.

Wainwright C E, Stepanian P M, Reynolds D R, et al., 2017. The movement of small insects in the convective boundary layer: linking patterns to processes. Scientific Reports, 7(1): 5438.

Watanabe T, Seino H, 1991a. Correlation between the immigration area of rice planthoppers and the low-level jet stream in Japan. Applied Entomology and Zoology, 26(4): 457-462.

Watanabe T, Sogawa K, Hirai Y, et al., 1991b. Correlation between migratory flight of rice planthoppers and the low-level jet stream in Kyushu, southwestern Japan. Applied Entomology and Zoology, 26(2): 215-222.

Westbrook J K, Esquivel J F, López J D, et al., 1998. Validation of bollworm migration across southcentral Texas in 1994-1996. Southwestern Entomologist, 23(3): 209-220.

Westbrook J K, Nagoshi R, Meagher R, et al., 2016. Modeling seasonal migration of fall armyworm moths. International Journal of Biometeorology, 60: 255-267.

Whiteman C D, 2000. Mountain meteorology: Fundamentals and applications. Oxford: Oxford University Press.

Wolf W, Westbrook J, Raulston J, et al., 1990. Recent airborne radar observations of migrant pests in the United States. Philosophical Transactions of the Royal Society of B, 328: 619-630.

Wood C R, Chapman J W, Reynolds D R, et al., 2006. The influence of the atmospheric boundary layer on nocturnal layers of noctuids and other moths migrating over southern Britain. International Journal of Biometeorology, 50(4): 193-204.

Wood C R, Clark S J, Barlow J F, et al., 2010. Layers of nocturnal insect migrants at high-altitude: the influence of atmospheric conditions on their formation. Agricultural and Forest Entomology, 12(1): 113-121.

Wu M F, Qi G J, Chen H, et al., 2022. Overseas immigration of fall armyworm, *Spodoptera frugiperda*

(Lepidoptera: Noctuidae), invading Korea and Japan in 2019. Insect Science, 29(2): 505-520.

Wu Q L, He L M, Shen X J, et al., 2019b. Estimation of the potential infestation area of newly-invaded fall armyworm *Spodoptera frugiperda* in the Yangtze River Valley of China. Insects, 10: 298.

Wu Q L, Hu G, Tuan H A, et al., 2019a. Migration patterns and winter population dynamics of rice planthoppers in IndoChina: New perspectives from field surveys and atmospheric trajectories. Agricultural and Forest Meteorology, 265: 99-109.

Wu Q L, Jiang Y Y, Liu J, et al., 2021b. Trajectory modeling revealed a southwest-northeast migration corridor for fall armyworm *Spodoptera frugiperda* (Lepidoptera: Noctuidae) emerging from the North China Plain. Insect Science, 28(3): 649-661.

Wu Q L, Shen X J, He L M, et al., 2021a. Windborne migration routes of newly-emerged fall armyworm from Qinling Mountains-Huaihe River region, China. Journal of Integrative Agriculture, 20(3): 694-706.

Wu Q L, Westbrook J K, Hu G, et al., 2018. Multiscale analyses on a massive immigration process of *Sogatella furcifera* (Horváth) in south-central China: influences of synoptic-scale meteorological conditions and topography. International Journal of Biometeorology, 62: 1389-1406.

Wu Y, Raman S, 1998. The summertime Great Plains low-level jet and the effect of its origin on moisture transport. Boundary-Layer Meteorology, 88: 445-466.

Zhang C X, Brisson J A, Xu H J, 2019. Molecular mechanisms of wing polymorphism in insects. Annual Review of Entomology, 64(1): 297-314.

Zhang Y, Ding A, Mao H, et al., 2016. Impact of synoptic weather patterns and inter-decadal climate variability on air quality in the North China Plain during 1980-2013. Atmospheric Environment, 124: 119-128.

Zhou X, Coll M, Applebaum S W, 2000. Effect of temperature and photoperiod on juvenile hormone biosynthesis and sexual maturation in the cotton bollworm, *Helicoverpa armigera*: implications for life history traits. Insect Biochemistry and Molecular Biology, 30(8/9): 863-868.

Zhou X Y, Wu Q L, Jia H R, et al., 2021. Searchlight trapping confirms moth migration of fall armyworm across the South China Sea. Journal of Integrative Agriculture, 20(3): 673-684.

Zhu M, Radcliffe E B, Ragsdale D W, et al., 2006. Low-level jet streams associated with spring aphid migration and current season spread of potato viruses in the US northern Great Plains. Agricultural and Forest Meteorology, 138: 192-202.

第八章

草地贪夜蛾的抗药性机制

　　草地贪夜蛾原生于美洲热带和亚热带地区，是一种对环境适应能力极强的重大农业害虫，喷施化学杀虫剂是防控该害虫的主要措施。草地贪夜蛾田间种群在长期选择压力之下，对包括有机磷、氨基甲酸酯、拟除虫菊酯在内的多种类型的传统化学杀虫剂产生了不同程度的抗药性。靶标位点变异以及解毒代谢相关基因表达量增加是害虫抗药性产生的主要原因。近年来Bt抗虫玉米在美洲的推广种植有效控制了草地贪夜蛾，但是随着时间的推移，草地贪夜蛾对表达Cry1F、Cry1Ab等Bt蛋白的玉米也逐渐演化出了抗性，导致一些Bt玉米品种在波多黎各、巴西等部分地区的防控效果下降。草地贪夜蛾已于2018年年底入侵并定殖我国，抗药性演化规律和抗性机制研究是草地贪夜蛾有效防控的理论基础。

第一节　草地贪夜蛾对杀虫剂抗性的演化历史

　　在草地贪夜蛾防控的不同发展时期，常规化学杀虫剂和Bt毒素等生物杀虫剂都发挥过重要作用。但是无论长期使用哪一种杀虫物质，害虫最终都会演化出抗性。这是靶标害虫适应性进化的必然结果。

一、有机磷类

　　有机磷杀虫剂是最重要的一类化学杀虫剂，因其良好的杀虫效果以及相对低廉的使用成本，在农业害虫防治方面发挥了非常重要的作用。1937年，德国拜尔实验室发现有机磷类杀虫活性物质；1943年，第一款有机磷杀虫剂在德国应用于农业生产。随后，有机磷杀虫剂的开发和应用取得了快速发展，并长期占据杀虫剂市场首位。迄今已有数百个有机磷杀虫剂产品。

我国第一种有机磷杀虫剂——对硫磷于1957年投产。随后，甲胺磷、对硫磷、甲基对硫磷以及久效磷等有机磷农药产量和用量迅速增长。有机磷农药具有高效、广谱、对农作物安全、价格低廉等优势，深受农民欢迎。在稻飞虱、稻螟虫、棉铃虫等农业害虫大暴发时，发挥了关键作用，为国家粮食作物和经济作物安全生产作出了重要贡献。1983—2002年是我国有机磷杀虫剂发展的黄金时期，产量一度占中国杀虫剂总产量的70%，其间，30多种有机磷杀虫剂在我国生产并广泛应用。有机磷农药的发展推动了我国农药工业技术水平的提高和整体实力的增强，为我国农药工业的发展奠定了良好基础。

有机磷杀虫剂也面临许多安全和环境问题，在防治害虫的同时，对害虫天敌种群数量造成严重影响，破坏生态平衡且污染环境。20世纪60年代中期以来，有机磷杀虫剂的长期广泛使用导致多种害虫以及螨类演化出了抗药性，并且具有很高的抗性发生频率。害虫防治过程中用药剂量不断增加，但防治效果却逐渐降低。

1981年，美国路易斯安那州哈蒙德地区的草地贪夜蛾对甲基对硫磷和敌百虫分别产生了113倍和31倍的抗性。1990年从佛罗里达州中部和南部收集的草地贪夜蛾对有机磷杀虫剂的抗性在11～517倍之间，其中对甲基对硫磷抗性为517倍。1991年，美国佛罗里达州北部玉米田的草地贪夜蛾对毒死蜱、甲基对硫磷、二嗪磷、硫丙磷、敌敌畏及马拉硫磷的抗性在12～271倍之间，属于中等到高等抗性水平。2002年，佛罗里达州斯特拉地区的草地贪夜蛾对甲基对硫磷的抗性倍数高达354倍。2019年，墨西哥索诺拉省和波多黎各草地贪夜蛾种群对毒死蜱的抗性倍数分别为20倍和47倍。对入侵中国云南草地贪夜蛾的抗药性测定显示，有机磷农药敌敌畏和氧乐果对幼虫杀虫效果较差，校正死亡率低于30%，已经不能有效防控；广西草地贪夜蛾种群对毒死蜱的抗性较高。

二、氨基甲酸酯类

氨基甲酸酯类杀虫剂起源于毒扁豆碱（physostigmine）——一种从非洲出产的毒扁豆（*Physostigma venenosum*）种子中提出的生物碱。20世纪50年代，甲萘威的合成与应用标志着氨基甲酸酯类杀虫剂正式问世。在化合物结构类型研究、商品开发、应用范围拓展等方面，氨基甲酸酯类杀虫剂发展迅速，现已发展出上千种商品。此类杀虫剂应用范围广泛，仅甲萘威一种药剂就可用于100多种作物上500多种害虫的防治，在农产品以及水产品有害生物防除上均有使用。

　　氨基甲酸酯类农药的发展可分为3个阶段。20世纪60年代初期，在研制出杀虫效果良好的甲萘威之后，氨基甲酸酯类农药发展迅速，又有多种产品被成功研制，此为第一阶段。60年代后期，氨基甲酸酯类杀虫剂在分子结构上取得了新的突破，研制出了具有高效杀虫活性的氨基甲酸杂环酯以及氨基甲酸肟酯类产品，例如涕灭威、灭多威以及克百威等（图8-1），这是发展的第二个阶段。上述药剂尽管杀虫活性高，杀虫谱广，但因毒性较大，在使用上受到一定限制，科研人员致力于对这些氨基甲酸酯类农药进行高效低毒化的改进，研制出以硫双灭多威、棉铃威、丙硫克百威和丁硫克百威等为代表的低毒产品，这是氨基甲酸酯类杀虫剂发展的第三阶段。

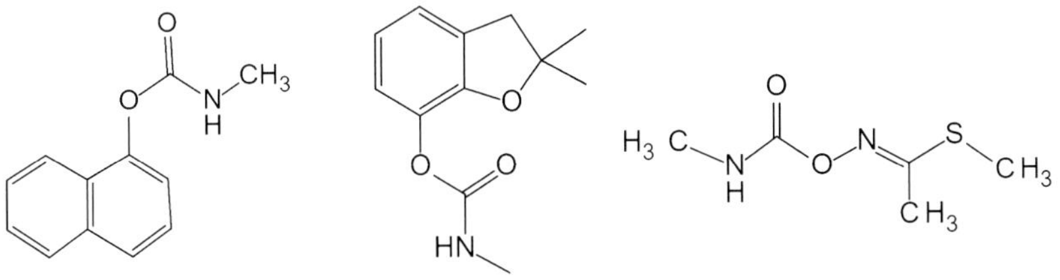

图8-1　常用的几种氨基甲酸酯类杀虫剂化学结构

　　近年来，氨基甲酸酯类杀虫剂的研发向着降低毒性、提高非靶标生物安全性方向发展，例如将N（氮）上的H（氢）用其他基团取代以及在分子中引入Si（硅）元素等。茚虫威（indoxacarb）是最具代表性的新型氨基甲酸酯类杀虫剂（图8-2）之一，结构新颖并且作用机理独特，广泛应用于农业害虫防治。

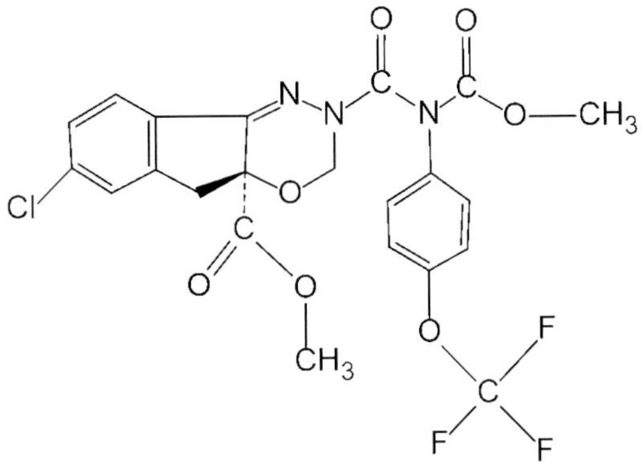

图8-2　茚虫威化学结构

　　传统的氨基甲酸酯类杀虫剂与有机磷类杀虫剂对害虫具有相同的作用靶标，因此与有机磷类杀虫剂的情况类似，在应用多年之后，多种害虫对氨基甲酸酯类杀虫剂同样演化出了抗药性，草地贪夜蛾也不例外。

1979年，在美国佐治亚州已有草地贪夜蛾对氨基甲酸酯类杀虫剂甲萘威产生了中等水平抗性的报道。1981年，美国路易斯安那州哈蒙德地区的草地贪夜蛾对甲萘威产生了具有41倍的抗性。1990年美国佛罗里达州中部和南部草地贪夜蛾种群对氨基甲酸酯类杀虫剂的抗性在10～507倍之间，其中对甲萘威抗性为507倍。1991年，美国佛罗里达州吉尔县玉米田的草地贪夜蛾对灭多威（methomyl）产生了4.25倍的低水平抗性；当年，该州盖恩斯维尔地区草地贪夜蛾对硫双威（thiodicarb）和灭多威的抗性分别为26.1倍和14.4倍，对甲萘威的抗性超过192倍。2003—2007年之间，佛罗里达州西特拉地区玉米田草地贪夜蛾对甲萘威的抗性从562倍提高到了626倍，而该州盖恩斯维尔地区田间的草地贪夜蛾对甲萘威抗性则更高，在2007年达到了1 159倍。1991—2007年间，盖恩斯维尔地区草地贪夜蛾对甲萘威的抗性平均每年提升0.38倍；2003—2007年间，西特拉地区草地贪夜蛾对甲萘威的抗性平均每年提升1.11倍。2019年波多黎各地区草地贪夜蛾对灭多威和硫双威的抗性分别为223倍和124倍，均属高抗水平。茚虫威是一种兼具噁二嗪结构的新型氨基甲酸酯类杀虫剂，杀虫机制有别于传统氨基甲酸酯类农药。赵胜园等（2019）对入侵我国云南江城的草地贪夜蛾的F_1代进行了茚虫威杀虫活性测定，结果显示茚虫威无论对虫卵还是幼虫的毒杀效率都不高，利用15%茚虫威悬浮剂对虫卵处理后5d的校正孵化抑制率仅为5.13%，对二龄幼虫用药48h后的校正死亡率为46.67%。凌炎等（2019）对入侵广西草地贪夜蛾种群的分析结果也证实其对茚虫威敏感性较低，LC_{50}为0.277 9mg/L（有效成分）。

三、拟除虫菊酯类

拟除虫菊酯（pyrethroid）类是根据天然除虫菊素（pyrethrin）的化学结构仿制的一类超高效杀虫剂。除虫菊素的初步化学结构（I和II）在1924年发表并于1947年被确证（图8-3）。拟除虫菊酯类杀虫剂的发展主要经历了两个阶段。1949年，以除虫菊素I为原型，利用丙烯基（$-CH_2CH=CH_2$）替换环戊烯醇侧链的戊二烯基（$-CH_2CH=CH-CH=CH_2$），开发出了第一个拟除虫菊酯类杀虫剂——丙烯菊酯（allethrin），随后苄呋菊酯（resmethrin）、胺菊酯（tetramethrin）等被开发出来，相较于天然除虫菊素，这些拟除虫菊酯类杀虫剂杀虫效果有了明显提升，然而其仍然具有与天然除虫菊素类似的光不稳定性，仅适用于室内卫生害虫防治，对田间害虫的防治效果并不理想。20世纪70年代，通过对除虫菊素光不稳定中心的研究以及抗光解化合物的发现，二氯苯醚菊酯（permethrin）、溴氰菊酯（deltamethrin）、氰戊菊酯（fenvalerate）等多种可用于田间害虫防治的第二代拟除虫菊酯类杀虫剂商品化并广泛应用。

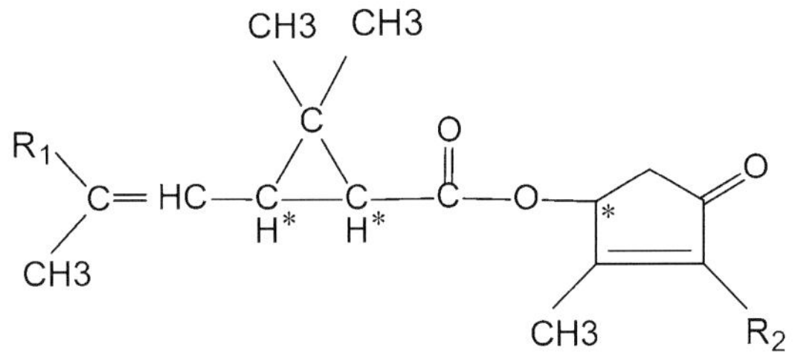

Ⅰ：R₁ = CH₃，R₂ = CH₂CH = CH—CH=CH₂

Ⅱ：R₁ = COOCH₃，R₂ = CH₂CH = CH—CH=CH₂

图8-3　天然除虫菊素的化学结构

与有机磷和氨基甲酸酯类杀虫剂相比，拟除虫菊酯类杀虫剂用于田间害虫防治的历史较短。作为商品问世之初，人们基于昆虫对天然除虫菊素抗性演化较慢推断昆虫对拟除虫菊酯类杀虫剂也不易产生抗药性。然而事实与预计大不相同。1977年，在美国得克萨斯州发现棉铃虫对二氯苯醚菊酯产生了中等程度抗性。截至1983年，已经发现24种昆虫和螨类对拟除虫菊酯产生了抗药性，其中也包括对环境适应能力极强的草地贪夜蛾。

1981年，美国路易斯安那州哈蒙德地区首次报道草地贪夜蛾对二氯苯醚菊酯（permethrin）产生了17倍的抗性。1990年从美国佛罗里达州中部和南部田间采集的草地贪夜蛾对拟除虫菊酯类农药的抗性在3～264倍之间，其中对氟胺氰菊酯抗性最高。1991年，抗性监测发现美国佛罗里达州北部玉米田草地贪夜蛾对8种拟除虫菊酯类杀虫剂的抗性水平在1.7～216倍之间，其中，二氯苯醚菊酯13.9倍，氯氰菊酯（cypermethrin）5.6倍，氟氯氰菊酯（cyhalothrin）12.5倍，氰戊菊酯（fenvalerate）1.7倍，四溴菊酯（tralomethrin）41.2倍，联苯菊酯（bifenthrin）29.4倍，胺菊酯（tetramethrin）4.6倍，氟胺氰菊酯（fluvalinate）216倍。1997年，牧草田的草地贪夜蛾对高效氯氰菊酯抗性在0.40～3.07倍之间，玉米田比牧草田草地贪夜蛾的抗性更高。2001年，委内瑞拉两个草地贪夜蛾种群对高效氯氟氰菊酯的抗性分别为62倍和66倍。2013年，抗性最高的墨西哥草地贪夜蛾种群对二氯苯醚菊酯的抗性为19倍。2019年，墨西哥瓦哈卡州草地贪夜蛾田间种群对二氯苯醚菊酯抗性同样为19倍。赵胜园等（2019）对入侵云南江城草地贪夜蛾的F₁代二龄幼虫进行了抗药性生物测定，结果显示，25g/L溴氰菊酯乳油、25g/L高效氯氟氰菊酯乳油、25g/L联苯菊酯乳油、4.5%高效氯氰菊酯乳油的杀虫效果较差，校正死亡率均在30%以下，仅20%甲氰菊酯乳油杀虫活性较好，校正死亡率达90%以上；5种拟除虫菊酯类杀虫剂对虫卵的校正孵化抑制率在60%至95%之间，可在草地贪夜蛾产卵盛期用于卵的防治。入侵广西的草地贪夜蛾对甲氰菊酯、氟氯氰菊酯、高效氯氰菊酯等拟除虫菊酯类杀虫剂具有一定程度的抗性。尽管不同地区生测结果存在差异，但综合各地生测结果，入侵我国的草地贪夜蛾种群对传统的拟除虫菊酯类杀虫剂已经存在较高抗性。

四、新型杀虫剂

传统化学杀虫剂在降低害虫对农作物危害的同时，往往会伴随着大量的负面影响，例如对大气、土壤以及地下水造成污染，对非靶标生物造成伤害，对生态平衡造成破坏，对人体健康造成危害等。随着人们的健康和环保意识不断增强，新烟碱类、苯甲酰脲类、双酰胺类以及其他一些昆虫生长调节剂类杀虫剂逐渐开发并应用到了农业生产中（图8-4）。其中，新烟碱类主要有吡虫啉、啶虫脒、噻虫嗪等，其主要抑制烟碱乙酰胆碱酯酶受体，作用机制独特，与传统杀虫剂没有交互抗性，并且对哺乳动物低毒，对环境友好，在害虫防治方面应用广泛；苯甲酰脲类杀虫剂能够高效抑制几丁质的合成，对鳞翅目、鞘翅目以及半翅目多种昆虫具有杀虫活性，由于几丁质并不存在于哺乳动物和高等植物中，因此安全性极高；双酰胺类杀虫剂主要应用于鳞翅目害虫的防治，与其他类型的杀虫剂作用靶标不同，没有交互抗性。相较于传统杀虫剂，新型杀虫剂展现出了多个方面的优势。然而，经过近些年在害虫防治上的普遍应用之后，靶标害虫也同样产生了抗药适应性演化。

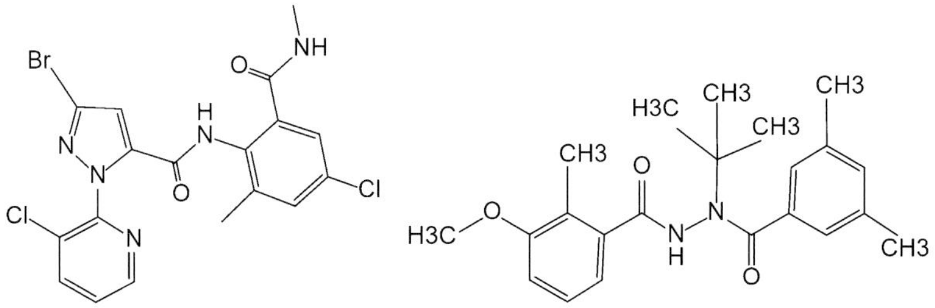

氯虫苯甲酰胺　　　　　　　　　　甲氧虫酰肼

图8-4　几种常见的新型杀虫剂

截至2019年，草地贪夜蛾已经对一些新型杀虫剂演化出了不同程度的抗性。2012年，氯虫苯甲酰胺（chlorantraniliprole）、氟苯虫酰胺（flubendiamide）、多杀菌素（spinosad）、乙基多杀菌素（spinetoram）及甲氧虫酰肼（methoxyfenozide）等杀虫剂在波多黎各伊莎贝拉地区可有效防控草地贪夜蛾，6年后的2018年，该地区的草地贪夜蛾种群对氟苯虫酰胺和氯虫苯甲酰胺的抗性分别达到500倍和160倍，对乙基多杀菌素抗性为14倍，对多杀菌素、甲氨基阿维菌素苯甲酸盐（emamectin benzoate）和阿维菌素（abamectin）抗性分别为8倍、7倍和7倍。2019年，室内生测发现对氯虫苯甲酰胺具有

237倍抗性的草地贪夜蛾种群对其他酰胺类杀虫剂存在交互抗性，其中与溴氰虫酰胺交互抗性为27倍，与氟苯虫酰胺交互抗性高达42 000倍。值得庆幸的是，目前几种新型化学杀虫剂，如甲氨基阿维菌素苯甲酸盐、氯虫苯甲酰胺、乙基多杀菌素对入侵我国的草地贪夜蛾均具有良好的杀虫活性，可作为草地贪夜蛾应急防控的首选药剂。但是要注重用药方式及抗性监测，以免抗性种群的快速形成。

五、Bt毒素

苏云金杆菌（*Bacillus thuringiensis*，Bt）是一种可产生孢子的革兰氏阳性兼性好氧土壤细菌，Bt毒蛋白是由此类细菌产生的对昆虫具有杀虫活性的成分，主要包括两大类，分别是芽孢期杀虫晶体蛋白（insecticidal crystal proteins，ICP）和营养期杀虫蛋白（vegetative insecticidal protein，VIP）。

ICP是在孢子形成期间合成的含有δ-内毒素（δ-endotoxin）的结晶蛋白包含物，其含量可达芽孢形成过程中菌体产生总蛋白量的20%~30%，这些蛋白具有杀虫特性，以胃毒作用为主，且具有多样性，目前已经有超过800种ICP的基因被克隆和分类。已知ICP对鳞翅目、双翅目、鞘翅目、膜翅目、直翅目、半翅目等多种昆虫，以及螨类、原生动物、线虫等具有毒杀活性。Cry毒蛋白是其中最重要，也是应用最广泛的一类杀虫蛋白，具有杀虫效率高且使用成本较低等优势，被用于多种重要农业害虫的防治，目前已经成为全球范围内应用最广泛的生物农药。

VIP是Bt在营养期分泌的一类杀虫毒蛋白，1996年由Estruch等在Bt发酵上清液中发现，它不形成晶体，在氨基酸序列上和ICP也没有同源性。两种类型的Bt毒蛋白在昆虫体内的作用方式完全不同，不存在交互抗性。近年来，关于VIP毒素的研究较多，已知的VIP可分为4类，命名为Vip1、Vip2、Vip3和Vip4。其中Vip1/Vip2构成二元毒素，主要作用对象为鞘翅目和半翅目昆虫，相关研究较少，Vip3对鳞翅目害虫具有广谱杀虫活性，对草地贪夜蛾、棉铃虫、甜菜夜蛾、烟芽夜蛾、小菜蛾和小地老虎等具有很高的毒性。已知的Vip4毒素仅Vip4Aa1一种。

种植转*Bt*基因抗虫作物是利用Bt毒素防治害虫的主要形式之一，通过在植物体内表达特定类型的Bt毒蛋白达到抗虫目的。Bt作物商业化至今已有20余年，在我国，转基因抗虫棉也已经种植多年，在防控棉铃虫和红铃虫等主要害虫方面发挥了重要作用。Cry1Ab、Cry1Ac、Cry1F以及Cry2Ab等多种类型的Cry毒素已经被广泛应用到了Bt作物中，近年来多种Vip毒蛋白也越来越多地应用到了转基因抗虫作物新品种培育中。

在美洲地区，通过种植Bt作物防控包括草地贪夜蛾在内的鳞翅目害虫已经有20

多年的历史，尽管高剂量/庇护所等抗性治理策略在部分地区得到实施，但Bt抗性依旧在一些地区的昆虫中产生。在全球范围内，截至目前，已报道对Bt毒素产生抗性的重要农业害虫主要有棉铃虫、红铃虫、烟芽夜蛾、玉米螟、小菜蛾、甜菜夜蛾以及草地贪夜蛾等。2006—2010年间，波多黎各田间草地贪夜蛾种群对Cry1F的抗性达到了1 000 ～ 2 600倍。2008年巴西开始种植Bt玉米，随后几年，草地贪夜蛾对Cry1Ab、Cry1A.105、Cry1F、Cry2Ab等Bt毒素也产生了不同程度的抗性。并且，草地贪夜蛾对结构相似的Cry毒素存在一定程度的交互抗性。

表达Vip3A的抗虫作物商业化种植相对较晚，并且Vip3A和Cry毒素的作用方式不同，目前靶标害虫对Vip3A敏感性依然较高。然而，也有少量关于昆虫对Vip3A毒素产生抗性的报道。在澳大利亚，种植表达Vip3A蛋白的转基因作物之前，棉铃虫和澳洲棉铃虫的Vip3A抗性等位基因的基线频率就高于正常突变频率，该Vip3A抗性属隐性遗传，田间棉铃虫种群的Vip3A抗性频率在随后的4年并未升高，携带Vip3A抗性基因的两种害虫对Vip3A和Cry1Ac或Cry2Ab也不存在交互抗性。在2013—2015年间，从巴西田间收集的草地贪夜蛾的F_2代中筛选出具有超过3 200倍抗性的个体；2017年，在美国路易斯安那州收集的草地贪夜蛾田间种群中，采取同样方式筛选到超过652倍抗性的个体，上述两种Vip3A抗性等位基因变异均为常染色体单基因隐性遗传。尽管田间草地贪夜蛾种群对Vip3A的抗性频率近年来一直维持在低水平，但抗性演化依然需要警惕。通过对入侵我国草地贪夜蛾的Bt抗性位点扫描以及抗性生测结果显示，目前入侵我国的草地贪夜蛾对Bt毒素依然敏感。

第二节　草地贪夜蛾对化学农药的抗性机制

草地贪夜蛾对化学杀虫剂的抗性由以下三方面原因造成：表皮穿透性降低、解毒代谢增强以及靶标位点突变。其中解毒代谢增强和靶标位点突变是抗性产生的主要机制。

一、解毒代谢增强

对甲萘威抗感品系的研究发现增效醚（piperonyl butoxide，PBO）能使甲萘威抗性品系的抗性从90倍降低至6倍，离体代谢分析显示抗性品系的中肠粗酶液对甲萘威的氧化能力是敏感品系的5倍。利用^{14}C标记的甲萘威进行表皮穿透研究发现，处理24h后，抗性品系幼虫表皮的穿透率为45%，而敏感品系幼虫表皮的穿透率达68%。表明细胞色素氧化酶（CYP450s）羧基化和环氧化等氧化代谢在甲萘威抗性过程中发挥着主要作用，同时表皮穿透性降低也起到了一定作用。另有研究发现，对甲萘威和甲基对硫磷具有抗性的草地贪夜蛾种群的多功能氧化酶（MFO）、谷胱甘肽 S-转移酶（GSTs）、酯酶（ESTs）等各种解毒代谢酶活性明显高于敏感品系。草地贪夜蛾的对氧磷抗性与酯酶水解代谢能力增强有关。对化学农药具有抗性的美国佛罗里达州草地贪夜蛾田间品系的多功能氧化酶、GST、水解酶、细胞色素 C 还原酶等多种解毒酶的活性均高于敏感品系。在乙酰甲胺磷抗性草地贪夜蛾体内，α-醋酸萘酯和 β-醋酸萘酯特异性酯酶、ρ-硝基苯乙酸酯特异性酯酶以及 GST 活性均升高，这些酶通过提高草地贪夜蛾解毒代谢能力介导其对乙酰甲胺磷的抗性。利用植物次生代谢物以及溴氰菊酯、氟虫腈等杀虫剂对草地贪夜蛾幼虫进行饲喂，CYP450s 诱导表达谱测定发现 6B、321A 和 9A 等亚家族多个基因被诱导表达，其中一些基因可能参与了草地贪夜蛾对化学农药的适应。此外，昆虫 ABC 转运蛋白在杀虫剂等外源物质代谢中扮演着重要角色，其中，ABCB 亚家族多个成员在具有抗药性的害虫体内表达量明显高于敏感个体。ABC 转运蛋白很可能在草地贪夜蛾的杀虫剂解毒代谢过程中也发挥着重要作用。

二、靶标位点变异

1. 乙酰胆碱酯酶

在神经冲动突触递质的传递过程中，乙酰胆碱激活乙酰胆碱受体后，需立即从受体上脱离，脱离受体后的乙酰胆碱必须及时被水解，否则积累的乙酰胆碱将对乙酰胆碱受体造成持续的刺激，影响神经传导的正常进行。上述过程中，乙酰胆碱酯酶（AChE）扮演着重要角色。AChE 是生物神经信号传导中的关键酶，该酶能降解乙酰胆碱，终止神经递质对突触后膜刺激引起的兴奋作用，保证神经信号在生物体内的正常传递。因此，AChE 成为多种神经毒性杀虫剂的作用靶标。

有机磷和氨基甲酸酯类杀虫剂能够与 AChE 结合，导致 AChE 磷酸化或氨基甲酰化。AChE 磷酸化或氨基甲酰化的产物结构稳定，该过程几乎不可逆，从而造成 AChE 水解乙酰胆碱的能力降低，乙酰胆碱不能及时分解。突触间隙大量积累的乙酰胆碱不断与突触后膜上的受体结合，造成突触后膜上钠离子通道长时间开放，钠离子长时间涌入膜内造成昆虫神经系统长时间处于兴奋状态，正常的神经传导被阻断（图8-5）。昆虫的中毒症状为运动失调、过度兴奋、痉挛而死。

利用氨基甲酸酯类杀虫剂（甲萘威、毒扁豆碱、灭多威、噁虫威）和有机磷类杀虫剂（甲基对氧磷和对氧磷）对草地贪夜蛾田间品系测定发现，其抗药适应性与体内

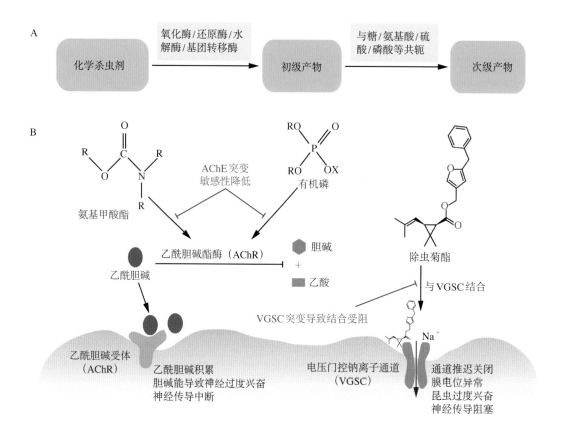

图8-5 草地贪夜蛾对传统化学杀虫剂的抗性机制（吴超 等，2019）

A.昆虫解毒代谢过程 B.靶标位点突变介导的抗药性机制

AChE对这两类杀虫剂的敏感性降低具有重要联系。对敏感对照相比，具有抗药性的佛罗里达州田间草地贪夜蛾幼虫体内AChE对氨基甲酸酯和有机磷杀虫剂的敏感性降低了35.0%～98.8%。另一抗性品系的AChE对氨基甲酸酯和有机磷杀虫剂的敏感性降低了93.75%～99.71%，其中，对甲萘威的敏感性降低了99.71%。毒死蜱抗性品系中编码AChE的核苷酸变异导致A201S、G227A和F290V 3个氨基酸替换，2018年在墨西哥田间种群的AChE突变筛查中，发现与抗药性相关的A201S和F290V突变。类似的AChE变异已被证实也存在于其他几种昆虫的有机磷杀虫剂抗性种群中（表8-1）。

表8-1 草地贪夜蛾和其他昆虫的主要抗药性变异位点

基因	羧酸酯酶（CarE）	乙酰胆碱酯酶（AChE）	电压门控钠离子通道（VGSC）	鱼尼丁受体（RyR）
草地贪夜蛾	/	A201S	T929I	
		G227A	L932F	I4734M
		F290V	L1014F	

（续）

基因	羧酸酯酶（CarE）	乙酰胆碱酯酶（AChE）	电压门控钠离子通道（VGSC）	鱼尼丁受体（RyR）
其他昆虫	H104R[1] A128V[1] G137D[2,3,4,5] A151D[1,6,7,8,9,10,11] G151D[1,6,7,8,9,10,11] W251L[2,3,4,5] W271L[1,6,7,8,9,10,11] T333P[1]	G119S[6] I214V[12] F331C[6] I332L[6] G488S[12] Q643R[12]	D58G[18] V410A/G/M[13,17] V410L[17] V421M[17] E434K[18] C764R[18] M827I[19] M918I[14] M918L/T/V[17] T929I[19] L932F[19] L993F[18] L1014F[5,14,15] L1014H[16] V1016G[5,15] F1534C[5,15] F1809Y[14] P1880L[18]	I4753M[20] I4790M[14,20,21,22] G4946E[14,20,21,22]

注：表中突变位点后的上标为对应物种编号，具体为：1.棉蚜，2.铜绿蝇，3.丝光绿蝇，4.螺旋锥蝇，5.家蝇，6.褐飞虱，7.赤拟谷盗，8.异色瓢虫，9.家蚕，10.蜜蜂，11.斜纹夜蛾，12.橘小实蝇，13棉铃虫，14.小菜蛾，15.埃及伊蚊，16.烟青虫，17.烟芽夜蛾，18.德国小蠊，19.头虱，20.二化螟，21.番茄斑潜蝇，22.甜菜夜蛾。

2.电压门控钠离子通道

电压门控钠离子通道（voltage-gated sodium channel，VGSC）存在于所有可兴奋细胞的细胞膜上，在动作电位的产生和传导方面发挥着重要作用。昆虫电压门控钠离子通道蛋白含1 800 ～ 2 500个氨基酸，由4个结构域组成，每个结构域含6个跨膜螺旋（S1 ～ S6）和1个P环（P-loop）（图8-6）。钠离子通道的孔位于S5和S6之间，P环发挥着离子选择性过滤器的功能，S1 ～ S4为电压传感器，S4携带正电荷且对电压的改变敏感，负责激活通道，位于P环上的氨基酸残基D、E、K和A在钠离子敏感性方面扮演重要作用，位于结构域Ⅲ和Ⅳ连接环中部的3个疏水性氨基酸MFM在通道快速失活过程中发挥重要作用。

昆虫电压门控钠离子通道上存在多个神经毒剂受体结合位点（图8-7），是有机氯和拟除虫菊酯等杀虫剂最主要的作用靶标。滴滴涕及其类似物等有机氯杀虫剂在我国早已被禁用，相关新型化合物研究也基本处于停滞状态，不再赘述。目前，商品化的电压门控钠离子通道抑制剂主要为拟除虫菊酯类杀虫剂。拟除虫菊酯类杀虫剂和VGSC受体物

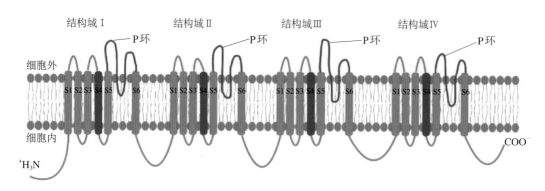

图8-6 昆虫电压门控钠离子通道在细胞膜上的跨膜拓扑结构（陈斌 等，2015）

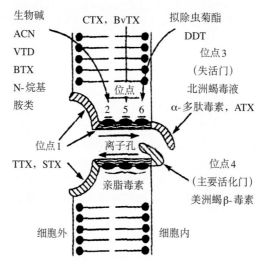

实线区：疏水结构域，波形实线区：亲水结构域，ACN：乌头碱，
VTD：藜芦碱，BTX：箭毒蛙毒素，CTX：木藜芦碱，TTX：河豚毒素，
STX：哈蚌毒素，BvTX：双鞭甲藻毒素，ATX：海葵毒素

图8-7 神经轴突钠通道的作用位点示意（苏旺苍 等，2012）

理性结合后，改变了膜的三维结构，从而造成膜的通透性改变，具体表现为钠离子通道延迟关闭，负后电位延长并加强，导致产生重复后放（图8-5）。钠离子通道的持续活化，扰乱了昆虫的正常生理，使昆虫由兴奋、痉挛到麻痹、死亡。

对室内筛选的巴西草地贪夜蛾高效氯氟氰菊酯抗性品系与敏感品系进行序列比对发现，抗性品系编码VGSC的核苷酸变异造成T929I、L932F和L1014F 3个氨基酸的替换，这些变异位点在其他一些节肢动物中已被证实与拟除虫菊酯类杀虫剂的抗性相关（表8-1）。其中，第1 014位亮氨酸的替换在多数昆虫中较为常见，此处的亮氨酸残基可能对拟除虫菊酯具有识别作用，该处氨基酸的替换主要影响钠离子通道与杀虫剂的结合，并不破坏通道本身正常的生理功能，属昆虫环境适应性进化。

3.鱼尼丁受体

鱼尼丁受体是调节细胞内钙离子释放的两大通道之一，因为可与植物碱——鱼尼丁发生高亲和性结合，因此称为鱼尼丁受体（图8-8）。钙离子（Ca^{2+}）是重要的细胞信号物质，在突触神经递质释放、细胞内多种酶的激活、生物信号的跨膜传递等多种生理活动中发挥着重要作用。当钙离子浓度较高时鱼尼丁受体被激活，孔道的开放程度增加，当钙离子浓度降低时，鱼尼丁受体被抑制，离子通道关闭。

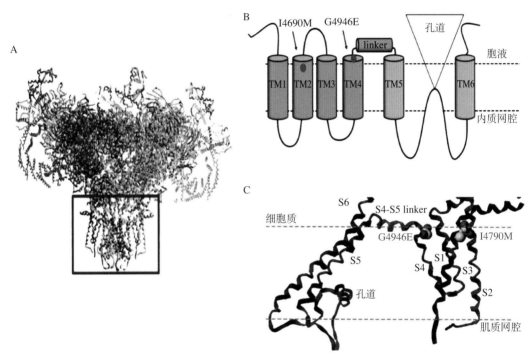

图8-8　昆虫鱼尼丁受体结构和抗性位点（Richard et al., 2016）
A.昆虫鱼尼丁受体完整模型　B.昆虫鱼尼丁受体C端模式　C.昆虫鱼尼丁受体C端三维结构

酰胺类杀虫剂既是鱼尼丁受体的活化剂，也是一种肌肉毒剂。酰胺类杀虫剂与鱼尼丁受体的结合导致钙离子通道激活，昆虫肌肉组织中钙离子浓度迅速升高，钙离子与肌钙蛋白的结合诱发肌动蛋白与肌球蛋白之间收缩，引起一系列肌肉收缩反应。钙离子的有序释放是维持肌肉细胞正常收缩的前提。钙离子持续释放将引起虫体压缩性肌肉麻痹、呕吐、脱粪等症状，进而导致无法进食而死亡。

草地贪夜蛾对氟苯虫酰胺和氯虫苯甲酰胺存在高水平交互抗性风险，放射配体与蛋白结合试验结果表明，尽管两者具有不同的化学结构，但均能与鱼尼丁受体结合，且具有共同的结合位点。鱼尼丁受体I4790M及G4946E突变是导致鳞翅目害虫对氯虫苯甲酰胺产生抗性的主要原因，如图8-8C所示，G4946E位于S4-S5的连接处附近，发挥着调节电压感受的作用，该位点的突变将导致S4和S4-S5连接处的互作发生变化，而I4790M位于S2，正对着G4946E，这两个氨基酸可能决定了双酰胺类杀虫剂能否与鱼尼丁受体相结合。通过对草地贪夜蛾抗性个体的鱼尼丁受体基因测序分析发现存在I4734M点突变（表8-1）。基于聚合酶链式反应（PCR）的等位基因鉴定可用于快速监测草地贪夜蛾鱼尼丁受体相关位点变异，进而确定氯虫苯甲酰胺等双酰胺类杀虫剂的抗性基因频率。

三、草地贪夜蛾对传统杀虫剂的抗性遗传特征

在抗性遗传方面，草地贪夜蛾对高效氯氟氰菊酯、氯虫苯甲酰胺的抗性为常染色体不完全隐性遗传，抗性由单基因控制；对虱螨脲、多杀菌素的抗性同样为常染色体不完全隐性遗传，但抗性由多基因控制。草地贪夜蛾对多杀菌素的抗性具有明显的适合度代价，表现为成虫存活率和繁殖率降低等。在抗性适应能力方面，水稻型草地贪夜蛾对灭多威、高效氯氟氰菊酯的抗性发展更快，有研究表明对灭多威和高效氯氟氰菊酯产生10倍抗性，玉米型草地贪夜蛾分别需要33代和19代，而水稻型草地贪夜蛾只需要15代和7代，说明水稻型草地贪夜蛾的抗药适应性更强。

第三节　草地贪夜蛾对Bt毒素的抗性机制

明确Bt毒素在昆虫体内发挥杀虫作用的机理，并揭示昆虫Bt抗性分子机制是开展靶标害虫Bt抗性治理的理论基础。目前已有报道表明Cry毒素活化过程中蛋白酶受抑制以及受体的变异与草地贪夜蛾Cry毒素抗性相关。关于Vip3A毒素的杀虫机制以及草地贪夜蛾对其产生抗性的分子机制尚不明确。

一、Bt毒素杀虫机制

关于Cry毒素发挥杀虫作用的方式，主要有信号转导模型和穿孔模型两种假说，其中，信号转导模型的报道较少，昆虫只有在低浓度毒素作用下才可能激活该途径。穿孔模型的报道相对较多，过程也更清晰。该模型认为Cry毒素晶体被昆虫取食后，在昆虫肠道内的碱性环境下溶解为原毒素，原毒素在相关蛋白酶的催化作用下水解成活化毒素。活化毒素与昆虫中肠细胞表面的特定受体结合，然后快速且不可逆地插入细胞膜，造成昆虫中肠细胞穿孔，从而导致昆虫死亡或生长受抑制。在昆虫中肠细胞表面

的钙黏蛋白（cadherin）、ABC转运蛋白（ATP-binding cassette transporter）、碱性磷酸酶（alkaline phosphatase，ALP）等受体均被证实在昆虫体内参与结合Cry毒素。其中，钙黏蛋白属跨膜糖蛋白，目前在鳞翅目、鞘翅目和双翅目的多种昆虫中肠中均发现可作为Cry受体，其在Cry毒素的寡聚化过程中扮演重要作用，是介导毒力的关键。ABC转运蛋白广泛存在于生物体内，其中大多数具有物质转运功能，通过ATP水解释放的能量实现底物在细胞内外的跨膜转运，可转运多糖、多肽、氨基酸、脂质体、重金属螯合物、生物碱、药物等（图8-9）。经过寡聚化的Cry毒素可与特定的ABC转运蛋白结合并造成昆虫中肠细胞膜结构破坏。碱性磷酸酶主要存在于昆虫中肠刷状缘膜囊泡（brush border membrane vesicles，BBMV）上，2012年Jurat-Fuentes等研究发现其可作为Cry毒素的受体。

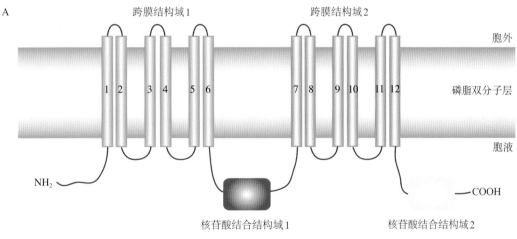

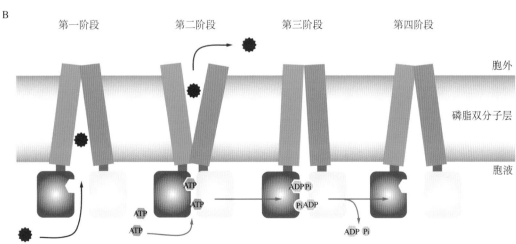

图8-9 ABC转运蛋白结构和物质转运模式示意（Wu et al., 2019）

A. ABC转运蛋白结构示意 B. ABC转运蛋白参与物质转运示意

Vip3A可通过原毒素诱导的细胞凋亡以及活化毒素介导的细胞穿孔两种方式实现杀虫功能（图8-10）。Vip3A进入靶标昆虫的中肠后，可不经活化直接与中肠细胞表面的受体蛋白结合，通过受体蛋白介导的内吞作用进入细胞，诱导昆虫中肠细胞凋亡。已报道在昆虫中肠细胞表面与Vip3A原毒素结合的受体蛋白主要有成纤维细胞生长因子受体（fibroblast growth factor receptor，FGFR）和C类清道夫受体蛋白（scavenger receptor class C like protein，SR-C），但其诱导凋亡的信号通路尚不清楚。Vip3A原毒素进入昆虫体内后，可在昆虫中肠蛋白酶的作用下水解成62～66ku和22ku的肽段。其中62～66ku片段可以与细胞表面的特定受体结合，在细胞膜上形成孔洞，最终导致细胞死亡。目前对细胞表面结合Vip3A活化毒素的受体研究较少，尚不明确其具体类型。Vip3A在昆虫体内的作用方式与Cry毒素差异较大，与之相关的昆虫细胞表面受体在介导Vip3A毒素杀虫活性过程中的机制尚不完全清晰。

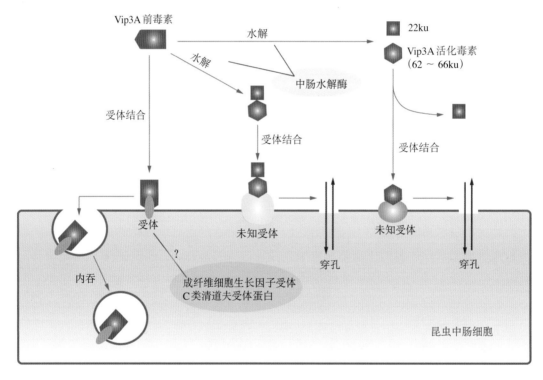

图8-10　Vip3A杀虫作用机制示意（Chakrabarty et al.，2020）

二、草地贪夜蛾Bt抗性机制

靶标害虫Cry毒素抗性机制主要包括毒素激活过程中相关酶的调控、中肠毒素受体的突变和免疫系统的调节（图8-11）。印度谷螟Cry毒素抗性品系中肠胰蛋白酶的缺乏导致Cry原毒素不能被激活成活化毒素；欧洲玉米螟抗性品系中肠的可溶性丝氨酸蛋白酶活性明显低于敏感品系；一个胰蛋白酶基因启动子突变赋予了棉铃虫Cry1Ac抗性。然而，普遍认为蛋白酶含量和活性变化引起的Cry抗性倍数不高，Cry毒素受体的变异和下调表达是害虫对Cry产生高水平抗性的主要原因。钙黏蛋白的突变在棉铃虫、烟芽夜蛾、玉米螟、红铃虫等靶标害虫中均被证实与Cry毒素的抗性紧密相关；ABC转运蛋白的变异或下调表达在家蚕、棉铃虫、澳洲棉铃虫、烟芽夜蛾、玉米螟、小菜蛾、甜菜夜蛾等靶标害虫中与Cry毒素抗性相关；ALP下调表达与二化螟、棉铃虫、烟芽夜蛾、小菜蛾等的Cry毒素抗性相关；氨肽酶N（aminopeptidase N，APN）突变或下调表达在粉纹夜蛾、甜菜夜蛾、玉米螟等昆虫中与Cry毒素抗性相关。除此以外，昆虫还可以通过增加酯酶含量或加速毒素的降解来提高其对Bt毒素的抗性，澳洲棉铃虫对Cry毒素的抗性与酯酶含量升高相关，抗性种群的酯酶与Cry原毒素以及活化毒素结合，从而干扰毒素与受体的结合。昆虫体内的共生微生物也可能参与昆虫与Cry毒素的相互作用，已经发现携带一种新型浓核病毒HaDNV-1的棉铃虫幼虫对低剂量的Cry毒素具有抗性。

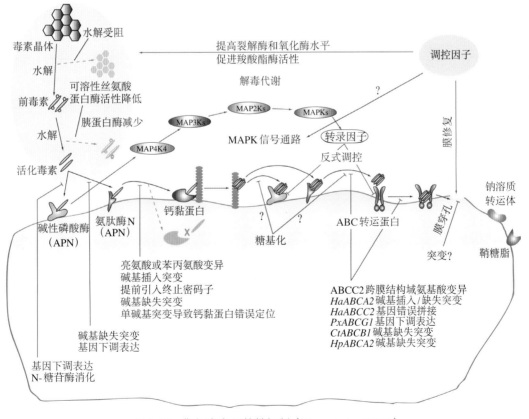

图8-11　靶标害虫Bt抗性机制（Xiao et al., 2019）

目前已发现毒素激活的调控和受体的突变与草地贪夜蛾的Cry抗性相关（图8-12）。在波多黎各两个Cry1F抗性种群中，都检测到*ALP*基因表达显著下调。巴西一个草地贪夜蛾Cry1F抗性品系中肠细胞表面的Cry1F毒素受体与敏感品系相比明显减少。遗传分析显示，波多黎各和巴西草地贪夜蛾的Cry1F抗性均为常染色体单基因隐性遗传。也有分析认为美国佛罗里达和波多黎各种群的Cry1F抗性为常染色体隐性或不完全隐性遗传，并且具有相同的主抗基因位点。在具有Cry1F和Cry1A.105交互抗性的草地贪夜蛾品系中发现*ABCC2*基因存在功能缺失突变，表明ABCC2是Cry1F和Cry1A.105的受体。基因分型分析发现另一Cry1F抗性品系的*ABCC2*基因突变导致结合Cry1F的功能丧失。利用CRISPR/cas9进行的基因编辑从反向遗传学也证实草地贪夜蛾ABCC2是Cry1F的功能受体。代谢组学分析显示，取食Cry1F毒素后，核苷、天冬酰胺以及海藻糖-6-磷酸等6种代谢物在抗性幼虫中肠显著积累；饲喂非Bt玉米后，2-异丙基苹果酸和3-磷酸丝氨酸在Cry1F抗性幼虫的中肠显著积累，这些代谢物可能与草地贪夜蛾的Cry1F抗性有关，或者与ABCC2的转运功能缺失有关。此外，丝氨酸蛋白酶下调表达可以使草地贪夜蛾对Cry1Ca1毒素的敏感性降低，其可能参与了Cry1Ca1毒素的活化过程。

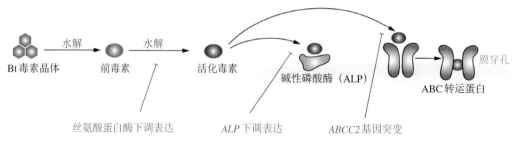

图8-12　草地贪夜蛾已知的Bt抗性机制（吴超 等，2019）

昆虫ABC转运蛋白在介导Cry毒素杀虫过程中扮演重要角色，其中A、B、C和G亚家族多个成员分别是不同Cry毒素的受体。*ABCA2*基因突变可导致棉铃虫、红铃虫和澳洲棉铃虫对Cry2Ab毒素产生抗性；山杨叶甲*ABCB1*基因突变导致其对Cry3Aa产生抗性；烟芽夜蛾、小菜蛾、棉铃虫、家蚕的Cry1Ac抗性产生都与体内*ABCC2*基因突变有关，并且家蚕*ABCC2*的变异还导致了对Cry1Ab的抗性；甜菜夜蛾基因编辑分析表明ABCC2与Cry1Ac、Cry1Fa以及Cry1Ca的毒性发挥均有联系；亚洲玉米螟ABCG亚家族基因下调表达与其Cry1Ab和Cry1Ac抗性有关。目前关于草地贪夜蛾Cry抗性机制的研究较少，ABC转运蛋白在草地贪夜蛾Cry抗性过程中发挥的作用及其详细机制将是今后一段时间的研究重点。

另外，尽管在细胞层面对昆虫体内Vip3A受体的研究已经取得了一些重要突破，发现了几个Vip3A毒素可能的受体。然而，包括草地贪夜蛾在内的靶标害虫对Vip3A毒蛋白的抗性机制尚不清晰，抗性遗传基础并不明确。随着表达Vip3A毒素的抗虫玉米普遍推广，Vip3A毒素与受体的结合方式、Vip3A发挥作用的过程以及Vip3A抗性机制的解析也将成为草地贪夜蛾Bt抗性机制研究的重要方向。

【参考文献】

陈斌,鲜鹏杰,乔梁,等,2015.昆虫钠离子通道基因突变及其与杀虫剂抗性关系的研究进展.昆虫学报,58(10): 1116-1125.

李永平,张帅,王晓军,等,2019.草地贪夜蛾抗药性现状及化学防治策略.植物保护,45(4): 14-19.

凌炎,黄芊,蒋婷,等,2019.两个广西草地贪夜蛾种群对常用杀虫剂的敏感性测定.环境昆虫学报,41(5): 954-960.

孟祥坤,缪丽君,董帆,等,2019.无脊椎动物乙酰胆碱酯酶研究进展.环境昆虫学报,41(3): 508-519.

苏旺苍,吴仁海,张永超,等,2012.昆虫钠离子通道抑制剂的应用研究进展.河南农业科学,41(8): 6-10.

王芹芹,崔丽,王立,等,2019.草地贪夜蛾对杀虫剂的抗性研究进展.农药学学报,21(4): 401-408.

吴超,张磊,廖重宇,等,2019.草地贪夜蛾对化学农药和Bt作物的抗性机制及其治理技术研究进展.植物保护学报,46(3): 503-513.

吴益东,沈慧雯,张正,等,2019.草地贪夜蛾抗药性概况及其治理对策.应用昆虫学报,56(4): 599-604.

杨耀,2017.三种昆虫鱼尼丁受体的克隆及其对氯虫苯甲酰胺敏感性差异的比较分析.南京:南京农业大学.

赵胜园,孙小旭,张浩文,等,2019.常用化学杀虫剂对草地贪夜蛾防效的室内测定.植物保护,45(3): 10-14, 20.

Abdelgaffar H, Tague E D, Castro Gonzalez H F, et al., 2019. Midgut metabolomic profiling of fall armyworm (*Spodoptera frugiperda*) with field-evolved resistance to Cry1F corn. Insect Biochemistry and Molecular Biology, 106: 1-9.

Banerjee R, Hasler J, Meagher R, et al., 2017. Mechanism and DNA-based detection of field-evolved resistance to transgenic Bt corn in fall armyworm (*Spodoptera frugiperda*). Scientific Reports, 7(1): 10877.

Belay D K, Huckaba R M, Foster J E, 2012. Susceptibility of the fall armyworm, *Spodoptera frugiperda* (Lepidoptera: Noctuidae), at Santa Isabel, Puerto Rico, to different insecticides. Florida Entomologist, 95(2): 476-479.

Bernardi D, Salmeron E, Horikoshi R J, et al., 2015 Cross-resistance between Cry1 proteins in fall armyworm (*Spodoptera frugiperda*) may affect the durability of current pyramided Bt corn hybrids in Brazil. PLoS One, 10(10): e0140130.

Blanco C A, Portilla M, Jurat-Fuentes J L, et al., 2010. Susceptibility of isofamilies of *Spodoptera frugiperda* (Lepidoptera: Noctuidae) to Cry1Ac and Cry1Fa proteins of Bacillus thuringiensis. Southwestern Entomologist, 35(3): 409-416.

Buntin G D, 2008. Corn expressing Cry1Ab or Cry1F endotoxin for fall armyworm and corn earworm (Lepidoptera: Noctuidae) management in field corn for grain production. Florida Entomologist, 91(4): 523-530.

Camargo A M, Castañera P, Farinós G P, et al., 2017. Comparative analysis of the genetic basis of Cry1F resistance in two strains of *Spodoptera frugiperda* originated from Puerto Rico and Florida. Journal of Invertebrate Pathology, 146: 47-52.

Carvalho R A, Omoto C, Field L M, et al., 2013. Investigating the molecular mechanisms of organophosphate and pyrethroid resistance in the fall armyworm *Spodoptera frugiperda*. PLoS One, 8(4): e62268.

Chakrabarty S, Jin M H, Wu C, et al., 2020. *Bacillus thuringiensis* vegetative insecticidal protein family Vip3A and mode of action against pest Lepidoptera. Pest Management Science, 76(5): 1612-1617.

Chandrasena D I, Signorini A M, Abratti G, et al., 2018. Characterization of field-evolved resistance to Bacillus thuringiensis-derived Cry1F δ-endotoxin in *Spodoptera frugiperda* populations from Argentina. Pest Management Science, 74(3): 746-754.

Diez-Rodríguez G I, Omoto C, 2001. Inheritance of lambda-cyhalothrin resistance in *Spodoptera frugiperda* (J. E. Smith) (Lepidoptera: Noctuidae). Neotropical Entomology, 30(2): 311-316.

do Nascimento A R B, Farias J R, Bernardi D, et al., 2016. Genetic basis of *Spodoptera frugiperda* (Lepidoptera: Noctuidae) resistance to the chitin synthesis inhibitor lufenuron. Pest Management Science, 72(4): 810-815.

Fatoretto J C, Michel A P, Silva Fiho M C, et al., 2017. Adaptive potential of fall armyworm (Lepidoptera: Noctuidae) limits Bt trait durability in Brazil. Journal of Integrated Pest Management, 8(1): 17.

Ffrench-Constant R H, Williamson M S, Davies T G, et al., 2016. Ion channels as insecticide targets. Journal of Neurogenetics, 30(3-4): 163-177.

Flagel L, Lee Y W, Wanjugi H, et al., 2018 Mutational disruption of the ABCC2 gene in fall armyworm, *Spodoptera frugiperda*, confers resistance to the Cry1 Fa and Cry1 A.105 insecticidal proteins. Scientific Reports, 8(1): 7255.

Giraudo M, Hilliou F, Fricaux T, et al., 2015. Cytochrome P450s from the fall armyworm (*Spodoptera frugiperda*): Responses to plant allelochemicals and pesticides. Insect Molecular Biology, 24(1): 115-128.

Gutiérrez-Moreno R, Mota-Sanchez D, Blanco C A, et al., 2019. Field-evolved resistance of the fall armyworm (Lepidoptera: Noctuidae) to synthetic insecticides in Puerto Rico and Mexico. Journal of Economic Entomology, 112(2): 792-802.

Jakka S R K, Gong L, Hasler J, et al., 2015. Field-evolved mode 1resistance of the fall armyworm to transgenic Cry1Fa-expressing corn associated with reduced Cry1Fa toxin binding and midgut alkaline phosphatase expression. Applied and Environmental Microbiology, 82(4): 1023-1034.

Jin M H, Tao J H, Li Q, et al., 2021. Genome editing of the *SfABCC2* gene confers resistance to Cry1F toxin from *Bacillus thuringiensis* in *Spodoptera frugiperda*. Journal of Integrative Agriculture, 20(3): 815-820.

Leibee G L, Capinera J L, 1995. Pesticide resistance in Florida insects limits management options. The Florida Entomologist, 78(3): 386-399.

Monnerat R, Martins E, Macedo C, et al., 2015. Evidence of field-evolved resistance of *Spodoptera frugiperda* to Bt corn expressing Cry1F in Brazil that is still sensitive to modified Bt toxins. PLoS One, 10(4): e0119544.

Okuma D M, Bernardi D, Horikoshi R J, et al., 2018. Inheritance and fitness costs of *Spodoptera frugiperda* (Lepidoptera: Noctuidae) resistance to spinosad in Brazil. Pest Management Science, 74(6): 1441-1448.

Omoto C, Bernardi O, Salmeron E, et al., 2016. Field-evolved resistance to Cry1Ab maize by *Spodoptera frugiperda* in Brazil. Pest Management Science, 72(9): 1727-1736.

Pitre H N, 1988. Relationship of fall armyworm (Lepidoptera: Noctuidae) from Florida, Honduras, Jamaica, and Mississippi: Susceptibility to insecticides with reference to migration. The Florida Entomologist, 71(1): 56-61.

Vélez A M, Spencer T A, Alves A P, et al., 2013. Inheritance of Cry1F resistance, cross-resistance and frequency of resistant alleles in *Spodoptera frugiperda* (Lepidoptera: Noctuidae). Bulletin of Entomological Research, 103(6): 700-713.

Wu C, Chakrabarty S, Jin M H, et al., 2019. Insect ATP-binding cassette (ABC) transporters: Roles in xenobiotic detoxification and Bt insecticidal activity. International Journal of Molecular Sciences, 20(11): 2829.

Xiao Y T, Wu K M, 2019. Recent progress on the interaction between insects and *Bacillus thuringiensis* crops. Philosophical Transactions of the Royal Society B, 374(1767): 20180316.

Yu S J, 1991. Insecticide resistance in the fall armyworm, *Spodoptera frugiperda* (J. E. Smith). Pesticide Biochemistry and Physiology, 39(1): 84-91.

Yu S J, 1992. Detection and biochemical characterization of insecticide resistance in fall armyworm (Lepidoptera: Noctuidae). Journal of Economic Entomology, 85(3): 675-682.

Yu S J, 2004. Induction of detoxification enzymes by triazine herbicides in the fall armyworm, *Spodoptera frugiperda* (J. E. Smith). Pesticide Biochemistry and Physiology, 80(2): 113-122.

Yu S J, 2006. Insensitivity of acetylcholinesterase in a field strain of the fall armyworm, *Spodoptera frugiperda* (J. E. smith). Pesticide Biochemistry and Physiology, 84(2): 135-142.

Yu S J, McCord E Jr, 2007. Lack of cross-resistance to indoxacarb in insecticide-resistant *Spodoptera frugiperda* (Lepidoptera: Noctuidae) and *Plutella xylostella* (Lepidoptera: Yponomeutidae). Pest Management Science, 63(1): 63-67.

Yu S J, Nguyen S N, Abo-Elghar G E, 2003. Biochemical characteristics of insecticide resistance in the fall armyworm, *Spodoptera frugiperda* (J.E. Smith). Pesticide Biochemistry and Physiology, 77(1): 1-11.

Zhu Y C, Blanco C A, Portilla M, et al., 2015. Evidence of multiple/cross resistance to Bt and organophosphate insecticides in Puerto Rico population of the fall armyworm, *Spodoptera frugiperda*. Pesticide Biochemistry and Physiology, 122: 15-21.

第九章

草地贪夜蛾种群迁飞雷达监测预警技术

雷达（radio detection and ranging）是通过天线收发电磁波以测量目标空间位置及运动参数等相关信息的电子系统，主要由天线、发射机、接收机、信号处理机和终端设备组成（丁鹭飞 等，2014）。昆虫雷达是一种专门探测昆虫的雷达系统，国内外多年来利用昆虫雷达对昆虫的迁飞规律和飞行行为开展了广泛的研究。随着雷达电子技术和计算机数据处理技术的日臻完善，昆虫雷达在迁飞性害虫的精准监测预警中得到了越来越广泛的应用。目前我国应用的昆虫雷达按照工作模式可分为扫描昆虫雷达（scanning entomological radar）和垂直昆虫雷达（vertical looking entomological radar），前者用于探测并采集大空域范围内迁飞虫群的飞行高度、速度、方向和虫群密度等信息，后者除了能采集迁飞昆虫的飞行行为参数外，还可以较准确地反演出昆虫的体长、体宽、体重和振翅频率等生物学参数用于昆虫分类，主要用于小范围精细观测。利用计算机视觉技术可实时快速地对高空测报灯诱集的昆虫进行目标检测和识别，是辅助昆虫雷达进行种类辨识的重要技术手段。通过昆虫雷达获取的昆虫飞行参数不仅可用于分析昆虫飞行行为与气象因子的互作关系，也是迁飞轨迹模型的重要输入参数，因此结合雷达监测信息可进一步提升昆虫迁飞轨迹和起落点预测的精度。由于单一雷达的探测范围有限，难以实现大范围、全方位的空中迁飞种群动态监测，因此将分散在全国各地的雷达进行科学组网，是挖掘和提升昆虫雷达监测预警能力、开展迁飞害虫精准区域性防控工作的迫切需要（吴孔明，2018）。

第一节　昆虫雷达的工作原理

昆虫雷达的主要工作原理是雷达通过发射机将特定波长的电磁波射向空中，由于迁飞昆虫身体含有水分，能反射电磁波，反射回波被雷达接收机捕获后，经过滤波放大、模数转换、信号处理和数据处理，将回波信息显示在终端（封洪强，2009）。通过信号处理可获得目标昆虫的数量、高度、空间分布、飞行速度和方向等飞行行为数据以及体长、体宽、体重和振翅频率等生物学参数信息（程登发 等，2005；封洪强，2009）。昆虫雷达多数是基于航海雷达或气象雷达改造而来，继承了传统雷达的工作模式和结构（图9-1），通常由天线及伺服、发射机、接收机、信号处理、数据处理等模块组成。昆虫雷达还具有以下四个特点：一是探测范围小，由于昆虫个体小，回波微弱，通常在近地低于2 000m的高空飞行，因此根据雷达方程昆虫雷达探测的设计目标通常为2 000m内可观测到个体昆虫，相对传统雷达对大目标几十千米，甚至上百千米的探测范围小得多。二是探测精度要求高，为精确提取目标昆虫的飞行行为信息，对距离分辨率、角度分辨率以及测距测角精度要求更高。三是对数据解算性能要求高，昆虫雷达同时需要对多个目标的信号进行处理分析，因此对数据解算的实时性需求较高。四是对灵敏度要求高，也就是对昆虫雷达系统的信噪比要求更高（Skolnik，2001），昆虫雷达必须具备在不同复杂环境下对微小目标的检测能力和对昆虫的雷达散射截面（radar cross section，RCS）进行准确测量反演的能力，这些都对雷达天线，发射机，接收机，信号

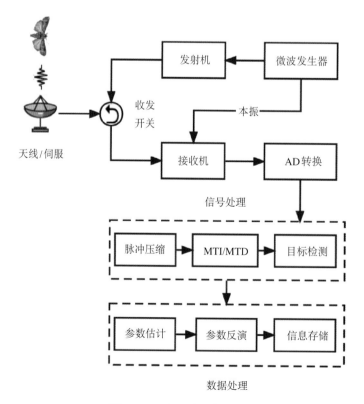

图9-1 昆虫雷达工作原理图

处理算法、算力和雷达工作体制提出了新的要求。昆虫雷达与传统气象雷达的对比情况见表9-1。

表9-1　传统气象雷达和昆虫雷达的主要差异

对比项	传统气象雷达	昆虫雷达
工作体制	脉冲调制，脉冲压缩	简单脉冲雷达，全相参脉冲压缩
工作波段	S波段，C波段，X波段	X波段，Ku/Ka波段
微波生成器件	磁控管，速调管，行波管，固态微波源	磁控管，固态微波源
工作模式	扫描模式	扫描模式，垂直模式
探测范围	5 ～ 300km	0.2 ～ 5km
距离分辨率	30m，50m，75m，150m	0.2m，15m，30m
角度分辨率	0.5° ～ 1.5°	1.5°
目标信息提取	距离，角度，速度，回波强度	单目标的飞行高度、速度、方向；群体成层高度、密度
目标特征反演	雨、雪、冰雹的判别	昆虫振翅频率、体长、体宽、体重的测定

第二节　不同昆虫雷达的特点

昆虫雷达不仅是昆虫迁飞活动监测的"眼睛"，也是迁飞害虫防控工程的"大脑"，它不但具备传统雷达测距、测角和测速的基本功能，还具有航迹追踪、反演生物学参数、目标识别以及为昆虫迁飞轨迹分析提供重要数据支持等功能。根据用途和工作体制不同，目前我国应用和研制的昆虫雷达按照工作模式主要分为扫描昆虫雷达和垂直昆虫雷达两种类型，根据工作波段主要可分为X波段厘米波和Ku波段厘米波以及Ka波段毫米波雷达。我国两种主要昆虫雷达的特点如表9-2所示。我国主要昆虫雷达如图9-2所示。

表9-2　扫描昆虫雷达和垂直昆虫雷达的主要差异

对比项	扫描昆虫雷达	垂直昆虫雷达
常用波段	X波段，Ka波段	X波段，Ku波段
极化方式	水平极化	旋转极化/全极化

(续)

对比项	扫描昆虫雷达	垂直昆虫雷达
探测范围	2～5km	垂直方向探测最大空域面积<200m²
提取信息	昆虫数量、密度、高度、飞行速度、飞行方向及空间分布特点	体长、体宽、体重和振翅频率，飞行高度、速度、方向、身体朝向
主要特点	探测空域广，大尺度的监测预警	取样空间小，精细化观测
适用场景	农业生产应用	科学研究/重点区域布防

图9-2 我国主要昆虫雷达

A.鹤壁佳多科工贸股份有限公司X波段扫描昆虫雷达　B.无锡立洋电子科技有限公司X波段扫描昆虫雷达
C.北京理工大学Ku波段垂直昆虫雷达　D.成都锦江电子系统有限公司X波段垂直昆虫雷达

　　扫描昆虫雷达是指天线在方位角0～360°旋转，俯仰角进行0～90°上下运动的昆虫雷达，该类型雷达的优势是可快速获得大尺度空域中目标的数量、密度、高度及空间分布特点，探测空域广，当扫描昆虫雷达保持天线垂直朝上状态时，也能定量测定昆虫的部分生物学参数，如昆虫的振翅频率，适合大尺度的监测预警，还可以计算出目标昆虫移动的速度和方向。如图9-3A所示，该扫描雷达的量程为2 000m，单个昆虫目标在雷达P显上表现为一个绿色光斑，根据仰角28°可以计算出昆虫在距地面320～330m的高空成层迁飞，回波点呈现出哑铃形的极性分布，可以判定昆虫朝东北—西南方向迁飞，即与哑铃形的轴垂直的方向。将超过一定亮度阈值可分离的光斑数量汇总即可求出昆虫在空中的虫群密度。如图9-3B所示，通过3圈连续P显图像叠加而成的sequence雷达P显图，其中绿—蓝—红的回波点分别代表第一圈、第二圈、第三圈的空间扫描结果。选取排列成直线的3个回波点，即可求得昆虫的飞行轨迹，经过计算得出虫群朝偏南方向从南往北迁飞，移动速度约为6m/s。

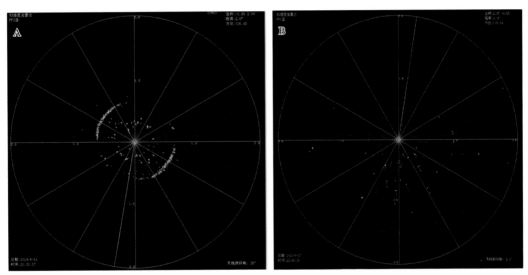

图9-3　X波段扫描昆虫雷达P显

A.山东东营 采集时间：2019-6-11 21:18:32　B.广西合浦 采集时间：2021-5-27 22:46:28

垂直昆虫雷达是指通过旋转极化方式垂直向上发射可快速旋转的圆锥扫描波束或者通过全极化（HH/HV/VH/VV）方式获取昆虫的三维散射矩阵在极化平面的投影来对目标进行探测的昆虫雷达（Drake，2002，2012，2017；Chapman et al.，2002；Wang，2017，2018；Hu et al.，2018b；Hu et al.，2019b；Hu et al.，2020；封洪强，2011），其优势是可精确捕获单个目标的飞行行为参数，如飞行高度、速度、方向、身体轴向等信息，还可以反演出单个目标的体长、体宽、体重和振翅频率等生物学参数。但其取样空间较小，只能观测到雷达垂直上方局部空域，适合小范围精确定量观测。如图9-4所示，该数据分析图采集自云南省江城县宝藏镇观测点黄脊竹蝗跨境迁飞的高峰时期，红色区域为3s内雷达监测的黄脊竹蝗振翅频率分布，此外，还可反演出体长、体重、朝向等参数。

随着雷达电子技术的发展，近年来我国还投入研究使用扫描雷达和垂直雷达功能融合的双模式昆虫雷达（封洪强，2011；张鹿平 等，2018），实现了一台雷达两种功能，兼具探测范围广和局部观测精细的优点。此外，采取不同波段如X波段、Ku波段和Ka

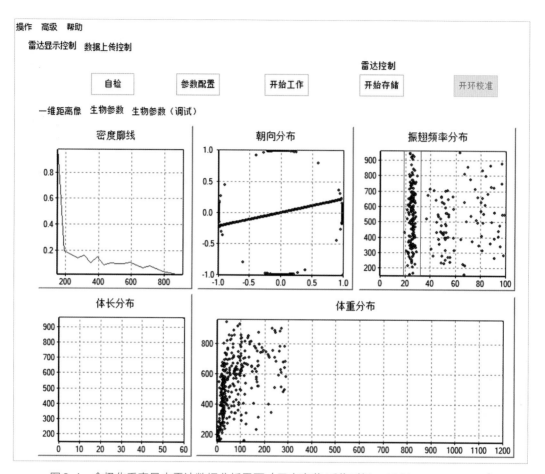

图9-4　全极化垂直昆虫雷达数据分析界面（云南宝藏 采集时间：2020-7-6 16:00:00）

波段可观测不同体型大小的昆虫，根据雷达散射原理，当雷达发射电磁波波长大于或等于目标大小时，有利于形成稳定的RCS，且RCS与波长的4次方呈反比关系，选择合适波段观测靶标昆虫更有利于后续雷达数据处理和提高数据处理精度。在我国北方粮食主产区的重要害虫体型通常较大，通常采用X波段的厘米波雷达，而我国南方为观察稻飞虱等小型迁飞昆虫，通常采用Ka波段的毫米波雷达（张智 等，2017）。

第三节　昆虫雷达监测网

由于昆虫雷达的生产厂家和建造年代不同、工作模式和技术标准不同、数据结构和处理方式不同等原因导致雷达间无法共享数据，很难进行联合分析。且昆虫雷达由不同的研究机构独立管理，形成了多个"信息孤岛"。随着雷达数据处理技术、云计算和物联网技术的发展，使得昆虫雷达在迁飞性害虫的监测预警中更加自动化智能化，同时也为攻克雷达联网技术难题，构建全国昆虫雷达联网平台提供了有力的技术支撑。全国昆虫雷达监测网是以昆虫雷达为核心，利用网络技术将不同工作模式的昆虫雷达进行联网和信息处理，实现多部雷达数据的实时传输、联机处理分析、监测预警上报和信息共享，通过融合多种监测数据，可对迁飞害虫的虫峰实现大尺度、实时、精准监测预警的网络平台。平台不仅包含昆虫雷达数据的自动提取、联网、智能化分析及可视化，还整合了在线图像识别、迁飞轨迹预测、种群动态预测、诱虫灯数据分析等功能，不但能实时掌握全国范围的昆虫迁飞动态，第一时间发现迁飞虫峰，协同多部雷达预测扩散区域，从而为迁飞害虫的监测预警及防控带来更高的精准感知能力，而且通过昆虫雷达、遥感、气象、智能诱虫灯、食诱、性诱等多源异构数据的不断积累使得运用大数据和人工智能技术进一步提升雷达监测网的预警精度成为可能（图9-5）。

建立标准的昆虫雷达数据库是进行联网的前提和基础，如图9-6所示，基于原始雷达数据处理后存储至标准统一的雷达数据库中，其中单个目标记录主要包含时间、地点、飞行高度，反演的生物学参数，飞行行为参数、飞行时所处的气象背景场信息、基于模型识别后的昆虫种类等。

尽管目前昆虫雷达的数据采集基本实现了自动化，但雷达数据的处理和解析效率还不高，主要依靠人工处理。而人工处理雷达数据的工作量非常大，重复性高且枯燥，因此急需一种自动化处理和分析昆虫雷达数据的系统。如图9-7所示，笔者团队研发了昆虫雷达数据处理终端系统，该系统基于python语言开发，支持多种主流操作系统，可对国内不同类型昆虫雷达所采集的原始数据进行自动化处理、入库和分析。不仅可以针对单日雷达数据进行个例分析，还可以批量化自动化处理多日原始雷达数据，从而大幅提高工作效率，避免人工操作带来的误差。此外，系统还提供了种群动态分析、"时间-高度-密度"热力图分析、方向速度玫瑰图分析、雷达回波种类识别统计分析、垂直速度比率分析等功能，可以进一步提高雷达数据的分析效率。

雷达联网模式主要有两种，一是主机联网模式，二是桥接联网模式。主机联网模式下，昆虫雷达数据处理终端系统解决雷达端的数据自动化处理问题，数据在雷达端处理后可直接通过网络同步至中心服务器（图9-8）。但对于日常运行的雷达既要采集数据，同时还要处理数据，对雷达端的算力要求较高，容易形成算力竞争，导致雷达运行故障，因此还设计了桥接联网模式（图9-9）。该模式是将实时采集的雷达数据直接通过公网云存储服务器进行缓存，再通过网络直接传输到中心服务器进行解算，可以进一步减轻雷达端的算力冲突问题，还能够集中处理雷达数据，便于对数据解算算法和模型进行更新和升级。如图9-9所示，分布在全国各地的不同类型昆虫雷达通过公网使用FTP或

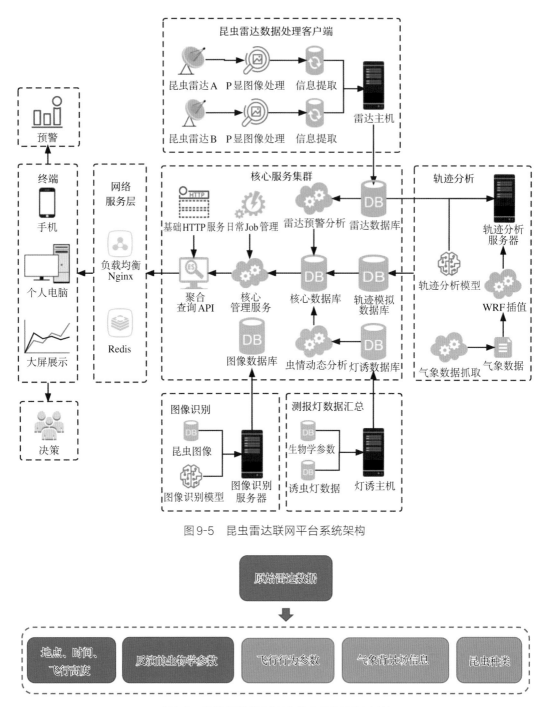

图9-5　昆虫雷达联网平台系统架构

图9-6　标准雷达数据库中单个目标记录内容

HTTP协议将雷达数据实时传输至云存储服务器，在这个阶段要考虑对数据的预处理，例如做标准化P显图像或对数据进行一定压缩以减小网络带宽压力。利用云存储服务器网速快且稳定、公网访问简便的特点，解决了不同雷达因网络速度差异导致数据传输速

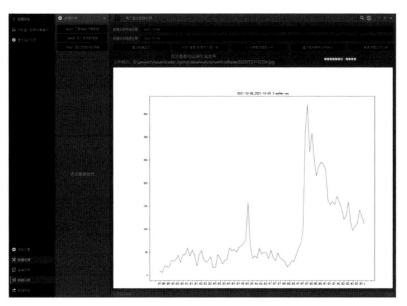

图9-7　昆虫雷达数据处理终端系统操作界面

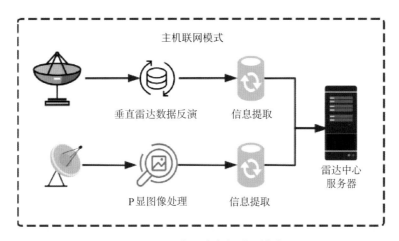

图9-8　昆虫雷达主机联网模式

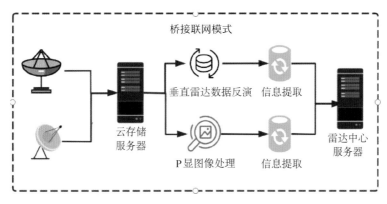

图9-9　昆虫雷达桥接联网模式

度不匹配的问题。但由于受到云存储服务器的存储空间成本及算力的限制，主要用于缓存和中转数据。将数据汇总后再批量传输至中心处理服务器，针对不同类型、不同厂家的雷达数据采用相应的雷达信息处理和提取算法进行处理和计算。

雷达数据不断地汇总至中心雷达数据服务器，下一步就是对雷达大数据进行挖掘、分析和共享。并通过开发雷达联网平台进行信息共享、运行监测、预警发布和防控决策。图9-10是全国昆虫雷达联网平台的首页展示，图9-11是昆虫雷达联网信息聚合界面。

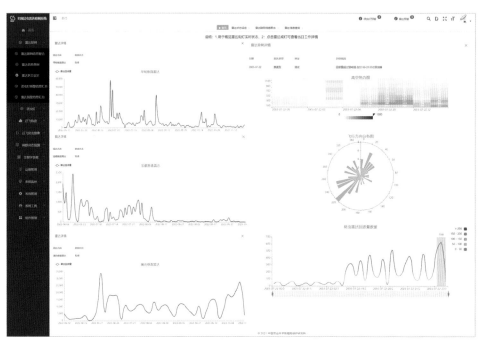

图9-10　全国昆虫雷达联网平台首页

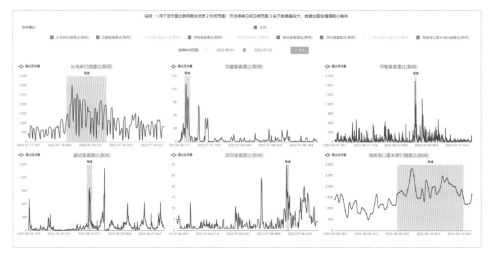

图9-11　全国昆虫雷达联网信息聚合界面

联网平台采用前后台分离设计，前端基于Vue.js（2.6.11）使用JavaScript和Html语言进行开发，使用Echarts.js（4.9.0）作为数据可视化组件，使用Element UI（2.15.1）组件库开发系统的UI界面，使用Leaflet（1.7.1）用于WebGIS地图可视化，使用Vue Cli（4.2.3）对前端工程进行编译和打包。

联网平台后台数据处理功能基于Java（1.8）语言进行开发，采用SpringBoot框架实现后台逻辑业务处理及Restful API前后台数据交互功能，采用Mysql（5.6.3）作为存储雷达、气象、灯诱和模型参数的数据库。平台运行环境为华为云服务器，操作系统为CentOS 8 64Bit，前端工程使用Nginx（1.11.5）进行反向代理，访问域名为http://ippiot.com，端口为8016。

第四节　草地贪夜蛾迁飞活动的雷达监测

我国云南地区西部同缅甸接壤，南部与老挝、越南毗邻，地处低纬高原，是草地贪夜蛾的周年繁殖区，也是其跨境入侵的重要通道。2018年12月在云南澜沧监测到草地贪夜蛾首次入侵我国，随后在云南地区定殖，成为玉米、小麦、甘蔗等农作物的重要害虫，对粮食生产安全形成了长期性威胁（吴孔明，2020）。基于草地贪夜蛾潜在的重大危害性和提前布防的必要性，中国农业科学院植物保护研究所在云南边境依次建立了5个跨境迁飞害虫监测点：分别是澜沧（北纬22°30′，东经99°53′，2018年12月）、宝藏（北纬22°40′，东经101°38′，2019年）、瑞丽（北纬22°58′，东经97°48′，2019年）、寻甸（北纬25°50′，东经103°7′，2019年）、西双版纳（北纬22°1′，东经100°46′，2020年），监测站内配备高空灯、地面灯、草地贪夜蛾性诱捕器和食诱剂等常规监测设备。其中澜沧、宝藏和寻甸3个监测点分别安装了由北京理工大学研发的Ku波段高分辨全极化昆虫雷达，工作频段为16.2GHz，距离分辨率为0.2m，角度分辨率为1.5°，最大量程为1 100m，盲距为150m。该昆虫雷达可以在固定波束的垂直模式下工作，也可以在扫描模式下工作（胡程 等，2019），具备数据实时处理、显示、存储能力，具体参数见表9-3。在整个实验过程中，除设备故障和雷达调试期间外，昆虫雷达在垂直模式下连续运行。采用北京理工大学研发的雷达数据处理软件计算每头目标昆虫的飞行高度、水平速度、朝向、振翅频率、体长和体重等参数。

表9-3　Ku波段高分辨全极化昆虫雷达系统参数

参数名称	值	参数名称	值
中心频率（GHz）	16.2	峰值功率（W）	30
带宽（MHz）	800	天线增益（dB）	39
距离分辨率（m）	0.2	波束宽度（°）	1.5
脉冲重复频率（KHz）	40	噪声系数（dB）	5
采样率（MHz）	320	极化方式	分时/同时全极化
脉宽（μm）	1	信号波形	调频步进频
占空比（%）	4	天线	抛物面天线，口径1m
盲距（m）	150	工作模式	静止波束（垂直对天）、扫描

一、基于雷达回波的草地贪夜蛾识别技术

利用垂直昆虫雷达测量反演迁飞昆虫的生物学参数进行种类精准辨识对虫害监测预警具有重要意义，以昆虫雷达测定振翅频率、体重、体长、体宽4种重要生物学参数为基础，可利用机器学习算法建立分类模型进行昆虫种类识别，如Random Forest随机森林、SVM支持向量机或BP神经网络分类模型（付晓伟，2017；Hu et al.，2018a；Hu et al.，2019a）。同时，利用该项技术提取草地贪夜蛾目标是后续飞行行为研究及迁飞轨迹预测的前提和基础。

为了建立生物学参数与昆虫类别的映射关系，首先在实验室内测定不同昆虫的生物学参数及种类作为分类模型的训练样本，再进行分类模型训练以建立分类器。如表9-4所示，常见29种迁飞昆虫的生物学参数信息按照科划分成5大类，分别为夜蛾科、螟蛾科、草蛉科、灯蛾科、食蚜蝇科。其中夜蛾科占20种，螟蛾科占4种，草蛉科占2种，灯蛾科占2种，食蚜蝇科占1种。

表9-4　29种迁飞昆虫的4个生物学参数及样本数量

昆虫名称	科	样本量（头）	振翅频率（Hz）		体重（mg）		体长（mm）		体宽（mm）	
			均值	标准差	均值	标准差	均值	标准差	均值	标准差
甜菜白带野螟	螟蛾科	1 608	42.24	4.86	14.50	2.81	6.29	0.87	1.05	0.28
棉铃虫	夜蛾科	1 272	50.38	2.62	116.80	34.91	17.09	1.44	5.85	0.82
黄地老虎	夜蛾科	1 177	41.49	1.29	152.90	42.82	19.11	1.01	5.91	0.69

（续）

昆虫名称	科	样本量（头）	振翅频率（Hz）		体重（mg）		体长（mm）		体宽（mm）	
			均值	标准差	均值	标准差	均值	标准差	均值	标准差
草地螟	螟蛾科	892	47.21	4.35	67.370	2.39	8.71	0.66	1.37	0.48
黏虫	夜蛾科	877	42.22	2.64	153.70	49.11	21.47	1.49	6.17	0.66
小地老虎	夜蛾科	799	43.13	3.66	210.10	59.20	23.69	1.04	6.38	0.70
二点委夜蛾	夜蛾科	774	41.39	1.83	26.93	12.78	12.54	0.68	2.64	0.52
叶色草蛉	草蛉科	477	24.09	0.91	10.32	5.20	11.78	0.74	2.04	0.20
光腹黏虫	夜蛾科	473	45.08	3.91	62.98	2.41	11.22	1.12	3.35	0.68
甘蓝夜蛾	夜蛾科	450	38.04	1.84	193.30	63.49	20.84	1.86	5.63	0.79
大地老虎	夜蛾科	410	57.10	7.21	266.70	14.27	26.94	1.63	7.11	0.81
旋幽夜蛾	夜蛾科	405	53.45	3.16	88.52	22.42	15.61	1.37	4.39	0.71
宽胫夜蛾	夜蛾科	398	44.63	3.67	70.54	17.87	17.10	1.20	5.45	0.61
人纹污灯蛾	灯蛾科	318	47.08	5.57	96.35	10.69	18.03	1.12	4.42	0.76
黑带食蚜蝇	食蚜蝇科	278	153.40	4.37	10.53	6.27	10.73	0.82	3.09	0.31
银纹夜蛾	夜蛾科	271	52.67	3.63	84.61	19.58	17.52	0.88	4.52	0.57
甜菜夜蛾	夜蛾科	267	33.13	7.26	28.96	12.22	12.07	0.93	3.67	0.49
红棕灰夜蛾	夜蛾科	214	47.57	3.32	134.80	48.63	19.19	0.80	6.71	0.55
桃蛀螟	螟蛾科	202	25.42	5.54	26.68	10.82	13.11	1.13	2.42	0.60
斜纹夜蛾	夜蛾科	180	52.58	7.88	138.80	23.39	18.72	1.26	4.37	0.96
玉米螟	螟蛾科	166	25.67	1.30	13.54	10.25	8.58	0.75	2.01	0.11
肖浑黄灯蛾	灯蛾科	162	43.69	7.82	143.40	29.39	17.33	1.97	4.04	0.83
草地贪夜蛾	夜蛾科	158	41.67	6.37	74.70	19.42	16.10	1.11	3.54	0.37
大草蛉	草蛉科	150	26.48	1.65	20.92	10.82	18.07	0.95	2.13	0.47
银锭夜蛾	夜蛾科	101	50.66	3.43	78.95	17.17	17.16	1.35	3.91	0.53
苜蓿夜蛾	夜蛾科	96	44.01	3.50	104.60	9.67	15.59	1.31	3.74	0.66
陌夜蛾	夜蛾科	94	41.69	5.66	231.80	22.38	22.53	1.73	5.78	0.51
石榴巾夜蛾	夜蛾科	89	27.57	2.78	170.60	28.39	20.80	1.27	6.41	0.47
鸟嘴壶夜蛾	夜蛾科	84	35.57	2.32	204.20	40.30	24.04	1.63	6.14	0.39

随机森林分类算法是一种基于分类树的集成学习算法，主要原理是利用多个弱分类器组合成一个强分类器，随机森林的运算速度很快，尤其在处理大数据时表现优异。随机森林不需要考虑一般回归分析面临的多元共线性问题，也不需要做变量选择。使用该算法可降低模型的复杂度，可以并行训练使得训练速度加快，同时利用随机化的特点解决模型的过拟合问题。模型构建过程是通过振翅频率、体长、体宽、体重4个生物学参数构建原始训练集，对原始训练集进行有放回的随机抽样，构建K个子训练集样本，针对每个子训练集样本随机选择m个特征进行分类树训练，形成K棵最优子分类树，对于新的输入数据，根据K个最优学习模型投票结果，得到最终分类结果。采用sklearn包提供GridSearchCV函数对超参数进行网格搜索，从而获取最优超参数组合下的模型及分类精度。交叉验证次数设置为10，随机森林模型的参数空间设置为，森林中树的个数 [100，1 000]，按照50的步长进行递增，随机森林的深度设置为 [10，20]，按照1的步长进行递增。如图9-12所示，通过网格搜索对29种昆虫的平均分类精度最高可达87.7%，超参数组合为森林中树的个数 = 1 000，森林深度 = 14；对于20种夜蛾科昆虫的平均分类精度最高可达84.51%，超参数组合为森林中树的个数 = 100，森林深度 = 10。

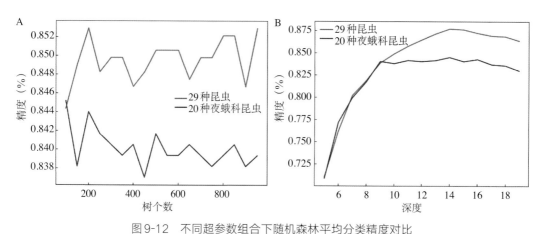

图9-12　不同超参数组合下随机森林平均分类精度对比

A.不同树个数下的精度对比，固定森林深度为10　B.不同深度下的精度对比，固定森林中树的个数为1 000

以2021年9月7日至10月14日寻甸地区草地贪夜蛾迁飞高峰日为研究对象，利用训练模型分别对每日采集的雷达数据进行目标分类，进行数量和占比分析。如图9-13所示，两条虚线分别为高空灯诱昆虫总量和雷达探测昆虫总量，两者相关系数为0.171（$P = 0.31$），相关性不显著，两条圆点线分别是灯诱的草地贪夜蛾数量和雷达识别的草地贪夜蛾数量，两者相关系数为0.1（$P = 0.55$），相关性不显著。推测原因一方面是由于高空灯的诱集范围小于雷达，无法采集全部迁飞空域的昆虫样本；另一方面可能由于气象原因如大风、降雨、雾气等因素导致灯诱数量与雷达探测虫量存在一定差异。

如图9-14所示，本次草地贪夜蛾迁飞高峰中，其数量占比总体呈现由高到低的趋势，其中虚线为雷达识别的草地贪夜蛾占比，圆点线为灯诱的草地贪夜蛾占比，两者相关系

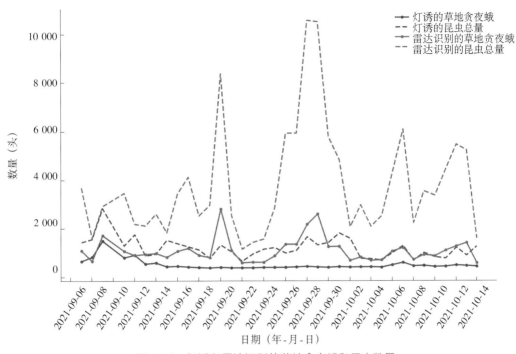

图9-13　灯诱和雷达识别的草地贪夜蛾和昆虫数量

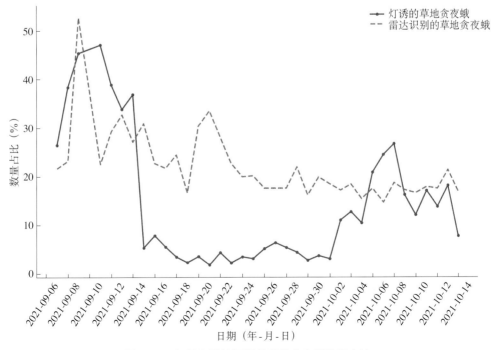

图9-14　灯诱和雷达识别的草地贪夜蛾数量占比

数为0.387（$P = 0.018$），相关性显著。尽管两种监测工具在绝对数量上存在差异，但监测草地贪夜蛾的比例较为一致，也进一步说明该模型能够在草地贪夜蛾迁飞高峰时将其有效识别。

由于雷达无法辨别空中飞行昆虫的种类真值，且同一种昆虫在不同时期、不同地域、不同气象条件（温度、湿度、风速、风向、气压）下，其生物学参数与实验室测定的参数可能存在一定差异。因此未来还需要结合实际迁飞气象环境建立雷达实测与实验室参数之间的关联关系。一方面可以在雷达上空通过无人机放飞或吊飞草地贪夜蛾，测定其真实的生物学参数，另一方面还可以借助高空灯的辅助，重点对草地贪夜蛾迁飞高峰时雷达信息进行提取和分析，由于此时高空迁飞昆虫的种类相对较少，草地贪夜蛾目标的出现更加集中，因此雷达测定数据的误差较小，不断汇总累计迁飞高峰日的生物学参数数据，并结合实际气象因子的影响，就能提高基于雷达回波的草地贪夜蛾识别精度。

二、基于雷达观测的草地贪夜蛾迁飞行为研究

利用前述模型对草地贪夜蛾迁飞高峰日采集的雷达数据进行筛选，将3部昆虫雷达观测的草地贪夜蛾目标的飞行行为参数进行汇总和分析，基于中尺度气象预报WRF模型计算高分辨率WRF气象背景场。运行WRF模式的初始资料为NCEP/NCAR（美国国家环境预测中心和美国国家大气科学研究中心）提供的逐6h的1°×1°全球最终分析数据（FNL），采用单层嵌套方式。该气象数据记录时间为世界协调时UTC 0:00，6:00，12:00，18:00，对应北京时间8:00，14:00，20:00，2:00。采用中尺度数值预报模式前处理系统WPS V4.0及WRF V4.0（Skamarock et al.，2005）分析，程序运行后生成NC格式文件，表9-5为设置10km分辨率的WRF气象模式参数。通过netCDF4类库对各观测点的风温场信息进行提取，对原始数据进行线性插值，求解不同高度的水平、垂直风场及温度信息，采用图9-15的向量分解方法，解算雷达目标的净飞行速度、自主定向方位，并分析飞行参数与风场温度之间的关系。

表9-5 WRF模式参数设置

项目	参数	项目	参数
中心位置	北纬22°30′26″，东经99°53′13″	地图投影	lambert
水平网格	100×100	模拟时长（h）	12
格距（km）	10	微物理过程	Thompson
垂直层数	33	长波辐射方案	RRTMG

（续）

项目	参数	项目	参数
短波辐射方案	RRTMG	边界层方案	Mellor-Yamada-Janjic（Eta）
近地面层方案	Monin-Obukhov（Janjic Eta）	积云参数化	Tiedtke
陆面过程方案	Noah		

如图9-15所示，采用向量分解的方法，对风矢量W、雷达观测矢量R、草地贪夜蛾自主飞行矢量I进行分解，数据分析表明，如图9-16所示，草地贪夜蛾的平均飞行速度为（11.52±5.64）m/s，平均飞行高度为（616.17±208.15）m，飞行时环境平均温度（15.68±4.30）℃，飞行时环境平均相对湿度（89.51%±9.50%）。

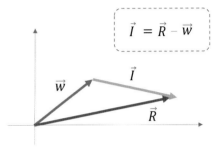

图9-15　向量分解法

如图9-17所示，A、B、C子图分别显示风、雷达和草地贪夜蛾飞行速度和方向分布，通过向量分解，草地贪夜蛾平均飞行速度为（10.45±5.56）m/s，平均飞行方

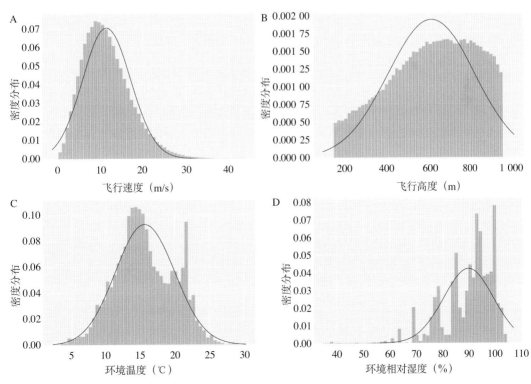

图9-16　草地贪夜蛾飞行行为特点

A.平均飞行速度　B.平均飞行高度　C.环境平均温度　D.环境平均相对湿度

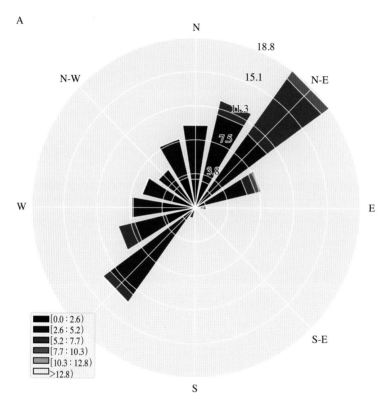

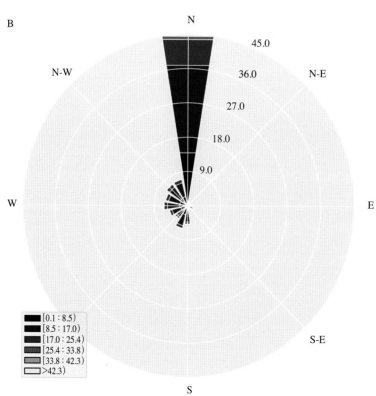

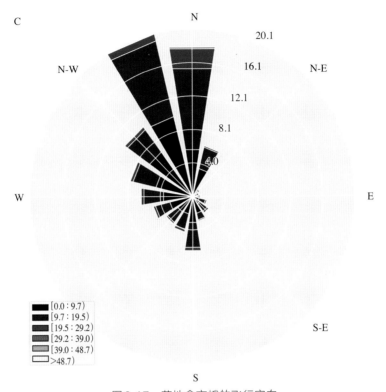

图9-17 草地贪夜蛾的飞行定向

A.风场方向和风速 B.雷达观测飞行方向和速度 C.草地贪夜蛾飞行方向和速度

向319.37°±1.27°，也就是主要朝西北方向飞行，飞行方向与风向的平均夹角均值为16.89°±0.29°，其中超过60%的草贪飞行方向与风向夹角小于50°。

如图9-18所示，当环境温度升高时，草地贪夜蛾的飞行速度、飞行高度和振翅频率呈降低趋势，偏好在600m左右的高空飞行。当风速增大时，草地贪夜蛾的飞行方向与风向夹角减小，说明其飞行行为受到风速的显著影响。

雷达反演的个体垂直速度可用于判别草地贪夜蛾"起飞""巡航""降落"的不同飞行状态。根据雷达观测，同一时刻不同目标的垂直速度存在上升、下降和0三种情况。为了判别群体的飞行状态，对同一时刻雷达观测的上升个体目标数量与下降个体目标数量的比值作为一种量化指标。如图9-19所示，宝藏监测点的雷达和诱虫灯同时观测到了2020年5月27—28日出现的草地贪夜蛾迁飞高峰，上图为时间－高度－数量图，描述了当晚草地贪夜蛾虫量的空中分布，下图绿线为草地贪夜蛾数量，蓝线为上升目标和下降目标的比率，其中绿框范围内的2020年5月28日凌晨0—3时上升与下降比例差异小，说明其可能处于巡航状态，2020年5月28日傍晚红框范围内的上升目标比例大，说明群体起飞上升的现象明显。

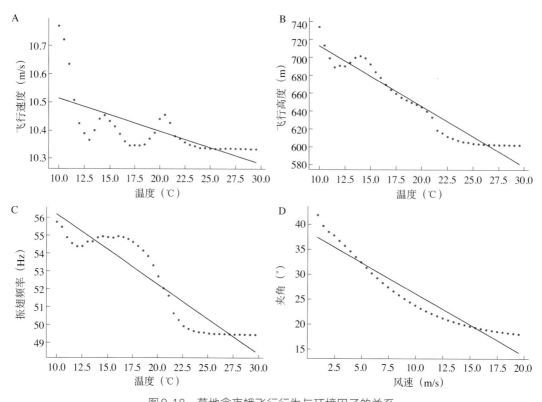

图9-18　草地贪夜蛾飞行行为与环境因子的关系

A.温度与飞行速度的关系　B.温度与飞行高度的关系　C.温度与振翅频率的关系　D.风速与夹角的关系

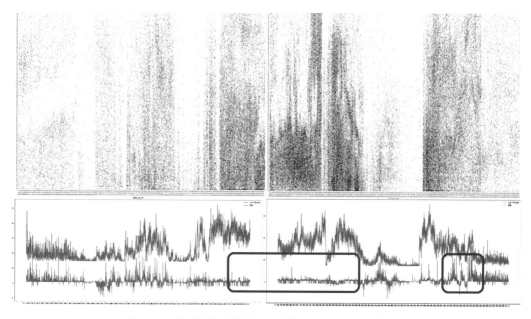

图9-19　昆虫雷达对草地贪夜蛾起飞和巡航现象的观测

综上所述，通过草地贪夜蛾典型迁飞事件的雷达监测结果发现，草地贪夜蛾对迁飞高度层的选择与温度、风速等环境条件密切相关。例如多数草地贪夜蛾选择温暖且风向合适的高度层进行迁飞。尽管草地贪夜蛾会随着风力的加大被动地调小与风向的夹角，但其仍然会选择特定的迁飞方向进行迁飞，调整身体保持朝向和风向间呈现出一定夹角，说明其具有一定的主动定向行为。这些迁飞行为与多数迁飞昆虫类似，作为一种生态适应性策略帮助它们实现快速、有效的迁移（Chapman et al.，2010，2011，2016）。利用飞行磨测定不同温度下草地贪夜蛾的飞行能力，结果表明15℃时草地贪夜蛾可以正常飞行，10℃时飞行能力显著降低，多数个体无法进行飞行活动，推测草地贪夜蛾的飞行低温阈值在10～15℃之间，这与雷达监测的飞行温度15.56℃结果基本符合。然而，云南地区的地貌复杂，不同时空气流变化剧烈，即使通过高分辨率气象插值方法也可能无法准确推算出雷达监测点所处高空的真实风温场。因此，未来一方面还需要借助如激光测风测温雷达采集实时精准的气象信息，就能更精细地研究草地贪夜蛾与环境因子互作的关系，另一方面也需要不断积累雷达观测的草地贪夜蛾迁飞高峰数据，提高雷达识别模型的精度，以获取更多可靠性更高的草地贪夜蛾目标和其相应的飞行行为参数。

三、基于雷达监测的草地贪夜蛾迁飞路径模拟

对昆虫迁飞轨迹的模拟对实现迁飞昆虫的监测预警具有重要意义，也是研究昆虫在大尺度时空背景下转移和扩散的重要手段之一，传统的研究方法普遍基于如HYSPLIT或FLEXPART等拉格朗日大气粒子扩散模型，结合不同分辨率的数值气象背景场，将昆虫设定于若干个高度起点进行飞行飘移模拟，计算不同时刻的空间坐标和起落点以获取其飞行轨迹。研究表明昆虫与惰性粒子的完全随风飘移不同，具有自主定向能力和飞行能力，同时对迁飞环境具有选择性和主动适应性，包括主动起飞、共同定向、成层、遇雨迫降等特点（翟保平和张孝羲，1993）。国外研究人员通过对Y形银纹夜蛾（*Autographa gamma*）与惰性粒子的迁飞模拟发现前者的飞行距离远大于后者，且飞行方向与雷达实际观测方向更加一致。国内研究人员通过加入固定的昆虫飞行速度和方向参数对轨迹模拟模型进行了改进，提升了轨迹模拟预测的精度，但这种飞行参数是人为主观设定的，并非实际观测的结果，缺乏实证依据，因此目前的轨迹分析方法还存在一定局限性。此外，气象信息中的风温场是昆虫迁飞的重要动力运载条件，因此高分辨率的气象信息是进行轨迹精确模拟的重要保证。

昆虫雷达可以快速准确获得目标的飞行高度、速度和方向，将这些真实的飞行参数与迁飞轨迹模拟进行融合，可解决人工设定参数的问题，从而弥补传统迁飞轨迹模型的

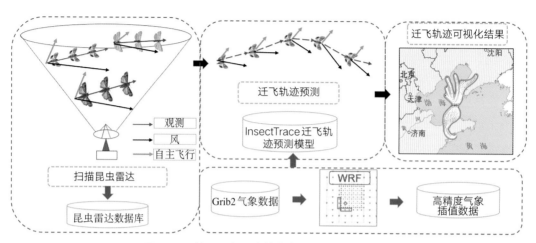

图9-20 基于昆虫雷达的害虫迁飞路径模拟流程

不足。因此，笔者团队构建了基于昆虫雷达监测的害虫迁飞轨迹模型InsectTrace-WRF。如图9-20所示，昆虫雷达首先监测到迁飞虫峰，提取出目标的飞行高度、速度和方向的飞行行为参数，结合WRF气象背景场，对雷达观测到的每一个独立目标进行自主定向及飞行速度的分解，结合水平、垂直、纵向（U、V、Z）3个风场信息合成计算不同时刻目标的速度、方向及空间位置，同时模拟害虫迁飞期间对低温、降雨、强风的响应策略并对预测空间位置进行调整，最终计算出目标的飞行轨迹和起落点。基于该模型开发了一套害虫迁飞路径模拟的可视化系统，如图9-21所示，该系统组合了昆虫雷达参

图9-21 基于昆虫雷达的轨迹模拟系统界面示例

数提取、WRF插值、轨迹计算、轨迹及落点可视化4个模块，大大提高了害虫迁飞轨迹模拟的效率和精度。

根据草地贪夜蛾灯诱高峰日的观测，我们分别对2020年5月26日和2021年10月8日两个高峰日的草地贪夜蛾分别进行回推和顺推12h的迁飞轨迹模拟，以追溯草地贪夜蛾的可能来源地、迁飞路径以及降落地。再利用云南省2020—2021年草地贪夜蛾灯诱和性诱的实际数据验证轨迹预测的准确性（注：数据来源为全国农业技术推广服务中心的全国草地贪夜蛾发生防治信息调度平台）。

2020年5月26日宝藏基地观测到草地贪夜蛾迁飞高峰，其中灯诱278头、雷达观测338头。如图9-22所示，轨迹模拟的结果显示草地贪夜蛾大致的迁飞路线为由西向东，即缅甸的东部和中部—云南澜沧—云南宝藏—云南东南部，以宝藏为起点回推12h的轨迹起点全部落在缅甸境内，以宝藏为起点顺推12h的轨迹落点均在云南与越南的边界处。通过2020年5月26日的实际灯诱热力图及2020年5月27日的性诱热力图可以看出，预测落点在热值较高的区域范围内，说明预测落点较准确。

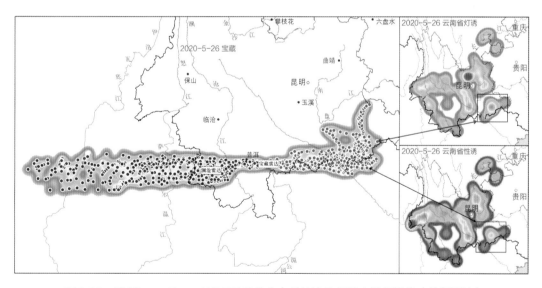

图9-22　利用InsectTrace-WRF对草地贪夜蛾轨迹及起落点进行模拟（单部雷达）

2021年10月7—8日宝藏基地和寻甸基地观测到草地贪夜蛾迁飞高峰，其中宝藏灯诱30头、雷达观测566头，寻甸灯诱333头、雷达观测1 564头。如图9-23所示，轨迹模拟的结果显示草地贪夜蛾的迁飞路线为由东向西北，即云南东南部—云南宝藏—云南寻甸—云南西北部，以宝藏为起点回推12h，轨迹起点为云南东南部，以寻甸为起点回推12h，轨迹起点为云南东部。通过2021年10月7日的性诱热力图可以看出，预测起点在热值较高的区域范围内。以宝藏和寻甸为起点顺推12h，轨迹落点都

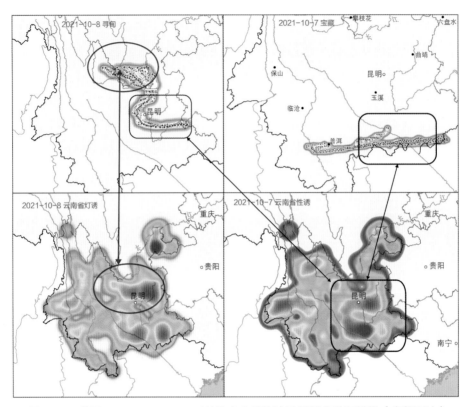

图9-23　利用InsectTrace-WRF对草地贪夜蛾轨迹及起落点进行模拟（多部雷达）

在云南西北部。通过2021年10月8日的灯诱热力图可以看出，预测落点在热值较高的区域范围内，且迁飞轨迹的路径上热值都较高，说明迁飞轨迹及起落点预测都比较准确。

第五节　草地贪夜蛾的雷达预警发布

以全国昆虫雷达联网平台为基础，可以针对草地贪夜蛾的迁飞种群动态进行多维度的监测预警，例如通过雷达和高空灯监测到草地贪夜蛾迁飞高峰时，可利用结合昆虫雷达的迁飞轨迹模拟技术更精确地推测出草地贪夜蛾虫源地，预测迁飞轨迹及迁入地，快速掌握其扩散的范围和速度、重点影响区域，从而及时制定布防措施。同时平台还具有预警消息的发布等功能，有利于及时快速共享虫情信息，便于全面开展草地贪夜蛾统防统治工作。最终该平台将成为具备雷达监测预警、空中实时阻截、地面绿色精准诱杀等功能的迁飞性害虫空地一体化防控技术模式典型示范应用中重要的一环。

针对草地贪夜蛾的种群动态监控信息化需求，全国农业技术推广服务中心于2019年6月17日正式上线了全国草地贪夜蛾发生防治信息调度平台（图9-24），建立了从下至上的测报信息报送体系，系统由数据填报、汇总、分析和统计、知识库几大模块组成，各地植保部门主要通过灯诱和田间调查的方式对草地贪夜蛾的种群动态进行统计和上报。有关部门针对草地贪夜蛾的发生状况进行全局把握，制定相应的防控策略和措施。

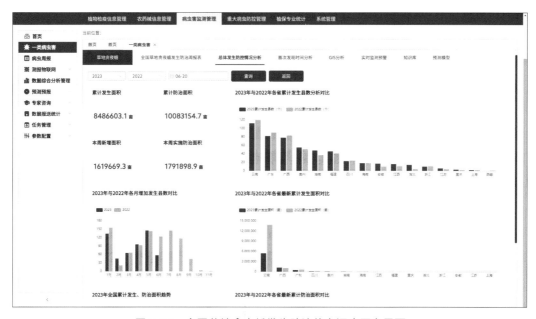

图9-24　全国草地贪夜蛾发生防治信息调度平台界面

除此之外，该系统已经与全国昆虫雷达联网平台进行了整合，接入了雷达联网的实时监测数据，还包括草地贪夜蛾成虫和幼虫的精准图像识别系统、草地贪夜蛾多因子种群动态积温预测模型、基于昆虫雷达监测的迁飞轨迹模拟等功能模块，从而加强对草地贪夜蛾和其他重要农业迁飞害虫的监测和预警。未来将规范化草地贪夜蛾雷达监测和预警的周报及日报制度，第一时间将草地贪夜蛾的种群动态、迁飞事件、迁飞轨迹进行上报，有助于对草地贪夜蛾未来发生趋势和影响范围做出研判。

【参考文献】

程登发,封洪强,吴孔明,2005.扫描昆虫雷达与昆虫迁飞监测.北京:科学出版社.

丁鹭飞,耿富录,陈建春,2014.雷达原理.5版.北京:科学出版社.

封洪强,2009.雷达昆虫学40年研究的回顾与展望.河南农业科学,2009(9):121-126.

封洪强,2011.雷达在昆虫学研究中的应用.植物保护,37(5):1-13.

付晓伟, 2017. 昆虫雷达目标回波的种类辨识研究. 北京: 中国农业科学院.

胡程, 李卫东, 王锐, 2019. 基于全极化的相参雷达迁飞昆虫观测. 信号处理, 35(6): 951-957.

吴孔明, 2018. 中国农作物病虫害防控科技的发展方向. 农学学报, 83(1): 35-38.

吴孔明, 2020. 中国草地贪夜蛾的防控策略. 植物保护, 46(2): 1-5.

翟保平, 张孝羲, 1993. 迁飞过程中昆虫的行为: 对风温场的适应与选择. 生态学报(4): 68-75.

张鹿平, 张智, 季荣, 等, 2018. 昆虫雷达建制技术的发展方向. 应用昆虫学报(2): 153-159.

张智, 张云慧, 姜玉英, 等, 2017. 我国昆虫雷达发展现状与应用展望. 中国植保导刊(4): 27-32.

Chapman J W, Drake V A, Reynolds D R, 2011. Recent insights from radar studies of insect flight. Annual Review of Entomology, 56: 337-356.

Chapman J W, Nesbit R L, Burgin L E, et al., 2010. Flight orientation behaviors promote optimal migration trajectories in high-flying insects. Science, 327(5966): 682-685.

Chapman J W, Nilsson C, Lim K S, et al., 2016. Adaptive strategies in nocturnally migrating insects and songbirds: contrasting responses to wind. Journal of Animal Ecology, 85(1): 115-124.

Chapman J W, Smith A D, Woiwod I P, Reynolds D R, Riley J, 2002. Development of vertical-looking radar technology for monitoring insect migration. Computers & Electronics in Agriculture, 35(2-3): 95-110.

Drake V A, Chapman J W, Lim K S, et al., 2017. Ventral-aspect radar cross sections and polarization patterns of insects at X band and their relation to size and form. International Journal of Remote Sensing, 38(18): 5022-5044.

Drake V A, Harman I T, Wang H K, 2002. Insect monitoring radar: Stationary-beam operating mode. Computers Electronics in Agriculture, 35: 111-137.

Drake V A, Reynolds D R, 2012. Radar entomology: Observing insect flight and migration. Oxfordshire: CABI.

Hu C, Kong S Y, Wang R, et al., 2018a. Identification of migratory insects from their morphological features using a decision-tree support vector machine and its application to radar entomology. Scientific Reports, 8: 5449.

Hu C, Kong S Y, Wang R, et al., 2019a. Radar measurements of morphological parameters and species identification analysis of migratory insects. Remote Sensing, 11(17): 1977.

Hu C, Kong S Y, Wang R, et at., 2020. Insect mass estimation based on radar cross section parameters and support vector regression algorithm. Remote Sensing, 12(11): 1903.

Hu C, Li W D, Wang R, et al., 2019b. Insect biological parameter estimation based on the invariant target parameters of the scattering matrix. IEEE Transactions on Geoscience and Remote Sensing, 57(8): 6212-6225.

Hu C, Li W Q, Wang R, et al., 2018b. Insect flight speed estimation analysis based on a full-polarization radar. Science China Information Sciences, 61(10): 109306.

Skamarock W C, Klemp J B, Dudhia J, et al., 2005. A description of the advanced research WRF version 2 (No. NCAR/TN-468+STR). Colorado: University Corporation for Atmospheric Research.

Skolnik M I, 2001. Introduction to Radar System. 3rd ed. New York: Tata McGraw-Hill.

Wang R, Hu C, Fu X W, et al., 2017. Micro-Doppler measurement of insect wing-beat frequencies with W-band coherent radar. Scientific Reports, 7(1): 1396.

Wang R, Hu C, Liu C J, et al., 2018. Migratory insect multifrequency radar cross sections for morphological parameter estimation. IEEE Transactions on Geoscience and Remote Sensing, 57(6): 3450-3461.

第十章

草地贪夜蛾种群发生预测预报技术

草地贪夜蛾入侵后，已成为在中国长期繁殖、周年为害的重大农业害虫。根据其发生为害规律，中国确定了草地贪夜蛾的周年繁殖区、越冬区及迁入区的种群发生区划，并基于此提出分区治理对策。在草地贪夜蛾原生地美洲及入侵地非洲地区，一般采用性诱技术监测成虫及田间调查方法监测卵、幼虫、蛹的田间种群数量动态（FAO和CABI，2019a，2019b）。草地贪夜蛾入侵后，中国在对本土迁飞害虫监测研究的技术基础上，发展了草地贪夜蛾综合监测预警技术体系：性诱、灯诱、雷达等手段监测成虫种群动态，田间调查方法监测卵、幼虫、蛹的田间种群动态（刘杰 等，2019；吴孔明，2020），结合精巢和卵巢发育分级、有效积温等方法预测草地贪夜蛾发生期及发生量。根据以上综合监测预警技术体系，基于信息技术发展了草地贪夜蛾种群测报系统，方便技术人员开展草地贪夜蛾的预测预报工作。本章梳理了草地贪夜蛾种群预测预报技术方面的研究进展，以期为进一步做好种群动态监测、提高监测预报和科学防控水平提供参考，支撑草地贪夜蛾的可持续治理。

第一节　草地贪夜蛾入侵对玉米田害虫种群演替的影响

草地贪夜蛾入侵我国后，与亚洲玉米螟（以下简称玉米螟）[*Ostrinia furnacalis*（Guenée）]、一点缀螟 [*Paralipsa gularis*（Zeller）]、棉铃虫 [*Helicoverpa armigera*（Hübner）]、黏虫 [*Mythimna separata*（Walker）]、劳氏黏虫 [*Leucania loreyi*（Duponchel）]、甜菜夜蛾 [*Spodoptera exigua*（Hübner）]、斜纹夜蛾 [*Spodoptera litura*（Fabricius）]、桃蛀螟 [*Conogethes punctiferalis*（Guenée）] 和二点委夜蛾 [*Athetis lepigone*〔Mŏschler〕〕等多种本土害虫在玉米上的发生时期和为害部位相同，常混合发生（赵胜园 等，2019；郭井菲 等，2019；陈琦 等，2020）。草地贪夜蛾入侵后，与本土害虫物种相互竞争，并表现出较大的种间竞争优势，在部分地区成为主要害虫，需适当调整玉米田害虫种群监测预警体系。

一、草地贪夜蛾与玉米螟

几十年来，玉米螟是我国玉米生产中最严重的害虫，2003年以来全国玉米螟的发生呈逐年上升态势，常年发生面积在2 000万公顷以上（王振营和王晓鸣，2019）。草地贪夜蛾和玉米螟均在玉米苗期取食心叶，穗期蛀食花丝或茎秆，籽粒形成后则取食籽粒和穗轴。研究表明，在种间竞争中，草地贪夜蛾相比玉米螟攻击行为更明显，同时具有较低的致死攻击频率和较高的防御行为（施建琴 等，2021；Zhao et al.，2022）。当不同龄期组合的单头草地贪夜蛾和玉米螟幼虫遭遇（共同饲养于养虫盒中）时，草地贪夜蛾二龄及以上龄期幼虫对龄期更低的玉米螟幼虫捕食率均大于50%，四龄后大于90%，对同龄或更高龄期的玉米螟幼虫也有一定的捕食能力，玉米螟仅四、五龄幼虫对草地贪夜蛾一龄幼虫的捕食率大于50%（表10-1）。草地贪夜蛾六龄幼虫在玉米叶片和花丝上捕食玉米螟，捕食功能反应模型为Ⅲ型。在玉米叶片和花丝上，草地贪夜蛾对玉米螟的日最大捕食量（N_m）总体上随着猎物龄期的升高而降低，且对玉米螟一龄幼虫的N_m最高，分别为66.67头、25.57头，在玉米茎叶上草地贪夜蛾对不同龄期玉米螟的日最大捕食量是玉米花丝上的2～4倍，表明花丝对玉米螟起到了良好的庇护作用（表10-2）。当草地贪夜蛾和玉米螟的黑头卵块接于同一块笼罩的玉米田时，草地贪夜蛾的虫株率和单株虫量分别为77.90%和1.29头，而玉米螟仅为2.76%和0.04头，对照组中玉米螟的虫株率和单株虫量分别为50.57%和0.67头，表明草地贪夜蛾通过更强的种群竞争力在种间竞争中占据优势。因草地贪夜蛾具有比玉米螟更强的竞争优势，从而在云南等地区上升为玉米田的主要害虫。

表10-1　草地贪夜蛾和玉米螟不同龄期幼虫间的捕食率

| 捕食者 | 龄期 | 猎物的龄期（玉米螟/草地贪夜蛾） | | | | | |
		一龄	二龄	三龄	四龄	五龄	六龄
草地贪夜蛾	一龄	0	0	0	0	0	
	二龄	53.3% ±9.1%	50.0% ±9.1%	0	0	0	
	三龄	93.3% ±4.6%	60.0% ±8.9%	36.7% ±8.8%	20.0% ±7.3%	0	

（续）

捕食者	龄期	猎物的龄期（玉米螟/草地贪夜蛾）					
		一龄	二龄	三龄	四龄	五龄	六龄
草地贪夜蛾	四龄	100.0% ±0.0	83.3% ±6.8%	93.3% ±4.6%	70.0% ±8.4%	56.7% ±9.1%	
	五龄	96.7% ±3.3%	100.0% ±0.0	93.3% ±4.6%	96.7% ±3.3%	70.0% ±8.4%	
	六龄	93.3% ±4.6%	100.0% ±0.0	100.0% ±0.0	100.0% ±0.0	100.0% ±0.0	
玉米螟	一龄	0	0	0	0	0	0
	二龄	0	0	0	0	0	0
	三龄	3.3% ±3.3%	0	0	0	0	0
	四龄	73.3% ±8.1%	13.3% ±6.2%	10.0% ±5.5%	0	0	0
	五龄	83.3% ±6.8%	26.7% ±8.1%	16.7% ±0.6%	0	0	0

表10-2　草地贪夜蛾六龄幼虫对不同龄期玉米螟的日最大捕食量

部位	叶片					花丝				
玉米螟龄期	一龄	二龄	三龄	四龄	五龄	一龄	二龄	三龄	四龄	五龄
模型	III	III	III	III	III	III	III	III	III	III
N_m	66.67头	25头	20头	14.49头	15.63头	25.57头	7.69头	6.67头	4.69头	4.46头
R^2	0.92	0.802	0.839	0.858	0.878	0.901	0.847	0.821	0.632	0.737

注：R^2为相关系数。

二、草地贪夜蛾与棉铃虫

在我国，棉铃虫第二至四代幼虫在玉米上发生为害，幼虫主要取食花丝、穗尖幼嫩组织和籽粒，近10年来玉米田棉铃虫为害面积呈上升趋势（王振营和王晓鸣，2019）。草地贪夜蛾也可于玉米穗期为害，且与棉铃虫为害部位基本一致。明确两物种的种间竞争关系可为草地贪夜蛾监测预警提供科技支撑。

草地贪夜蛾与棉铃虫的幼虫捕食能力接近，通常龄期更高的一方在竞争中占据优势，但龄期相同时，草地贪夜蛾对棉铃虫的捕食率更高（表10-3）。捕食功能反应表明，草地贪夜蛾六龄幼虫捕食棉铃虫一至三龄幼虫的日最大捕食量分别为71.4头、33.3头和30.3头，而棉铃虫六龄幼虫捕食草地贪夜蛾一至三龄幼虫的日最大捕食量分别为38.5头、32.3头和17.0头，除对二龄幼虫的捕食量接近，草地贪夜蛾表现了更强的捕食能力（表10-4）。当草地贪夜蛾一龄幼虫和棉铃虫三龄幼虫在同株玉米花丝上发生时，草地贪夜蛾的存活率为44.44%，而棉铃虫一龄幼虫和草地贪夜蛾三龄幼虫同时发生时，棉铃虫存活率仅为23.33%，表明草地贪夜蛾低龄幼虫的生存能力更强。国外研究亦表明草地贪夜蛾在同龄或更高龄期时，其捕食率均高于棉铃虫，并在竞争中占据一定优势（Bentivenha et al.，2017）。鉴于草地贪夜蛾可以为害玉米整个生长期，取食玉米多个组织器官，而棉铃虫主要发生于玉米穗期，此时草地贪夜蛾多已发育至高龄幼虫，高龄幼虫更强的捕食能力使草地贪夜蛾在竞争中更易占据优势。

表 10-3　草地贪夜蛾和棉铃虫不同龄期幼虫间的捕食率

| 捕食者 | 龄期 | 猎物的龄期（棉铃虫/草地贪夜蛾） | | | | | |
		一龄	二龄	三龄	四龄	五龄	六龄
草地贪夜蛾	一龄	0	0	0	0	0	0
	二龄	53.3% ±9.1%	10.0% ±5.5%	0	0	0	0
	三龄	76.7% ±7.7%	50.0% ±9.1%	16.7% ±6.8%	0	0	0
	四龄	93.3% ±4.6%	96.7% ±3.3%	50.0% ±9.1%	30.0% ±8.4%	3.3% ±3.3%	0
	五龄	96.7% ±3.3%	96.7% ±3.3%	86.7% ±6.2%	73.3% ±8.1%	20.0% ±7.3%	3.3% ±3.3%
	六龄	96.7% ±3.3%	100.0% ±0.0%	100.0% ±0.0%	76.7% ±7.7%	76.7% ±7.7%	16.7% ±6.8%
棉铃虫	一龄	0	0	0	0	0	0
	二龄	36.7% ±8.8%	10.0% ±5.5%	0	0	0	0
	三龄	93.3% ±4.6%	66.67% ±8.6%	10.0% ±5.5%	0	0	0
	四龄	100.0% ±0.0%	90.00% ±5.5%	50.0% ±9.1%	3.3% ±3.3%	0	0
	五龄	100.0% ±0.0%	96.67% ±3.3%	63.3% ±8.8	66.7% ±8.6%	10.0% ±5.5%	0
	六龄	100.0% ±0.0%	100% ±0.0%	100.0% ±0.0%	86.7% ±6.2%	56.7% ±9.1%	6.7% ±4.6%

表 10-4　草地贪夜蛾和棉铃虫六龄幼虫对彼此一至三龄幼虫的日最大捕食量

捕食者	猎物龄期	模型	N_m	R^2
草地贪夜蛾	一龄	III	71.4头	0.871
	二龄	III	32.3头	0.818
	三龄	III	30.3头	0.875

（续）

捕食者	猎物龄期	模型	N_m	R^2
	一龄	III	38.5头	0.732
棉铃虫	二龄	III	28.6头	0.795
	三龄	III	17.0头	0.746

三、草地贪夜蛾与其他玉米害虫

1.斜纹夜蛾

草地贪夜蛾入侵后的发生为害区域、时间和寄主作物与斜纹夜蛾也有重合，田间调查也表明两物种在玉米上拥有相近的生态位参数，两虫种间存在竞争（表10-5）。在捕食能力方面，斜纹夜蛾不具有捕食草地贪夜蛾的能力，但草地贪夜蛾具有捕食斜纹夜蛾的能力，三至六龄草地贪夜蛾幼虫对斜纹夜蛾的捕食能力较强，斜纹夜蛾幼虫越大，草地贪夜蛾捕食能力越低。三龄草地贪夜蛾幼虫可捕食一至二龄斜纹夜蛾幼虫，36h后对一、二龄斜纹夜蛾幼虫的捕食率均为22%；四龄草地贪夜蛾幼虫可捕食一至四龄斜纹夜蛾幼虫，但捕食率随斜纹夜蛾幼虫龄期的升高不断降低；五龄草地贪夜蛾幼虫可捕食各龄期斜纹夜蛾幼虫，36h后对一至三龄斜纹夜蛾幼虫的捕食率高于70%，对四、五龄斜纹夜蛾幼虫的捕食率分别为37%和27%；六龄草地贪夜蛾幼虫36h后对一至四龄斜纹夜蛾幼虫捕食率达到100%，对五至六龄斜纹夜蛾幼虫捕食率为40%。

表10-5 草地贪夜蛾与斜纹夜蛾在玉米不同发育阶段下的生态位参数

参数	玉米生育期	草地贪夜蛾	斜纹夜蛾
	三叶期	0.623 1	0.789 7
	拔节期	0.778 8	0.623 1
生态位宽度	大喇叭口期	0.500 0	0.564 2
	抽雄期	0.530 9	0.573 0
	吐丝期	0.481 1	0.333 3
	三叶期	0.983 0	
种间竞争系数	拔节期	0.985 4	
	大喇叭口期	0.998 0	

（续）

参数	玉米生育期	草地贪夜蛾	斜纹夜蛾
种间竞争系数	抽雄期	0.998 8	
	吐丝期	0.975 0	
生态位重叠指数	三叶期	1.401 3	
	拔节期	1.414 6	
	大喇叭口期	1.878 8	
	抽雄期	1.811 0	
	吐丝期	2.434 8	
生态位相似比例	三叶期	0.869 1	
	拔节期	0.877 6	
	大喇叭口期	0.939 4	
	抽雄期	0.960 7	
	吐丝期	0.811 6	

在田间实验中，仅有斜纹夜蛾为害玉米心叶时，斜纹夜蛾未发生死亡现象。但当草地贪夜蛾与斜纹夜蛾在玉米心叶中同时为害时，斜纹夜蛾死亡率可达90%，且部分未死亡的幼虫转移至其他叶位上取食，而草地贪夜蛾未发生死亡现象。2019年在云南省瑞丽市玉米田，草地贪夜蛾和斜纹夜蛾幼虫百株虫量分别为12.7头和0.6头，而同期草地贪夜蛾和斜纹夜蛾成虫的诱捕量分别为3.3头和22.7头，草地贪夜蛾在玉米上对斜纹夜蛾的幼虫种群可能具有压制作用。

2. 黏虫

国内研究表明，草地贪夜蛾与黏虫相比，在玉米和小麦上的种间竞争中占据优势。在以小麦苗为寄主的条件下，草地贪夜蛾和黏虫初始各50头幼虫时，混合发生13d后，黏虫存活率为0，而草地贪夜蛾存活率为51.0%，随着初始混合种群中草地贪夜蛾比例的下降，黏虫的存活率逐渐增加；以玉米苗为寄主时，草地贪夜蛾和黏虫初始各50头幼虫时，混合发生10d后，黏虫的存活率为0，而草地贪夜蛾的存活率为81.0%，草地贪夜蛾具有明显的竞争优势（常向前 等，2022）。国外对草地贪夜蛾与其他本土昆虫种间竞争的研究表明，以玉米为寄主时，草地贪夜蛾占据较大的竞争优势，并导致其他本土昆虫通过转移寄主的方式避免与草地贪夜蛾的竞争（Murua et al.，2006；Hailu et al.，2021）。在与美洲棉铃虫、西部豆夜蛾 [*Striacosta albicosta*（Smith）] 的竞争中，草地贪夜蛾同样占据竞争优势，对玉米生产具有更大威胁（Bentivenha et al.，2016）。

生产上发现，草地贪夜蛾入侵我国后，在与黏虫、玉米螟、棉铃虫等本土害虫的竞争中均表现出较大的种间竞争优势，并且在部分地区演化成玉米田主要害虫，在预测预报上应采取草地贪夜蛾针对性预测预报技术。

第二节　草地贪夜蛾的智能识别

草地贪夜蛾入侵后，玉米生产上急需一种简便、精准的技术平台识别该虫，帮助农业技术人员和农民做好监测与防控工作。人工智能技术因其智能性、便捷性，在农业病虫害识别中具有重要应用前景。如深度卷积神经网络（convolutional neural networks，CNN）在图像识别中表现出优异性能，可提取图像的多层次特征，遮挡、旋转目标，位置优异的鲁棒性，是解决昆虫种类识别问题的首选技术。笔者团队利用该技术构建了识别模型，系统评价识别效果，并开发了草地贪夜蛾识别应用系统。

一、识别模型构建

目前主流的图像分类模型主要基于深度卷积神经网络构建，为了对目标实现准确定位，一些端到端的目标检测模型也较多应用于害虫识别，但这些目标检测模型的训练需要大量人工标记，对硬件和算力的要求也较高，无法满足低成本、实时性及适用于智能手机轻量化的需求。此外，玉米田间的害虫识别通常只需对单目标进行拍照，拍摄图像中的无关背景严重影响识别精度，因此，如何低成本地解决精准定位虫体、排除无关背景以提高识别精度是值得研究的问题。

基于现有研究的认识，针对玉米田草地贪夜蛾识别特点和需求，从优化深度卷积神经网络的结构和减少图像背景干扰两个方面构建模型。首先，建立了一个包含草地贪夜蛾在内的36种玉米田间常见害虫的图像数据库，含成虫和幼虫两种虫态（图10-1）。其次，设计基于EfficientNet-B0的二阶段分类模型MaizePestNet（针对玉米害虫识别的网络）（图10-2），使用知识蒸馏技术提升EfficientNet-B0模型的分类精度，通过梯度类激活热力图Grad-CAM算法实现目标定位，降低背景干扰，将框定的目标输入EfficientNet-B0模型再分类以获得高精度的分类结果。最后，基于该模型开发了草地贪夜蛾的图像识别系统，可通过拍摄玉米田害虫图像，进行草地贪夜蛾及其他害虫的种类鉴定。

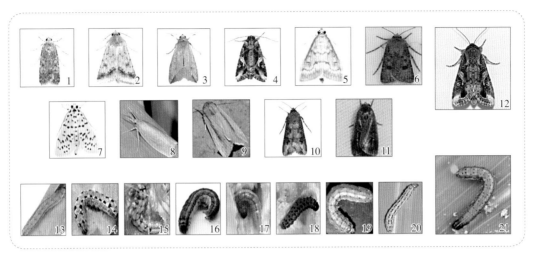

图10-1　玉米田间常见害虫图像（部分）

1.甜菜夜蛾成虫　2.棉铃虫成虫　3.黏虫成虫　4.斜纹夜蛾成虫　5.玉米螟成虫　6.黄地老虎成虫

7.桃蛀螟成虫　8.条螟成虫　9.劳氏黏虫成虫　10.小地老虎成虫　11.二点委夜蛾成虫

12.草地贪夜蛾成虫　13.二点委夜蛾幼虫　14.斜纹夜蛾幼虫　15.棉铃虫幼虫　16.黏虫幼虫

17.玉米螟幼虫　18.桃蛀螟幼虫　19.小地老虎幼虫　20.条螟幼虫　21.草地贪夜蛾幼虫

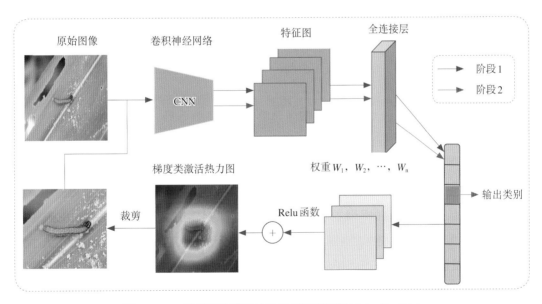

图10-2　二阶段深度卷积神经网络识别模型MaizePestNet

二、数据集制作与预处理

将训练数据集以8∶1∶1的总体比例随机划分为训练集（train dataset）、验证集（valid dataset）、测试集（test dataset）。其中，训练集用于训练模型，验证集用于模型选择和参数调整，测试集用于对模型进行泛化性能的评估，不参与模型训练。训练前对图像数据集中的害虫进行目标截取以消除背景进行分类，数据集中害虫种类和样本数量详见表10-6。

表10-6　图像数据集中害虫种类和样本数量

科	属	种	训练集	验证集	测试集
草螟科 Crambidae	禾草螟属 *Chilo* Zincken，1817	条螟 *C. sacchariphagus*（Bojer，1856）	56（50）	6（6）	6（6）
	纵卷叶野螟属 *Cnaphalocrocis* Lederer，1863	稻纵卷野螟 *C. medinalis*（Guenée，1854）	97	12	12
	多斑野螟属 *Conogethes* Meyrick，1884	桃多斑野螟 *C. punctiferalis*（Guenée，1854）	98（28）	12（4）	12（4）
	锥额野螟属 *Loxostege* Hübner，1825	草地螟 *L. sticticalis*（Linnaeus，1761）	81	10	10
	秆野螟属 *Ostrinia* Hübner，1825	亚洲玉米螟 *O. furnacalis*（Guenée，1854）	77（48）	10（6）	10（6）
目夜蛾科 Erebidae	白灯蛾属 *Hyphantria* Harris，1841	美国白蛾 *H. cunea*（Drury，1773）	89（34）	11（4）	11（4）
	缘灯蛾属 *Aloa* Walker，1855	红缘灯蛾 *A. lactinea*（Cramer，1777）	34（24）	4（3）	4（3）
弄蝶科 Hesperiidae	稻弄蝶属 *Parnara* Moore，[1881]	直纹稻弄蝶 *P. guttata*（Bremer & Grey，1852）	57	7	7
刺蛾科 Limacodidae	黄刺蛾属 *Monema* Walker，1855	黄刺蛾 *M. flavescens* Walker，1855	24（28）	3（4）	3（4）
	绿刺蛾属 *Parasa* Moore，[1860]	褐缘绿刺蛾 *P. consocia* Walker，1865	47（22）	6（3）	6（3）
夜蛾科 Noctuidae	地夜蛾属 *Agrotis* Ochsenheimer，1816	小地老虎 *A. ipsilon*（Hufnagel，1766）	139（70）	17（9）	17（9）
		黄地老虎 *A. segetum*（Denis et Schiffermüller，1775）	79	10	10
	委夜蛾属 *Athetis* Hübner，[1821] 1816	二点委夜蛾 *A. lepigone*（Möschler，1860）	57（24）	7（3）	7（3）
	铃夜蛾属 *Helicoverpa* Hardwick，1965	棉铃虫 *H. armigera*（Hübner，[1808]）	153（73）	19（9）	19（9）
	黏夜蛾属 *Leucania* Ochsenheimer，1816	劳氏黏虫 *L. loreyi*（Duponchel，1827）	50	6	6
	秘夜蛾属 *Mythimna* Ochsenheimer，1816	黏虫 *M. separata*（Walker，1865）	167（70）	21（9）	21（9）
	藜夜蛾属 *Scotogramma* H. Edwards，1887	旋幽夜蛾 *S. trofolii* Rottemberg	62	8	8

（续）

科	属	种	训练集	验证集	测试集
夜蛾科 Noctuidae	蛀茎夜蛾属 *Sesamia* Guenée，1852	稻蛀茎夜蛾 *S. inferens*（Walker，1856）	41	5	5
	灰翅夜蛾属 *Spodoptera* Guenée，1852	甜菜夜蛾 *S. exigua*（Hübner，1808）	55（42）	7（5）	7（5）
		草地贪夜蛾 *S. frugiperda*（J.E. Smith，1797）	142（250）	18（31）	18（31）
		斜纹夜蛾 *S. litura*（Fabricius，1775）	175（96）	22（12）	22（12）
蚜科 Aphididae	缢管蚜属 *Rhopalosiphum* Koch，1854	玉米蚜 *R. maidis*（Fitch，1856）	62	8	8
飞虱科 Delphacidae	灰飞虱属 *Laodelphax* Fennah，1963	灰飞虱 *L. striatellus*（Fallén，1826）	34	4	4
沫蝉科 Cercopidae	稻沫蝉属 *Callitettix* Stål，1865	稻赤斑黑沫蝉 *C. versicolor*（Fabricius，1794）	38	5	5
叶蝉科 Cicadellidae	叶蝉属 *Cicadella* Latreille，1817	大青叶蝉 *C. viridis*（Linnaeus，1758）	33	4	4
盲蝽科 Miridae	赤须盲蝽属 *Trigonotylus* Fieber，1858	条赤须盲蝽 *T. coelestialium*（Kirkaldy，1902）	32	4	4
蝽科 Pentatomidae	二星蝽属 *Eysarcoris* Hahn，1834	二星蝽 *E. guttiger*（Thunberg，1783）	21	3	3
	斑须蝽属 *Dolycoris* Mulsant & Rey，1866	斑须蝽 *D. baccarum*（Linnaeus，1758）	113	14	14
	绿蝽属 *Nezara* Amyot & Serville，1843	稻绿蝽 *N. viridula*（Linnaeus，1758）	35	4	4
叶甲科 Chrysomelidae	长跗萤叶甲属 *Monolepta* Chevrolat in Dejean，1836	双斑长跗萤叶甲 *M. hieroglyphica*（Motschulsky，1858）	24	3	3
	角胸肖叶甲属 *Basilepta* Baly，1860	褐足角胸叶甲 *B. fulvipes*（Motschulsky，1860）	28	4	4
象虫科 Curculionidae	土象属 *Xylinophorus* Faust	蒙古土象 *X. mongolicus* Faust	28	4	4
花金龟科 Cetoniidae	星花金龟属 *Protaetia* Burmeister，1842	白星花金龟 *P. brevitarsis*（Lewis，1879）	60（79）	8（10）	8（10）
叩甲科 Elateridae	线角叩甲属 *Pleonomus* Ménétriés，1849	沟金针虫 *P. canaliculatus*（Faldermann，1835）	17（19）	2（2）	2（2）

（续）

科	属	种	训练集	验证集	测试集
蝗科 Acrididae	飞蝗属 *Locust* Linnaeus，1758	东亚飞蝗 *L. migratoria*（Linnaeus，1758）	76	10	10
蝼蛄科 Gryllotalpidae	蝼蛄属 *Gryllotalpa* Latreille，1802	东方蝼蛄 *G. orientalis* Burmeister，1838	89	11	11

注：括号内为幼虫数量，在36种害虫中，部分害虫存在成虫和幼虫两种不同的虫态，因此共分为52个类别进行模型训练。

三、MaizePestNet 识别结果对比

综合使用知识蒸馏和Grad-CAM算法的结果，分别在测试数据集上进行测试，结果如表10-7所示。通过融合知识蒸馏和Grad-CAM算法，基于EfficientNet-B0模型实现了93.32%的识别精度，高于其他模型，实现了模型预期效果。其Grad-CAM热力图计算、定位和识别效果（激活阈值为0.4）如图10-3和图10-4所示。

表10-7　基于EfficientNet-B0的二阶段模型识别效果

模型类型	Model/测试集	平均精度	准确度	召回率	平衡F分数
Baseline	EfficientNet-B0	0.825 7	0.897 6	0.948 1	0.906 9
KD	KD+EfficientNet-B0	0.903 9	0.880 4	0.917 3	0.887 1
Grad-Cam	EfficientNet-B0+Grad-Cam	0.907 1	0.883 5	0.919 4	0.889 9
MaizePestNet	KD+EfficientNet-B0+Grad-Cam	0.933 2	0.923 6	0.954 8	0.930 9

四、草地贪夜蛾图像识别系统设计

如图10-5所示，草地贪夜蛾图像识别小程序及系统采用B/S前后端分离设计，在线实时系统基于python（3.7.3）语言开发，采用torch（1.6.0）和torchvision（0.5.0）搭建了模型的运行环境，采用Flask（1.0.2）框架实现Restful API前后台数据交互功能，后端接口通过Gunicorn（20.1.0）进行并发管理，采用Supervisor（4.2.2）实现进程守护，采用Mysql（5.6.3）作为存储识别结果的后台数据库，采用微信开发者工具（v1.02）进行小程序开发。

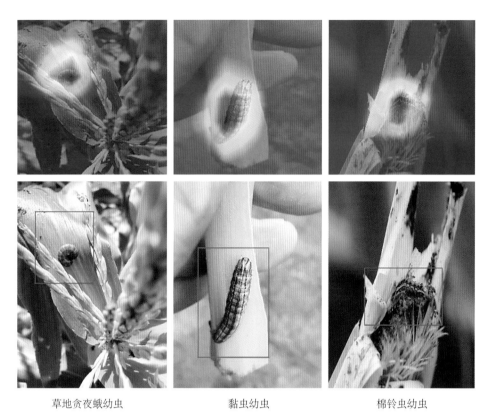

| 草地贪夜蛾幼虫 | 黏虫幼虫 | 棉铃虫幼虫 |

图10-3 通过Grad-CAM算法进行定位识别结果（幼虫）

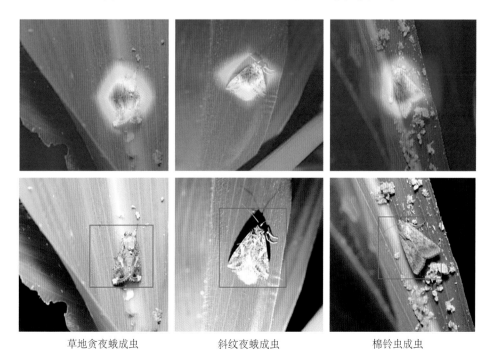

| 草地贪夜蛾成虫 | 斜纹夜蛾成虫 | 棉铃虫成虫 |

图10-4 通过Grad-CAM算法进行定位识别结果（成虫）

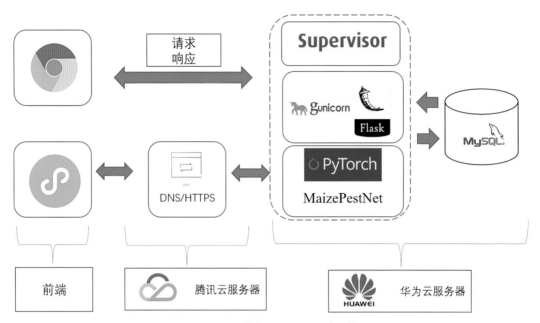

图10-5 草地贪夜蛾图像识别系统架构设计

五、草地贪夜蛾识别系统应用

基于MaizePestNet，我们开发了两套玉米害虫识别系统，分别是微信小程序和在线实时玉米害虫识别系统。微信小程序可以通过手机端微信应用打开，首先搜索微信小程序"草地贪夜蛾识别"，点击"昆虫识别"功能，在识别场景中选择"田间"模式，点击"拍照/选取图片识别"，拍照或者选择照片后点击"完成"，等待1～2s后即可完成识别，具体识别实例如图10-6所示。在线实时玉米害虫识别系统（http://migrationinsect.cn:8083）如图10-7所示，系统使用非常简便，分为3个步骤：

（1）在浏览器通过URL打开系统，点击"选择文件"，将拍摄的玉米害虫的幼虫或成虫图片上传至系统，系统将自动对图片进行压缩、标准化等预处理。

（2）点击"开始"按钮进行识别，服务器端将使用MaizePestNet模型对图片进行目标定位和分类。

（3）查看输出结果，服务器端将按识别分值高低排序，并取前5位结果实时返回至系统，并将目标定位区域返回至识别区域处显示。

系统支持多线程访问，因此用户可以同时选择多张图像进行识别，经过实际测试，在网络速度正常的情况下，单个图像1～2s内可返回结果，真正实现了实时快速的玉米害虫识别。

识别场景：　○灯下 ✓田间　　　　　　识别场景：　○灯下 ✓田间

拍照/选取图片识别　　　　　　**拍照/选取图片识别**

昆虫名称:草地贪夜蛾幼虫　　　　　　昆虫名称:草地贪夜蛾
相似度:98.24%　　　　　　　　　　相似度:96.35%

相似排序	名称	相似度
1	草地贪夜蛾幼虫	98.24%
2	黏虫幼虫	1.30%
3	草地贪夜蛾卵块	0.13%
4	条螟幼虫	0.12%
5	二点委夜蛾幼虫	0.05%

相似排序	名称	相似度
1	草地贪夜蛾	96.35%
2	草地贪夜蛾卵块	0.96%
3	小地老虎	0.43%
4	斜纹夜蛾	0.37%
5	玉米蚜	0.34%

图10-6　利用微信小程序进行草地贪夜蛾识别（左：幼虫，右：成虫）

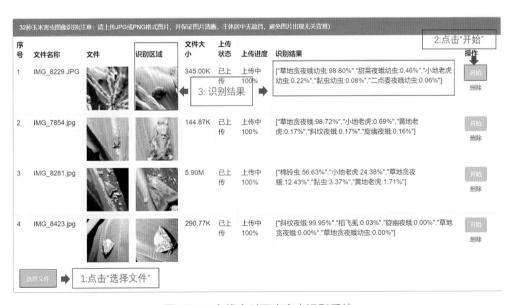

图10-7　在线实时玉米害虫识别系统

第三节　成虫监测方法

一、灯诱监测

与其他鳞翅目夜蛾科昆虫一样，草地贪夜蛾成虫也具有趋光习性，白天藏于玉米心叶、叶片基部叶腋、植物残枝叶片或其他隐蔽处，夜晚活动。Liu 等（2021）从草地贪夜蛾转录组中鉴定出了视蛋白（opsin）基因，虽然草地贪夜蛾视蛋白基因表达量显著低于我国另一重大害虫棉铃虫，但研究表明草地贪夜蛾成虫也表现出了明显的趋光性。因此，可以利用灯诱技术开展草地贪夜蛾成虫监测。

生产上，常规的黑光灯主要用于草地贪夜蛾地面成虫的监测，高空测报灯应用于高空中迁飞害虫的监测。孙小旭等利用高空测报灯于2018年12月11日在云南澜沧诱到首头入侵我国的草地贪夜蛾成虫（Sun et al.，2021）。利用高空测报灯监测到了草地贪夜蛾的跨渤海湾和跨南海迁飞行为（Jia et al.，2021；Zhou et al.，2021）。全国农业技术推广服务中心在广西、湖南、湖北、河南、陕西、山西、宁夏、天津8省份14个高空测报灯观测点观测到明显的草地贪夜蛾蛾峰，可用于区域性种群动态监测。

高空测报灯由1 000W金属卤化物灯、镇流器、时间和感光控制器、收虫和杀虫装置等部件组成（图10-8）。一般需具有控温杀虫、烘干、雨天不断电、按时段自动开关

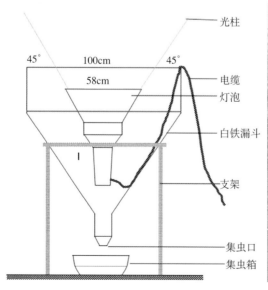

图10-8　草地贪夜蛾高空测报灯（左图参考《草地贪夜蛾测报技术规范》）

灯等一体化功能，诱到活虫后能迅速杀死并保持翅体鳞片完整，翅征易于辨别。金属卤化物灯灯泡光源波长一般为350～650nm，功率为1000W。光柱垂直打向空中，呈倒圆锥状辐射，与地面水平线呈45°±5°夹角，光柱垂直高度不小于500m，顶端半径不小于450m。灯具可安装在楼顶、高台等相对开阔处，或放置在周边无高大建筑物遮挡和强光源干扰的田间。每日18:00开灯、翌日7:00关灯。在观测期内逐日记载诱集的草地贪夜蛾雌虫、雄虫数量。单日诱虫量出现突增至突减期间的日期为盛发期。

二、性诱监测

利用人工合成的草地贪夜蛾雌虫性信息素或类似物制作性诱剂，可特异性地诱捕雄蛾，用来监测成虫发生情况。对中国草地贪夜蛾入侵种群的监测表明，船形诱捕器和桶形诱捕器诱捕效果没有显著差异，但二者显著优于夜蛾通用诱捕器，综合来看，桶形诱捕器的诱集效果最佳（和伟 等，2019）。FAO和CABI（2019a，2019b）也推荐利用桶形诱捕器进行草地贪夜蛾的诱捕监测（图10-9）。在草地贪夜蛾侵入地非洲，性诱剂被推荐用于监测成虫的种群动态，性诱捕器方面，也推荐用桶形诱捕器（Prasanna et al., 2018）。

图10-9 草地贪夜蛾桶形性诱捕器

桶形诱捕器一般设置于离地面1～1.5m高处。保证玉米叶片及穗部不遮挡桶形诱捕器进口。随着玉米生长，保证诱捕器高于玉米植株约30cm。在低矮作物田，田间设置桶形诱捕器3个，相邻两个诱捕器间距大于50m，距田边5m。在高秆作物田，将诱捕器放置于风向上风处的田埂边，相邻诱捕器的间距大于50m，与田埂距离1m左右。诱捕器放置高度为距地面1m左右或高于植物20cm（图10-10）。诱芯置于诱捕器内，每日

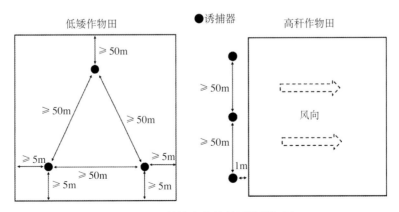

图10-10 草地贪夜蛾性诱捕器设置

上午检查记录诱到的雄蛾数量。草地贪夜蛾的高质量诱芯持效期可达60d左右，诱芯具体更换时间根据产品说明书执行。虫量少时3～5d调查1次，虫量多时1～2d调查1次。在草地贪夜蛾的性诱捕器中，可能经常诱集到劳氏黏虫雄虫，应注意加以区分。

三、食诱监测

食诱剂是基于植食性害虫偏好食源或其挥发物而研制成的一类成虫行为调控剂（蔡晓明 等，2018）。食诱剂环境友好、灵敏高效、使用方便、对非靶标害虫无影响，可同时引诱害虫雌、雄成虫（Gregg et al.，2016；Justiniano和Fernandes，2020）。

食诱剂在草地贪夜蛾监测上可结合卵巢解剖判断虫源性质。和伟等2020—2021年对云南省寻甸县和景洪市食诱剂诱捕草地贪夜蛾雌蛾的卵巢解剖结果表明，诱捕雌蛾卵巢发育级别多处于3级以上（未发表数据）。昆虫的卵巢发育进度是判断迁飞昆虫虫源性质的重要指标，通常来说外地迁入虫源的卵巢发育级别大都是3级以上，1级所占的比例很低或者不存在；而本地虫源在成虫羽化高峰期时卵巢发育为1级的雌蛾比例较高，随着时间推移，卵巢发育级别为3～5级的个体比例才会逐渐升高（齐国君 等，2011；张智 等，2021）。因此景洪和寻甸诱捕的草地贪夜蛾种群主要是外地迁入虫源。基于食诱剂监测数据，利用轨迹分析技术可进一步推测迁飞种群的虫源地。

食诱剂监测草地贪夜蛾需要搭配专用的诱捕器。船形诱捕器配合粘板对草地贪夜蛾这类飞行速度快的害虫具有较好的诱捕能力，因此推荐使用船形诱捕器对草地贪夜蛾进行食诱监测（图10-11）。草地贪夜蛾现有食诱剂有效范围通常为20m，在田间每个诱捕器可间隔15～20m。诱捕器高度需根据作物高度调节，若作物高于诱捕器则不利于食诱剂挥发物的扩散，会影响监测效果。食诱剂设置应根据寄主不同生育期采取不同策略，例如草地贪夜蛾成虫偏好在小喇叭口期玉米田产卵。但监测应避开花期，寄主花香

图10-11　草地贪夜蛾船形诱捕器

可能会干扰食诱剂的引诱力，影响监测效果。监测时定期记录诱捕器内的成虫数量，并及时清理粘板上的虫尸。若要分析食诱剂诱捕草地贪夜蛾的生殖发育进度，探明虫源性质，则需每天早上及时收集成虫，否则成虫死亡时间过长不利于解剖。在调查过程中若发现粘板黏性不足，需及时更换，避免影响抓捕能力。此外，应注意食诱剂的有效期，及时更换，确保监测的精准性。

四、生殖系统分级技术

1.卵巢发育分级

卵巢发育级别在害虫测报中是一项重要指标，可以预测害虫的发生期及发生量。根据草地贪夜蛾雌蛾卵巢的形状、卵粒发育状态以及卵黄沉积情况等指标，可划分卵巢发育级别，并根据卵巢发育级别预测产卵动态和幼虫发生期。草地贪夜蛾卵巢解剖方法如下：①用剪刀从雌蛾胸部向腹部尾端纵向剖开，并向两侧拉开体壁；②拨开脂肪体及气管等组织，钩住卵巢管的顶端后可将其拉出腹外检查发育级别。草地贪夜蛾卵巢管发育始于蛹期，成虫卵巢发育可分成5个级别：乳白透明期（Ⅰ级）、卵黄沉积期（Ⅱ级）、成熟待产期（Ⅲ级）、产卵盛期（Ⅳ级）及产卵末期（Ⅴ级）（图10-12）。

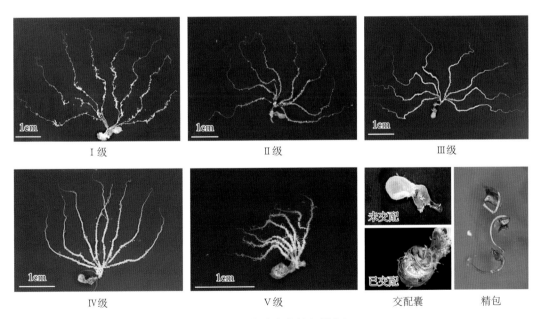

图10-12 草地贪夜蛾卵巢分级

草地贪夜蛾卵巢各发育级别特征如表10-8：乳白透明期（Ⅰ级），卵粒肉眼不可辨别，脂肪体形状不规则，并附着于卵巢管管壁，交配囊干瘪，未交配；卵黄沉积期（Ⅱ

级），卵粒清晰可辨，淡黄色，靠近总输卵管处有部分成熟卵粒，脂肪体乳白色，多呈葡萄串形，密布腹腔内，已有部分代谢，有一定萎缩，分支发达，附着于卵巢管壁，交配囊乳白色，囊腔干瘪，大部分未交配；成熟待产期（Ⅲ级），卵粒饱满，大部分已成熟，呈念珠状，排列紧密，脂肪体米黄色，密度显著降低，部分脂肪粒已经干瘪，分支发达，附着于卵巢管壁，交配囊颜色变深，至淡褐色，囊腔膨大，多已交配 1 ~ 2 次，交配囊中存在 1 ~ 2 个褐色精包，顶部干瘪球形；产卵盛期（Ⅳ级），卵粒黄绿色，饱满，已有部分成熟卵粒排出，排列稀疏，在中输卵管还存有待产卵粒，脂肪体白色，大部分脂肪粒已代谢、萎缩，仅剩丝状分支，交配囊囊腔显著膨大，多交配 2 ~ 3 次；产卵末期（Ⅴ级），卵巢管显著萎缩，绝大部分卵粒已排出，仅剩少量遗卵，几乎无脂肪粒，仅剩少量丝状分支残存于体腔或附着于卵巢管壁，交配囊囊腔显著膨大，多交配 2 ~ 4 次。

表 10-8　草地贪夜蛾卵巢 5 个发育级别特征

级别	发育期	腹腔颜色	卵巢管特征	脂肪体特征	交配囊	发育时间
Ⅰ	乳白透明期	乳白色	卵巢管乳白色，卵巢管长 20 ~ 50mm，平均 42.12mm，宽 200 ~ 300μm，平均 272.21μm；卵粒未形成，肉眼不可辨别；镜检单支卵巢管卵粒数平均 156 粒	脂肪体乳白色，形状不规则，多呈球形、椭球形、棍棒形，密布腹腔内，并附着于卵巢管壁	交配囊乳白色，囊腔干瘪，未交配	羽化后 1 ~ 2d
Ⅱ	卵黄沉积期	乳白色	卵巢管乳白色，长 40 ~ 60mm，平均 45.55mm，宽 200 ~ 400μm，平均 329.40μm；卵粒清晰可辨，淡黄色，靠近中输卵管处有部分成熟卵粒；镜检单支卵巢管卵粒数平均 218 粒	脂肪体乳白色，多呈葡萄串形，密布腹腔内，已有部分代谢，有一定萎缩，分支发达，附着于卵巢管壁	交配囊乳白色，囊腔干瘪，大部分未交配	羽化后 2 ~ 3d
Ⅲ	成熟待产期	黄白色	卵巢管黄绿色，长 45 ~ 80mm，平均 61.75mm，宽 400 ~ 600μm，平均 490.16μm；卵粒黄绿色，饱满，大部分已成熟，呈念珠状，排列紧密；镜检单支卵巢管卵粒数平均 226 粒	脂肪体米黄色，密度显著降低，部分脂肪粒干瘪，分支发达，附着于卵巢管壁	交配囊颜色变深，至淡褐色，囊腔膨大，部分已交配 1 ~ 2 次，交配囊中存在 1 ~ 2 个褐色精包，顶部干瘪球形	羽化后 3 ~ 5d
Ⅳ	产卵盛期	淡黄色	卵巢管黄绿色，长 35 ~ 75mm，平均 48.88mm，宽 400 ~ 700μm，平均 567.55μm；卵粒黄绿色，饱满，已有部分成熟卵粒排出，排列稀疏，在中输卵管多存在待产卵粒；单支卵巢管卵粒数平均 92 粒	脂肪体白色，大部分脂肪粒已代谢、萎缩，仅剩丝状分支	交配囊囊腔显著膨大，多交配 2 ~ 3 次	羽化后 5 ~ 7d

（续）

级别	发育期	腹腔颜色	卵巢管特征	脂肪体特征	交配囊	发育时间
V	产卵末期	淡白色	卵巢管淡白色，长10～30mm，平均19.45mm，宽200～600μm，平均462.42μm，显著萎缩；绝大部分卵粒已排出，仅剩部分遗卵；单支卵巢管卵粒数平均10粒	几乎无脂肪粒，仅剩少量丝状分支残存于体腔或附着于卵巢管壁	交配囊囊腔显著膨大，多交配2～4次	羽化后7～10d

在25℃下，草地贪夜蛾卵巢Ⅰ～Ⅴ级成虫平均日龄分别为1.22、2.24、4.26、6.68、9.08d（图10-13），卵巢管平均长度分别为42.12、45.55、61.75、48.88、19.45mm，卵巢管平均宽度分别为272.21、329.40、490.16、567.55、462.42μm，卵粒平均直径分别为126.57、339.40、490.16、477.55、489.97μm，卵巢管抱卵量分别为1 251.68、1 747.04、1 809.92、732.64、81.12粒。

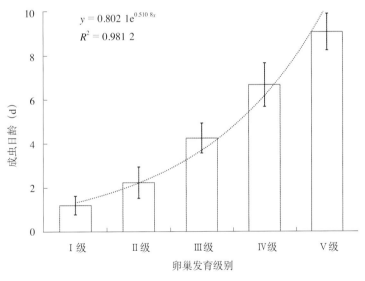

图10-13　草地贪夜蛾卵巢5个发育级别成虫平均日龄

根据田间草地贪夜蛾卵巢发育级别，结合平均日龄，预测产卵高峰期。根据其卵孵化期及幼虫发育历期可预测下一代幼虫发生期。根据各发育级别卵巢抱卵量及田间成虫发生数量，也可对下一代幼虫的发生量进行预测预报。根据草地贪夜蛾卵巢发育级别可预测迁飞趋势。昆虫的迁飞行为多发生在卵巢未成熟时，通常迁入种群的卵巢发育级别、交配数及交配率均较高，卵巢发育为Ⅰ级的比例很低或不存在；而本地迁出虫源卵巢发育级别及交配率均较低，卵巢发育为Ⅰ级的个体比例极高，而且多数未交配。

2.精巢发育分级

精巢发育进度对昆虫种群繁衍有着重要的作用。性诱剂只对雄蛾有吸引作用，通过性诱只能诱捕到雄蛾，通过解剖雄蛾的精巢，观察发育进度，可预测日龄，并判断交配期及产卵期。草地贪夜蛾在幼虫期具有1对乳白色肾形精巢，随着虫体发育其颜色逐渐变黄，其精巢融合发生在前蛹期，蛹期第5天精巢融合已经完成，两个肾形精巢融合成一个不可分离的近球形黄色精巢，此后至成虫期其精巢保持单一融合精巢状态（图10-14、图10-15）。

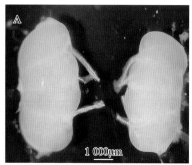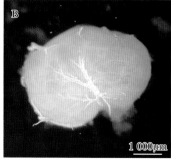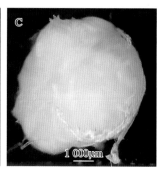

图10-14　草地贪夜蛾精巢融合的过程

A.幼虫期精巢　B.蛹期精巢　C.成虫期精巢

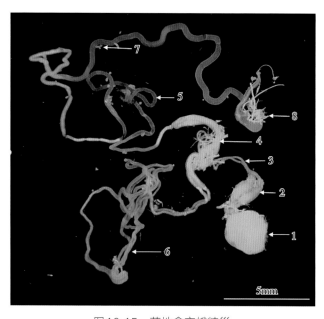

图10-15　草地贪夜蛾精巢

1.精巢　2.贮精囊　3.输精管　4.双射精管　5.单射精管　6.附腺　7.脂肪粒　8.阳茎

不同日龄草地贪夜蛾雄虫精巢长轴长度有显著性差异，随日龄增加不断减小（图10-16）。雄蛾日龄和精巢长轴符合函数关系：$y = 5.16x^2 - 152.59x + 2\,606.4$（$y$：精巢长

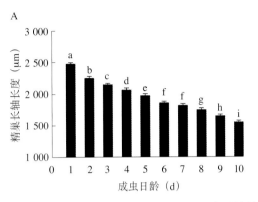
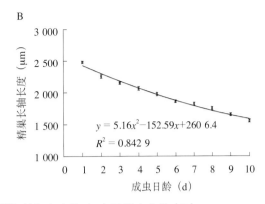

图10-16　不同日龄草地贪夜蛾雄蛾精巢长轴长度变化（A）及拟合曲线（B）

轴长度，x：日龄）。因此可制定按照精巢长轴长度判断雄蛾日龄的函数模型，并可据此反演重构田间雌、雄虫种群羽化的动态规律。

第四节　田间调查方法

一、卵

在灯诱或性诱捕获成虫后，开始田间查卵工作，一般5d调查1次。苗期至灌浆期的玉米为草地贪夜蛾主要产卵寄主，应作为重点调查对象。玉米、高粱等稀植作物，抽雄前采用W形或对角线形5点取样，玉米抽雄后采用"梯子"形5点取样，每点查10株；小麦、大麦等密植作物，全生育期采用W形5点取样，每点查0.2m²（行长50cm，宽40cm）。虫口密度低时，可适当增加调查植株数量或面积。取样点的间隔距离视田块大小而定，一般要求取样点距地边1m以上，以避免边际效应。调查时，仔细观察植株叶片正面、背面和叶基部与茎连接处的茎秆等部位的卵块，重点调查玉米小喇叭口期倒三叶、倒四叶正面，吐丝期倒五叶、倒六叶背面，查到卵块后目测卵粒数，计算百株或单位面积卵块数和卵粒数。

二、幼虫

1.幼虫空间分布型

草地贪夜蛾幼虫在玉米田中一般聚集分布，幼虫聚集程度随平均密度的升高而升高。小麦田中草地贪夜蛾低龄幼虫呈聚集分布，高龄幼虫为均匀分布。

根据草地贪夜蛾在玉米上的不同发生密度，在低密度（≤0.6头/株）的田块中，每亩调查132～551株，可保证误差≤0.3，每亩调查298～1 151株，可保证误差≤0.2；在高密度（＞0.6头/株）的田块中，每亩调查6～85株，可保证误差≤0.3，每亩调查14～192株，可保证误差≤0.2（孙小旭 等，2019）。计算不同取样株数（50、60、70、…、200）时草地贪夜蛾幼虫的序贯抽样区间列入表10-9。抽样过程中，如虫量大于表中上限则表明种群密度高于防治指标，需要进行防治；如虫量低于下限则表明种群密度低于防治指标，不需要防治；如幼虫密度处于上、下限之间，仍需要继续抽样。

表 10-9　玉米田草地贪夜蛾幼虫种群序贯抽样表

虫量（头）	取样株数（株）															
	50	60	70	80	90	100	110	120	130	140	150	160	170	180	190	200
上限	28	33	37	41	46	50	54	58	62	66	70	74	78	82	86	90
下限	5	7	9	11	14	16	19	21	24	26	29	32	34	37	40	42

在小麦田中，在草地贪夜蛾低密度（≤16头/m^2）的田块中，每块田调查28个样方（每样方0.125m^2），可保证误差≤0.3；在高密度（≥32头/m^2）的田块中，每块田调查16个样方，可保证误差≤0.3（表10-10，杨现明 等，2020）。根据序贯抽样表，抽样过程中，如虫量大于表中抽样单元（0.125m^2）数所对应上限则表明种群密度高于防治指标，需要进行防治；如虫量低于下限则表明种群密度低于防治指标，不需要防治；如幼虫密度处于上、下限之间，仍需要继续抽样，以确定是否进行防治（表10-11）。

表 10-10　小麦田不同草地贪夜蛾幼虫虫口密度下的理论抽样单元数

样地	误差	不同虫口密度（头/m^2）下的理论抽样单元数（个）					
		4	8	16	32	64	128
低龄幼虫（一至三龄）为主田块	0.1	909	470	250	140	85	58
	0.2	227	117	62	35	21	14
	0.3	101	52	28	16	9	6
高龄幼虫（四至六龄）为主田块	0.1	510	252	123	58	26	10
	0.2	128	63	31	15	7	2
	0.3	57	28	14	6	3	1

注：抽样单元面积为0.125m^2。

表 10-11　小麦田草地贪夜蛾幼虫种群序贯抽样表

样地	抽样单元数量（个）	抽样单元虫口数量（头）	
		上限	下限
低龄幼虫为主田块	1	12	0
	2	21	3
	3	29	7
	4	36	12
	5	44	16
	6	51	21
	7	58	26
	8	65	31
	9	72	36
	10	79	41
高龄幼虫为主田块	1	11	1
	2	20	4
	3	27	9
	4	35	13
	5	42	18
	6	49	23
	7	56	28
	8	63	33
	9	70	38
	10	77	43

注：抽样单元为 $0.125m^2$。

2.幼虫调查方法

调查取样方法同卵。采用棋盘式 W 形或对角线形 5 点取样。当查见被害株后，剥查受害部位，记录幼虫数量和龄期。田间作物受害株常呈聚集分布，1 个受害株周围一般可见数量不等的受害株。重点调查叶片正反面、心叶、未抽出的雄穗苞和果穗等部位。

地上部见被害株（如出现枯心苗）但未见虫时，还需挖查受害株附近10cm土表层，记录幼虫数量和龄期。计算平均被害株率、虫口密度。

三、蛹

在五至六龄幼虫发生期后3d开始调查蛹密度和发育状态。采用5点取样方法，每点检查1m²作物根围的土壤表面并挖查浅土层（最深约8cm），对玉米等高秆作物亦需检查穗等部位。分别记录每平方米草地贪夜蛾的雌、雄蛹量，并且根据蛹的体色记录蛹的日龄。

第五节　预测预报技术

一、发生期预测

草地贪夜蛾发生期可利用历期法、期距法、卵巢发育分级法、有效积温法等方法进行预测。本节重点介绍期距法和有效积温法。

1.期距法

依据当地成虫的始盛期、高峰期，按此季节温度相关虫态发育历期（草地贪夜蛾各虫态发育历期、不同温度下草地贪夜蛾不同龄期幼虫发育历期分别见表10-12、表10-13），推算卵、幼虫发生为害的始盛期、高峰期，做出幼虫发生期预测。

表10-12　不同温度下草地贪夜蛾不同虫态发育历期（d）

温度（℃）	卵	幼虫	蛹	成虫	世代
15	8.37 ± 0.04	55.26 ± 0.32	43.00 ± 1.18	4.44 ± 1.97	109.55 ± 1.59
20	5.00 ± 0.00	25.95 ± 0.15	18.08 ± 0.12	21.56 ± 0.47	70.59 ± 0.51
25	3.00 ± 0.00	14.01 ± 0.07	9.87 ± 0.07	13.12 ± 0.36	40.00 ± 0.38
30	2.00 ± 0.00	10.48 ± 0.06	6.76 ± 0.05	11.77 ± 0.37	31.01 ± 0.37
35	2.00 ± 0.00	9.58 ± 0.09	6.48 ± 0.08	11.21 ± 0.41	27.80 ± 0.61

注：测定条件光照为5 000lx、光周期L∶D＝16h∶8h；相对湿度卵至蛹期为70％，成虫期为80％；用黄豆粉和麦胚粉制成的人工饲料饲喂幼虫。

表10-13　不同温度下草地贪夜蛾不同龄期幼虫发育历期（d）

温度（℃）	一龄	二龄	三龄	四龄	五龄	六龄
15	8.86±0.04	5.86±0.08	5.76±0.06	6.03±0.09	8.37±0.23	19.35±0.42
20	4.15±0.03	3.32±0.03	3.16±0.04	3.17±0.03	4.10±0.04	7.83±0.09
25	3.00±0.00	1.99±0.00	1.99±0.01	1.14±0.02	1.54±0.04	4.32±0.04
30	2.00±0.01	1.00±0.00	1.26±0.04	1.22±0.04	1.44±0.04	3.52±0.06
35	2.04±0.02	1.01±0.01	1.05±0.02	1.01±0.06	1.43±0.06	3.05±0.08

　　注：测定条件光照为5 000lx、光周期L：D＝16h：8h；相对湿度70%；用黄豆粉和麦胚粉制成的人工饲料饲喂幼虫。

2.有效积温法

依据成虫、卵、幼虫和蛹的发育起点温度（t）、所需有效积温（K），结合当地气象预报未来几天平均气温（T），利用以下有效积温公式，计算各虫态发生历期（d），做出发生期预测。

$$d = \frac{K}{T-t} \tag{1}$$

式中：

d——卵、幼虫、蛹和成虫各虫态发生历期（d）；

K——卵、幼虫、蛹和成虫各虫态发育有效积温（℃）；

T——当地气象预报平均气温（℃）；

t——发育起点温度（℃）。

草地贪夜蛾（雌＋雄）卵、幼虫、蛹和卵到蛹的发育起点温度分别为10.27、11.10、11.92、11.34℃，有效积温分别为44.57、211.93、135.69、390.55℃；雌性草地贪夜蛾卵、幼虫、蛹和卵到蛹的发育起点温度分别为10.26、11.12、11.84、11.29℃，有效积温分别为44.58、208.86、130.35、382.51℃；雄性草地贪夜蛾卵、幼虫、蛹和卵到蛹的发育起点温度分别为10.27、11.14、12.20、11.38℃，有效积温分别为44.55、214.63、138.81、399.34℃。

二、发生量预测

1.有效基数预测法

根据当代有效虫口基数、繁殖力、存活率来预测下一代的发生程度。

2.综合预测法

依据当地成虫诱测和卵调查数量，结合玉米等主要寄主作物生育期、种植分布和天气情况，作出幼虫发生区域、发生面积和发生程度预测。

三、草地贪夜蛾生殖发育状态精准识别与产卵预测平台

利用图像处理技术处理生殖系统图像，对草地贪夜蛾卵巢和精巢发育状态进行自动化识别，判定成虫发育日龄，预测雌虫产卵潜力，基于软件开发技术构建草地贪夜蛾成虫发育和种群繁殖动态监测预测平台，服务基层防控技术人员，完善草地贪夜蛾的早期监测预警体系。

1.雌虫卵巢发育进度与产卵潜力预测

卵巢管长度、卵粒数量和卵粒直径在不同卵巢发育等级中具有差异性，利用灰度化、骨架细化等流程（图10-17A）得到卵巢管长度（图10-17C），使用深度学习目标检测方法——yolo V4对卵粒检测（图10-17B）获取卵巢中卵粒数量（图10-17D），并基于生成的检测框坐标数据得到卵粒直径（图10-17E）。此外，不同发育级别的卵巢在颜色和纹理上也有所不同，经过比对分析，在颜色特征上分别选取了RGB颜色空间R、G、B颜色通道的一阶矩（rmean、gmean、bmean）；HSV颜色空间H通道的一阶矩、三阶矩（hmean、hskew），V通道的一阶矩（vmean）；Lab颜色空间L通道的一阶矩

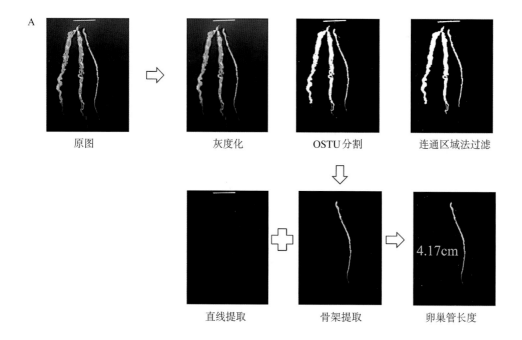

原图　　　　　　灰度化　　　　　　OSTU分割　　　　　连通区域法过滤

直线提取　　　　　　骨架提取　　　　　卵巢管长度

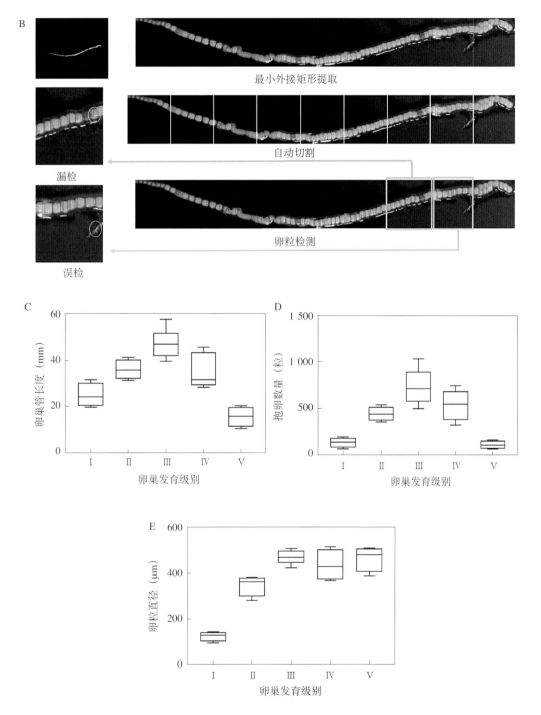

图10-17　草地贪夜蛾卵巢管长度、抱卵量和卵粒直径提取结果

A.卵巢管长度识别测定流程　B.卵粒数量检测流程　C.卵巢管长度识别结果
D.卵粒数量检测结果　E.卵粒直径识别结果

（lmean）（图10-18A）。在纹理特征上选取了对比度、相异性和能量在0°（cont0、diss0、asm0）、45°（cont45、diss45、asm45）、90°（cont90、diss90、asm90）、135°（cont135、diss135、asm135）空间关系下的值（图10-18B）。

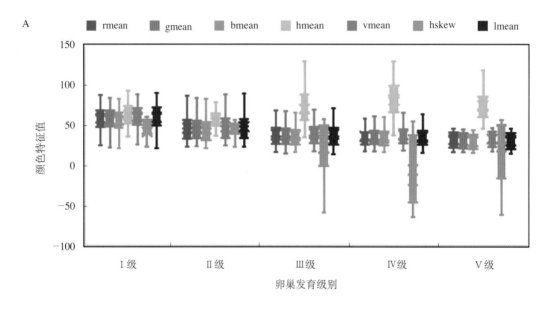

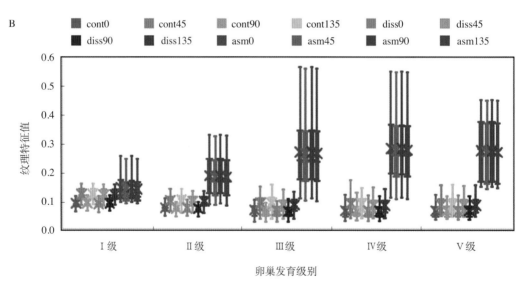

图10-18　草地贪夜蛾卵巢图像颜色（A）和纹理特征（B）提取结果

　　基于图像中的卵巢颜色、卵巢纹理、卵巢小管长度、卵粒数量和卵粒直径大小5个特征参数（图10-17、图10-18），利用支持向量机（support vector machine，SVM）构建草地贪夜蛾卵巢发育级别分类模型。

根据提取的卵巢颜色、卵巢纹理、卵粒数量、卵粒直径、卵巢小管长度特征在不同卵巢发育级别中的差异性，采用不同核函数的SVM分类器和Logistic、Ridge、KNN分类器进行分类模型训练，线性SVM的训练准确率、测试准确率均最高，分别为93%和91%（表10-14）。

表10-14　分类训练结果

分类器	训练准确率（%）	测试准确率（%）
SVM-liner	93	91
SVM-rbf	66	63
SVM-poly	71	65
SVM-sigmoid	61	58
Logistic	90	87
Ridge	87	78
KNN	68	61

基于上述发育等级识别结果，对草地贪夜蛾雌蛾发育日龄预测，草地贪夜蛾实验种群逐日解剖结果表明，不同日龄雌蛾的卵巢发育级别、抱卵量均存在显著差异。雌蛾卵巢发育级别、抱卵量和日龄符合函数关系：$y = -0.002\ 0x_1 + 1.767\ 2x_2 + 1.238\ 2$（$R^2 = 0.941\ 4$，$y$表示日龄，$x_1$表示抱卵量，$x_2$表示卵巢发育级别）。图像识别提取发育等级与抱卵量，代入函数预测发育日龄，实际统计值对预测的日龄进行验证，结果均方误差为0.243 1（图10-19）。因此，解剖野外诱捕的成虫获得成虫卵巢发育级别和抱卵量等数据，带入以上模型，可预测诱捕成虫日龄。

在雌蛾发育级别识别与发育日龄预测基础上，实现草地贪夜蛾雌蛾产卵量预测。日排卵平均值非线性拟合日排卵曲线整体为分段式函数［见式（2），$R^2 = 0.947$，y表示日排卵量，x表示发育日龄］，草地贪夜蛾在羽化后3d内未排卵，第4～15天日排卵量先增加后下降，第16天停止排卵（图10-20）。上述预测的发育日龄代入函数预测产卵量，实际统计值对预测的日龄进行验证，结果日排卵量预测值与实际统计值平均误差率为12.38%（图10-20）。

$$y = \begin{cases} 0, & x < 4 \\ -0.318x^4 + 13.273x^3 - 197.10x^2 + 1\ 191.90x - 2\ 242.90, & x \geqslant 4 \end{cases} \quad (2)$$

统计雌虫已排卵量、待排卵量。对日排卵量拟合曲线做积分运算，可分为两种情况处理：当预测日龄小于4d时，已排卵数量为0，待排卵数量为式（3）；当预测日龄大于

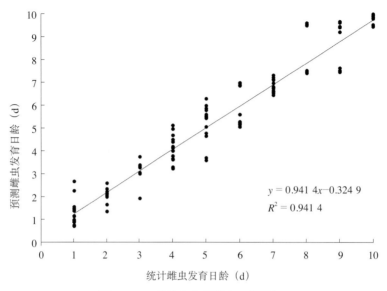

图10-19　草地贪夜蛾发育日龄验证

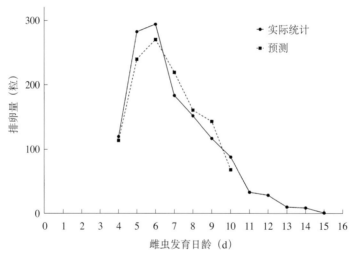

图10-20　草地贪夜蛾日排卵量拟合模型交叉验证

等于4d时，以此日龄值为分界点，已排和待排卵数量分别为式（4）、式（5）。

$$y = \int_4^{15} -0.318x^4 + 13.273x^3 - 197.10x^2 + 1\,191.90x - 2\,242.90 \tag{3}$$

$$y = \int_4^{x} -0.318x^4 + 13.273x^3 - 197.10x^2 + 1\,191.90x - 2\,242.90 \tag{4}$$

$$y = \int_x^{15} -0.318x^4 + 13.273x^3 - 197.10x^2 + 1\,191.90x - 2\,242.90 \tag{5}$$

2.雄虫精巢发育进度预测

精巢发育进度主要体现于精巢直径大小。通过检测图像得到精巢直径（图10-21）。构建精巢直径与发育时间模型，通过图像识别预测精巢发育天数。线性拟合发育日龄曲线如式（6）（$R^2 = 0.963$，*TestisDia*表示精巢直径）。精巢图像识别直径与实际测量值误

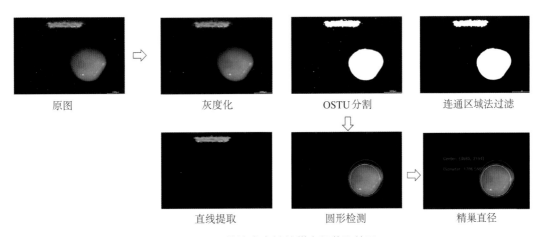

| 原图 | 灰度化 | OSTU 分割 | 连通区域法过滤 |

| 直线提取 | 圆形检测 | 精巢直径 |

图 10-21 草地贪夜蛾精巢直径获取结果

差率为3.25%，预测的发育日龄值与实际统计值进行对比验证，结果均方误差MSE为0.773 4（图10-22）。

$$y = \frac{(TestisDia - 2\ 436.4)}{115.25} \qquad (6)$$

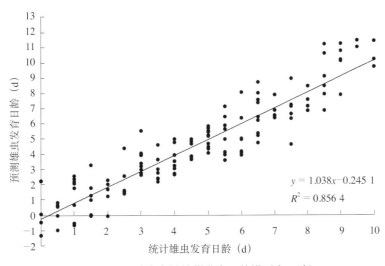

$y = 1.038x - 0.245\ 1$

$R^2 = 0.856\ 4$

图 10-22 草地贪夜蛾精巢发育天数模型交叉验证

3.微信小程序平台

根据昆虫成虫生殖系统发育进度识别流程，选定图片种类及昆虫种类，拍照上传至服务端完成识别（图10-23）。

基于雌蛾日龄与日产卵量函数模型，卵巢发育级别、抱卵量与日龄函数模型可获得田间雌蛾未来的产卵量，再根据卵、幼虫的发育周期，可进一步预测卵和幼虫发生期。

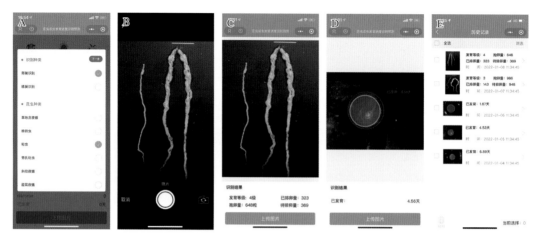

图10-23 昆虫成虫发育进度识别小程序（A、B）及发育进度识别预测结果（C、D、E）

四、草地贪夜蛾监测与种群测报系统

草地贪夜蛾入侵中国后，中国农业科学院植物保护研究所科学家根据田间卵、幼虫、蛹和成虫的调查结果，开发了草地贪夜蛾种群测报系统。该系统基于全国近10年的历史气温数据以及实时天气预报信息，根据用户提供的调查地点和田间卵、幼虫、蛹、成虫等调查数据，可输出草地贪夜蛾种群发生发展动态和防治适期等预测结果（图10-24）。同时，结合轨迹预测系统，还可根据雷达和诱虫灯监测数据，分析草地贪夜蛾迁飞轨迹及降落点，为草地贪夜蛾的种群动态监测和精准防控提供科技支撑。

五、全国草地贪夜蛾发生防治信息调度平台

根据全国草地贪夜蛾防控工作需要，为满足农业农村部掌握各地草地贪夜蛾发生情况和防治工作进展的需要，全国农业技术推广服务中心建成了全国草地贪夜蛾发生防治信息调度平台，并于2019年6月17日启动信息报送，完成了首次发现24h内报告、发生防治信息一周两报任务。平台采用模块化构架，由发生防治周报表、总体发生防控情况分析、首次发现时间分析、GIS分析、实时监测预警、知识库、预测模型7个基本模块组成（图9-24）。平台力求虫情信息传输客观全面、及时快速，信息展示要素突出、直观形象、针对性强。该平台可在一个视野下形象地反映出草地贪夜蛾在我国自南向北快速扩散的特点，并可在一个视野下进行虫情年度间、省份间的图视化演示。

该平台是了解虫情动态的有效工具和重要窗口：2020年平台实行首次查见当天

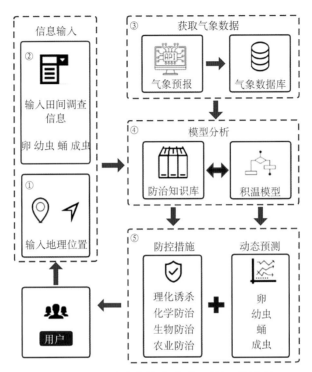

图10-24　草地贪夜蛾种群测报系统工作流程

即报，已发生幼虫区周报，西南华南周年繁殖区全年、江南江淮迁飞过渡区3—11月、黄淮海及北方重点防范区4—10月报告制度。平台收集了草地贪夜蛾发生地、发生时间、虫口密度、为害作物等基本情况，2019年累计收集数据162.3万项，2020年收集81.6万项。2019—2021年在23个省份254个重点县，共布设了2 000多台高空测报灯、150多万套性诱捕器，1 078d累计收集50.55万项数据，监测到全年5次明显的种群北迁南回时间、区域和数量动态。依据以上资料，基本摸清了草地贪夜蛾周年繁殖区分布和面积、春—夏—秋季北迁南回为害规律、为害寄主作物种类以及气候条件的影响等，也为成虫迁飞路径分析验证、未来雷达监测设置等提供了第一手资料。

　　该平台也是监测防控效果体现的重要途径，平台调度信息直接反映2020年监测工具到位率和有效性。从见虫省份看，2020年27个省份（不包括香港、澳门、台湾）中有22个是首见成虫，占比为81%，而2019年26个省份（不包括香港、澳门、台湾）中仅有6个首见成虫，2020年比2019年占比增加58个百分点；从首见幼虫县看，2020年有826个，占总发生县1 426个的58%，其中580个县完成了逐日蛾量周报表，凸显各地监测工作加密布防的效果，也为"三区四带"布防提供有效依据。

【参考文献】

蔡晓明,李兆群,潘洪生,等,2018.植食性害虫食诱剂的研究与应用.中国生物防治学报,34(1): 8-35.

常向前,吕亮,许冬,等,2022.草地贪夜蛾(*Spodoptera frugiperda*)与东方黏虫(*Mythimna separata*)种间竞争的室内模拟研究.湖北农业科学,61(6): 61-65.

陈琦,段云,侯艳红,等,2020.草地贪夜蛾与玉米灌浆期3种常见夜蛾科害虫的形态特征比较.植物保护,46(1): 34-41.

郭井菲,静大鹏,太红坤,等,2019.草地贪夜蛾形态特征及与3种玉米田为害特征和形态相近鳞翅目昆虫的比较.植物保护,45(2): 7-12.

何莉梅,葛世帅,陈玉超,等,2019.草地贪夜蛾的发育起点温度、有效积温和发育历期预测模型.植物保护,45(5): 18-26.

和伟,赵胜园,葛世帅,等,2019.草地贪夜蛾种群性诱测报方法研究.植物保护,45(4): 48-53, 115.

江幸福,张蕾,程云霞,等,2019.草地贪夜蛾迁飞行为与监测技术研究进展.植物保护,45(1): 12-18.

姜玉英,刘杰,杨俊杰,等,2020.2019年草地贪夜蛾灯诱监测应用效果.植物保护,46(3): 118-122, 156.

刘杰,姜玉英,刘万才,等,2019.草地贪夜蛾测报调查技术初探.中国植保导刊,39(4): 44-47.

齐国君,芦芳,胡高,等,2011.卵巢解剖在我国迁飞昆虫研究中的应用.中国植保导刊,31(7): 18-22.

施建琴,郭井菲,何康来,等,2021.草地贪夜蛾和亚洲玉米螟种内及种间的竞争行为.植物保护,47(6): 148-152.

孙小旭,赵胜园,靳明辉,等,2019.玉米田草地贪夜蛾幼虫的空间分布型与抽样技术.植物保护,45(2): 13-18.

王振营,王晓鸣,2019.我国玉米病虫害发生现状、趋势与防控对策.植物保护,45(1): 1-11.

吴孔明,2020.中国草地贪夜蛾的防控策略.植物保护,46(2): 1-5.

吴孔明,郭予元,1997.营养和幼期密度对棉铃虫飞翔能力的影响.昆虫学报(1): 51-57.

杨现明,孙小旭,赵胜园,等,2020.小麦田草地贪夜蛾的发生为害、空间分布与抽样技术.植物保护,46(1): 10-16, 23.

曾娟,张涛,王立颖,等,2021.食诱剂监测稻纵卷叶螟种群动态初报.植物保护,47(4): 203-214.

张智,祁俊锋,张瑜,等,2021.迁飞性害虫监测预警技术发展概况与应用展望.应用昆虫学报,58(3): 530-541.

赵胜园,罗倩明,孙小旭,等,2019.草地贪夜蛾与斜纹夜蛾的形态特征和生物学习性比较.中国植保导刊,39(5): 26-35.

Bentivenha J P F, Baldin E L L, Hunt T E, et al., 2016. Intraguild competition of three noctuid maize pests. Environmental Entomology, 45(5): 999-1008.

Bentivenha J P F, Montezano D G, Hunt T E, et al., 2017. Intraguild interactions and behavior of *Spodoptera frugiperda* and *Helicoverpa* spp. on maize. Pest Management Science, 73(11): 2244-2251.

Early R, Gonzalez-Moreno P, Murphy S T, 2018. Forecasting the global extent of invasion of the cereal pest *Spodoptera frugiperda*, the fall armyworm. NeoBiota, 40: 25-50.

FAO, CABI, 2019a. Community-Based Fall Armyworm (*Spodoptera frugiperda*) Monitoring, Early warning and Management, Training of Trainers Manual. Rome: FAO.

FAO, CABI, 2019b. Fall Armyworm Field Handbook: Identification and Management. Rome: FAO.

Gao Y, Reitz S R, 2017. Emerging themes in our understanding of species displacements. Annual Review of Entomology, 62: 165-183.

Gregg P C, Socorro A P, Binns M R, 2016. Non-target impacts of an attract-and-kill formulation based on plant volatiles: Responses of some generalist predators. Journal of Chemical Ecology, 42, 676-688.

Hailu G, Niassy S, Bässler T, et al., 2021. Could fall armyworm, *Spodoptera frugiperda* (J E Smith) invasion in Africa contribute to the displacement of cereal stemborers in maize and sorghum cropping systems. International Journal of Tropical Insect Science, 41(2): 1753-1762.

He W, Zhao X C, Ali A, et al., 2021. Population dynamics and reproductive developmental analysis of *Helicoverpa armigera* (Lepidoptera: Noctuidae) trapped using food attractants in the field. Journal of Economic Entomology, 114(4): 1533-1541.

He W, Zhao X C, Ge S S, et al., 2021. Food attractants for field population monitoring of *Spodoptera exigua* (Hübner). Crop Protection, 145: 105616.

Jia H R, Guo J L, Wu Q L, et al., 2021. Migration of invasive Spodoptera frugiperda (Lepidoptera: Noctuidae) across the Bohai Sea in northern China. Journal of Integrative Agriculture, 20: 685-693.

Justiniano W, Fernandes M G, 2020. Effect of food attractants and insecticide toxicity for the control of *Spodoptera frugiperda* (Lepidoptera: Noctuidae) adults. Journal of Agricultural Science, 12: 129-137.

Liu Y J, Zhang D D, Yang L Y, et al., 2021. Analysis of phototactic responses in *Spodoptera frugiperda* using *Helicoverpa armigera* as control. Journal of Integrative Agriculture, 20: 821-828.

Murua G, Molina-Ochoa J, Coviella C, 2006. Population dynamics of the fall armyworm, *Spodoptera frugiperda* (Lepidoptera: Noctuidae) and its parasitoids in northwestern Argentina. Florida Entomology, 89(2): 175-182.

Prasanna B M, Huesing J E, Eddy R, et al., 2018. Fall Armyworm in Africa: A Guide for Integrated Pest Management. Mexico City: CIMMYT.

Spark A N, Jackson R D, Carpenten J E, 1986. Insects captured in light traps in the Gulf of Mexico. Annals of the Entomological Society of America, 79(1): 132-139.

Sun X, Hu C, Jia H, et al., 2021. Case study on the first immigration of fall armyworm Spodoptera frugiperda invading into China. Journal of Integrative Agriculture, 18: 2-10.

Zhao J, Hoffmann A, Jiang Y, et al., 2022. Competitive interactions of a new invader (*Spodoptera frugiperda*) and indigenous species (*Ostrinia furnacalis*) on maize in China. Journal of Pest Science, 95(1): 159-168.

Zhou X Y, Wu Q L, Jia H R, et at., 2021. Searchlight trapping reveals cross-ocean migration of fall armyworm in the region of South China Sea. Journal of Integrative Agriculture, 20: 673-684.

第十一章

草地贪夜蛾化学防治技术

草地贪夜蛾是一种世界范围内的迁飞性重大农业害虫，于2018年12月首次入侵我国（Sun et al., 2021），对我国的农业生产和粮食安全构成重大威胁。化学防治技术具有高效、速效和使用方便等特点，是我国应急防控草地贪夜蛾的主要策略。

第一节　防治草地贪夜蛾的化学杀虫剂

草地贪夜蛾原生于美洲大陆热带和亚热带地区，在其主要分布国家和地区，如美国和巴西，化学防治一直是草地贪夜蛾的主要防治技术。随着杀虫剂毒杀效果和草地贪夜蛾的抗药性水平变化，以及新型杀虫剂的不断问世，用于防治草地贪夜蛾的化学杀虫剂种类也一直发生改变。本节主要介绍不同地区防治草地贪夜蛾所使用的化学杀虫剂情况。

一、美洲地区

美洲地区是草地贪夜蛾的原生地，化学农药用于草地贪夜蛾的防治已有几十年的历史（张正炜 等，2021）。20世纪20年代初，美国就已有关于草地贪夜蛾在玉米田发生为害及其相关化学防治技术的研究报道（Luginbill，1920；Smith，1921；Nickels，1926）。滴滴涕（DDT）、氯单、对硫磷和天然除虫菊素等都曾用于防治草地贪夜蛾（Blanchard et al.，1946）。20世纪60年代，主要以毒死蜱、硫丙磷和硫双威等有机磷类、氨基甲酸酯类杀虫剂为主（Blanchard 和 Chamberlin，1948；Janes，1973）。到了80年

代，美国佛罗里达州等地的草地贪夜蛾种群对有机磷类、氨基甲酸酯类杀虫剂产生了
抗性（Foster，1989；吴超 等，2019），此时高效低毒的拟除虫菊酯类杀虫剂（如氯菊
酯、氯氰菊酯、溴氰菊酯、高效氯氟氰菊酯等）成为了草地贪夜蛾防治中被广泛使用的
药剂（王芹芹 等，2019；2020b）。近些年来，甲氨基阿维菌素苯甲酸盐（简称甲维盐）、
乙基多杀菌素、除虫脲、虱螨脲、茚虫威、氯虫苯甲酰胺、氟苯虫酰胺和溴氰虫酰胺
等一系列新型杀虫剂在草地贪夜蛾的防治中发挥了重要作用（Beuzelin et al.，2022）。
表11-1是美国登记用于防治玉米田草地贪夜蛾的杀虫剂名单。

表11-1　美国登记用于防治玉米田草地贪夜蛾的杀虫剂

有效成分	作用方式	类型	作用靶标
高效氟氯氰菊酯	触杀、胃毒	除虫菊酯类	钠离子通道
Gamma-三氟氯氰菊酯	触杀、胃毒	除虫菊酯类	钠离子通道
联苯菊酯	触杀、胃毒	除虫菊酯类	钠离子通道
氟氯氰菊酯	触杀、胃毒	除虫菊酯类	钠离子通道
溴氰菊酯	触杀、胃毒	除虫菊酯类	钠离子通道
除虫菊酯	触杀、胃毒	除虫菊酯类	钠离子通道
Alpha-氯氰菊酯	触杀、胃毒	除虫菊酯类	钠离子通道
Zeta-氯氰菊酯	触杀、胃毒	除虫菊酯类	钠离子通道
高效氰戊菊酯	触杀、胃毒	除虫菊酯类	钠离子通道
氯菊酯	触杀、胃毒	除虫菊酯类	钠离子通道
双苯氟脲	胃毒、触杀	苯甲酰脲类	几丁质生物合成
啶虫脒	触杀、胃毒	新烟碱类	烟碱乙酰胆碱受体（nAChR）
噻虫嗪	胃毒、触杀	新烟碱类	烟碱乙酰胆碱受体（nAChR）
甲氧虫酰肼	胃毒	第二代双酰肼类	蜕皮激素受体
虫酰肼	胃毒	第二代双酰肼类	蜕皮激素受体
环溴虫酰胺	胃毒、触杀	双酰胺类	鱼尼丁受体
溴氰虫酰胺	胃毒、触杀	双酰胺类	鱼尼丁受体
氯虫苯甲酰胺	胃毒、触杀	双酰胺类	鱼尼丁受体
甲维盐	胃毒、触杀	抗生素类	氯离子通道
多杀霉素	触杀、胃毒	抗生素类	烟碱乙酰胆碱受体（nAChR）
乙基多杀菌素	触杀、胃毒	抗生素类	烟碱乙酰胆碱受体（nAChR）
茚虫威	胃毒、触杀	噁二嗪类	钠离子通道

(续)

有效成分	作用方式	类型	作用靶标
毒死蜱	触杀、胃毒	有机磷类	乙酰胆碱酯酶（AChE）
二嗪农	触杀、胃毒	有机磷类	乙酰胆碱酯酶（AChE）
马拉硫磷	触杀、胃毒、熏蒸	有机磷类	乙酰胆碱酯酶（AChE）
灭多威	触杀、胃毒	氨基甲酸酯类	乙酰胆碱酯酶（AChE）
西维因	触杀、胃毒	氨基甲酸酯类	乙酰胆碱酯酶（AChE）

二、非洲地区

2016年1月草地贪夜蛾入侵非洲地区（Goergen et al.，2016），2年后，撒哈拉沙漠以南的44个国家均发现有草地贪夜蛾为害（Sisay et al.，2019），对非洲地区的农业经济造成严重损失（Roger et al.，2017）。2018年，联合国粮食及农业组织（FAO）和国际应用生物科学中心（CABI）在加纳和赞比亚两国抽样调查了近千户农户所使用的草地贪夜蛾防控手段，结果显示，选择使用化学防治技术的农户接近50%（杨普云和常雪艳，2019）。非洲地区草地贪夜蛾的防治指标为玉米喇叭口初期（2～5叶）受害植株超过20%，玉米喇叭口后期（8～12叶）受害植株超过40%即需及时用药防治，防治方法以传统的防控技术为主（杨普云和常雪艳，2019）。该地区防治草地贪夜蛾使用的化学药剂分为两类，第一类以高风险的传统药剂为主（Tepa-Yotto et al.，2022），主要包括灭多威、毒死蜱、茚虫威和多种菊酯类等；第二类是近年来研发应用的对环境、天敌等非靶标生物相对较为安全的低风险类药剂，主要包括氯虫苯甲酰胺、溴氰虫酰胺、甲维盐、乙基多杀菌素、虱螨脲、甲氧虫酰肼、氟虫脲等。表11-2是南非登记用于防治草地贪夜蛾的杀虫剂名单。

表11-2 南非登记用于防治草地贪夜蛾的杀虫剂

有效成分	作用方式	类型	作用靶标
灭多威	触杀、胃毒	氨基甲酸酯类	乙酰胆碱酯酶（AChE）
丁硫克百威	触杀、胃毒	氨基甲酸酯类	乙酰胆碱酯酶（AChE）
毒死蜱	触杀、胃毒	有机磷类	乙酰胆碱酯酶（AChE）
马拉硫磷	触杀、胃毒、熏蒸	有机磷类	乙酰胆碱酯酶（AChE）
Beta-氯氰菊酯	触杀、胃毒	除虫菊酯类	钠离子通道
杀螟丹盐酸盐	触杀	杀螟丹类	烟碱乙酰胆碱受体（nAChR）

（续）

有效成分	作用方式	类型	作用靶标
乙基多杀菌素	触杀、胃毒	抗生素类	烟碱乙酰胆碱受体（nAChR）
甲维盐	胃毒、触杀	抗生素类	氯离子通道
虱螨脲	胃毒、触杀	苯甲酰脲类	几丁质生物合成
除虫脲	胃毒、触杀	苯甲酰脲类	几丁质生物合成
茚虫威	胃毒、触杀	恶二嗪类	钠离子通道
氯虫苯甲酰胺	胃毒、触杀	双酰胺类	鱼尼丁受体
氟苯虫酰胺	胃毒、触杀	双酰胺类	鱼尼丁受体
三氟甲吡醚	胃毒、触杀	未知	未知

三、中国

草地贪夜蛾入侵中国后迅速扩散蔓延，在其发生地使用最广泛的防治手段是应急性化学防治技术。截止到2023年8月13日，农业农村部批准登记的用于草地贪夜蛾化学防治的药剂有氯虫苯甲酰胺、溴氰虫酰胺、四唑虫酰胺、乙基多杀菌素和虱螨脲5种（噻虫嗪主要用于防治其他害虫，未统计在内）（表11-3）。

表11-3　中国批准登记防治草地贪夜蛾的化学农药产品信息

登记证号	农药名称 （有效成分）	剂型	含量	毒性级别	寄主作物	施用方法	登记证持有人
PD20100677	氯虫苯甲酰胺	悬浮剂	200g/L	微毒	玉米	茎叶喷雾	美国富美实公司
PD20160001	氯虫苯甲酰胺	悬乳剂	5%	微毒	玉米	茎叶喷雾	深圳诺普信农化股份有限公司
PD20070344	虱螨脲	乳油	50g/L	低毒	玉米	茎叶喷雾	瑞士先正达作物保护有限公司
PD20181527	乙基多杀菌素	水分散粒剂	25%	微毒	玉米	茎叶喷雾	科迪华农业科技有限责任公司
PD20152283	溴酰·噻虫嗪	种子处理悬浮剂	40%	低毒	玉米	种子包衣	瑞士先正达作物保护有限公司
PD20200295	溴氰虫酰胺	种子处理悬浮剂	48%	微毒	玉米	种子包衣	瑞士先正达作物保护有限公司
PD20200659	四唑虫酰胺	悬浮剂	200g/L	低毒	玉米	茎叶喷雾	拜耳股份公司

数据来源：中国农药信息网。

2019—2022年，国内开展大量试验研究了不同化学杀虫剂对草地贪夜蛾的室内杀虫活性及田间防效。关于不同药剂对草地贪夜蛾卵的室内药效，赵胜园等（2019a）采用浸卵法测定了21种常用化学杀虫剂对草地贪夜蛾卵的防治效果，结果表明，20%甲氰菊酯乳油、15%唑虫酰胺悬乳剂、25g/L溴氰菊酯乳油、25g/L高效氯氟氰菊酯乳油和20%呋虫胺悬乳剂对草地贪夜蛾卵具有较高的毒杀活性。林玉英等（2020）采用浸卵法测定了15种杀虫剂对草地贪夜蛾卵的毒力，结果表明，甲维盐、氯虫苯甲酰胺、多杀霉素和高效氯氰菊酯对草地贪夜蛾卵的防治效果较好。王芹芹等（2020a）采用浸渍法测定了20种不同类型杀虫剂对草地贪夜蛾卵的毒杀活性，结果表明，溴氰菊酯、高效氯氰菊酯、乙基多杀菌素、噻虫胺、氯虫苯甲酰胺、高效氯氟氰菊酯、多杀霉素、联苯菊酯、噻虫啉、氧乐果、噻虫嗪、甲氰菊酯、烯啶虫胺和啶虫脒可优先考虑作为草地贪夜蛾卵的防治药剂。

关于不同药剂对草地贪夜蛾幼虫的室内药效，赵胜园等（2019a）采用浸叶法测定了21种常用杀虫剂对草地贪夜蛾二龄幼虫的防治效果，结果表明，1%甲维盐乳油、5%甲维盐微乳剂、75%乙酰甲胺磷可溶粉剂、6%乙基多杀菌素悬乳剂和20%甲氰菊酯乳油表现出较强的毒杀作用。多项研究表明，溴虫氟苯酰胺（王凤良 等，2022；王敏 等，2022；尹绍忠 等，2022）、甲维盐、氯虫苯甲酰胺、溴氰虫酰胺、乙基多杀菌素、茚虫威和溴虫腈等药剂对我国草地贪夜蛾种群均具有较好的防效（Zhang et al.，2020；Zhao et al.，2020；牛多邦 等，2022）。

关于不同杀虫剂对草地贪夜蛾的田间药效，赵胜园等（2019b）利用前期室内筛选得到的对草地贪夜蛾有较高防效的5种药剂开展了玉米田草地贪夜蛾田间药效试验，结果表明，乙基多杀菌素、甲维盐、氯虫苯甲酰胺、乙酰甲胺磷及多杀霉素等新型高效低毒农药是草地贪夜蛾应急防控的首选农药。张永生等（2020）通过低容量喷雾评价了10种杀虫剂对玉米田草地贪夜蛾的防治效果，结果表明，5%甲维盐乳油、5%氯虫苯甲酰胺超低容量液剂、2%甲维·虫酰肼乳油、4%甲维·虱螨脲微乳剂具有良好的玉米保叶效果和草地贪夜蛾防治效果。

同时，农业农村部根据各地草地贪夜蛾防治用药效果调查，经组织专家评估，推荐了一份草地贪夜蛾用药名单（表11-4）。尹艳琼等（2019）按照农业农村部推荐用药，在室内采用浸叶法测定了8种杀虫剂对不同区域草地贪夜蛾种群三龄幼虫的毒力，结果表明，甲维盐、乙基多杀菌素、虱螨脲、氯虫苯甲酰胺和虫螨腈是防治草地贪夜蛾的最佳杀虫剂。此外，潘兴鲁等（2020）结合我国田间化学农药防治草地贪夜蛾的实践和效果，评估了8种田间常用防治药剂的环境风险及其对施药人员的健康风险，推荐甲维盐、乙基多杀菌素、氯虫苯甲酰胺和虱螨脲作为草地贪夜蛾应急防控的首推农药。

表11-4 农业农村部推荐的草地贪夜蛾化学防治用药名单

	单剂	类型	作用靶标	推荐药剂划分类别
单剂	甲维盐	抗生素类	氯离子通道	A类
	四氯虫酰胺	双酰胺类	鱼尼丁受体（RyR）	B类
	氯虫苯甲酰胺	双酰胺类	鱼尼丁受体（RyR）	B类
	氟苯虫酰胺	双酰胺类	鱼尼丁受体（RyR）	B类
	乙基多杀菌素	抗生素类	烟碱乙酰胆碱受体（nAChR）	C类
	虱螨脲	苯甲酰脲类	几丁质生物合成	C类
	虫螨腈	新型芳基吡咯类	通过破坏质子梯度解耦氧化磷酸化	C类
	茚虫威	噁二嗪类	钠离子通道	C类
复配制剂	甲维盐·茚虫威	抗生素类和噁二嗪类	氯离子通道和钠离子通道	A类
	甲维盐·氟铃脲	抗生素类和苯甲酰脲类	氯离子通道和几丁质生物合成	A类
	甲维盐·高效氯氟氰菊酯	抗生素类和拟除虫菊酯类	氯离子通道和钠离子通道	A类
	甲维盐·虫螨腈	抗生素类和新型芳基吡咯类	氯离子通道和通过破坏质子梯度解耦氧化磷酸化	A类
	甲维盐·虱螨脲	抗生素类和苯甲酰脲类	氯离子通道和几丁质生物合成	A类
	甲维盐·虫酰肼	抗生素类和昆虫生长调节剂类	氯离子通道和蜕皮激素受体	A类
	甲维盐·甲氧虫酰肼	抗生素类和昆虫生长调节剂类	氯离子通道和蜕皮激素受体	A类
	甲维盐·杀铃脲	抗生素类和苯甲酰脲类	氯离子通道和几丁质生物合成	A类
	甲维盐·氟苯虫酰胺	双酰胺类和抗生素类	鱼尼丁受体（RyR）和氯离子通道	A类
	氯虫苯甲酰胺·高效氯氟氰菊酯	双酰胺类和拟除虫菊酯类	鱼尼丁受体（RyR）和钠离子通道	B类
	氯虫苯甲酰胺·阿维菌素	双酰胺类和抗生素类	鱼尼丁受体（RyR）和氯离子通道	B类
	除虫脲·高效氯氟氰菊酯	苯甲酰脲类和拟除虫菊酯类	几丁质生物合成和钠离子通道	C类
	氟铃脲·茚虫威	苯甲酰脲类和噁二嗪类	几丁质生物合成和钠离子通道	C类
	甲氧虫酰肼·茚虫威	昆虫生长调节剂类和噁二嗪类	蜕皮激素受体和钠离子通道	C类

第二节 杀虫剂的施用方法和施药装备

杀虫剂的施用方法主要包括种子处理、喷雾和撒施颗粒剂等。在玉米苗期，主要通过使用内吸性杀虫剂进行种子处理的方法防治草地贪夜蛾，该方法省时省力，同时对天敌和环境较为友好，可作为玉米苗期防治草地贪夜蛾的首选。但在玉米生长中后期，种子处理对草地贪夜蛾的控制效果减弱，需要与地面喷雾、航空喷雾或撒施颗粒剂等其他杀虫剂施用方法相结合使用，才能达到理想的防治效果。

一、种子处理

常用的种子处理技术有浸种、拌种和种子包衣。

20世纪60年代，国外已有利用硫双威和克百威进行种子包衣防治草地贪夜蛾的研究（Bowling et al.，1968；Pitre，1986）。随着鱼尼丁受体抑制剂的问世，氯虫苯甲酰胺和溴氰虫酰胺等双酰胺类药剂也常用于种子处理来防治草地贪夜蛾（Jeanguenat，2013；Pes et al.，2020；Oliveira et al.，2022），但药效发挥相对较慢（Thrash et al.，2013）。国内多项研究也已表明氯虫苯甲酰胺、溴氰虫酰胺、四唑虫酰胺、乙基多杀菌素、溴酰·噻虫嗪、氯虫·噻虫胺和吡虫·硫双威等种子包衣对草地贪夜蛾具有良好的防治效果（吴嫦娟 等，2020；陆亮 等，2021；冯磊 等，2022；韩海亮 等，2022；徐丽娜 等，2022），但第2代新烟碱类杀虫剂噻虫嗪种子包衣处理对草地贪夜蛾的防治效果较差（Azevedo et al.，2004；巴吐西 等，2020）。

种子处理主要依靠种子处理机进行，种子处理的药剂有液剂、浆剂和粉剂3种，均可用种子处理机进行处理，种子处理机一般分为：商业处理机（浆剂处理机和直接处理机）和农用小型处理机（滚筒混合器和搅拌器等）。浆剂处理机是由药杯和种子翻斗组成的机械装置，用来精确控制药剂的施加量，它适用于各类种子处理。直接处理机最初用于稀释液剂处理，后来的改进型处理机可同时加入杀虫剂和杀菌剂，并适用于浆剂处理。滚筒混合器和搅拌器等农用处理机也能获得较好的处理效果，但不能准确控制药种比，应小心使用。

二、喷雾

杀虫剂喷雾按施药量的多少可分为高容量、中容量、低容量和微量。为达到良好的防治效果，对于高大或冠层茂密的作物，推荐使用高容量喷雾，而低矮或冠层稀疏的作物，使用低容量喷雾即可。有研究表明，雾滴容量的大小会影响杀虫剂对草地贪夜蛾的防治效果以及草地贪夜蛾的抗药性演化速度，以不同雾滴模式喷施氯氰菊酯，草地贪夜蛾均会产生抗药性，但与小雾滴沉积模式相比，在大雾滴沉积模式下，雾滴在作物冠层的沉积和分布量更大，导致靶标害虫接触更多的杀虫剂，从而加速其抗药性演化，抗性水平也更高（Al-Sarar et al., 2006；崔丽 等，2019）。

杀虫剂喷雾主要依靠各种施药装备，目前，田间草地贪夜蛾化学防治常用喷雾装备有地面喷雾机和植保无人机，施药装备性能的优劣，使用方法是否得当，将直接影响田间草地贪夜蛾化学防治的效果和种植效益（包斐 等，2021）。地面喷雾机包括背负式、担架式、框架式、手推式、悬挂式、风送式和自走式。植保无人机通过控制系统和传感器对搭载的喷药设备进行操控，可实现智能化、高精准定量施药，省时省力，并且很好地解决了山地、高大或冠层茂密作物田地面进地施药不便等难题（娄尚易 等，2017；王磊 等，2019）。但有研究显示，常规地面喷雾对草地贪夜蛾的防控效果优于植保无人机喷雾（李涛 等，2020；卞康亚 等，2022），在草地贪夜蛾发生严重的玉米田块，无人机需要和地面喷雾结合使用才能达到较好的防治效果。

杀虫剂喷雾需要结合防治指标进行，根据全国农业技术推广服务中心发布的防治指标，草地贪夜蛾周年繁殖区（包括海南、广东、广西、云南、福建以及四川、贵州南部）和迁飞过渡区（包括湖南、江西、湖北、浙江、上海、江苏、重庆、西藏以及四川、贵州北部）实施化学防治的指标为：玉米苗期（7叶以下）至小喇叭口期（7 ~ 11叶）被害株率5%，大喇叭口期（12叶）以后被害株率10%，未达标区点杀点治。草地贪夜蛾重点防范区（包括安徽、河南、山东、河北等北方省份）实施化学防治的指标为：玉米苗期（7叶以下）被害株率5%，玉米小喇叭口期（7 ~ 11叶）被害株率10%，玉米大喇叭期（12叶）以后被害株率15%。

在玉米不同发育阶段，应将药液喷洒在玉米心叶、雄穗或雌穗等草地贪夜蛾为害的关键部位（杨普云 等，2019）。有研究表明，与授粉前3h、授粉后24h相比，授粉后48h喷施杀虫剂对玉米田草地贪夜蛾的防治效果更好（Viteri 和 Linares-Ramírez，2022）。此外，还需根据不同龄期幼虫的生物学特性，选择合适的时期、正确的施药方式进行防治（李永平 等，2019）。草地贪夜蛾高龄幼虫喜好钻蛀至植株内部，此时药剂喷雾效果较差。在幼虫处于低龄阶段，选择清晨或黄昏（幼虫较为活跃的时间段）进行药剂喷雾效果较好。在草地贪夜蛾卵期的防治工作中，应采用喷头偏侧下的方式，在叶片背面形成有效的药剂接触面，方能达到同时防治苗期心叶中幼虫和叶背面卵的效果。

此外，有研究表明，与喷雾相比，于玉米喇叭口点施60g/L乙基多杀菌素悬乳剂防治草地贪夜蛾的效果较好（郑群 等，2019）。也有研究报道常规喷施和玉米喇叭口点施虫螨腈对草地贪夜蛾幼虫均具有良好的防治效果，且相对而言，利用新型精准喷雾器可定向定量将药剂点施至玉米心叶，不仅显著减少了农药使用量，而且提高了农药利用率，从而起到农药减施增效的目的。玉米喇叭口点施的用药量和用水量少，提高了农药的靶向性，安全性高，但是该方法耗时费力，适合在南方小规模种植地区推广使用；而省时省力的常规喷雾处理较适合在北方大面积种植区应用（杨帅 等，2020）。

三、撒施颗粒剂

国外有研究报道，多杀霉素颗粒剂对草地贪夜蛾的防效较好，且持效期长（Tamez et al.，2018）。中国农业科学院植物保护研究所创新性提出利用植保无人机撒施颗粒剂代替喷雾防治草地贪夜蛾的方法（李丽颖，2020）。在利用植保无人机喷雾时，因雾滴在沉降的过程中存在水分蒸发飘移，在玉米心叶等草地贪夜蛾钻蛀取食部位药剂沉积量不足等问题，致使对草地贪夜蛾的防治效果较差。而圆形的颗粒剂在使用植保无人机撒施至玉米叶片后，会自动滚落聚集在玉米喇叭口，实现对草地贪夜蛾的定向、精准、高效防控。研究表明，与药剂喷雾相比，植保无人机颗粒剂撒施技术对草地贪夜蛾的防控效果显著提高，同时可降低药剂飘移风险，对天敌和环境更为友好。

第三节 我国草地贪夜蛾化学防治现状和存在问题

草地贪夜蛾入侵我国初期，国内尚无任何登记药剂，针对这一现状，国内研究者迅速开展大量室内毒力测定和田间药效试验，筛选出了甲维盐、乙基多杀菌素、多种双酰胺类等一批对草地贪夜蛾具有较好防效的杀虫剂，在草地贪夜蛾的应急防控中发挥了重要作用。同时，高效对靶技术优化和创新研究的开展使得这些高效、低毒药剂在草地贪夜蛾防控中更好地发挥了作用。但是目前我国草地贪夜蛾化学防治仍然存在一些问题。主要表现为过度依赖单一化学药剂。笔者对云南省瑞丽市农户的调查发现，化学防治几乎是当地农民防治玉米害虫的唯一有效途径，没有其他防治手段，自草地贪夜蛾入侵以来，该地区防治草地贪夜蛾效果较好的甲维盐使用次数明显增多，年施药次数超过10次（宋翼飞和吴孔明，2020），这也导致了农户的农药成本投入显著增加（Yang et al.，2021）。这种化学防治方法可用于短期内草地贪夜蛾的应急防控，如若长期采用，必然会快速引起草地贪夜蛾的抗药性问题，从而导致农药的使用量更多。除了加速抗药性演化以及缩短新型高效、环境友好农药品种的使用寿命以外，还会对环境安全和生物多样性等构成威胁（高希武，2010）。

此外，虽然目前我国已有草地贪夜蛾的应急防控药剂，但仍缺乏核心的可持续利用农药产品，可供选择的绿色高效产品较少，这也是农户过度依赖单一化学农药的原因之一。同时，在防治过程中，区域治理体系的碎片化，导致用药量多、成本高、抗药性和环境安全风险大。因此，亟需研发绿色防控药剂产品，构建绿色、生态、可持续的精准防控技术体系。

第四节　杀虫剂的抗药性监测方法

化学杀虫剂作为草地贪夜蛾的主要应急防控措施，对抑制其种群扩散、减轻作物受害、保障粮食安全具有重要作用（李强 等，2021），但随着杀虫剂的持续使用，草地贪夜蛾的抗药性水平将会逐渐升高。在草地贪夜蛾入侵我国伊始，入侵群体的基因组测序及抗性基因检测结果显示，其对传统有机磷类、有机氯类和拟除虫菊酯类药剂的抗性基因变异频率较高（Zhang et al.，2020）。李妍等通过分子检测技术也明确了入侵我国草地贪夜蛾种群携带高频率的对有机磷和氨基甲酸酯类杀虫剂的抗性基因（李妍 等，2020）。2019年，笔者利用三龄幼虫点滴法测定了5个分别采自云南、海南、西藏和福建的草地贪夜蛾种群对拟除虫菊酯类、有机磷类、氨基甲酸酯类、双酰胺类、抗生素类和其他种类杀虫剂的抗性水平，并基于前人报道的敏感基线，计算了其对毒死蜱、多杀霉素、高效氯氟氰菊酯、马拉硫磷、氰戊菊酯、溴氰菊酯、甲维盐和氯虫苯甲酰胺的抗性倍数分别为615 ～ 1 068、60 ～ 388、26 ～ 317、13 ～ 29、9 ～ 33、8 ～ 20、3 ～ 8和1 ～ 2倍（图11-1）（Zhang et al.，2021）。以上表明我国草地贪夜蛾对有机磷类、拟

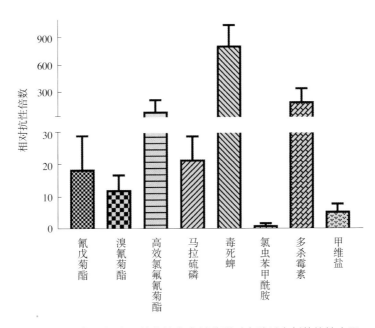

图11-1　2019年入侵我国的草地贪夜蛾种群对多种杀虫剂的抗性水平

除虫菊酯类等传统杀虫剂的抗性水平较高，而对氯虫苯甲酰胺等双酰胺类杀虫剂和甲维盐的抗性水平仍处于较低水平。但已有研究表明，我国草地贪夜蛾对氟苯虫酰胺产生了中等水平抗性（牛多邦 等，2022），且对甲维盐等存在快速产生抗性的风险（赵金凤 等，2022）。

因此，科学进行抗药性监测，及时明确草地贪夜蛾种群的抗药性演化动态，对指导我国草地贪夜蛾的持续高效防控尤为重要。目前采用的杀虫剂抗药性监测方法主要有以下几种。

一、传统生物测定

国内外文献报道的草地贪夜蛾传统室内生物测定方法主要包括点滴法、饲料混药法、饲料药膜法、浸叶法和浸虫法等。王欢欢等（2021）采用浸叶法和点滴法测定了草地贪夜蛾三龄幼虫以及采用饲料药膜法测定了草地贪夜蛾二龄幼虫对多种常用杀虫剂的敏感性，并据此建立了草地贪夜蛾幼虫对多种常用杀虫剂的相对敏感基线，为我国草地贪夜蛾的抗药性监测和化学防治提供了依据。吕圣兰等（2020）研究表明，杀虫剂对草地贪夜蛾幼虫最适用的生物测定方法是点滴法，相较于饲料混药法和叶片药膜法，点滴法不仅能准确地反映种群整体在遗传学上的纯度，且在生物测定结果的重复性上也较好。

传统生物测定方法操作方便、耗费低廉，是目前应用较为广泛的抗药性监测方法，但该方法不适用于早期检测，并存在耗时长、虫源标准化欠缺、无法确定抗性机制等缺点。

二、生物化学检测

害虫抗药性的生化机制研究表明，害虫抗药性产生与酯酶、谷胱甘肽-S-转移酶和多功能氧化酶等酶的解毒代谢能力增强或乙酰胆碱酯酶等杀虫剂靶标酶的敏感性降低高度相关。生物化学检测法是通过检测单个害虫的生化抗性机制来检测害虫抗药性。已有研究表明微粒体氧化酶、细胞色素P450酶（cytochrome P450，CYP450）、谷胱甘肽-S-转移酶（glutathione stransferase，GST）、水解酶及还原酶等多种解毒酶在草地贪夜蛾对杀虫剂的解毒代谢中发挥着重要作用。美国佛罗里达州草地贪夜蛾抗药性品系的微粒体氧化酶、CYP450和GST等解毒酶的活性均高于敏感品系。与传统生物测定方法相比，生物化学检测法较为快速，且准确度高，同时可对单头昆虫进行测定。

三、其他检测方法

利用害虫趋性进行抗药性监测，主要包括色板诱卡和性诱剂诱卡，制备含有不同剂量杀虫剂的诱卡，并统计诱卡上诱集的害虫死亡率，计算LC_{50}等，从而评估害虫的抗药性水平。

此外，随着分子生物学和生物化学的研究和发展，多种先进的抗药性监测方法不断问世，如抗性基因检测法和神经电生理检测法等。采用新一代高通量测序技术对草地贪夜蛾田间种群样品进行测序，可快速获得其抗性基因变异种类及频率等信息。但是，该类分子生物学方法依赖于抗药性机制的研究和认知水平，现阶段仅适用于检测单一机制介导产生的抗性。因此，分子生物学和生物化学类检测方法目前一般常作为生物测定方法的辅助手段。

第五节　杀虫剂的抗药性治理对策

为了延缓草地贪夜蛾种群的抗药性演化，尽可能延长高效杀虫剂的使用寿命，需要及时制定对策并实施抗药性治理。经过吸取棉铃虫等其他重大鳞翅目害虫的抗药性治理经验和教训，并结合草地贪夜蛾在我国的实际发生为害情况，现提出适用于草地贪夜蛾的抗药性治理对策。

一、抗药性监测

抗药性监测是抗药性治理的基础和依据，在本章第四节已介绍几种抗药性监测方法。在利用传统生物测定方法进行监测时，为保证监测结果的可比性和准确度，不同监测点应采用统一的标准化监测方法及杀虫剂样品（吴益东 等，2019）。通过多种监测方法相结合，可以了解草地贪夜蛾的抗药性水平及抗药性机制，为抗性治理提供科学依据。

二、科学合理使用化学防治技术

1.药剂的交替或轮换使用

为了延缓草地贪夜蛾的抗药性演化，切勿连续使用作用靶标和作用机制相同的药剂。长期大面积使用单一药剂种类，会导致草地贪夜蛾快速产生抗药性，影响防治效果，而轮换使用类型或作用机制不同的药剂，由于其作用位点不同，对草地贪夜蛾的选择性不同，可以延缓草地贪夜蛾抗药性产生。根据全国农业技术推广服务中心印发的《草地贪夜蛾应急防治药剂科学使用指导意见》，我国暂行的草地贪夜蛾抗药性管理技术之一是不同区域轮换用药，将表11-4推荐的药剂划分为3类：甲维盐及其混剂（A类）、双酰胺类（包括氯虫苯甲酰胺、四氯虫酰胺、氟苯虫酰胺）及其混剂（B类）和乙基多杀菌素等其他化学药剂及其混剂（C类），其中在周年繁殖区实行ABC顺序轮换，迁飞过渡区实行BCA顺序轮换，重点防范区实行CBA顺序轮换。此外，微生物农药（D类）每次防治均可使用。

2.杀虫剂的混用

杀虫剂的混用增加了药剂在昆虫体内的靶标位点，提升了药剂的防治效果；降低了单一药剂对靶标害虫的持续选择压，有效延缓了靶标害虫的抗药性演化（陈庆华 等，2021；高庆远 等，2021；刘丽虹和鲁森，2022）；同时，可节省劳力，减少用药次数，降低成本。但在使用过程中，需要遵循科学、合理、安全等基本原则。

为了筛选甲维盐与氯虫苯甲酰胺复配防治草地贪夜蛾的最佳配比，胡飞等（2020）采用浸虫法测定了甲维盐、氯虫苯甲酰胺及组合物对草地贪夜蛾的室内毒力，并基于最佳增效配比进行了田间防治效果评价试验，结果表明，甲维盐和氯虫苯甲酰胺以质量比3∶7复配是防治草地贪夜蛾的良好配方。李涛等（2020）研究发现，酰胺类与阿维菌素类复配对草地贪夜蛾的杀虫效果明显，特别是阿维菌素类与生物药剂多角体病毒复配表现良好，这两种药剂作用机制不同而且相对安全环保。

3.增效剂的使用

增效剂本身对害虫无直接毒杀作用，但其少量加入即可大幅提升杀虫剂的防治效果。研究表明，添加以聚乙二醇为主要成分的增效助剂（周海亮 等，2020；沈丽琼 等，2021）、有机硅增效助剂（苏湘宁 等，2020；杨石有 等，2021）对甲维盐、氯虫苯甲酰胺等药剂对草地贪夜蛾的防效均有增效作用（宋国峰 等，2021）。此外，以聚乙二醇为主要成分的增效助剂的添加还可起到驱避草地贪夜蛾成虫产卵的作用。也有研究表明，添加植物油类喷雾助剂可以有效提高植保无人机喷施甲维盐对草地贪夜蛾的防治效果（臧晓韵 等，2021）。

三、与其他防治技术相结合

该类抗药性治理对策将化学防治技术与生物防治、物理防治、遗传防治和农业防治等其他防治措施综合使用，将草地贪夜蛾田间种群数量控制在经济阈值以下。实施科学合理、高效的化学防治技术，实现农药减施增效的草地贪夜蛾绿色防控发展战略。随着现代农业信息技术和生物技术的发展，利用精准监测预警、迁飞高效阻截及Bt玉米种植等综合防治技术，实现草地贪夜蛾的低成本、绿色可持续防控（吴孔明，2020）。

【参考文献】

巴吐西，张智，寇爽，等，2020.噻虫嗪种衣剂对草地贪夜蛾生命参数的影响.植物保护学报，47(4): 891-899.

包斐，韩海亮，徐红星，等，2021.植保无人机喷雾参数组合对鲜食玉米草地贪夜蛾防效的影响.中国植保导刊，41(10): 51-56.

卞康亚，张海波，赵静，等，2022.不同杀虫剂应用植保无人机防治玉米草地贪夜蛾试验.浙江农业科学，63(6):1342-1344.

陈庆华，曾娟，陈晓娟，等，2021.甲维盐单剂及复配剂对草地贪夜蛾的防效.中国植保导刊，41(9): 84-85.

崔丽，芮昌辉，李永平，等，2019.国外草地贪夜蛾化学防治技术的研究与应用.植物保护，45(4): 7-13.

冯磊，刘芳，唐圣松，等，2022.种衣剂控制玉米苗期草地贪夜蛾效果初评.中国植保导刊，42(2): 63-65, 54.

高庆远，杨石有，张贝贝，2021.甲维盐与四氯虫酰胺复配对草地贪夜蛾的室内生物活性及田间防效.农药，60(4): 306-309.

高希武，2010.我国害虫化学防治现状与发展策略.植物保护，36(4): 19-22.

韩海亮，郭井菲，陈斌，等．2022.不同种衣剂对糯玉米苗期草地贪夜蛾的防治效果.浙江农业科学，63(1): 131-133.

胡飞，苏贤岩，胡本进，等，2020.甲维盐·氯虫苯甲酰胺组合物对草地贪夜蛾室内毒力测定及田间防治效果.植物保护，46(3): 303-307.

李丽颖，2020.中国农科院植保所首创无人机撒施颗粒防治草地贪夜蛾新方法.农药市场信息(17): 11.

李强，门兴元，景春，等，2021.我国草地贪夜蛾应急防控研究进展.植物保护，47(6): 21-27.

李涛，陈剑山，孙明凯，等，2020.草地贪夜蛾应急防控技术优化.植物保护学报，47(4): 900-901.

李妍，龚丽凤，王欢欢，等，2020.我国草地贪夜蛾田间种群有机磷和氨基甲酸酯类杀虫剂靶标基因ace-1的基因型和突变频率.昆虫学报，63(5): 574-581.

李永平，张帅，王晓军，等，2019.草地贪夜蛾抗药性现状及化学防治策略.植物保护，45(4): 14-19.

林玉英，金涛，马光昌，等，2020.15种杀虫剂对草地贪夜蛾卵的毒力测定.植物保护，46(1): 82-86.

刘丽虹，鲁森，2022.甲维盐复配剂在草地贪夜蛾防治中的应用研究.南方农机，53(9): 74-76, 89.

娄尚易，薛新宇，顾伟，等，2017.农用植保无人机的研究现状及趋势.农机化研究，39(12): 1-6, 31.

陆亮，蒋田田，姚贝贝，2021.溴氰虫酰胺种子包衣处理对草地贪夜蛾的防治效果探究.南方农业，

15(29): 58-60.

吕圣兰，王有兵，谷少华，等，2020.化学杀虫剂对草地贪夜蛾毒力的生物测定方法比较.昆虫学报，63(5): 590-596.

牛多邦，檀称龙，吴玉杰，等，2022.安徽省草地贪夜蛾对杀虫剂的敏感性和靶标突变检测.植物保护，48(2): 201-207, 213.

潘兴鲁，董丰收，芮昌辉，等，2020.我国草地贪夜蛾应急化学防控风险评估及对策.植物保护，46(6): 117-123.

阮赞誉，居梦婷，沈秋兰，等，2022.9种杀虫剂对草地贪夜蛾的田间防效.浙江农业科学，63(1): 127-128.

沈丽琼，郑科美，葛林钦，等，2021.助剂"犇牛金刚钻"+5%甲氨基阿维菌素苯甲酸盐防治草地贪夜蛾药效试验.云南农业科技(6): 9-10.

宋国锋，周海亮，徐红兵，等，2021.不同药剂添加助剂防治玉米草地贪夜蛾田间试验.湖北植保(2): 13-14.

宋翼飞，吴孔明，2020.滇西甜糯玉米草地贪夜蛾防治现状调查.植物保护，46(5): 217-222.

苏湘宁，廖章轩，李传瑛，等，2020.广东草地贪夜蛾对2种常用农药的抗药性及助剂和增效剂对农药毒力的影响.南方农业学报，51: 1274-1281.

王风良，姜春义，张海波，等，2022.10%溴虫氟苯双酰胺SC对草地贪夜蛾的控制效果.植物保护，48(4): 363-368.

王欢欢，吕圣兰，赵瑞，等，2021.草地贪夜蛾幼虫对常用杀虫剂相对敏感基线的建立.昆虫学报，64(12): 1427-1432.

王磊，祝海燕，谢旭东，等，2019.植保无人机减量施药雾滴沉积分布及草地贪夜蛾防效评价.基层农技推广，7(11): 29-33.

王敏，宁旭，张勇，等，2022.溴虫氟苯双酰胺对江西草地贪夜蛾幼虫的室内毒力及田间药效.生物灾害科学，45(3): 335-339.

王芹芹，崔丽，王立，等，2019.草地贪夜蛾对杀虫剂的抗性研究进展.农药学学报，21(4): 401-408.

王芹芹，崔丽，王立，等，2020a.20种杀虫剂对草地贪夜蛾的杀卵活性.植物保护，46(4): 264-269.

王芹芹，崔丽，王立，等，2020b.草地贪夜蛾防控技术进展及我国对策建议.现代农药，19(3): 1-6.

吴嫦娟，熊腾飞，尹艳琼，等，2020.玉米种子丸粒化包衣处理对草地贪夜蛾的防治效果.环境昆虫学报，42(6): 1314-1321.

吴超，张磊，廖重宇，等，2019.草地贪夜蛾对化学农药和Bt作物的抗性机制及其治理技术研究进展.植物保护学报，46(3): 503-513.

吴孔明，2020.中国草地贪夜蛾的防控策略.植物保护，46(2): 1-5.

吴涛，吴婧莲，李国清，等，2020.13种农药对草地贪夜蛾的田间药效评价.湖北植保，179 (2): 15-18.

吴益东，沈慧雯，张正，等，2019.草地贪夜蛾抗药性概况及其治理对策.应用昆虫学报，56(4): 599-604.

徐丽娜,徐婷婷,佟强,等,2022.不同种子处理对苗期小麦草地贪夜蛾的室内防治效果.植物保护,48(5): 348-351, 360.

杨普云,常雪艳,2019.草地贪夜蛾在亚洲、非洲发生和影响及其防控策略.中国植保导刊,39(6): 88-90.

杨普云,朱晓明,郭井菲,等,2019.我国草地贪夜蛾的防控对策与建议.植物保护,45(4): 1-6.

杨石有,张蕊,吕宝乾,2021.有机硅silwet 408助剂对氯虫苯甲酰胺防治草地贪夜蛾的增效作用.玉米科学,29(6): 151-156.

杨帅,闫文娟,谭煜婷,等,2020.四氯虫酰胺玉米全株喷雾和喇叭口点施防治草地贪夜蛾的药效评价.环境昆虫学报,42(1): 76-81.

尹绍忠,闵红,王梅花,等,2022.溴虫氟苯双酰胺对玉米草地贪夜蛾的防治效果.中国农技推广,38(7): 81-83.

尹艳琼,张红梅,李永川,等,2019.8种杀虫剂对云南不同区域草地贪夜蛾种群的室内毒力测定.植物保护,45(6): 70-74.

臧晓韵,王国宾,况慧云,等,2021.甲维盐乳油混合不同助剂对鲜食玉米田草地贪夜蛾飞防效果的影响.上海农业学报,37(6): 96-102.

张永生,刘好玲,刘玉生,等,2020.10种杀虫剂低容量喷雾对玉米田草地贪夜蛾的防治效果.现代农药,19(3): 44-47.

张正炜,成玮,常文程,等,2021.美国防治草地贪夜蛾农药登记应用现状(一)——传统农药.世界农药,43(7): 18-24, 37.

赵金凤,邱良妙,丁雪玲,等,2022.草地贪夜蛾对甲氨基阿维菌素苯甲酸盐和虱螨脲的抗性风险评估.植物保护,48(4): 88-93.

赵胜园,孙小旭,张浩文,等,2019a.常用化学杀虫剂对草地贪夜蛾防效的室内测定.植物保护,45(3): 10-14, 20.

赵胜园,杨现明,杨学礼,等,2019b.8种农药对草地贪夜蛾的田间防治效果.植物保护,45(4): 74-78.

郑群,王勇庆,谭煜婷,等,2019.乙基多杀菌素悬浮剂对草地贪夜蛾的生物活性及田间防效.环境昆虫学报,41(6): 1169-1174.

周海亮,马学林,宋国锋,等,2020.杀虫剂与喷雾助剂混用防治草地贪夜蛾试验.湖北农业科学,59(16): 76-77, 84.

Al-Sarar A, Hall F R, Downer R A, 2006. Impact of spray application methodology on the development of resistance to cypermethrin and spinosad by fall armyworm *Spodoptera frugiperda* (J E Smith). Pest Management Science, 62(11): 1023-1031.

Azevedo R, Grutzmacher A, Loeck A, et al., 2004. Effect of seed treatment and leaf spray of insecticides in different water volumes, on the control of *Spodoptera frugiperda* (J.E. Smith, 1797) (Lepidoptera: Noctuidae), in lowland corn and sorghum crops. Revista Brasileira de Agrociência, 10: 71-77.

Beuzelin J M, Larsen D J, Roldán E L, et al., 2022. Susceptibility to chlorantraniliprole in fall armyworm (Lepidoptera: Noctuidae) populations infesting sweet corn in southern Florida. Journal of Economic Entomology, 115(1): 224-232.

Blanchard R A, Chamberlin T R, 1948. Tests of insecticides, including DDT, against the corn earworm and the fall armyworm in corn. Journal of Economic Entomology, 41(6): 928-935.

Blanchard R A, Chamberlin T R, Satterthwait A F, 1946. Controlling the fall armyworm in sweet corn and popcorn with DDT. Journal of Economic Entomology, 39(6): 817.

Bowling C C, Flinchum W T, 1968. Interaction of propanil with insecticides applied as seed treatments on rice. Entomological Society of America, 61(1): 67-69.

Foster R E, 1989. Strategies for protecting sweet corn ears from damage by fall armyworms (Lepidoptera: Noctuidae) in southern Florida. Florida Entomologist, 72(1): 146-151.

Goergen G, Kumar P L, Sankung S B, et al., 2016. First report of outbreaks of the fall armyworm *Spodoptera frugiperda* (J E Smith) (Lepidoptera: Noctuidae), a new alien invasive pest in west and central Africa. PLoS One, 11(10): e0165632.

Janes J M, 1973. Corn earworm and fall armyworm occurrence and control on sweet corn ears in south Florida. Journal of Economic Entomology, 66(4): 973-974.

Jeanguenat A, 2013. The story of a new insecticidal chemistry class: the diamides. Pest Management Science, 69: 7-14.

Luginbill P, 1920. Injurious insect pests of cereal and forage crops of South Carolina. Annual Report & South Carolina Commission Agriculture Committee & Ind: 217-219.

Nickels C B, 1926. An important outbreak of insects infesting soy beans in lower South Carolina. Journal of Economic Entomology, 19(4): 614-618.

Oliveira C, Orozco-Restrepo S M, Alves A C, et al., 2022. Seed treatment for managing fall armyworm as a defoliator and cutworm on maize: Plant protection, residuality, and the insect life history. Pest Management Science, 78(3): 1240-1250.

Pes M P, Melo A A, Stacke R S, et al., 2020. Translocation of chlorantraniliprole and cyantraniliprole applied to corn as seed treatment and foliar spraying to control *Spodoptera frugiperda* (Lepidoptera: Noctuidae). PloS One, 15: e0229151.

Pitre H N, 1986. Chemical control of the fall armyworm (Lepidoptera: Noctuidae): An update. The Florida Entomologist, 69(3): 570-578.

Roger D, Phil A, Melanie B, et al., 2017. Fall Armyworm: impacts and implications for Africa. Outlooks on Pest Management, 28(5): 196-201.

Sisay B, Tefera T, Wakgari M, et al., 2019. The efficacy of selected synthetic insecticides and botanicals against fall armyworm, *Spodoptera frugiperda*, in maize. Insects, 10(2): 45.

Smith R C, 1921. Observations on the fall army worm and some control experiments. Journal of

Economic Entomology, 326(1): 1411-1412.

Sun X X, Hu C X, Jia H R, et al., 2021. Case study on the first immigration of fall armyworm *Spodoptera frugiperda* invading into China. Journal of Integrative Agriculture, 20(3): 664-672.

Tamez G P, Tamayo M F, Gomez F R, et al., 2018. Increased efficacy and extended shelf life of spinosad formulated in phagostimulant granules against *Spodoptera frugiperda*. Pest Management Science, 74(1):100-110.

Tepa-Yotto G T, Chinwada P, Rwomushana I, et al., 2022. Integrated management of *Spodoptera frugiperda* six years post-detection in Africa: A review. Current Opinion in Insect Science. DOI: 10.1016/j.cois.2022.100928.

Thrash B, Adamczyk J J, Lorenz G, et al., 2013. Laboratory evaluations of lepidopteran-active soybean seed treatments on survivorship of fall armyworm (Lepidoptera: Noctuidae) larvae. Florida Entomologist, 96(3): 724-728.

Viteri D M, Linares-Ramírez A M, 2022. Timely application of four insecticides to control corn earworm and fall armyworm larvae in sweet corn. Insects, 13(3): 278.

Yang X, Wyckhuys K A G, Jia X, et al., 2021. Fall armyworm invasion heightens pesticide expenditure among Chinese smallholder farmers. Journal of Environmental Management, 282: 111949.

Zhang D D, Xiao Y T, Xu P J, et al., 2021. Insecticide resistance monitoring for the invasive populations of fall armyworm, *Spodoptera frugiperda*, in China. Journal of Integrative Agriculture, 20(3): 783-791.

Zhang L, Liu B, Zheng W G, et al., 2020. Genetic structure and insecticide resistance characteristics of fall armyworm populations invading China. Molecular Ecology Resources, 20(6): 1682-1696.

Zhao Y X, Huang J M, Ni H, et al., 2020. Susceptibility of fall armyworm, *Spodoptera frugiperda* (J. E. Smith), to eight insecticides in China, with special reference to lambda-cyhalothrin. Pesticide Biochemistry Physiology, 168: 104623.

第十二章

草地贪夜蛾生物防治技术

生物防治技术是害虫防治的一种形式，主要是指利用活体生物或其代谢产物将害虫种群密度控制在低水平。生物防治技术因对环境安全，对人、畜无害，在作物病虫害防控中越来越受到人们的重视，具有广阔的发展空间和应用前景。广义的生物防治技术包括天敌的引入、扩增、保护和生物农药的利用等。本章介绍的草地贪夜蛾生物防治技术主要包括生物农药和天敌昆虫的利用。

第一节　生物农药

生物农药指利用生物活体或其代谢产物进行病虫害防治的制剂，广义的生物农药大致可分为三类：①生物化学农药，包括植物提取物、合成信息素、微生物提取或发酵产物、昆虫生长调节剂等；②微生物农药，包括细菌、真菌、原生动物、病毒等；③宏观生物，包括捕食性天敌、寄生性天敌、昆虫病原线虫等。不同国家对生物农药的定义存在差异，我国《农药登记规定实施细则》〔82〕农（农）字第72号）明确指出生物农药是指用于防治农林牧业病虫草害或调节植物生长的微生物及植物来源的农药。《农药登记资料要求》（中华人民共和国农业部公告　第2569号）中进一步明确：①植物源农药指有效成分来源于植物体的农药；②微生物农药指以细菌、真菌、病毒、原生动物和基因修饰的微生物等活体为有效成分的农药。综合上述定义，本节介绍可用于草地贪夜蛾防控的植物源农药和微生物源农药（包括活体微生物及其代谢/发酵产物）。

一、防治草地贪夜蛾的植物源农药

1.国外研究进展

Bateman等（2018）综述了草地贪夜蛾原发的美洲地区和入侵的非洲地区目前已注册登记的潜在可防治草地贪夜蛾的植物源农药，共有12种原药的429款产品分别在30个国家获得注册登记，包括异硫氰酸烯丙酯、印棟素、辣椒素、大蒜素、苦参碱、氧化苦参碱、橙油、除虫菊素、辛酸蔗糖酯、芥花油、土荆芥和豆油，其中前9种原药的制剂对草地贪夜蛾具有一定防治效果，在非洲当地开展室内杀虫活性和田间防效测定基础上可推荐使用。剩余3种原药的相关产品则缺乏对草地贪夜蛾具有致死活性的证据或有入侵风险等因素而不被推荐使用，包括芥花油、土荆芥和豆油。

据现有文献报道，在草地贪夜蛾的原发地美洲地区，印棟素、除虫菊素两种原药的相关产品具有一定的田间防效。印棟素是印棟树的一种提取物，是目前应用最广泛的植物源杀虫剂之一，可通过抑制昆虫激素阻止昆虫卵、幼虫和蛹的发育，同时也具有拒食作用，可阻止昆虫取食、产卵和交配。在美洲地区，室内和田间试验均表明印棟素可有效防治草地贪夜蛾。巴西田间试验表明印棟素可降低草地贪夜蛾对玉米造成的损失，室内研究表明印棟素对草地贪夜蛾孵化6d内的幼虫具有很好的杀虫活性。除具有杀虫活性外，印棟素还具有一定的杀卵效果和拒食作用，在1 000mg/L的使用浓度内卵死亡率为12%～31%，玉米叶片喷施印棟素后引起草地贪夜蛾幼虫拒食。印棟素在不同作物上防治草地贪夜蛾的防效差异显著，虽然在玉米上印棟素对草地贪夜蛾具有一定的防效，但在甘蓝和珍珠稗上防效不理想，表明印棟素防治草地贪夜蛾要结合当地不同作物的田间防效进行选择。除虫菊素是除虫菊花提取物，是另一种广泛应用的植物源杀虫剂，对鳞翅目和螨类等多种有害生物均有一定的防效，有限的证据表明其在美洲地区对草地贪夜蛾具有一定防效。苦参碱是源自槐属作物的一种生物碱，室内研究表明苦参碱对草地贪夜蛾初孵幼虫的杀虫活性高，具有致死和亚致死效应，但其持效期短。另外，氧化苦参碱、大蒜素、异硫氰酸烯丙酯、辣椒素、橙油和辛酸蔗糖酯对与草地贪夜蛾亲缘关系相似的其他鳞翅目害虫杀虫活性高。

2.国内研究进展

草地贪夜蛾于2018年12月入侵我国后迅速在全国蔓延，根据美洲地区和非洲地区开展的植物源杀虫剂防治草地贪夜蛾相关研究工作，国内多家科研单位开展了包括印棟素、除虫菊素、苦参碱、苦皮藤素、鱼藤酮、藜芦碱和茶皂素等在内的7种植物源农药对草地贪夜蛾的室内和田间防效研究，其中前4种对草地贪夜蛾防治效果相对较好。陈利民等（2019）在草地贪夜蛾卵孵高峰期至低龄幼虫期田间喷施0.3%苦参碱水剂1 000倍液，保苗和杀虫效果均超过90%；赵胜园等（2019a）用浸卵法和浸叶法测定表明0.3%苦参碱水剂330倍液无杀卵活性，且杀二龄幼虫活性较低，仅为41.33%；鲁艳辉等（2019）用浸叶法测定表明0.5%苦参碱水剂300倍液杀初孵幼虫效果可达100%，但对三龄幼虫无效。林素坤等（2020）对0.3%印楝素乳油的田间防效评价表明，在玉米喇叭口期用500倍液田间喷施防效可达75.5%；同一药剂浸卵法、浸叶法的室内杀卵、杀虫活性的多个试验表明，该药剂对初孵幼虫防效较好，杀虫效果达93.33%，但对卵、二龄和三龄幼虫活性低。赵胜园等（2019a）、鲁艳辉等（2019）和陈利民等（2019）利用浸卵法、浸叶法测试了鱼藤酮、藜芦碱和茶皂素的杀卵、杀虫效果，结果表明鱼藤酮、藜芦碱和茶皂素杀卵、杀虫效果低，不适合用于防控草地贪夜蛾。浸卵法、浸叶法测定表明1.5%除虫菊素水乳剂无杀卵活性，杀二龄幼虫活性为48.19%。目前国际上研究的植物源农药对草地贪夜蛾初孵幼虫具有一定的防效，对二龄及以上幼虫防效低，但我国的研究表明1%苦皮藤素乳油500倍液对初孵、三龄和五龄幼虫均表现出高杀虫活性，杀虫效果均可达100%。因药剂来源、试验材料和地区的不同，我国多家科研单位作出的防控效果评价略有差异。

3.国内应用登记情况

目前国内外研究表明，已知的多数植物源农药对草地贪夜蛾的防治效果不理想，其中苦参碱、印楝素和除虫菊素对草地贪夜蛾初孵幼虫有一定的防效，但对二龄以上的幼虫防效低，建议在卵孵高峰期田间喷施；但苦皮藤素对草地贪夜蛾各个龄期的幼虫均具有高杀虫活性，可重点关注并开展相应的田间防效评价。上述所有的可潜在用于防治草地贪夜蛾的植物源杀虫剂，均应开展室内杀虫活性和田间防效评价，并在综合考虑环境安全性和防治成本等因素的前提下推荐使用。目前我国已登记3种植物源农药剂制用于防治草地贪夜蛾，分别是0.3%印楝素乳油、0.5%印楝素乳油和1%苦参·印楝素乳油（表12-1）。

表12-1　我国注册登记用于防治草地贪夜蛾的植物源农药

登记证号	农药名称	剂型	总含量	登记证持有人
PD20110336	苦参·印楝素	乳油	1%	云南绿戎生物产业开发股份有限公司
PD20130868	印楝素	乳油	0.5%	山东惠民中联生物科技有限公司
PD20101580	印楝素	乳油	0.3%	成都绿金生物科技有限责任公司

二、防治草地贪夜蛾的微生物源农药

1.国外研究进展

自2001年Lacey等阐述微生物控制害虫的应用前景以来，微生物农药的利用获得了长足的发展。目前，超过50种昆虫病原微生物已商业化应用，包括病毒、细菌、真菌等。另外，农业生态系统中自然发生的一些昆虫病原微生物也被用于经典的生物防治中。随着化学农药使用量的持续下降，微生物农药所占的市场份额持续增长。在所有微生物杀虫剂中，苏云金杆菌（*Bacillus thuringiensis*，Bt）的应用推广最为成功，其杀虫剂产品和转基因作物目前在草地贪夜蛾防控中起主导作用。另外，昆虫病毒和昆虫病原真菌作为生物防治手段，因其本身特有的诸多优点而引起越来越多的关注，如对环境和非靶标生物安全、对防治靶标特异性强等。Bateman等（2018）综述了目前国际上登记注册的具有防治草地贪夜蛾效果的微生物源农药（包括活体微生物和微生物代谢/发酵产物），例如杀虫细菌（Bt和活性紫色细菌）、昆虫真菌（球孢白僵菌和金龟子绿僵菌）、昆虫病毒（草地贪夜蛾核型多角体病毒、甜菜夜蛾核型多角体病毒等）及微生物代谢产物（多杀霉素）等，涉及300多种产品，包括Bt产品222种，昆虫真菌产品34种，微生物代谢产物相关产品123种，昆虫病毒产品8种，其中Bt、多杀霉素、杆状病毒等相关产品对草地贪夜蛾的防效相对较好。

Bt是源自土壤的一种细菌，可感染包括鳞翅目昆虫在内的多种农业害虫，是目前世界上登记注册和应用最广泛的微生物杀虫剂。Bt杀虫蛋白具有很强的特异性，不同Bt株系对应的靶标害虫不同，其中*B. thuringiensis* subsp. *aizawi* 和 *B. thuringiensis* subsp. *kurstaki*主要感染鳞翅目害虫，例如棉铃虫、甜菜夜蛾等。因此，用Bt防治靶标害虫时需要进行株系筛选。利用转基因玉米饲喂草地贪夜蛾的二龄幼虫研究表明，转*Cry1Ab*和*Cry1F*的玉米均能显著降低草地贪夜蛾的适合度，其中*Cry1F*效率显著高于*Cry1Ab*；利用转*Cry1Ab*玉米筛选4代后，草地贪夜蛾对其抗性水平显著上升，表明在利用Bt防治草地贪夜蛾的同时要关注其抗性发展问题。在巴西，5种Bt株系的室内研究表明，*B. aizawai* HD 68和*B. thuringiensis* 4412对草地贪夜蛾的防效较好，幼虫死亡率分别为100%和80.4%。草地贪夜蛾在美洲地区分玉米型和水稻型两种生物型，在阿根廷开展的一项研究表明，同一生物型的草地贪夜蛾对当地的一种Bt株系（Bt RT）抗性不同，两种生物型的草地贪夜蛾对Bt RT和Bt HD1株系的敏感性均存在显著差异，表明Bt防治草地贪夜蛾既要考虑不同Bt株系防治效率的差异，同时也要考虑草地贪夜蛾生物型对Bt敏感性的差异。

多杀霉素是分离自刺糖多孢菌（*Saccharopolyspora spinosa*）的一类广谱性杀虫剂，由多杀霉素A和多杀霉素D两种四环大环内酯分子组成。自1997年登记注册以来，多杀霉素被用于防治多种不同种类的害虫，包括鳞翅目、双翅目、缨翅目、鞘翅目、直翅目和膜翅目。大量的室内和田间防效研究表明多杀霉素可高效防治草地贪夜蛾，例如在草地贪夜蛾的原发地之一墨西哥，多杀霉素的田间防效与化学农药毒死蜱相同，但对草地贪夜蛾的天敌寄生蜂毒性小。多杀霉素有多种剂型，包括颗粒剂、粉剂、液体制剂和固体饵剂等，研究表明将多杀霉素制作成颗粒食诱剂的防效等同于化学药剂氯氰菊酯处理，且显著高于多杀霉素喷施效果。多杀霉素可与包括Bt、杆状病毒等在内的多种生物杀虫剂混合使用。但是，草地贪夜蛾对多杀霉素的抗性发展问题也应引起重视。

昆虫病毒在害虫生物防治中具有广阔的应用前景，草地贪夜蛾可感染包括杆状病毒在内的多种昆虫病毒。过去几十年中，美洲地区的多个国家，包括阿根廷、巴西、墨西哥、哥伦比亚、美国等，开展了多项利用草地贪夜蛾核型多角体病毒（*Spodoptera frugiperda* nucleopolyhedrovirus，SfMNPV）防治草地贪夜蛾的室内研究和田间防效评估，结果表明SfMNPV可造成草地贪夜蛾幼虫田间死亡率超过90%。自然界发生的SfMNPV具有遗传多样性，其中在尼加拉瓜就发现了9种类型的SfMNPV。这些病毒表现不同的致病性，其中3种类型是缺陷病毒，不能经口感染寄主，其余6种病毒单个株系的感染效率均低于野生型混合病毒，但细胞培养的混合病毒具有类似于野生混合病毒的致病力。在哥伦比亚发现的SfMNPV表现出类似特征，这提示我们通过混合不同类型的SfMNPV可帮助我们开发高效的杆状病毒杀虫剂。哥伦比亚发现了3种类型的SfMNPV，基于这3种类型的病毒生产的生物杀虫剂可将草地贪夜蛾的危害控制在经济阈值之下，当处理时间达到22d时，其防治效果与化学农药的防治效果相当。在巴西，一种当地分离的SfMNPV用于防治玉米上的草地贪夜蛾，每年应用面积达到20 000hm²。这些研究表明基于杆状病毒开发生物杀虫剂防治草地贪夜蛾具有广泛的应用前景。

昆虫病原真菌是一类源自土壤的昆虫致病微生物，目前研究最广泛的昆虫病原真菌主要有两种，包括球孢白僵菌（*Beauveria bassiana*）和金龟子绿僵菌（*Metarhizium anisopliae*），这类真菌寄主范围广，主要登记注册用于防治有害节肢动物，尤其是鳞翅目重要农业害虫，包括小菜蛾、甜菜夜蛾等。类似于Bt和SfMNPV，不同株系的昆虫病原真菌对草地贪夜蛾的室内杀虫活性存在差异，研究表明草地贪夜蛾对球孢白僵菌（*B. bassiana*）及其发酵物敏感。墨西哥分离获得多种球孢白僵菌和金龟子绿僵菌的株系，其中金龟子绿僵菌株系Ma22和Ma41防治草地贪夜蛾的卵和初孵幼虫死亡率达100%；球孢白僵菌不同株系的杀虫、杀卵活性则差异大，Bb39和Bb9对卵和初孵幼虫均具有较高的杀虫活性，而Bb21则杀虫、杀卵效率低。目前国际上昆虫病原真菌防治草地贪夜蛾仅限于室内研究，后期应在开展田间防效试验的基础上筛选高效的致病菌株株系进行推广使用。

2.国内研究进展

草地贪夜蛾入侵我国后，科研专家迅速开展微生物源农药的筛选和对草地贪夜蛾防控效果的评价工作。试验表明，苏云金杆菌制剂室内测定对草地贪夜蛾无杀卵活性，不同厂家的制剂杀虫活性略有不同，但均具有较好的防治效果。在云南江城县开展的田间药效试验表明，8 000IU/mg苏云金杆菌悬浮剂（Bt-1）70倍液和8 000IU/mg苏云金杆菌悬浮剂（Bt-2）85倍液田间喷施7d后的防效均超过60%；湖北地区田间喷施8 000IU/mg苏云金杆菌悬浮剂300倍液可造成虫口减退率达95.4%；安徽田间使用32 000IU/mg苏云金杆菌可湿性粉剂防效达59.2%，并且与甲维盐等化学农药联合使用具有显著的减药增效作用。上述研究表明，苏云金杆菌制剂对我国草地贪夜蛾种群具有很好的控制作用。短稳杆菌是一种细菌型活性微生物杀虫剂，100亿孢子/mL短稳杆菌悬浮剂800倍液室内浸卵法、浸叶法对草地贪夜蛾卵的抑制率达到88.36%，二龄幼虫校正死亡率达93.98%，但缺乏田间防效的证据。

阿维菌素和多杀霉素是防治鳞翅目害虫应用较广泛的微生物源农药。我国室内研究表明阿维菌素对草地贪夜蛾无杀卵效果，对初孵幼虫杀虫活性高，但对二龄及以上幼虫杀虫效率低。在卵孵高峰期至低龄幼虫期田间喷施5%阿维菌素乳油1 600倍液，施药后10d防效达88.9%。多杀霉素是国际上推荐的用于防治草地贪夜蛾的微生物源农药，在我国室内毒力测定和田间防效测定中，多杀霉素对草地贪夜蛾均表现出较高的杀虫活性，25g/L多杀霉素微乳剂510倍液施药后4d对草地贪夜蛾卵的抑制率为42.86%，二龄幼虫校正死亡率为82.67%；10%多杀霉素水分散粒剂2 000倍液室内施药后5d对草地贪夜蛾二龄幼虫校正死亡率为76%，玉米拔节期施药后7d防效达73.62%；5%多杀霉素悬浮剂1 000倍液室内卵抑制率为45.69%，二龄幼虫校正死亡率为63.86%。

过去几十年中，多种核型多角体病毒被商品化应用于防治鳞翅目害虫，目前我国未发现SfMNPV，但草地贪夜蛾入侵后科学家开展了其他多种核型多角体病毒对草地贪夜蛾的室内和田间防效评估，包括甘蓝夜蛾核型多角体病毒、棉铃虫核型多角体病毒、甜菜夜蛾核型多角体病毒、斜纹夜蛾核型多角体病毒和苜蓿银纹夜蛾核型多角体病毒。甘蓝夜蛾核型多角体病毒对草地贪夜蛾初孵、三龄和五龄幼虫均具有较好的杀虫效果，田间防效达82.36%。棉铃虫核型多角体病毒对三龄幼虫室内校正死亡率达96.39%，但表现出田间防效缓慢的特点，每隔7d喷施1次，连续喷施3次，第3次施药后7d幼虫田间防效达100%。甜菜夜蛾核型多角体病毒和斜纹夜蛾核型多角体病毒的室内和田间防效类似于棉铃虫核型多角体病毒，无杀卵活性，幼虫校正死亡率分别达到92.82%和88.32%，田间防效分别达到86.03%和71.24%。苜蓿银纹夜蛾核型多角体病毒的防效低于上述几种病毒，幼虫校正死亡率为64.1%，田间防效为66.58%。上述结果表明，核型多角体病毒对草地贪夜蛾低龄和高龄幼虫均有很好的控制效果，田间防效多数都超过70%，但因防效慢，在草地贪夜蛾种群密度低时可发挥防治作用，减少作物损失，当草地贪夜蛾种群密度高时，建议选择其他速效的防治方法。

昆虫病原真菌在害虫生物防治中发挥越来越重要的作用。草地贪夜蛾入侵我国后，真菌类生物防治资源的挖掘利用成为研究热点。虽然草地贪夜蛾的原发地美洲地区报道了对草地贪夜蛾具有高效杀虫、杀卵活性的球孢白僵菌和金龟子绿僵菌株系，但我国研究表明目前现有的这两种真菌均无杀卵作用。据文献报道，80亿孢子/g球孢白僵菌可分散油悬浮剂室内浸卵法、浸叶法测定表明其无杀卵活性，对草地贪夜蛾二龄幼虫校正死亡率71.62%，但是该药剂的田间防效相对较差，仅为29.12%；80亿孢子/g金龟子绿僵菌CQMa421可分散油悬浮剂室内无杀卵活性，对草地贪夜蛾二龄幼虫校正死亡率仅为21.62%，田间防效为36.4%，表明我国现有的球孢白僵菌和金龟子绿僵菌制剂对草地贪夜蛾田间防效相对较低。因微生物源农药药剂的来源、试验材料、地区等因素，上述有效成分相同的微生物源农药对草地贪夜蛾的防控效果不同。

通常多种活性微生物农药混配效果好于单一药剂，例如金龟子绿僵菌CQMa421与球孢白僵菌ZJU435联合接种对草地贪夜蛾一至三龄幼虫的校正死亡率均显著高于两种单剂，CQMa421与苏云金杆菌联合接种对草地贪夜蛾二龄幼虫的校正死亡率显著高于两种单剂，ZJU435与苏云金杆菌联合接种的效果也显著高于两种单剂，说明可通过多种微生物农药混配试验来开发新的高效药剂用于防治草地贪夜蛾。

3.国内应用登记情况

国内外的室内和田间效果评价表明，苏云金杆菌和多杀霉素对草地贪夜蛾的防效较好，可在当地田间效果评价的基础上推广用于防治草地贪夜蛾。我国研究表明，阿维菌素对草地贪夜蛾初孵幼虫防效高，可在初孵幼虫高发期田间喷施。另外，杀虫真菌（金龟子绿僵菌、球孢白僵菌）、昆虫核型多角体病毒（甘蓝夜蛾核型多角体病毒、棉铃虫核型多角体病毒、玉米螟核型多角体病毒等）和短稳杆菌对草地贪夜蛾有一定的防效，但应在开展田间防效评价的基础上推荐使用。基于上述研究，目前我国已登记6种苏云金杆菌产品、2种核型多角体病毒产品、7种球孢白僵菌产品和2种金龟子绿僵菌产品用于防治草地贪夜蛾（表12-2）。

表12-2　我国注册登记用于防治草地贪夜蛾的微生物源农药

登记证号	农药名称	剂型	总含量	登记证持有人
PD20171726	苏云金杆菌G033A	可湿性粉剂	32 000IU/mg	武汉科诺生物科技股份有限公司
PD20085347	苏云金杆菌	悬浮剂	8 000IU/μL	武汉科诺生物科技股份有限公司
PD20084969	苏云金杆菌	可湿性粉剂	32 000IU/mg	武汉科诺生物科技股份有限公司
PD20084052	苏云金杆菌	可湿性粉剂	32 000IU/mg	山东鲁抗生物农药有限责任公司
PD20142432	苏云金杆菌	悬浮剂	8 000IU/μL	山东鲁抗生物农药有限责任公司
PD20083182	苏云金杆菌	可湿性粉剂	32 000IU/mg	福建绿安生物农药有限公司
PD20212851	球孢白僵菌	可分散油悬浮剂	200亿孢子/g	云南绿戎生物产业开发股份有限公司
PD20200747	球孢白僵菌	悬浮剂	150亿孢子/g	广西宾德利生物科技有限公司
PD20152061	球孢白僵菌	可分散油悬浮剂	200亿孢子/g	山东惠民中联生物科技有限公司
PD20200068	球孢白僵菌	可湿性粉剂	400亿孢子/g	吉林省八达农药有限公司
PD20190002	球孢白僵菌	可湿性粉剂	300亿孢子/g	山西绿海农药科技有限公司
PD20180788	球孢白僵菌	可分散油悬浮剂	100亿孢子/g	山西绿海农药科技有限公司
PD20212922	球孢白僵菌ZJU435	可分散油悬浮剂	100亿孢子/mL	重庆聚立信生物工程有限公司
PD20171744	金龟子绿僵菌CQMa421	可分散油悬浮剂	80亿孢子/mL	重庆聚立信生物工程有限公司
PD20080671	金龟子绿僵菌	油悬浮剂	100亿孢子/mL	重庆重大生物技术发展有限公司
PD20180164	斜纹夜蛾核型多角体病毒	悬浮剂	10亿PIB/mL	湖南泽丰农化有限公司
PD20150817	甘蓝夜蛾核型多角体病毒	悬浮剂	20亿PIB/mL	江西新龙生物科技股份有限公司

第二节　天敌昆虫

　　天敌昆虫的保护和利用在害虫生物防治中起重要作用。过去几十年中我国一直坚持发展和应用优势天敌控制农业害虫，其中比较成功的例子之一是赤眼蜂的应用。自1956年开始赤眼蜂用于防治甘蔗鳞翅目害虫，至20世纪80年代达到顶峰，赤眼蜂被用于水稻、玉米、棉花、果树、林木等多种重要粮食作物和经济作物的害虫防治。根据取食特点，天敌昆虫可分为寄生性天敌和捕食性天敌两种，下面按照这两种类型介绍草地贪夜蛾天敌昆虫的发展和应用现状。

一、草地贪夜蛾寄生性天敌昆虫

1.寄生性天敌昆虫种类

草地贪夜蛾寄生性天敌昆虫资源物种丰富，据文献统计其寄生性天敌主要源自膜翅目的9个科（170种）和双翅目的4个科（69种），其中膜翅目以茧蜂科（63种）和姬蜂科（58种）物种为主，双翅目以寄蝇科（60种）为主。各个国家的草地贪夜蛾寄生性天敌昆虫优势种群不尽相同，阿根廷以姬蜂科的 *Campoletis grioti*（Blanchard）、茧蜂科的岛甲腹茧蜂 [*Chelonus insularis*（Cresson）] 和寄蝇科的毛腹始寄蝇 [*Archytas incertus*（Macquart）]、大理纹始寄蝇 [*Archytas marmoratus*（Townsend）] 为主；印度南部以姬蜂科的棉铃虫齿唇姬蜂 [*Campoletis chlorideae*（Uchida）] 为主；墨西哥的优势种群则是姬蜂科的黑唇姬蜂 [*Campoletis sonorensis*（Cresson）]；埃塞俄比亚以茧蜂科的 *Cotesia icipe* 为主；肯尼亚以寄蝇科的 *Palexorista zonata*、姬蜂科的 *Charops ater* 和茧蜂科的 *Coccygidium luteum* 为主；坦桑尼亚则以姬蜂科的 *Campoletis ater* 和茧蜂科的 *Campoletis luteum* 为主；洪都拉斯的优势种群为茧蜂科的脊茧蜂 [*Aleiodes laphygmae*（Viereck）] 和姬蜂科的黑唇姬蜂 [*Campoletis sonorensis*（Cresson）]。

2.国内对草地贪夜蛾寄生性天敌昆虫的调查研究

草地贪夜蛾入侵我国时间较短，关于草地贪夜蛾在我国野外自然发生的寄生性天敌昆虫资源的调查工作正处于起步阶段。野外寄生率统计表明，我国草地贪夜蛾寄生性天敌昆虫的优势种群来自茧蜂科和姬蜂科。截至2022年，我国报道的草地贪夜蛾自然寄生的寄生蜂共12种，其中茧蜂科6种、姬蜂科2种、姬小蜂科1种、广腹细蜂科1种、赤眼蜂科1种、寡节小蜂科1种；自然寄生的寄蝇科2种，主要分布在贵州、云南、海南、广西和江苏（表12-3）。另外，贵州还发现了黑卵蜂属的寄生蜂、江苏发现了姬蜂科和小腹茧蜂亚科的寄生蜂，但未明确具体物种。我国开展了一系列寄生蜂对草地贪夜蛾的寄生率、防治效果等的研究，其中夜蛾黑卵蜂 [*Telenomus remus*（Nixon）] 是研究最多、最系统的寄生蜂。采集自贵州的夜蛾黑卵蜂自然种群在室内对草地贪夜蛾和斜纹夜蛾的卵粒寄生率均超过95%。赵旭等（2020）将人工饲养的草地贪夜蛾卵块和夜蛾黑卵蜂放置到田间，来评价夜蛾黑卵蜂对草地贪夜蛾的田间防效，通过人工释放夜蛾黑卵蜂和草地贪夜蛾卵块，利用回捕法统计卵块及卵粒寄生率，结果表明夜蛾黑卵蜂在田间对草地贪夜蛾卵块的寄生率达100%，卵粒寄生率达84.39%，田间校正寄生率达83.54%。上述研究表明夜蛾黑卵蜂对草地贪夜蛾卵的寄生率高，但野外田间防效仍需按照田间试验的要求进行评估。赤眼蜂的扩繁和应用是我国利用天敌防治害虫最成功的例子之一，且拥有成熟的生产线。草地贪夜蛾入侵我国后，科学家开展了7种赤眼蜂（稻螟赤眼蜂 [*Trichogramma japonicum*（Ashmead）]、螟黄赤眼蜂 [*T. chilonis*（Ishii）]、松毛虫赤眼蜂 [*T. dendrolimi*（Matsumura）]、玉米螟赤眼蜂 [*T. ostriniae*（Pang& Chen）]、碧岭赤眼蜂（*T. bilingensis*）、黏虫赤眼蜂 [*T. leucaniae*（Pang & Chen）]、短管赤眼蜂 [*T. pretiosum*（Riley）]）对草地贪夜蛾卵室内寄生能力的研究，结果表明松毛虫赤眼蜂寄生效果最好，单雌可寄生20粒草地贪夜蛾卵。

表12-3　我国草地贪夜蛾寄生性天敌昆虫

物种分类	中文名（拉丁学名）	分布地区
膜翅目广腹细蜂科	夜蛾黑卵蜂 [*Telenomus remus*（Nixon）]	广西、海南、贵州
膜翅目茧蜂科	菜粉蝶盘绒茧蜂 [*Cotesia glomerata*（Linnaeus）]	贵州
膜翅目茧蜂科	斯氏侧沟茧蜂 [*Microplitis similis*（Lyle）]	云南
膜翅目茧蜂科	螟甲腹茧蜂 [*Chelonus munakatae*（Munakata）]	海南
膜翅目茧蜂科	淡足侧沟茧蜂 [*Microplitis pallidipes*（Szepligeti）]	海南
膜翅目茧蜂科	台湾甲腹茧蜂 [*Chelonus formosanus*（Sonan）]	海南
膜翅目茧蜂科	斜纹夜蛾侧沟茧蜂 [*Microplitis prodeniae*（Rao & Kurian）]	广西
膜翅目姬蜂科	半闭弯尾姬蜂 [*Diadegma semiclausum*（Hellen）]	贵州、云南
膜翅目姬蜂科	棉铃虫齿唇姬蜂 [*Campoletis chlorideae*（Uchida）]	广西、江苏
膜翅目姬小蜂科	斜纹夜蛾长距姬小蜂 [*Euplectrus laphygmae*（Ferrière）]	云南
膜翅目赤眼蜂科	螟黄赤眼蜂 [*Trichogramma chilonis*（Ishii）]	广西、海南
膜翅目寡节小蜂科	霍氏啮小蜂 [*Tetrastichus howardi*（Olliff）]	海南
双翅目寄蝇科	厉寄蝇属（*Lydella* sp.）	贵州
双翅目寄蝇科	日本追寄蝇 [*Exorista japonica*（Townsend）]	贵州

3. 寄生性天敌昆虫应用前景

虽然草地贪夜蛾的自然寄生性天敌种类繁多，但多数难以工厂化扩繁，且防治成本相对较高，适合从天敌昆虫保护利用的角度发挥对草地贪夜蛾的协同控制作用。赤眼蜂有相对成熟的人工繁育技术，可通过开展田间防控效果研究，进而评价其防治草地贪夜蛾的可行性。

二、草地贪夜蛾捕食性天敌昆虫

1.捕食性天敌昆虫种类

捕食性天敌昆虫寄主范围广，对草地贪夜蛾具有不同程度的捕食能力。据陈万斌等（2019）和唐璞等（2019）综述，世界范围内（中国除外）记录的草地贪夜蛾捕食性天敌昆虫共40种，其中革翅目蠼螋科6种、肥螋科1种，鞘翅目瓢甲科7种、步甲科5种，半翅目猎蝽科5种、长蝽科2种、花蝽科1种、姬蝽科2种、蝽科5种，脉翅目草蛉科3种，膜翅目蚁科2种、胡蜂科1种。

2.国内对草地贪夜蛾捕食性天敌昆虫的调查研究

草地贪夜蛾寄生性天敌昆虫野外调查和物种确定相对容易，但捕食性天敌昆虫野外调查工作相对复杂，很难遇到正在捕食草地贪夜蛾的天敌昆虫，多数通过捕食性天敌昆虫的食性和室内试验判断其对草地贪夜蛾的捕食能力。草地贪夜蛾入侵我国后，主要开展了19种捕食性天敌昆虫对草地贪夜蛾捕食能力的研究，其中革翅目肥螋科1种（黄足肥螋 [*Euborellia pallipes* (Shiraki)]）、蠼螋科1种（蠼螋 [*Labidura riparia* (Pallas)]），鞘翅目瓢甲科4种（异色瓢虫 [*Harmonia axyridis* (Pallas)]、多异瓢虫 [*Hippodamia variegata* (Goeze)]、龟纹瓢虫 [*Propylaea japonica* (Thunberg)]、七星瓢虫 [*Coccinella septempunctata* (L.)]、步甲科1种（双斑青步甲 [*Chlaenius bioculatus* (Chaudoi)]），半翅目花蝽科1种（东亚小花蝽 [*Orius sauteri* (Poppius)]）、蝽科3种（益蝽 [*Picromerus lewisi* (Scott)]、蠋蝽 [*Arma chinensis* (Fallou)]、叉角厉蝽 [*Eocanthecona furcellata* (Wolff)]）、猎蝽科3种（大红犀猎蝽 [*Sycanus falleni* (Stål)]、环斑猛猎蝽 [*Sphedanolestes impressicollis* (Stål)]、黄带犀猎蝽 [*Sycanus croceouittatus* (Dohrn)]），脉翅目草蛉科3种（丽草蛉 [*Chrysopa formosa* (Brauer)]、大草蛉 [*Chrysopa pallens* (Rambur)]、中华通草蛉 [*Chrysoperla sinica* (Tjeder)]），双翅目食蚜蝇科2种（大灰优食蚜蝇 [*Eupeodes corollae* (Fabricius)]、黑带食蚜蝇 [*Episyrphus balteatus* (De Geer)]）。瓢甲科4种天敌对草地贪夜蛾捕食能力接近，对卵和低龄幼虫具有一定的捕食能力，其中异色瓢虫、多异瓢虫、龟纹瓢虫、七星瓢虫对草地贪夜蛾一龄、二龄幼虫的日最大捕食量分别为249头、210头、265头、233头和70头、62头、41头、41头。草蛉科的大草蛉和中华通草蛉对草地贪夜蛾低龄幼虫的捕食能力高于丽草蛉，三者对草地贪夜蛾一龄、二龄幼虫的日最大捕食量分别为167头、167头、91头和32头、74头、26头。花蝽科的东亚小花蝽对草地贪夜蛾一龄幼虫具有较强的捕食能力，按照每株玉米20头的密度进行田间罩笼试验的防效为34.62%。肥螋科的黄足肥螋对草地贪夜蛾二龄幼虫捕食能力较强，日最大捕食量62头。捕食高龄草地贪夜蛾幼虫的天敌种类较少，其中螽蟖可捕食六龄幼虫，日最大捕食量3头；蟖科的蠋蝽、益蝽和叉角厉蝽通常选择取食草地贪夜蛾三龄及以上的高龄幼虫，益蝽和蠋蝽的捕食能力接近，均高于叉角厉蝽，三者对草地贪夜蛾三龄幼虫的日最大捕食量分别为61头、60头、19头；猎蝽科的大红犀猎蝽、环斑猛猎蝽和黄带犀猎蝽对草地贪夜蛾三龄幼虫日最大捕食量分别为47头、55头、35头，略低于益蝽和蠋蝽；云南德宏玉米田发现的双斑青步甲对草地贪夜蛾的各个龄期幼虫均有一定的捕食能力，随幼虫龄期的增大，捕食能力呈现下降趋势，其中对草地贪夜蛾三龄幼虫的日最大捕食量为73头，高于上述几种天敌。食蚜蝇在我国的玉米田中广泛存在，研究表明大灰优食蚜蝇和黑带食蚜蝇幼虫对草地贪夜蛾一龄和二龄幼虫有一定的捕食能力，日最大捕食量分别为83头、76头和34头、45头，但草地贪夜蛾的高龄幼虫也可以捕食食蚜蝇的幼虫。

3.捕食性天敌昆虫的应用前景

自然界中防治草地贪夜蛾的捕食性天敌昆虫资源种类丰富，但因捕食性天敌昆虫存在种群内相互残杀现象、繁殖成本高等特点，难以实现工厂化大规模扩繁。但是适合纳入天敌资源保护利用范围，在草地贪夜蛾综合治理和种群控制中发挥积极作用。

第三节　生物防治策略

生物防治技术具有靶标专一性强、环境安全等优点，在害虫可持续治理中发挥重要作用。草地贪夜蛾入侵后，我国迅速制定了相关的生物防治策略，并开展了一系列研究工作。2019年农业农村部草地贪夜蛾应急防治用药推荐名单中的25种农药单剂中包含5种微生物源农药：甘蓝夜蛾核型多角体病毒、苏云金杆菌、金龟子绿僵菌、球孢白僵菌和短稳杆菌；登记了2种植物源和14种微生物源农药，发现了多种寄生性天敌昆虫，调查了多种捕食性天敌昆虫对草地贪夜蛾的室内捕食功能。

根据田间发生的草地贪夜蛾虫口密度，生物防治可采取两种策略：①虫口密度低时，首选活性微生物药剂，其寄主专一性强、对天敌和环境安全，可以起到保护天敌和利用天敌协同控制草地贪夜蛾种群的作用；②虫口密度高时，选择植物源药剂，这类药剂环境安全性高、杀虫谱广，且对天敌昆虫等非靶标生物相对安全。天敌昆虫防治草地贪夜蛾方面虽然做了大量的研究工作，但因其工厂化繁殖难、成本高、田间防治效果未知等因素，目前适合采用自然界保护利用天敌昆虫防治草地贪夜蛾的策略，例如选择对天敌昆虫毒性低的生物农药、利用生物多样性田间扩繁天敌昆虫等。

虽然生物防治技术安全性高，但通常见效慢，适合在虫口密度相对较低时使用。因此，在制定草地贪夜蛾生物防治策略时需设计化学防治应急预案，在虫口密度过大或害虫暴发为害时按需启动应急预案，保障作物安全生产。

【参考文献】

曹雯星，张韬，杨欢，等，2020.大草蛉对草地贪夜蛾低龄幼虫的捕食功能评价.植物保护学报，47(4):839-844.

陈方景，吴向东，刘丽华，2020.8种农药对秋玉米草地贪夜蛾的田间防效.浙江农业科学，61(3):416-417.

陈利民，黄俊，吴全聪，等，2019.绿色杀虫剂对草地贪夜蛾杀虫活性比较测定.环境昆虫学报，41(4):775-781.

陈万斌，李玉艳，王孟卿，等，2019.草地贪夜蛾的天敌昆虫资源、应用现状及存在的问题与建议.中国生物防治学报，35(5):658-673.

陈运雷，闫三强，吕宝乾，等，2022.不同寄主对麦蛾柔茧蜂寄生、发育和繁殖的影响.热带农业科学(4):77-80.

陈自宏，张鸭关，徐玲，等，2022.滇西白僵菌对草地贪夜蛾的毒力及其农田消长动态.云南农业大学学报(自然科学)，37(1):69-74.

程东美，洪婉雯，孙辉，等，2020.草地贪夜蛾幼虫僵虫发生率调查及致病菌分离鉴定.环境昆虫学，42(6):1298-1304.

代晓彦，王瑜，翟一凡，等，2020.东亚小花蝽对草地贪夜蛾1龄幼虫的捕食能力.昆虫学报，63(5):649-654.

代晓彦，翟一凡，陈福寿，等，2019.东亚小花蝽对草地贪夜蛾幼虫的捕食能力评价.中国生物防治学报，35(5):704-708.

范悦莉，谷星慧，冼继东，等，2019.叉角厉蝽对草地贪夜蛾的捕食功能反应.环境昆虫学报，41(6):1175-1180.

范悦莉，张晓滢，陆永跃，等，2022.不同虫态叉角厉蝽对草地贪夜蛾幼虫的室内捕食作用.环境昆虫学报，44(1):27-34.

韩诗畴，吕欣，李志刚，等，2020.赤眼蜂生物学与繁殖技术研究及应用——广东省生物资源应用研究所(原广东省昆虫研究所)赤眼蜂研究50年.环境昆虫学报，42(1):1-12.

侯峥嵘，孙贝贝，刘先建，等，2020.大红犀猎蝽对草地贪夜蛾3龄幼虫捕食功能反应.植物保护学报，47(4):852-858.

胡飞，徐婷婷，胡本进，等，2021.苏云金杆菌G033A对化学农药防治草地贪夜蛾的减量效应.中国生物防治学报，37(6):1103-1110.

胡宗伟，冯万祖，张浩然，等，2022.环斑猛猎蝽对草地贪夜蛾低龄幼虫的捕食功能分析.环境昆虫学报(3):530-537.

黄潮龙, 汤印, 何康来, 等, 2020. 双斑青步甲幼虫对草地贪夜蛾幼虫的捕食能力. 中国生物防治学报, 36(4):507-512.

黄海艺, 刘亚男, 亓永凤, 等, 2020. 中华通草蛉幼虫对草地贪夜蛾卵和低龄幼虫的捕食作用. 应用昆虫学报, 57(6):1333-1340.

霍梁霄, 王美靖, 宁素芳, 等, 2020. 草地贪夜蛾和斜纹夜蛾卵块表面鳞毛层对夜蛾黑卵蜂寄生效能的影响. 植物保护, 46(1):59-62, 68.

霍梁霄, 周金成, 宁素芳, 等, 2019. 夜蛾黑卵蜂寄生草地贪夜蛾和斜纹夜蛾卵的生物学特性. 植物保护, 45(5):60-64.

蒋骏, 张熠玚, 王文文, 等, 2020. 龟纹瓢虫对草地贪夜蛾卵和低龄幼虫的捕食作用. 植物保护, 46(3):188-193, 219.

靳雯怡, 佟岩, 孟茜, 等, 2021. 苜蓿银纹夜蛾核型多角体病毒在宿主草地贪夜蛾选择压力下的毒力和基因变异. 环境昆虫学报, 43(5):1129-1135.

孔琳, 李玉艳, 王孟卿, 等, 2019a. 多异瓢虫和异色瓢虫对草地贪夜蛾低龄幼虫的捕食能力评价. 中国生物防治学报, 35(5):709-714.

孔琳, 李玉艳, 王孟卿, 等, 2019b. 七星瓢虫对草地贪夜蛾低龄幼虫的捕食能力评价. 中国生物防治学报, 35(5):715-720.

类承凤, 姜干明, 彭玲, 等, 2019. 亚洲玉米螟核型多角体病毒分离株鉴定及其对草地贪夜蛾的室内毒力测定. 中国生物防治学报, 35(5):741-746.

李芬, 王力奎, 吕宝乾, 等, 2019. 中国海南省田间发现螟甲腹茧蜂寄生草地贪夜蛾. 中国生物防治学报, 35(6):992-996.

李萍, 李玉艳, 向梅, 等, 2020. 大草蛉幼虫对草地贪夜蛾低龄幼虫的捕食能力评价. 中国生物防治学报, 36(4):513-519.

李玉艳, 王孟卿, 张莹莹, 等, 2021. 丽草蛉幼虫对草地贪夜蛾卵及低龄幼虫的捕食能力评价. 植物保护, 47(5):178-184, 197.

梁超鹏, 梁洁容, 何俊烺, 等, 2022. 金龟子绿僵菌生物学特性及其对草地贪夜蛾的侵染. 江西农业大学学报 (2):386-392.

林素坤, 刘凯鸿, 王瑞飞, 等, 2020. 印楝素对草地贪夜蛾的毒力测定及田间防效. 华南农业大学学报, 41(1):22-27.

刘本菊, 秦得强, 周游, 等, 2020. 异色瓢虫对草地贪夜蛾的捕食行为观察与评价. 华南农业大学学报, 41(1):28-33.

刘华梅, 胡虓, 王应龙, 等, 2019. 对草地贪夜蛾高毒力的苏云金芽孢杆菌菌株筛选. 中国生物防治学报, 35(5):721-728.

龙秀珍, 高旭渊, 曾宪儒, 等, 2021. 一株莱氏绿僵菌的筛选及其对草地贪夜蛾的毒力. 中国生物防治学报, 37(6):1111-1119.

鲁艳辉, 田俊策, 郑许松, 等, 2019. 二十六种杀虫剂对不同龄期草地贪夜蛾幼虫的室内毒力. 浙江农业学报, 31(12):2049-2056.

路子云, 杨小凡, 马爱红, 等, 2020. 2种侧沟茧蜂对草地贪夜蛾的寄生效果. 河北农业科学, 24(4):37-39, 55.

宁素芳, 周金成, 张柱亭, 等, 2019. 贵州省黔东南地区发现草地贪夜蛾的5种寄生性天敌及其两种重寄生蜂. 植物保护, 45(6):39-42.

牛洪涛, 胡慧, 张志春, 等, 2021. 江苏草地贪夜蛾天敌资源调查及其在玉米田控害作用评价. 中国生物防治学报, 37(6):1152-1159.

庞继鑫, 温绍海, 杜广祖, 等, 2022. 一株侵染草地贪夜蛾成虫的球孢白僵菌的分离鉴定. 植物保护, 48(1):185-190, 203.

彭国雄, 张淑玲, 夏玉先, 2019a. 杀虫真菌对草地贪夜蛾不同虫态的室内活性. 中国生物防治学报, 35(5):729-734.

彭国雄, 张淑玲, 张维, 等, 2019b. 杀虫真菌与苏云金芽胞杆菌对草地贪夜蛾的联合室内杀虫活性研究. 中国生物防治学报, 35(5):735-740.

齐灵子, 于广威, 陈亮, 等, 2019. 三种生物农药在坦桑尼亚防治草地贪夜蛾的效果分析. 安徽农学通报, 25(18):88-89, 112.

任雪敏, 徐志文, 赵斌, 等, 2022. 黄带犀猎蝽成虫对草地贪夜蛾幼虫的捕食行为和能力研究. 生物灾害科学, 45(1):48-52.

尚丹, 周金成, 张柱亭, 等, 2019. 寄生不同龄期草地贪夜蛾的斑痣悬茧蜂生长发育表现. 植物保护, 45(6):55-58, 64.

苏豪, 吕宝乾, 张宝琴, 等, 2021. 草地贪夜蛾蛹寄生蜂——霍氏啮小蜂生物学特性. 中国生物防治学报, 37(3):406-411.

孙加伟, 戴鹏, 徐伟, 等, 2020. 东北地区四种本地赤眼蜂对草地贪夜蛾寄生能力及适应性研究. 环境昆虫学报, 42(1):36-41.

覃江梅, 覃武, 陈红松, 等, 2021. 广西田间发现2种草地贪夜蛾幼虫寄生蜂. 植物保护, 47(5):292-296.

汤印, 郭井菲, 王勤英, 等, 2020. 云南省德宏州发现3种草地贪夜蛾幼虫寄生蜂. 植物保护, 46(3):254-259.

唐继洪, 吕宝乾, 卢辉, 等, 2020. 海南草地贪夜蛾寄生蜂调查与基础生物学观察. 热带作物学报, 41(6):1189-1195.

唐敏, 邝昭琅, 李子园, 等, 2019. 叉角厉蝽对草地贪夜蛾幼虫的捕食功能反应. 环境昆虫学报, 41(5):979-985.

唐璞, 王知知, 吴琼, 等, 2019. 草地贪夜蛾的天敌资源及其生物防治中的应用. 应用昆虫学报, 56(3):370-381.

唐艺婷, 李玉艳, 刘晨曦, 等, 2019a. 蠋蝽对草地贪夜蛾的捕食能力评价和捕食行为观察. 植物保护, 45(4):65-68.

唐艺婷, 王孟卿, 陈红印, 等, 2019b. 益蝽对草地贪夜蛾高龄幼虫的捕食能力评价和捕食行为观察. 中国生物防治学报, 35(5):698-703.

田彩红, 曹华毅, 张俊逸, 等, 2021. 蠼螋捕食草地贪夜蛾的行为及功能反应. 中国生物防治学报, 37(6):1160-1165.

田俊策, 鲁艳辉, 王国荣, 等, 2020. 5种赤眼蜂对草地贪夜蛾卵的寄生能力研究. 中国生物防治学报, 36(4):485-490.

王金彦, 万年峰, 范能能, 等, 2020. 淡足侧沟茧蜂对草地贪夜蛾的寄生功能反应. 应用昆虫学报, 57(6):1319-1325.

王希, 舒宽义, 郭年梅, 等, 2020. 甘蓝夜蛾核型多角体病毒等药剂对玉米草地贪夜蛾的田间防效初探. 农药科学与管理, 41(2):44-48.

王燕, 王孟卿, 张红梅, 等, 2019a. 益蝽成虫对草地贪夜蛾不同龄期幼虫的捕食能力. 中国生物防治学报, 35(5):691-697.

王燕, 张红梅, 李向永, 等, 2020. 益蝽不同龄期若虫对草地贪夜蛾幼虫的捕食能力. 中国生物防治学报, 36(4):520-524.

王燕, 张红梅, 尹艳琼, 等, 2019b. 蠋蝽成虫对草地贪夜蛾不同龄期幼虫的捕食能力. 植物保护, 45(5):42-46.

王竹红, 葛均青, 刘紫晶, 等, 2020. 草地贪夜蛾两种重要卵寄生蜂的鉴别及寄生行为. 植物保护, 46(2):172-180.

吴涛, 吴婧莲, 李国清, 等, 2020. 13种农药对草地贪夜蛾的田间药效评价. 湖北植保(2):15-18.

谢丽玲, 何瞻, 龙秀珍, 等, 2022. 两种草地贪夜蛾卵寄生蜂的田间寄生作用调查. 植物保护, 48(1):265-271.

徐庆宣, 王松, 田仁斌, 等, 2019. 大草蛉对草地贪夜蛾捕食潜能研究. 环境昆虫学报, 41(4):754-759.

徐瑶, Tajdar A, 李向永, 等, 2020. 基于高通量测序技术检测草地贪夜蛾病毒多样性. 植物保护学报, 47(4):807-814.

徐毓笛, 魏红爽, 石嘉伟, 等, 2020. 三株球孢白僵菌对草地贪夜蛾的毒力比较. 植物保护学报, 47(4):867-874.

杨怀文, 2015a. 我国农业害虫天敌昆虫利用三十年回顾(上篇). 中国生物防治学报, 31(5):603-612.

杨怀文, 2015b. 我国农业害虫天敌昆虫利用三十年回顾(下篇). 中国生物防治学报, 31(5):613-619.

杨磊, 李芬, 吴少英, 2020. 草地贪夜蛾寄生蜂资源及其调控寄主免疫反应的研究. 中国生物防治学报, 36(4):496-506.

杨帅, 张龙喜, 赵旭, 等, 2020. 夜蛾黑卵蜂雌雄蜂鉴别方法及雌蜂寄生草地贪夜蛾卵的行为特征. 植物保护, 46(1):55-58.

尹艳琼, 张红梅, 李永川, 等, 2019. 8种杀虫剂对云南不同区域草地贪夜蛾种群的室内毒力测定. 植物保护, 45(6):70-74.

占军平, 张安明, 邓方坤, 等, 2020. 甘蓝夜蛾核型多角体病毒悬浮剂防治草地贪夜蛾的应用与推广.

中国生物防治学报, 36(6):872-873.

张琛, 周金成, 杨帅, 等, 2019. 短期冷藏米蛾卵对草地贪夜蛾天敌短管赤眼蜂繁育质量的影响. 植物保护, 45(5):37-41.

张海波, 王凤良, 陈永明, 等, 2020. 核型多角体病毒对玉米草地贪夜蛾的控制作用研究. 植物保护, 46(2):254-260.

张正炜, 成玮, 常文程, 等, 2021. 美国防治草地贪夜蛾农药登记应用现状(二)——生物农药. 世界农药, 43(8):21-25, 50.

张柱亭, 秦绍钊, 李静, 等, 2019. 贵州省黔东南地区草地贪夜蛾寄生性天敌资源调查初报. 植物保护, 45(6):65-69.

赵胜园, 杨现明, 孙小旭, 等, 2019a. 常用生物农药对草地贪夜蛾的室内防效. 植物保护, 45(3): 21-26.

赵胜园, 杨现明, 杨学礼, 等, 2019b. 8种农药对草地贪夜蛾的田间防治效果. 植物保护, 45(4):74-78.

赵旭, 朱凯辉, 张柱亭, 等, 2020. 夜蛾黑卵蜂对草地贪夜蛾田间防效的初步评价. 植物保护, 46(1):74-77.

赵雪晴, 刘莹, 石旺鹏, 等, 2019. 东亚小花蝽对草地贪夜蛾幼虫的捕食效应. 植物保护, 45(5):79-83.

赵英杰, 符成悦, 李维薇, 等, 2020. 异色瓢虫幼虫对草地贪夜蛾卵和低龄幼虫的捕食作用. 植物保护, 46(1):51-54, 86.

赵英杰, 符成悦, 徐天梅, 等, 2019a. 黄足肥螋成虫对草地贪夜蛾2龄幼虫的捕食功能反应. 植物保护, 45(6):35-38, 54.

赵英杰, 郑亚强, 符成悦, 等, 2019b. 异色瓢虫对草地贪夜蛾2龄幼虫的捕食功能反应. 植物保护, 45(5):75-78.

赵宗祥, 王明伟, 李蕾, 等, 2022. 罗伯茨绿僵菌AAU-4对草地贪夜蛾幼虫的毒力及生长发育的影响. 山东农业大学学报(自然科学版), 53(1):60-65.

郑亚强, 胡惠芬, 付玉飞, 等, 2019. 草地贪夜蛾莱氏绿僵菌的分离鉴定. 植物保护, 45(5):65-70.

Abang A F, Nanga S N, Kuate A F, et al., 2021. Natural enemies of fall armyworm *Spodoptera frugiperda* (Lepidoptera: Noctuidae) in different Agro-Ecologies. Insects, 12(6): 509.

Bailey A, Chandler D, Grant W P, et al., 2010. Biopesticides: Pest management and regulation. Wallingford: CABI.

Barrera G, Simón O, Villamizar L, et al., 2011. *Spodoptera frugiperda* multiple nucleopolyhedrovirus as a potential biological insecticide: Genetic and phenotypic comparison of field isolates from Colombia. Biological Control, 58(2): 113-120.

Barrera G, Williams T, Villamizar L, et al., 2013. Deletion genotypes reduce occlusion body potency but increase occlusion body production in a colombian *Spodoptera frugiperda* nucleopolyhedrovirus nopulation. PLoS One, 8(10): e77271.

Barros S K A, de Almeida E G, Ferreira F T R, et al., 2021. Field efficacy of *Metarhizium rileyi* applications against *Spodoptera frugiperda* (Lepidoptera: Noctuidae) in maize. Neotropical Entomology, 50(6): 976-988.

Bateman M L, Day R K, Luke B, et al., 2018. Assessment of potential biopesticide options for managing fall armyworm (*Spodoptera frugiperda*) in Africa. Journal of Applied Entomology, 142(9): 805-819.

Behle R W, Popham H J R, 2012. Laboratory and field evaluations of the efficacy of a fast-killing baculovirus isolate from *Spodoptera frugiperda*. Journal of Invertebrate Pathology, 109(2): 194-200.

Berretta M F, Rios M L, de Cap S A, 1998. Characterization of a nuclear polyhedrosis virus of *Spodoptera frugiperda* from Argentina. Journal of Invertebrate Pathology, 71(3): 280-282.

Buntin G D, Hanna W A, Wilson J P, et al., 2007. Efficacy of insecticides for control of insect pests of pearl millet for grain production. Plant Health Progress. DOI:10.1094/php-2007-0219-01-rs.

Clavijo G, Williams T, Muñoz D, et al., 2010. Mixed genotype transmission bodies and virions contribute to the maintenance of diversity in an insect virus. Proceedings of the Royal Society B, 277(1683): 943-951.

Clavijo G, Williams T, Simón O, et al., 2009. Mixtures of complete and *pif1*- and *pif2*-deficient genotypes are required for increased potency of an insect nucleopolyhedrovirus. Journal of Virology, 83(10): 5127-5136.

Cordero R J, Kuhar T P, Speese J, et al., 2006. Field efficacy of insecticides for control of lepidopteran pests on collards in Virginia. Plant Health Progress. DOI:10.1094/php-2006-0105-01-rs.

Cruz I, Figueiredo M L C, Valicente F H, et al., 1997. Application rate trials with a nuclear polyhedrosis virus to control *Spodoptera frugiperda* (Smith) on maize. Anais da Sociedade Entomológica do Brasil, 26(1): 145-152.

Cruz-Avalos A M, Bivián-Hernández M L Á, Ibarra J E, et al., 2019. High virulence of Mexican entomopathogenic fungi against fall armyworm (Lepidoptera: Noctuidae). Journal of Economic Entomology, 112(1): 99-107.

del Valle Loto F, Carrizo A E, Romero C M, et al., 2019. *Spodoptera frugiperda* (Lepidoptera:Noctuidae) strains from northern Argentina: Esterases, profiles, and susceptibility to *Bacillus thuringiensis* (Bacillales: Bacillaceae). Florida Entomologist, 102(2): 347-352.

Early R, González-Moreno P, Murphy S T, et al., 2018. Forecasting the global extent of invasion of the cereal pest *Spodptera frugiperda*, the fall armyworm. NeoBiota, 40: 25-50.

Escribano A, Williams T, Goulson D, et al., 2000. Effect of parasitism on a nucleopolyhedrovirus amplified in *Spodoptera frugiperda* larvae parasitized by Campoletis sonorensis. Entomologia Experimentalis et Applicata, 97(3): 257-264.

Gabriela Murúa M, Molina-Ochoa J, Fidalgo P, 2009. Natural distribution of parasitoids of larvae of the fall armyworm, *Spodoptera frugiperda*, in Argentina. Journal of Insect Science, 9(1): 20.

García-Gutiérrez C, Escobedo-Bonilla C M, López M A, 2013. Infectivity of a Sinaloa native isolate of multicapsid nuclear polyhedrosis virus (SfMNPV) against fall armyworm, *Spodoptera frugiperda* (Lepidoptera: Noctuidae). Southwestern Entomologist, 38(4): 597-604.

Gómez J, Guevara J, Cuartas P, et al., 2013. Microencapsulated *Spodoptera frugiperda* nucleopolyhedrovirus: Insecticidal activity and effect on arthropod populations in maize. Biocontrol Science and Technology, 23(7): 829-846.

Grijalba E P, Espinel C, Cuartas P E, et al., 2018. *Metarhizium rileyi* biopesticide to control *Spodoptera frugiperda*: Stability and insecticidal activity under glasshouse conditions. Fungal Biology, 122(11): 1069-1076.

Haase S, Sciocco-Cap A, Romanowski V, 2015. Baculovirus insecticides in Latin America: Historical overview, current status and future perspectives. Viruses, 7(5): 2230-2267.

Hardke J T, Leonard B R, Huang F, et al., 2011. Damage and survivorship of fall armyworm (Lepidoptera: Noctuidae) on transgenic field corn expressing *Bacillus thuringiensis* Cry proteins. Crop Protection, 30(2): 168-172.

Hernandez J L L, 1988. Évaluation de la toxicité de *Bacillus thuringiensis* sur *Spodoptera frugiperda*. Entomophaga, 33(2): 163-171.

Hoballah M E, Degen T, Bergvinson D, et al., 2004. Occurrence and direct control potential of parasitoids and predators of the fall armyworm (Lepidoptera: Noctuidae) on maize in the subtropical lowlands of Mexico. Agricultural and Forest Entomology, 6(1): 83-88.

Hoddle M S, van Driesche R G, 2009. Biological control of insect pests//Resh V H, Cardé R T. Encyclopedia of Insects (2nd ed.). San Diego: Academic Press.

Holmes K, Chaudhary M, Babendreier D, et al., 2018. Biopesticides manual: Guidelines for selecting, sourcing and using biocontrol agents for key pests of tobacco. Wallingford: CABI.

Huang F, 2021. Resistance of the fall armyworm, *Spodoptera frugiperda*, to transgenic *Bacillus thuringiensis* Cry1F corn in the Americas:Lessons and implications for Bt corn IRM in China. Insect Science, 28(3): 574-589.

Hussain A G, Wennmann J T, Goergen G, et al., 2021. Viruses of the fall armyworm *Spodoptera frugiperda*: A review with prospects for biological control. Viruses, 13(11): 2220.

Koffi D, Kyerematen R, Eziah V Y, et al., 2020. Natural enemies of the fall armyworm, *Spodoptera frugiperda* (J. E. Smith) (Lepidoptera: Noctuidae) in Ghana. Florida Entomologist, 103(1): 85-90.

Koffi D, Kyerematen R, Osae M, et al., 2022. Assessment of *Bacillus thuringiensis* and emamectin benzoate on the fall armyworm *Spodoptera frugiperda* (J. E. Smith) (Lepidoptera: Noctuidae) severity on maize under farmers' fields in Ghana. International Journal of Tropical Insect Science, 42(2): 1619-1626.

Lacey L A, Frutos R, Kaya H K, et al., 2001. Insect pathogens as biological control agents: do they have a future? Biological Control, 21(3): 230-248.

Lacey L A, Grzywacz D, Shapiro-Ilan D I, et al., 2015. Insect pathogens as biological control agents: Back to the future. Journal of Invertebrate Pathology, 132: 1-41.

Lacey L A, Shapiro-Ilan D I, 2008. Microbial control of insect pests in temperate orchard systems: Potential for incorporation into IPM. Annual Review of Entomology, 53: 121-144.

Lezama Gutierrez R, Alatorre Rosas R, Bojalil Jaber L F, et al., 1996. Virulence of five entomopathogenic fungi (Hyphomycetes) against *Spodoptera frugiperda* (Lepidoptera: Noctuidae) eggs and neonate larvae. Vedalia Revista Internacional de Control Biologico (Mexico), 3(1): 35-39.

Li H, Jiang S, Zhang H, et al., 2021. Two-way predation between immature stages of the hoverfly *Eupeodes corollae* and the invasive fall armyworm (*Spodoptera frugiperda* J. E. Smith). Journal of Integrative Agriculture, 20(3):829-839.

Li H, Wu K, 2022. Bidirectional predation between larvae of the hoverfly *Episyrphus balteatus* (Diptera: Syrphidae) and the fall armyworm *Spodoptera frugiperda* (Lepidoptera: Noctuidae). Journal of Economic Entomology, 115(2):545-555.

Lira E C, Bolzan A, Nascimento A R, et al., 2020. Resistance of *Spodoptera frugiperda* (Lepidoptera: Noctuidae) to spinetoram: Inheritance and cross-resistance to spinosad. Pest Management Science, 76(8): 2674-2680.

López-Ferber M, Simón O, Williams T, et al., 2003. Defective or effective? Mutualistic interactions between virus genotypes. Proceedings of the Royal Society B: Biological Sciences, 270(1530): 2249-2255.

Martínez A M, Goulson D, Chapman J W, et al., 2000. Is it feasible to use optical brightener technology with a baculovirus insecticide for resource-poor maize farmers in Mesoamerica? Biological Control, 17(2): 174-181.

Mazzonetto F, Coradini F, Corbani R Z, et al., 2013. Ação de inseticidas botânicos sobre a preferência alimentar e sobre posturas de *Spodoptera frugiperda* (J.E. Smith) (Lepidoptera: Noctuidae) em milho. EntomoBrasilis, 6(1): 34-38.

Méndez W A, Valle J, Ibarra J E, et al., 2002. Spinosad and nucleopolyhedrovirus mixtures for control of *Spodoptera frugiperda* (Lepidoptera:Noctuidae) in maize. Biological Control, 25 (2): 195-206.

Moscardi F, 1999. Assessment of the application of baculoviruses for the control of Lepidoptera. Annual Reviews of Entomology, 44(1): 257-289.

Pogue M G, 2002. A world revision of the genus *Spodoptera* Guenée (Lepidoptera Noctuidae). Memoirs of the American Entomological Society, 43: 1-201.

Polanczyk R A, Pires da Silva R F, Fiuza L M, 2000. Effectiveness of *Bacillus thuringiensis* strains against *Spodoptera frugiperda* (Lepidoptera: Noctuidae). Brazilian Journal of Microbiology, 31(3): 164-166.

Ramos Y, Taibo A D, Jimenez J A, et al., 2020. Endophytic establishment of Beauveria bassiana and

Metarhizium anisopliae in maize plants and its effect agains *Spodptera frugierda* (J. E. Smith) (Lepidoptera: Noctuidae) larvae. Journal of Biological Control, 30(1): 1-6.

Ríos-Díez J D, Saldamando-Benjumea C I, 2011. Susceptibility of *Spodoptera frugiperda* (Lepidoptera: Noctuidae) strains from central Colombia to two insecticides, Methomyl and Lambda-Cyhalothrin: A study of the genetic basis of resistance. Journal of Economic Entomology, 104(5): 1698-1705.

Ríos-Velasco C, Gallegos-Morales G, Berlanga-Reye D, et al., 2012. Mortality and production of occlusion bodies in *Spodoptera frugiperda* Larvae (Lepidoptera: Noctuidae) treated with nucleopolyhedrovirus. Florida Entomologist, 95(3): 752-757.

Sharanabasappa, Kalleshwaraswamy C M, Poorani J, et al., 2019. Natural enemies of *Spodoptera frugiperda* (J. E. Smith) (Lepidoptera: Noctuidae), a recent invasive pest on maize in south India. Florida Entomologist, 102(3): 619-623.

Shylesha A N, Jalali S K, Gupta A, et al., 2018. Studies on new invasive pest *Spodoptera frugiperda* (J. E. Smith) (Lepidoptera: Noctuidae) and its natural enemies. Journal of Biological Control, 32(3): 145-151.

Simón O, Chevenet F, Williams T, et al., 2005. Physical and partial genetic map of *Spodoptera frugiperda* nucleopolyhedrovirus (SfMNPV) genome. Virus Genes, 30(3): 403-417.

Simón O, Williams T, López-Ferber M, et al., 2004. Genetic structure of a *Spodoptera frugiperda* nucleopolyhedrovirus population: High prevalence of deletion genotypes. Applied and Environmental Microbiology, 70(9): 5579-5588.

Sisay B, Simiyu J, Malusi P, et al., 2018. First report of the fall armyworm, *Spodoptera frugiperda* (Lepidoptera: Noctuidae), natural enemies from Africa. Journal of Applied Entomology, 142(8): 800-804.

Storer N P, Babcock J M, Schlenz M, et al., 2010. Discovery and characterization of field resistance to Bt maize: *Spodoptera frugiperda* (Lepidoptera: Noctuidae) in Puerto Rico. Journal of Economic Entomology, 103(4): 1031-1038.

Sun X, Hu C, Jia H, et al., 2021. Case study on the first immigration of fall armyworm *Spodoptera frugiperda* invading into China. Journal of Integrative Agriculture, 20(3): 664-672.

Tamez-Guerra P, Tamayo-Mejía F, Gomez-Flores R, et al., 2018. Increased efficacy and extended shelf life of spinosad formulated in phagostimulant granules against *Spodoptera frugiperda*. Pest Management Science, 74(1): 100-110.

Tavares W S, Costa M A, Cruz I, et al., 2010. Selective effects of natural and synthetic insecticides on mortality of *Spodoptera frugiperda* (Lepidoptera: Noctuidae) and its predator *Eriopis connexa* (Coleoptera: Coccinellidae). Journal of Environmental Science and Health Part B, 45(6): 557-561.

Thakore Y, 2006. The biopesticides market for global agricultural use. Industrial Biotechnology, 2(3): 194-208.

Vilella F M F, Waquil J M, Vilela E F, et al., 2002. Selection of the fall armyworm, *Spodoptera frugiperda*

(Smith) (Lepidoptera: Noctuidae) for survival on Cry 1A (b) Bt toxin. Revista Brasileira de Milho e Sorgo, 1(3): 12-17.

Viteri D M, Linares-Ramírez A M, 2022. Timely application of four insecticides to control corn earworm and fall armyworm larvae in sweet corn. Insects, 13(3): 278.

Williams T, Cisneros J, Penagos D I, et al., 2004. Ultralow rates of spinosad in phagostimulant granules provide control of *Spodoptera frugiperda* (Lepidoptera: Noctuidae) in maize. Journal of Economic Entomology, 97(2): 422-428.

Williams T, Goulson D, Caballero P, et al., 1999. Evaluation of a baculovirus bioinsecticide for small-scale maize growers in Latin America. Biological Control, 14(2): 67-75.

Wraight S P, Ramos M E, Avery P B, et al., 2010. Comparative virulence of *Beauveria bassiana* isolates against lepidopteran pests of vegetable crops. Journal of Invertebrate Pathology, 103(3): 186-199.

Wyckhuys K A G, O'Neil R J, 2006. Population dynamics of *Spodoptera frugiperda* Smith (Lepidoptera: Noctuidae) and associated arthropod natural enemies in Honduran subsistence maize. Crop Protection, 25(11): 1180-1190.

Xu P, Yang L, Yang X, et al., 2020. Novel partiti-like viruses are conditional mutualistic symbionts in their normal lepidopteran host, African armyworm, but parasitic in a novel host, fall armyworm. PLoS Pathogens, 16(6): e1008467.

Yu S J, 1922. Detection and biochemical characterization of insecticide resistance in fall armyworm (Lepidoptera: Noctuidae). Journal of Economic Entomology, 85(3): 675-682.

Zamora M C, Martínez A M, Nieto M S, et al., 2008. Activity of several biorational insecticides against the fall armyworm. Revista Fitotecnia Mexicana, 31(4): 351-357.

Zanardi O Z, Ribeiro L P, Ansante T F, et al., 2015. Bioactivity of a matrine-based biopesticide against four pest pecies of agricultural importance. Crop Protection, 67: 160-167.

Zhang Y, Hui D, Zhang L, et al., 2022. High virulence of a naturally occurring entomopathogenic fungal isolate, *Metarhizium* (Nomuraea) *rileyi*, against *Spodoptera frugiperda*. Journal of Applied Entomology. DOI:10.1111/jen.13007.

Zhao Y, Huang J, Ni H, et al., 2020. Susceptibility of fall armyworm, *Spodoptera frugiperda* (J. E. Smith), to eight insecticides in China, with special reference to lambda-cyhalothrin. Pesticide Biochemistry and Physiology, 168: 104623.

第十三章

草地贪夜蛾转基因作物防治技术

20世纪90年代前，美洲对草地贪夜蛾的治理主要依赖化学农药，但由于草地贪夜蛾对传统的有机磷、菊酯类等化学杀虫剂产生了较高的抗性，导致田间防治效果不理想，且污染环境。20世纪90年代中后期，随着基因工程技术的快速发展，表达Cry1Ab蛋白的转Bt基因玉米开始商业化种植，对欧洲玉米螟（*Ostrinia nublilalis*）等鳞翅目害虫具有极好的防控效果。自此，世界开始进入以种植转Bt基因作物为主要防控手段控制鳞翅目害虫的新时期。以草地贪夜蛾为主要靶标害虫的各类转Bt基因玉米也不断注册和登记，并进行大面积商业化种植，有效控制了草地贪夜蛾等鳞翅目害虫，减少了化学杀虫剂的使用，取得了显著的经济、社会和生态效益。

第一节 转基因抗性作物的种植概况

一、北美洲

根据作用方式的不同，将防控鳞翅目害虫的*Bt*基因分为3类：第1类是*Cry1*类，包括*Cry1Ab*、*Cry1Ac*、*Cry1A.105*、*Cry1F*等基因；第2类是*Cry2*类，包括*Cry2Ab*和*Cry2Ae*；第3类是*Vip*类，包括*Vip3Aa19*和*Vip3Aa20*等基因。这些*Bt*基因主要用在玉米、棉花和大豆等作物上（表13-1）（Huang，2021）。

1996年至今，北美洲防控鳞翅目害虫的转*Bt*基因玉米大致经历了3个阶段（表13-2）。

表13-1 北美洲用于防控草地贪夜蛾等鳞翅目害虫的*Bt*基因

分类	*Bt*基因	主要作物
Cry1	*Cry1Ab*、*Cry1Ac*、*Cry1A.105*、*Cry1F*	玉米、棉花和大豆
Cry2	*Cry2Ab*、*Cry2Ae*	玉米和棉花
Vip	*Vip3Aa19*、*Vip3Aa20*	玉米和棉花

表13-2 不同*Bt*基因在北美洲（美国和加拿大）的应用现状

阶段	起始年份	基因个数	*Bt*基因	靶标害虫
第1阶段 （1996—2009年）	1996	单基因	*Cry1Ab*	鳞翅目害虫
	2003	单基因	*Cry1F*	鳞翅目害虫
第2阶段 （2010—2016年）	2010	多基因	*Cry1A.105/Cry2Ab*、 *Cry1F/Cry1A.105/Cry2Ab*、 *Cry1Ab/Cry1F*	鳞翅目害虫
第3阶段 （2017年至今）	2017	多基因	*Cry1A.105/Cry2Ab/Vip3A*、 *Cry1Ab/Cry1F/Vip3A*	鳞翅目害虫

　　第1阶段（1996—2009年）：种植以转*Cry1*类基因（*Cry1Ab*或*Cry1F*）为主的单基因玉米。其中，1996年注册登记的主要是表达Cry1Ab玉米，包括先正达集团、孟山都公司登记的176、MON810和Bt11等转化体，靶标害虫以欧洲玉米螟和西南玉米秆草螟（*Diatraea grandiosella*）为主，主要在美国和加拿大等北美洲国家开始商业化种植（表13-3）。这些Bt玉米对欧洲玉米螟和西南玉米秆草螟等靶标害虫的防治效果可达99%以上。Cry1Ab玉米对草地贪夜蛾也有一定的控制效果，使玉米心叶期被害率降低90%以上，穗期被害率降低50%～80%。由于Cry1Ab玉米对草地贪夜蛾不如其对欧洲玉米螟那样具有极好的田间防控效果，所以未将草地贪夜蛾列为Cry1Ab玉米的主要靶标害虫。2001年，表达Cry1F的TC1507在美国获得批准登记，并于2003年开始商业化种植。与Cry1Ab玉米相比，Cry1F玉米对欧洲玉米螟和草地贪夜蛾都具有很好的

防治效果，因此草地贪夜蛾被列为Cry1F玉米的主要靶标害虫（表13-3）。除此之外，Cry1F玉米对西南玉米秆草螟、小蔗秆草螟（*Diatraea saccharalis*）、小地老虎（*Agrotis ipsilon*）等鳞翅目害虫也具有较好的防控效果（Buntin，2008；Siebert et al.，2008a，2008b）。到2010年，美国种植转*Cry1Ab*和转*Cry1F*单基因的抗虫玉米、耐除草剂玉米面积为3 560万hm^2，达到了玉米总种植面积的86％以上（James，2010）。转基因玉米的大面积种植，显著降低了欧洲玉米螟、西南玉米秆草螟、草地贪夜蛾、小地老虎、美洲棉铃虫（*Heliocoverpa zea*）等主要鳞翅目害虫的发生和为害，不仅转*Bt*基因作物不受为害，且同一种植区内其他非Bt寄主作物上害虫种群数量也显著降低，每年挽回因欧洲玉米螟、草地贪夜蛾等鳞翅目害虫引起的损失达10亿美元（Hutchison et al.，2010）。

第2阶段（2010—2016年）：种植具有两种不同作用方式的转双价*Cry*基因抗虫玉米（表13-2和表13-3）。由于草地贪夜蛾等害虫在美国南部各州为害严重，为了扩大杀虫谱和实施多基因抗性治理策略，孟山都公司培育的转*Cry1A.105*和*Cry2Ab*两个基因的玉米MON89034注册登记，Cry1A.105提高了对草地贪夜蛾和小地老虎的活性，Cry2Ab能够很好地控制美洲棉铃虫，且两种蛋白质之间没有明显的交互抗性（Niu et al.，2016a，2016b）。MON89034在美国和加拿大开始广泛种植。由于转单基因玉米不能控制全部玉米害虫，加上单基因玉米的广泛种植加剧了抗性的发展，因此通过传统的育种方法，将MON89034、TC1507、MON88017［靶标害虫为玉米切根叶甲（*Diabrotica virgifera virgifera*）］等多个转基因品种进行杂交而将基因聚合，以扩大杀虫谱和延缓抗性的发展。

第3阶段（2017年至今）：由于草地贪夜蛾在美洲对Cry类玉米开始出现抗性，以及美洲棉铃虫对Cry1/Cry2类玉米和棉花也产生了实质抗性，激发了生物技术公司研发不同于*Cry*类基因作用方式的新基因*Vip3A*。Vips是伴胞晶体形成过程中产生的一种营养期杀虫蛋白（vegetative insecticidal proteins，Vips），与Cry类蛋白无交互抗性，对田间已经产生抗性的草地贪夜蛾和美洲棉铃虫表现出良好的防治效果（表13-2和表13-3）。实际上，Vip3A玉米在美国已经种植了一段时间，以先正达集团登记的MIR162为主，但市场份额较小。当前，在北美洲大多以种植Bt11×MIR162等叠加或者聚合多个基因的玉米品种来控制鳞翅目害虫（表13-3）。

在北美洲，种植转基因作物的国家还有哥斯达黎加、洪都拉斯和巴拿马，种植的主要是转基因棉花和转基因玉米（表13-4）。

表13-3 美国登记的防控草地贪夜蛾等鳞翅目害虫的转基因玉米名录（1995年5月至2023年7月）

商品名	登记单位	转化体名称	表达的蛋白	欧洲玉米螟	西南玉米秆草螟	小地老虎	美洲棉铃虫	草地贪夜蛾	玉米切根叶甲
NaturGard KnockOut™	Mycogen公司	176	Cry1Ab	极好	极好	无活性	好	好	无活性
NaturGard KnockOut™	先正达集团	176	Cry1Ab	极好	极好	无活性	好	好	无活性
	孟山都公司	MON 801	Cry1Ab	极好	极好	无活性	好	好	无活性
Agrisure® Attribute™	先正达集团	Bt11	Cry1Ab	极好	极好	无活性	好	好	无活性
YieldGard®	孟山都公司	MON 810	Cry1Ab	极好	极好	无活性	好	好	无活性
Herculex™ I	陶氏益农公司/Mycogen公司	TC1507	Cry1F	极好	极好	好	较差	好	无活性
Herculex™ I	杜邦先锋公司	TC1507	Cry1F	极好	极好	好	较差	好	无活性
YieldGard™ Plus	孟山都公司	MON863×MON810	Cry3Bb1+Cry1Ab	极好	极好	无活性	好	好	较好
Mycogen Brand Bt.Cry1F Event DAS-06275-8 corn	陶氏益农公司	DAS-06275-8	Cry1F	极好	极好	好	较差	好	无活性
Herculex™ Xtra	陶氏益农公司	DAS-59122-7×TC1507	Cry34Ab1+Cry35Ab1+Cry1F	极好	极好	好	较差	好	好
Herculex™ Xtra	杜邦先锋公司	DAS-59122-7×TC1507	Cry34Ab1+Cry35Ab1+Cry1F	极好	极好	好	较差	好	好
YieldGard VT Plus	孟山都公司	MON88017×MON810	Cry3Bb+Cry1Ab	极好	极好	无活性	好	好	较好
Agrisure™ CB/RW	先正达集团	MIR604×Bt11	mCry3A+Cry1Ab	极好	极好	无活性	好	好	好
Yieldgard™ VT Pro™	孟山都公司	MON89034	Cry1A.105+Cry2Ab	极好	极好	好	较好	极好	无活性
Genuity® VT Triple Pro™	孟山都公司	MON89034×MON88017	Cry1A.105+Cry2Ab+Cry3Bb1	极好	极好	好	较好	极好	较好
Agrisure™ Viptera	先正达集团	MIR162	Vip3Aa20	无活性	极好	较好	较好	极好	无活性
Agrisure® Viptera™ 2100	先正达集团	Bt11×MIR162	Cry1Ab+Vip3Aa20	极好	极好	较好	较好	极好	无活性
Agrisure® Viptera™ 3100	先正达集团	Bt11×MIR162×MIR 604	Cry1Ab+Vip3Aa20+mCry3A	极好	极好	较好	较好	极好	较好
SmartStax™	孟山都公司/Mycogen公司/陶氏益农公司	MON89034×TC1507×MON 88017×DAS-59122-7	Cry1A.105+Cry2Ab+Cry1F+ Cry3Bb1+Cry34Ab1+Cry35Ab1	极好	极好	较好	较好	极好	较好
Yieldgard®	杜邦先锋公司	TC1507×MON810	Cry1F+Cry1Ab	极好	极好	好	较好	好	无活性
	杜邦先锋公司	TC1507×DAS-59122-7×MON810	Cry1F+Cry34Ab1+Cry35Ab1+Cry1Ab	极好	极好	好	较好	好	较好
	杜邦先锋公司	DAS-59122-7×MON810	Cry34Ab1+Cry35Ab1+Cry1Ab	极好	极好	无活性	好	好	较好

表13-4　北美洲其他国家登记的抗草地贪夜蛾等鳞翅目害虫的转基因作物

国家	Bt 棉花	Bt 玉米
哥斯达黎加	Cry1Ab、Cry1Ac、Cry1F、Cry2Ab、Vip3A（a）	
洪都拉斯		Cry1Ab、Cry1A.105、Cry1Fa2、Cry2Ab
巴拿马		Cry1Fa2

其中，哥斯达黎加尚未批准种植转 *Bt* 基因的抗虫玉米，只批准种植表达Cry1、Cry2和Vip3A的棉花。2002年，洪都拉斯开始商业化种植转基因抗虫玉米，主要有表达Cry1F的TC1507，表达Cry1Ab的MON810和表达Cry1A.105 + Cry2Ab的MON89034。近年来，种植的转基因玉米面积占总玉米种植面积的73%～100%，可有效控制草地贪夜蛾。在巴拿马主要种植的转基因玉米为TC1507。

二、南美洲

在南美洲，转基因作物主要在阿根廷、巴西、智利、哥伦比亚、巴拉圭、乌拉圭等国家种植，种植的主要是Cry1、Cry2棉花，Cry1Ac大豆，以及各种Bt玉米（表13-5）。

表13-5　南美洲国家抗草地贪夜蛾等鳞翅目害虫的转基因作物

国家	Bt 棉花	Bt 大豆	Bt 玉米
阿根廷	Cry1Ac	Cry1Ac	Cry1Ab、Cry1F、Cry1A.105、Cry2Ab、Vip3Aa20
巴西	Cry1F、Cry1Ac、Cry1Ab、Cry2Ae、Cry2Ab	Cry1Ac	Cry1Ab、Cry1A.105、Cry1F、Cry2Ab、Vip3Aa20
智利			Cry1Ab
哥伦比亚	Cry1Ac、Cry2Ab、Cry2Ae	Cry1Ac	Cry1Ab、Cry1A.105、Cry1F、Cry2Ab、Vip3Aa20
巴拉圭	Cry1Ac	Cry1Ac	Cry1Ab、Cry1A.105、Cry1Fa2、Cry2Ab、Vip3Aa20
乌拉圭		Cry1Ac	Cry1Ab、Cry1A.105、Cry1F、Cry2Ab、Vip3Aa20

2007年，转 *Bt* 基因玉米开始在巴西种植，登记的是表达Cry1Ab的MON810
（James，2017）。到2020年，巴西商业化批准的转化体达到了57个，含单基因和多基
因，主要包括2008年批准的Cry1F玉米，2009年批准的Cry1A.105+Cry2Ab玉米，2009
年批准的Vip3A玉米。在2016—2017年，转基因玉米在巴西种植面积达到了近1 570万
hm^2，包括530万hm^{2}的夏播玉米和1 040万hm^{2}的冬播玉米。转基因玉米种植总面积占
玉米种植总面积的比例达到了88%以上，其中，具有抗虫性和耐除草剂两个性状的玉
米占70%以上，单性状抗虫玉米占20%以上，单性状耐除草剂玉米占约4%（表13-6）。
当前，巴西种植的防控鳞翅目害虫的各种转基因玉米见表13-7。

表13-6　2016—2017年转基因玉米在巴西的种植情况

类型	种植面积（万hm^2）		占比（%）	
	2016年	2017年	2016年	2017年
玉米总面积	1 773	1 755		
抗虫性状玉米面积	367	326	23.42	20.90
耐除草剂性状玉米面积	68	66	4.34	4.23
抗虫、耐除草剂性状玉米面积	1 132	1 169	72.24	74.94
转基因玉米总面积	1 567	1 560	88.38	88.89

阿根廷玉米种植面积约300万hm^2。草地贪夜蛾是当地玉米上的一种重要害虫，引
起产量损失17%～72%。1998年，阿根廷开始商业化种植转 *Bt* 基因玉米，包括表达
Cry1Ab的Bt11和MON810。2005年表达Cry1F的TC1507和表达Cry1A.105＋Cry2Ab的
MON89034开始广泛种植，以控制草地贪夜蛾（James，2018）。

表13-7　巴西登记的防控草地贪夜蛾等鳞翅目害虫的转基因玉米

转化体名称	商品名	表达的Bt蛋白
Bt11	Agrisure™ CB/LL	Cry1Ab
Bt11×MIR162	Agrisure® Viptera™ 2100	Cry1Ab +Vip3Aa20
Bt11×MIR162×MON89034	—	Cry1Ab+Vip3Aa20+Cry2Ab+Cry1A.105

（续）

转化体名称	商品名	表达的Bt蛋白
Bt11×MON89034	—	Cry1Ab+Cry2Ab+Cry1A.105
Bt11×TC1507	—	Cry1Ab+Cry1Fa2
MIR162	Agrisure™ Viptera™	Vip3Aa20
MIR162×MON89034	—	Vip3Aa20+Cry2Ab+Cry1A.105
MIR162×TC1507	—	Vip3Aa20+Cry1Fa2
MON810	YieldGard™，MaizeGard™	Cry1Ab
MON810×MIR162	—	Cry1Ab+Vip3Aa20
MON89034×MIR162	—	Cry2Ab+Cry1A.105+Vip3Aa20
MON89034	YieldGard™ VT Pro™	Cry2Ab+Cry1A.105
MON89034×TC1507	Power Core™	Cry2Ab+Cry1A.105+Cry1Fa2
MON89034×TC1507×MIR162	—	Cry1Fa2+Cry1A.105+Cry2Ab+Vip3Aa20
TC1507	Herculex™ I，Herculex™ CB	Cry1Fa2
TC1507×MIR162	—	Cry1F+Vip3Aa20
TC1507×MON810	—	Cry1Fa2+Cry1Ab
TC1507×MON810×MIR162	—	Cry1Fa2+Cry1Ab+Vip3Aa20

三、非洲

在非洲，南非是唯一一个可以商业化种植转 *Bt* 基因玉米的国家。1998年，南非开始种植表达Cry1Ab的MON810，主要用来控制玉米蛀茎害虫，包括斑禾草螟 [*Chilo partellus* (Swinhoe)]、亚澳白裙夜蛾 [*Busseola fusca* (Fuller)]、枚蛀茎夜蛾 (*Sesamia calamistis* Hampson) 和非洲甘蔗茎螟 (*Eldana saccharina* Walker) (Gouse et al., 2005)。但在2007年，亚澳白裙夜蛾对MON810表达的Cry1Ab产生了抗性 (van Rensburg, 1999, 2007；van den Berg et al., 2013)。为了解决亚澳白裙夜蛾抗性的问题，2010年开始商业化种植表达Cry1A.105 + Cry2Ab的MON89034，基本上控制了对Cry1Ab产生抗性的亚澳白裙夜蛾种群 (Kruger et al., 2014)。2017—2018年，南非转 *Bt* 基因玉米

种植面积为162万hm²，占玉米总种植面积230万hm²的70.4%。2016年1月，草地贪夜蛾开始入侵非洲，到2018年1月，草地贪夜蛾在撒哈拉沙漠以南的非洲几乎所有44个国家发生，成为非洲地区为害玉米的一种重大入侵性害虫。虽然草地贪夜蛾没有被列为MON810玉米的主要靶标害虫，但MON810对草地贪夜蛾有一定的控制作用。2018年12月，草地贪夜蛾被列为MON89034的靶标害虫。目前，南非主要种植MON810和MON89034两个玉米转化体来控制草地贪夜蛾和其他几种玉米蛀茎害虫（Prasanna et al.，2018）。

四、亚洲

菲律宾是东南亚第一个商业化种植转基因玉米的国家，2003年开始商业化种植孟山都公司的MON810以防控亚洲玉米螟等鳞翅目害虫。2017年，转基因玉米种植面积达到64.2万hm²，其中包括3.5万hm²耐除草剂的玉米，占5.5%，60.7万hm²具有抗虫和耐除草剂性状的玉米，占94.5%。目前，菲律宾种植有60个转基因玉米品种。

越南玉米种植面积约为115万hm²。2015年，越南开始种植转基因玉米，当年种植面积为3 500hm²，种植的品种主要是兼具耐除草剂性状和抗虫性状的转基因玉米，到2017年，种植面积提高到4.5万hm²。种植的抗鳞翅目害虫的转基因玉米主要是表达Cry1Ab的Bt11和MON810，表达Cry1F的TC1507，表达Cry1A.105 + Cry2Ab的MON89034，以及表达Vip3Aa20的MIR162等。

尽管转*Bt*基因抗虫玉米在中国尚未商业化种植，但一些转化体相继获得了生产应用安全证书（表13-8）。2019年，北京大北农生物技术有限公司研发的转*Cry1Ab*和*epsps*基因的抗虫耐除草剂玉米DBN9936、杭州瑞丰生物科技有限公司研发的转*Cry1Ab/Cry2Aj*和*G10evo-epsps*基因的抗虫耐除草剂玉米瑞丰125获得了在北方春玉米区生产应用的安全证书。2020年，DBN9936获得了在黄淮海夏玉米区、南方玉米区、西南玉米区和西北玉米区生产应用的安全证书。同年，北京大北农生物技术有限公司培育的转*Vip3Aa19*和*pat*基因的抗虫耐除草剂玉米DBN9501获得了在北方春玉米区生产应用的安全证书。2021年，瑞丰125获得了在黄淮海夏玉米区和西北玉米区生产应用的安全证书。同年，杭州瑞丰生物科技有限公司研发的转*Cry1Ab*和*Cry2Ab*基因的浙大瑞丰8获得了在南方玉米区生产应用的安全证书。中国林木种子集团有限公司、中国农业大学研发的转*mCry1Ab*和*mCry2Ab*基因的ND207获得了在北方春玉米区和黄淮海夏玉米区生产应用的安全证书。北京大北农生物技术有限公司研发的转*Cry1Ab*、*epsps*、*Vip3Aa19*和*pat*基因的DBN3601T（DBN9936×DBN9501）获得了在西南玉米区生产应用的安全证书。2022年，中国种子集团有限公司研发的转*Cry1Ab*和*pat+mepsps*基因的Bt11×GA21抗虫耐除草剂玉米获得了在北方春玉米区生产应用的安全证书，转*Cry1Ab*、*pat*、*Vip3Aa20*和*mepsps*基因的Bt11×MIR162×GA21获得了在南方玉米区、西南玉米区生产应用的安全证书。2023年，袁隆平农业高科技股份有限公司、中国农业科学院生物技术研究所研发的转*Cry1Ab*、*Cry1F*和*CP4epsps*抗虫耐除草剂玉米BFL4-2获得了在北方春玉米区生产应用的安全证书。这些转基因抗虫玉米展现了良好的商业化前景（He et al.，2021；Liang et al.，2021；Zhao et al.，2022；Yang et al.，2022）。DBN9936和瑞丰125以亚洲玉米螟为主要靶标害虫，适合于以亚洲玉米螟为主要害虫的北方春玉米区，而对于多种害虫发生为害的黄淮海夏玉米区，包括草地贪夜蛾、亚洲玉米螟、棉铃虫、桃蛀螟、黏虫等多种鳞翅目害虫，由于害虫自身对不同Bt毒素敏感性存在差异，需要综合评价特定转化体的适应性（Li et al.，2021）。

表13-8　中国登记的防控草地贪夜蛾等鳞翅目害虫的转基因玉米

转化体名称	申请单位	基因	性状	批准生产应用地区	有效期
DBN9936	北京大北农生物技术有限公司	*Cry1Ab*、*epsps*	抗虫耐除草剂玉米	北方春玉米区	2019年12月2日至2024年12月2日
瑞丰125	杭州瑞丰生物科技有限公司、浙江大学	*Cry1Ab/Cry2Aj*、*G10evo-epsps*	抗虫耐除草剂玉米	北方春玉米区	2019年12月2日至2024年12月2日
DBN9501	北京大北农生物技术有限公司	*Vip3Aa19*、*pat*	抗虫耐除草剂玉米	北方春玉米区	2020年12月29日至2025年12月28日
DBN9936	北京大北农生物技术有限公司	*Cry1Ab*、*epsps*	抗虫耐除草剂玉米	黄淮海夏玉米区、南方玉米区、西南玉米区、西北玉米区	2020年12月29日至2025年12月28日
瑞丰125	杭州瑞丰生物科技有限公司	*Cry1Ab/Cry2Aj*、*G10evo-epsps*	抗虫耐除草剂玉米	黄淮海夏玉米区、西北玉米区	2021年2月10日至2026年2月9日
浙大瑞丰8	杭州瑞丰生物科技有限公司	*Cry1Ab*、*Cry2Ab*	抗虫玉米	南方玉米区	2021年12月17日至2026年12月16日

（续）

转化体名称	申请单位	基因	性状	批准生产应用地区	有效期
ND207	中国林木种子集团有限公司、中国农业大学	*mCry1Ab*、*mCry2Ab*	抗虫玉米	北方春玉米区、黄淮海夏玉米区	2021 年 12 月 17 日至 2026 年 12 月 16 日
DBN3601T（DBN9936×DBN9501）	北京大北农生物技术有限公司	*Cry1Ab*、*epsps*、*Vip3Aa19*、*pat*	抗虫耐除草剂玉米	西南玉米区	2021 年 12 月 17 日 至 2026 年 12 月 16 日
Bt11×GA21	中国种子集团有限公司	*Cry1Ab*、*pat*、*mepsps*	抗虫耐除草剂玉米	北方春玉米区	2022 年 4 月 22 日 至 2027 年 4 月 21 日
Bt11×MIR162×GA21	中国种子集团有限公司	*Cry1Ab*、*pat*、*Vip3Aa20*、*mepsps*	抗虫耐除草剂玉米	南方玉米区、西南玉米区	2022 年 4 月 22 日 至 2027 年 4 月 21 日
BFL4-2	袁隆平农业高科技股份有限公司、中国农业科学院生物技术研究所	*Cry1Ab*、*Cry1F*、*Cp4epsps*	抗虫耐除草剂玉米	北方春玉米区	2023 年 1 月 5 日至 2028 年 1 月 4 日

自 2018 年 12 月草地贪夜蛾入侵我国后，对入侵的草地贪夜蛾种群对常用的 Bt 蛋白敏感性测定表明，入侵我国的种群对 Cry1Ab、Cry1Ac、Cry1F、Cry2Ab 和 Vip3A 均处于敏感阶段，对 Bt 没有产生明显的抗性（李国平 等，2019），这对于应用上述几种转基因玉米控制我国草地贪夜蛾具有重要的指导作用。通过离体叶片测定，C0030.3.5 表达的 Cry1Ab 对草地贪夜蛾一龄幼虫的致死率达到了 66%，DBN3601 和 DBN5608 表达的 Cry1Ab + Vip3A 对一至二龄幼虫的致死率达到了 100%，对三龄幼虫的致死率也达到了 84% ～ 95%（张丹丹 等，2019）。相较于 Cry1Ab、Cry1Ac、Cry1F 和 Cry2Ab 蛋白，草地贪夜蛾对 Vip3A 最为敏感，因此提出了在草地贪夜蛾周年繁殖区，种植表达 Vip3A 为主的多基因抗虫玉米以有效控制其为害（李国平 等，2019；2022）。

第二节　Bt 玉米对草地贪夜蛾的抗性效率

美国国家环境保护局要求申请登记单位提交的 Bt 作物能够表达高剂量 Bt 杀虫蛋白。高剂量指的是 Bt 作物表达的 Bt 杀虫蛋白量能杀死靶标害虫种群中 100% 的敏感纯合子个体（*SS*）和95%的杂合子个体（*Sr*）（Gould，1998）。由于在Bt作物申请登记之前，获得抗性种群难度较大，用Bt作物直接测试*Sr*杂合子很难实现，因此在抗性产生前，这一量化指标无法准确测定。因此美国转基因作物科学顾问小组提出以表达量高于杀死敏感幼虫浓度25倍的剂量，即 $\geqslant 25 \times LC_{99.9}$ 的剂量作为可操作的高剂量的标准。

目前有5种方法评价Bt玉米能否表达25倍的高剂量。5种方法如下：①采用人工饲料对Bt作物冻干组织进行系列稀释和生物测定，以非Bt作物组织作为对照；②通过酶联免疫吸附测定（ELISA）或其他更可靠的技术测定待登记转化体的表达量，其表达量应低于已经商业化种植品种表达浓度的4%，然后再对待登记的转化体进行生物测定；③在害虫常发区，大量调查待测转化体植株上的害虫发生情况，以确保该转化体的表达水平达到 $LD_{99.9}$ 或更高，从而保证至少95%的杂合子个体被杀死；④与方法③相似，以人工接虫等方式进行抗性鉴定，所使用的实验室害虫种群的 LD_{50} 值与田间害虫种群的 LD_{50} 值相近；⑤找到一个靶标害虫较大的龄期，这个龄期的 LD_{50} 比初孵幼虫的 LD_{50} 高25倍，然后用这个龄期的幼虫在Bt作物上进行测试，以确定是否有95%及以上的高龄幼虫被杀死。美国国家环境保护局要求申请登记单位需至少提交其中两种方法测定的数据证实Bt作物达到了高剂量。对EPA官网现有登记的具有代表性的Bt玉米转化体的表达量及对草地贪夜蛾等鳞翅目害虫的抗性效率汇总阐述如下。

一、单基因Bt玉米杀虫蛋白表达量及抗性效率

美国种植的转单基因玉米主要包括表达Cry1Ab的MON810和Bt11、表达Cry1F的TC1507以及表达Vip3A的MIR162等转化体。

Bt11不同时期表达Cry1Ab含量差异较大，叶片中以V9～V12期表达量较高，为（25.88±1.35）μg/g，籽粒表达量为（1.45±0.07）μg/g，花粉中表达量较低（表13-9）。MON810种植后21d叶片中Cry1Ab表达量最高，为（120±15）μg/g；籽粒中表达量较低，为（0.63±0.06）μg/g（表13-10）。

表13-9　Bt11中Cry1Ab蛋白表达量

玉米组织	地区	均值±SD（μg/g）（以干重计）		
		V9～V12	花期	蜡熟期
叶片	伊利诺伊州，布卢明顿	25.88±1.35	17.82±1.54	16.84±3.31
根部	伊利诺伊州，布卢明顿	9.99±0.59	—	4.32±1.52

（续）

玉米组织	地区	均值±SD（μg/g）（以干重计）		
		V9～V12	花期	蜡熟期
籽粒	伊利诺伊州，布卢明顿	—	—	1.45±0.07
花粉	伊利诺伊州，麦基诺	—	0.04±0.00	—
花粉	印第安纳州，蒙罗维尔	—	0.06±0.02	—
花粉	内布拉斯加州，西沃德	—	＜0.037	—

表13-10　MON810中Cry1Ab蛋白表达量

玉米组织	种植后天数（d）	均值±SD（μg/g）（以干重计）
叶片	21	120±15
	40	46±5.8
	50	61±17
	60	51±17
全株	21	120±34
	60	25±6.3
	90	7.6±4.5
花粉	60	—
根部	21	42±9.5
	40	20±5
	50	22±3.7
	60	19±8.8
	90	16±6
籽粒	125	0.63±0.06

我国研发的DBN9936 V6～V8期叶片中Cry1Ab表达量最高，为4.57～15.39μg/g，籽粒表达量较低，为0.22～1.17μg/g（Liang et al.，2021）（表13-11）。

表13-11　DBN9936中Cry1Ab蛋白表达量

玉米组织	时期	Cry1Ab浓度（μg/g）（以鲜重计）
叶片	V6～V8	4.57～15.39

（续）

玉米组织	时期	Cry1Ab浓度（μg/g）（以鲜重计）
雄穗	VT	2.05 ~ 5.18
叶片	R1	2.97 ~ 13.17
花丝	R1	1.47 ~ 10.48
叶片	R4	3.56 ~ 7.48
籽粒	R4	0.22 ~ 1.17

TC6275转化体R4期叶片中Cry1F表达量较高，为（44.8±16.8）μg/g，花粉中Cry1F表达量较低，为（3.67±0.34）μg/g。TC1507花粉中Cry1F表达量较高，为（21.9±2.9）μg/g（表13-12）。

表13-12 不同单基因玉米转化体中Cry1F蛋白表达量

转化体名称	玉米组织	时期	均值±SD（μg/g）（以干重计）
TC6275	叶片	V9	17.3±3.41
		R1	28.5±5.38
		R4	44.8±16.8
	根部	V9	6.14±1.87
		R1	6.6±1.98
		R4	5.99±1.89
	花粉	R1	3.67±0.34
	茎秆	R1	11±2.67
	籽粒	R4	1.14±0.27
TC1507	叶片	V9	12.1±6.2
		R1	—
		R4	—
	根部	V9	—
		R1	—
		R4	—
	花粉	R1	21.9±2.9
	茎秆	R1	5.8±1.7
	籽粒	R4	2.2±0.8

　　采用高剂量测定方法①，即用人工饲料对Bt植物冻干组织（非Bt植物组织作为对照）进行25倍、50倍、100倍稀释和生物测定，结果表明，Bt11 25倍稀释浓度对欧洲玉米螟的校正死亡率为100%，为高剂量表达；MIR162 25倍稀释浓度对草地贪夜蛾的校正死亡率为100%，为高剂量表达；Bt11和MIR162 25倍稀释浓度对美洲棉铃虫的校正死亡率分别为64.3%和72.7%，均未达到高剂量；Bt11×MIR162 25倍稀释浓度对欧洲玉米螟、草地贪夜蛾和美洲棉铃虫校正死亡率均为100%，均达到高剂量的要求（表13-13）。同时也表明，多基因叠加Cry1Ab + Vip3A对美洲棉铃虫达到了饱和杀死效应。

表13-13　不同玉米转化体冻干组织稀释法测定死亡率

测试品种	稀释浓度	平均校正死亡率（%）		
		草地贪夜蛾	美洲棉铃虫	欧洲玉米螟
阴性对照	25倍	2.1	26.6	10.6
Bt11	25倍	5.7	64.3	100
Bt11	50倍	1.2	47.3	54.6
Bt11	100倍	1.4	19.1	25.5
MIR162	25倍	100	72.7	10.7
MIR162	50倍	94.2	53.7	4.7
MIR162	100倍	80.9	36.4	6.7
Bt11×MIR162	25倍	100	100	100
Bt11×MIR162	50倍	98.6	90.5	68.8
Bt11×MIR162	100倍	88.2	55.8	39.3

　　采用高剂量测定方法④，在两个试验点分别接虫进行抗性鉴定。草地贪夜蛾接卵后10d调查叶片受害程度和存活幼虫数量；美洲棉铃虫接虫后15d调查穗部受害程度和存活幼虫数量；欧洲玉米螟接虫后7周调查穗部和茎秆受害程度和存活幼虫数量。

　　草地贪夜蛾抗性鉴定结果：在两个试验点，与阴性对照草地贪夜蛾百株虫量134头和444头相比，Bt11上草地贪夜蛾百株虫量分别为94头和78头，MIR162上草地贪夜蛾百株虫量均为0头，Bt11×MIR162上草地贪夜蛾百株虫量均为0头。

　　美洲棉铃虫抗性鉴定结果：在两个试验点，与阴性对照百株虫量184头和102头相比，Bt11上美洲棉铃虫百株虫量分别为105头和250头，MIR162上美洲棉铃虫百株虫量分别为3头和0.5头，Bt11×MIR162上美洲棉铃虫百株虫量均为0头。

　　欧洲玉米螟抗性鉴定结果：在两个试验点，与阴性对照百株虫量75头和102头相比，Bt11上欧洲玉米螟百株虫量均为0头，MIR162上欧洲玉米螟百株虫量分别为85头和180头，Bt11×MIR162上欧洲玉米螟百株虫量均为0头。

方法①和方法④两种方法的综合评价：Bt11对草地贪夜蛾活性较低，对美洲棉铃虫未达到高剂量水平，对欧洲玉米螟达到高剂量水平；MIR162对欧洲玉米螟无活性，对美洲棉铃虫接近高剂量水平，对草地贪夜蛾达到高剂量水平；Bt11×MIR162对草地贪夜蛾和欧洲玉米螟达到高剂量水平，而对于美洲棉铃虫可以认定为"有效高剂量"（表13-14）。

表13-14　不同玉米转化体对几种害虫剂量水平的确定

害虫种类	方法①			方法④		
	Bt11	MIR162	Bt11×MIR162	Bt11	MIR162	Bt11×MIR162
草地贪夜蛾	否	高剂量	高剂量	低活性	高剂量	高剂量
美洲棉铃虫	否	否	有效高剂量	否	接近	有效高剂量
欧洲玉米螟	高剂量	无活性	高剂量	高剂量	无活性	高剂量

注：否表示没有达到高剂量，无活性表示对害虫没有作用，接近表示基本达到高剂量水平。

二、多基因Bt玉米杀虫蛋白表达量及抗性效率

多基因玉米转化体主要以孟山都公司登记的表达Cry1A.105和Cry2Ab的MON89034为主，以及各种单基因转化体之间，以及与MON89034通过常规杂交育种而成的表达多基因的品种，主要有Bt11×MIR162、TC1507×MON810、MON89034×TC1507×MIR162等。以MON89034为例，Cry1A.105和Cry2Ab在不同组织中的表达量见表13-15。

表13-15　MON89034不同组织中Cry1A.105和Cry2Ab的表达量

组织	Cry1A.105（均值±SD）（μg/g）（以干重计）	Cry2Ab（均值±SD）（μg/g）（以干重计）
叶片	（72±14）～（520±130）	（130±34）～（180±59）
根部	（11±1.4）～（79±17）	（21±5.9）～（58±18）
全株	（100±26）～（380±90）	（39±16）～（130±51）
花粉	12±1.7	0.64±0.091
花丝	26±3.9	71±35
饲料	42±9.4	38±14
籽粒	5.9±0.77	1.3±0.36

MON89034对各种鳞翅目害虫的抗虫表现如下：对于草地贪夜蛾和美洲棉铃虫，MON89034的抗虫性强于MON810；而对于西南玉米秆草螟、欧洲玉米螟和小蔗秆草螟，MON89034的抗虫性与MON810相等（表13-16）。

表13-16　MON89034田间抗虫表现

害虫种类	地点	侵染方法	为害部位	为害程度	表现
草地贪夜蛾	波多黎各	自然发生	叶片	高	MON89034＞MON810＞对照
	美国	人工接虫	叶片	50头/株	MON89034＞MON810＞对照
	阿根廷	人工接虫	叶片	低	MON89034＞MON810＞对照
美洲棉铃虫	波多黎各	自然发生	穗	中等	MON89034＞MON810＞对照
	美国	人工接虫	穗	15头/株	MON89034＞MON810＞对照
	阿根廷	自然发生	穗	低-中等	MON89034＞MON810＞对照
西南玉米秆草螟	美国	人工接虫	茎	7头/株	MON89034=MON810＞对照
欧洲玉米螟	美国	人工接虫	茎	50头/株	MON89034=MON810＞对照
小蔗秆草螟	阿根廷	自然发生	茎	中等-高	MON89034=MON810＞对照

通过传统杂交育种方法，将不同 *Bt* 基因转入同一个品种中，相较于其只表达一个 *Bt* 基因的父本或者母本来说，对靶标害虫是否会有协同作用？生物测定试验表明，转基因品种TC1507×MON810中，Cry1F 和 Cry1Ab 蛋白作用是独立的，对靶标害虫没有协同或者拮抗作用，只是累加作用。同时定量ELISA测定表明，每种蛋白的表达量不受同一品种中其他蛋白有无的影响。

通过对玉米组织室内生物测定和2019—2021年田间试验，Zhao 等（2022）系统研究了我国具有自主知识产权的叠加性状抗虫玉米 Bt-（Cry1Ab + Vip3Aa19）（DBN3601T）对草地贪夜蛾的抗性效率。

室内生物测定结果表明，DBN3601T各组织对草地贪夜蛾初孵幼虫的致死率差异显著，取食V5期、VT期和R1期叶片后第1～3天的校正死亡率均显著高于取食其他组织。取食V5期、VT期和R1期叶片第1天的校正死亡率分别为76.67％、68.64％和64.91％，取食第3天，校正死亡率均达到了100％。第3天和第4天，取食苞叶的校正死亡率显著高于取食籽粒、雄穗和花丝，到第4天，取食苞叶的校正死亡率达到

100%。第5天，花丝上的校正死亡率为41.67%，籽粒上的校正死亡率为73.96%，雄穗上的校正死亡率为86.30%。DBN3601T叶片对草地贪夜蛾初孵幼虫的致死率最高，致死率顺序依次为：V5期叶片、VT期叶片、R1期叶片＞苞叶＞雄穗或籽粒＞花丝（图13-1）。

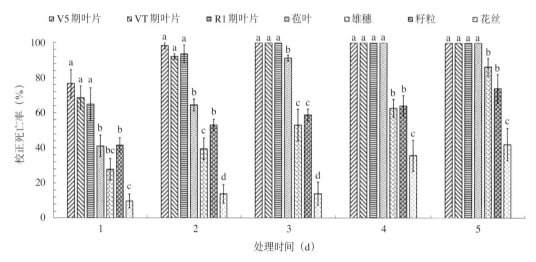

图13-1　DBN3601T不同组织对草地贪夜蛾初孵幼虫的校正死亡率

注：图中不同小写字母表示差异显著。

2019—2021年，在江城试验点，草地贪夜蛾幼虫为害初期，非Bt玉米叶片受害级别均低于2级；在2019年的V14期、2020年的V12期、2021年的V14期，叶片受害级别达到最高，分别为8.82、5.44、5.27级。而DBN3601T所有时期叶片受害级别极低，均小于2级，且显著低于非Bt玉米在同一生育期的受害级别（图13-2 A ～ C）。

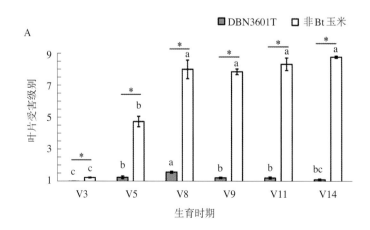

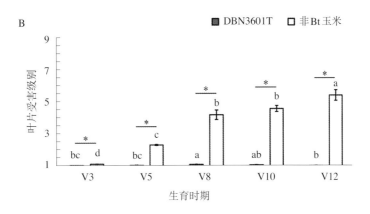

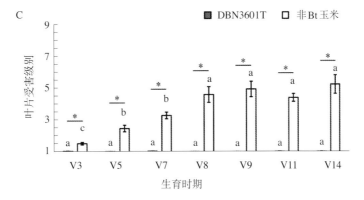

图13-2 DBN3601T和非Bt玉米叶片受草地贪夜蛾为害级别

A.2019年 B.2020年 C.2021年

注：图中不同小写字母表示差异显著；＊表示DBN3601T玉米和非Bt玉米在该生长阶段叶片受害级别有显著差异。

2019—2021年，在江城试验点，非Bt玉米在V5～R2期、R2期和V9期受害株率最高，分别为100％、99.00％和82.33％（图13-3 A、C、D）。2019年，在澜沧试验点，

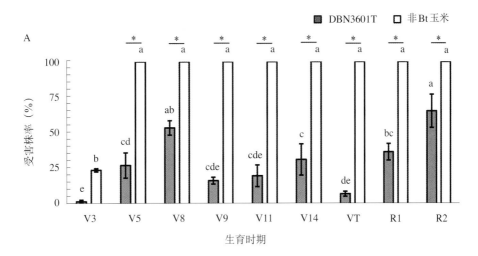

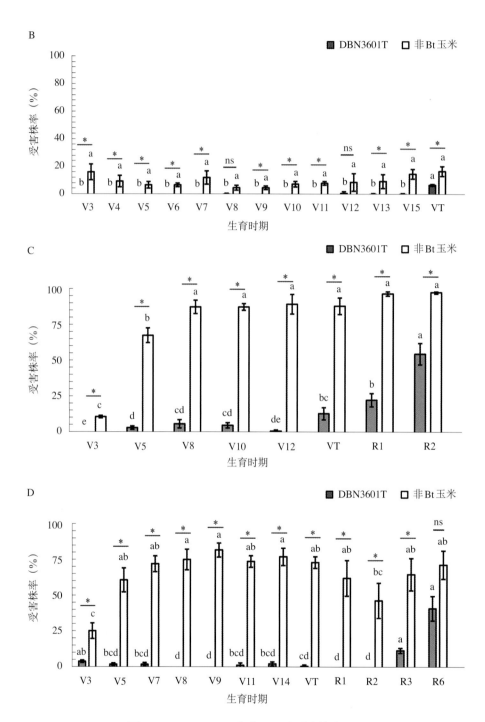

图13-3 DBN3601T和非Bt玉米受害株率

A.2019年江城   B.2019年澜沧   C.2020年江城   D.2021年江城

注：图中不同小写字母表示差异显著；＊表示DBN3601T玉米和非Bt玉米在该生长阶段叶片受害株率有显著差异。

非Bt玉米受害株率在VT期最高，为17.33%（图13-3 B）。在江城试验点，DBN3601T
在2019年和2020年的R2期、2021年的R6期受害株率最高，分别为65.33%、55.67%、
41.35%；2019年，在澜沧试验点，DBN3601T在VT期受害株率最高，为7.33%（图
13-3 B）。除2021年江城试验点的R6期、2019年澜沧试验点的V8期和V12期外，非Bt
玉米在同一生育期的受害株率均显著高于DBN3601T。

2021年，在江城试验点，非Bt玉米R4期花丝受害率为63.11%，苞叶受害率为
7.56%，籽粒受害率为48.89%；而DBN3601T花丝受害率为39.00%，苞叶受害率为
1.78%，籽粒受害率为17.78%，显著低于非Bt玉米（图13-4）。

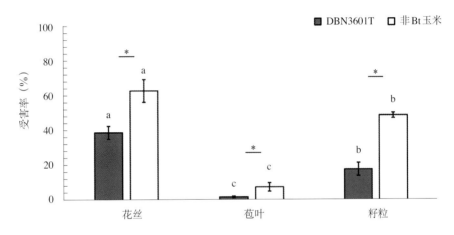

图13-4　DBN3601T和非Bt玉米R4期不同组织受害率
注：图中不同小写字母表示差异显著；＊表示DBN3601T玉米和非Bt玉米在该生长阶段叶片受害率有显著
差异。

2019年和2020年，在江城试验点，DBN3601T V3至VT期对草地贪夜蛾的防治效
果均在96%以上，显著高于R1和R2期（图13-5 A、C）。2019年，在澜沧试验点，除
V12、V15和VT期外，其余生育期防治效果均达到100%（图13-5 B）。2021年，在江城
试验点，除了V3、V5、R3、R6期外，其余生育期防治效果均达到100%（图13-5 D）。
综合分析，2019—2021年，在江城试验点，DBN3601T对草地贪夜蛾的加权防治效果分
别为95.24%、97.11%和97.71%（图13-5 E）。2019年，在澜沧试验点，DBN3601T对
草地贪夜蛾的加权防治效果为98.16%。

采用人工饲料稀释Bt作物冻干组织生物测定方法，Li等（2022）评价了4种
转基因抗虫玉米对草地贪夜蛾的高剂量水平。结果显示，DBN9936（Bt-Cry1Ab）
V6～V8期、V12期、VT期、R1期25倍稀释浓度对草地贪夜蛾幼虫14d校正死亡率为

93.43％～100％，显著高于R4期的73.72％±1.98％（图13-6 A）。DNB9936×DBN9501（Bt-Cry1Ab+Vip3A）VT期、R1期和R4期25倍稀释浓度对草地贪夜蛾幼虫14d校正死亡率均为100％，显著高于V6～V8期和V12期的89.36％±3.98％和87.18％±0.84％（图13-6 B）。瑞丰125（Bt-Cry1Ab/Cry2Aj）V12期25倍稀释浓度对草地贪夜蛾幼虫校正死亡率最高，达到了96.60％±0.93％，显著高于其他时期的78.15％～89.13％（图13-6 C）。MIR162（Bt-Vip3A）V6～V8期、VT期、R1期和R4的25倍稀释浓度对草地贪夜蛾幼虫的校正死亡率均为100％，显著高于V12期的78.81％±1.63％（图13-6 D）。总体来说，DBN9936 R1期，DNB9936×DBN9501VT期、R1期、R4期和MIR162 V6～V8期、VT期、R1期、R4期对草地贪夜蛾达到了高剂量水平。

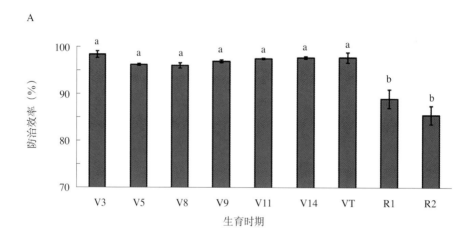

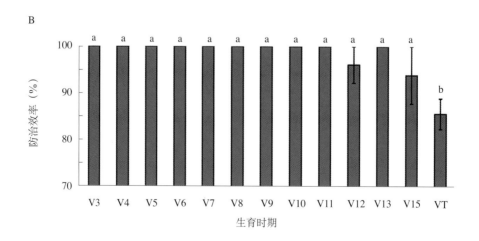

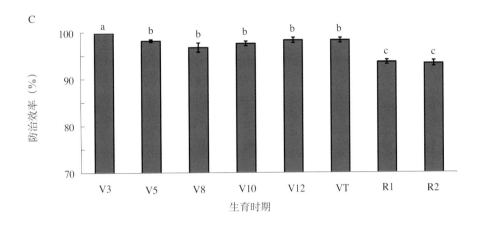

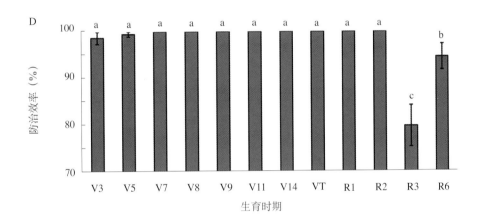

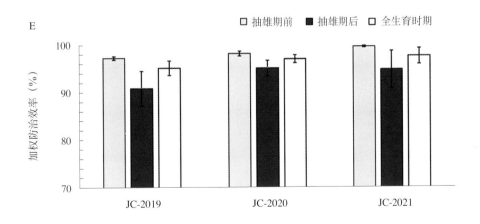

图13-5　DBN3601T对草地贪夜蛾的防治效率

A.2019年江城　B.2019年澜沧　C.2020年江城　D.2021年江城　E.江城加权防治效果

注：图中不同小写字母表示差异显著。

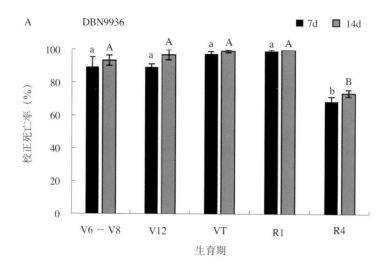

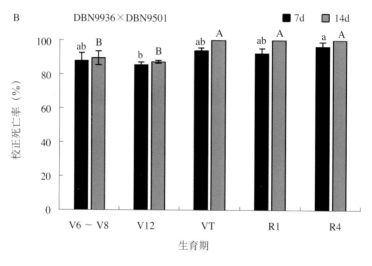

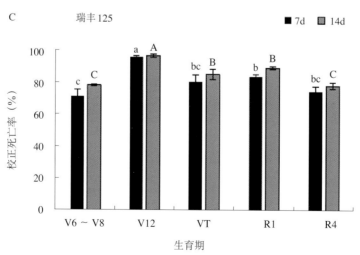

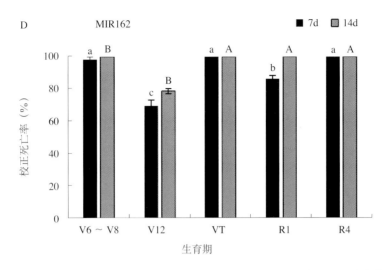

图13-6　4种转基因抗虫玉米组织不同生育期25倍稀释浓度对草地贪夜蛾初孵幼虫的校正死亡率

A.DBN9936　B.DBN9936×DBN9501　C.瑞丰125　D.MIR162

注：图中数据为平均值±标准误，黑色柱和灰色柱数据上不同小写和大写字母表示差异显著。

第三节　草地贪夜蛾的抗性治理技术

Bt作物可持续种植的主要威胁是靶标害虫的抗性问题。为了解决抗性的风险问题，美国国家环境保护局要求种子公司在提交每一个转化体商业化种植申请时，必须提交害虫的抗性治理计划，目的是尽可能延缓害虫抗性的产生。其中，抗性治理计划需要遵守下面的几个规定：①要求不管种植多大面积的Bt作物，必须设立非Bt作物或非抗鳞翅目害虫的Bt作物作为庇护所；②要求种子公司和Bt作物种植户签署具有约束力的种植者协议，约定Bt作物种植者有义务遵守庇护所的计划；③要求有对Bt作物种植者进行抗性治理有关的培训计划；④要求有Bt作物种植者遵守抗性治理措施的评价手段和提升措施；⑤要求有评估靶标害虫对Bt蛋白敏感性的方案；⑥要求有"补救行动计划"，即种子公司需向美国国家环境保护局报备田间抗性产生的情况下将采取的具体措施计划；⑦每年1月31日之前以州为单位提交年度销售报告和种植者协议的结果以及培训计划。

一、草地贪夜蛾的抗性监测法规要求及抗性监测

1.草地贪夜蛾抗性监测的法规要求

美国国家环境保护局要求种子公司每年提交靶标害虫的抗性监测报告。报告包括两

部分内容：一是来自玉米种植带种群随机抽样的生测报告；二是Bt玉米田害虫为害情况的调查报告。

（1）种群抽样生测结果报告。要求在抗性发展风险最高的地区，即大面积种植了抗鳞翅目害虫的Bt玉米区域，进行靶标害虫取样。生物测定方法需要足够灵敏，能够检测到对Bt毒素产生抗性的种群反应或抗性等位基因频率的变化，并且每年抽样尽可能保持一致，以便与历史数据进行比较。采集的种群数量应尽量反映害虫分布区域，并确定每种害虫的特定采集区域，例如，对于欧洲玉米螟，每年最少要求采集12个种群；对于西南玉米秆草螟和草地贪夜蛾，每年最少要求采集6个种群；对于美洲棉铃虫，每年最少要求采集10个种群。

在生物测定中，如发现对Bt蛋白敏感性异常低的地区，应尽快调查，以了解田间抗性是否存在。调查结果应每年向美国国家环境保护局报告。调查分以下三步：第一步，对采集的种群的后代重新测定，以确定这种低敏感的生物测定是否可重复和可遗传。如果不能重复和遗传，则不需要采取进一步措施。第二步，如果低敏感的生物测定是可重复和可遗传的，那么在诊断浓度下存活下来的后代再用Bt玉米进行测试，如果后代不能存活到成虫，则不需要采取进一步措施。第三步，如果通过了第一步和第二步，将进一步评估确定抗性的性质（即隐性或显性），估计原始种群的抗性等位基因频率，确定抗性等位基因的地理分布。如果抗性程度提高或抗性扩散，种子公司将与美国国家环境保护局协商制定实施一个针对具体案例的抗性管理计划。

（2）Bt玉米田害虫为害情况的调查报告。抗性监测计划的第二部分是由种植者、推广专家等田间调查Bt玉米田是否有靶标害虫为害情况的报告。如果玉米受到为害，则采取如下步骤调查和确认抗性是否存在，分疑似抗性和抗性确认两个阶段。

①疑似抗性：确认出现问题的玉米是对鳞翅目害虫有杀虫活性的Bt玉米；所使用的玉米种子能够表达适合浓度的Bt蛋白；相关的玉米组织表达了Bt蛋白的预期水平；排除了对该Bt蛋白不敏感害虫的为害；排除气候或种植因素可能造成的危害。满足以上条件则判断为疑似抗性，指导种植者采取以下措施：在受影响地区使用其他替代措施控制靶标害虫。在玉米收获后的1个月内，销毁该地区的Bt作物残留物，以尽量减少抗性害虫越冬，降低来年的虫源基数。此外，在应用其他控制措施或销毁农作物残留物之前，采集该害虫样本，并尽快完成测试。

②抗性确认：抗性确认需要满足以下标准，在模拟田间条件下，初孵幼虫在Bt玉米上的存活率大于30%；在标准的实验室生物测定中，用Bt蛋白诊断剂量浓度测定，抽样种群中抗性基因频率大于0.1，LC_{50}超过敏感种群LC_{50}的95%置信区间上限。

（3）对靶标害虫抗性确认后的反应。当田间抗性确认后，美国国家环境保护局要求30d内收到抗性确认的通知；并要求每年对当地的靶标害虫种群进行一次测定，以确定抗性的程度；视抗性害虫的种类、抗性的程度、抗性发生的时间，采取农艺措施和施用化学杀虫剂等其他防控措施来减少虫源基数；同时向所在地区受影响的种植者、推广代理、种子分销商等通报情况，在抗性产生地区暂停销售Bt玉米种子，以延缓抗性的发展。

在转*Bt*基因玉米登记有效期内，每年需要向美国国家环境保护局提交抗性监测报告和田间为害报告。

2.草地贪夜蛾抗性监测技术及应用

每年向美国国家环境保护局提交的抗性监测报告里，要求所应用的生物测定方法足够灵敏，能够检测到靶标害虫对Bt毒素的种群反应或抗性等位基因频率的变化。目前已经发展了适用于多种害虫对Bt作物的抗性检测和监测技术，草地贪夜蛾的抗性监测方法及其应用如下（表13-17）。

（1）剂量-死亡率生物测定方法（LC_{50}）。剂量-死亡率生物测定方法主要是指根据害虫不同龄期以及在不同处理时间下，对不同浓度Bt毒素的敏感性差异确定抗性的测定方法。即用不同浓度的Bt杀虫蛋白对害虫进行测试，一定时间内，检查死亡率，用概率值计算LC_{50}及LC_{99}和斜率（b），然后将田间害虫种群的LC_{50}及LC_{99}、斜率（b）与室内敏感害虫种群进行比较，计算抗性指数（RR），根据抗性级别的标准，得出田间种群对Bt毒素的抗性程度。在大田种群的抗性监测中，一般要求在Bt作物商业化种植之前，首先建立不同地理种群靶标害虫的敏感基线，然后每年在种植Bt作物比例较高地区对靶标害虫进行取样，进行剂量-死亡率的生物测定，与该地区的敏感基线进行比对，确定每年的田间种群对Bt作物的敏感性变化。如美国在Bt棉花商业化之前建立了美洲棉铃虫的敏感基线（Stone et al.，1993）；我国亦于Bt棉花商业化之前建立了棉铃虫的敏感基线（Wu et al.，1999）。当前，我国已建立了北方春玉米区、黄淮海夏玉米区玉米螟种群对Cry1Ab、Cry1Ac和Cry1F的敏感基线（He et al.，2005；Li et al.，2020），这些工作为转*Bt*基因玉米在我国商业化种植做好了前期准备。

2011—2013年，巴西采集了16个草地贪夜蛾种群，应用剂量-死亡率生物测定方法建立了草地贪夜蛾对Vip3A的敏感基线，变异范围在6.6倍以内（Bernardi et al.，2014）。Rivero-Borja等（2020）建立了草地贪夜蛾墨西哥种群对Cry1F蛋白的敏感基线。2019年，我国应用剂量-死亡率生物测定方法对入侵的草地贪夜蛾种群对Cry1Ab、Cry1Ac、Cry1F、Cry2Ab、Vip3A等的敏感性指数进行了测定（李国平 等，2019），测定结果显示入侵我国的草地贪夜蛾种群对常用的Bt蛋白均处于敏感阶段。

表 13-17 田间监测草地贪夜蛾对 Bt 作物的抗性程度 / 抗性基因频率

国家	地区或种群数	年份	监测方法	Bt 蛋白 /Bt 玉米抗性基因 *ABCC2*	抗性倍数 / 抗性基因频率 / 存活率	参考文献
	波多黎各	2009—2011	田间为害 + 室内生物测定方法	Cry1F 系列浓度	>131.75 倍	Storer et al., 2010; 2012
		2007	分子检测法	抗性基因 *ABBC2*	0.013 8	Banerjee et al., 2017
		2009			0.422 4	
		2017			0.552 6	
	佛罗里达	2011	单雌系 F$_2$ 代 + 诊断剂量法	表达 Cry1F 玉米叶片	0.103	Huang et al., 2014
美国	路易斯安那	2011	单雌系 F$_2$ 代 + 诊断剂量法	表达 Cry1F 玉米叶片	0.293	
	佛罗里达	2010—2011	与室内抗性种群 F$_1$ 代单对杂交 + 诊断剂量法	Cry1F 浓度为 200ng/cm^2	0.013 2 2	Vélez et al., 2013
	佛罗里达	2012, 2014, 2016	分子检测法	抗性基因 *ABBC2*	<0.018 5 <0.002 6 <0.038 5	Banerjee et al., 2017
	佛罗里达	2016	分子检测法	抗性基因 *ABBC2*	<0.038 5	
	得克萨斯	2010—2011	与室内抗性种群 F$_1$ 代单对杂交 + 诊断剂量法	Cry1F 浓度为 200ng/cm^2	0.020 0	Vélez et al., 2013

（续）

国家	地区或种群数	年份	监测方法	Bt蛋白/Bt玉米/抗性基因 ABCC2	抗性倍数/抗性基因频率/存活率	参考文献
	北卡罗来纳	2014	单雌系 F_1/F_2 代＋诊断剂量法	表达Cry1F (V4～V10) 玉米叶片	0.009 346	Li et al., 2016
				表达Cry1A.105+Cry2Ab (V4～V10) 玉米叶片	<0.001 17	
				表达Cry1F+Cry1A.105+Cry2Ab (V4～V10) 玉米叶片	<0.001 17	
				表达Cry1F+Cry1Ab+Vip3A (V4～V10) 玉米叶片	<0.001 17	
			剂量－死亡率生物测定方法 (LC_{50})	Cry1F系列浓度	>151.21倍	
美国	佛罗里达和北卡罗来纳	2012—2013	剂量－死亡率生物测定方法 (LC_{50})	Cry1F系列浓度	18.8～>85.4倍	Huang et al., 2014
	佛罗里达	2011	单雌系 F_2 代＋诊断剂量法	表达Cry1A.105 (V4～V9) 玉米叶片	0.059 9	Huang et al., 2016
	路易斯安那	2011	单雌系 F_2 代＋诊断剂量法	表达Cry1A.105 (V4～V9) 玉米叶片	0.015 8	
	南部4州	2013—2014	单雌系 F_2 代＋诊断剂量法	表达Cry2Ab 玉米叶片	0.002 3	Niu et al., 2016b
	路易斯安那	2016	单雌系 F_2 代＋诊断剂量法	表达Vip3A (V5～V7) 玉米叶片	0.004 8	Yang et al., 2018

（续）

国家	地区或种群数	年份	监测方法	Bt蛋白/Bt玉米/抗性基因 ABCC2	抗性倍数/抗性基因频率/存活率	参考文献
墨西哥	7个州28个种群	2013—2017	剂量-死亡率率生物测定方法（LC_{50}）	Cry1F系列浓度	敏感基线	Rivero-Borja et al., 2020
	7个州8个地理种群	2013	与室内抗性种群 F_1 代单对杂交+诊断剂量法	Cry1F浓度为200ng/cm²	0.24	Santos-Amaya et al., 2017
			剂量-死亡率率生物测定方法（LC_{50}）	Cry1F系列浓度	5个种群>32倍	
	5个州12个地理种群	2012	单雌系 F_2 代+诊断剂量法	Cry1F浓度为2 000ng/cm²	0.192（1个州），0.042～0.080（4个州）	Farias et al., 2016
巴西	16个种群	2011—2013	剂量-死亡率率生物测定方法（LC_{50}）	Vip3A20系列浓度	6.6倍	Bernardi et al., 2014
	6个州13个种群	2016—2017	与室内抗性种群 F_1 代单对杂交+诊断剂量法	Vip3A浓度为3 600ng/cm²	0.002 7	Amaral et al., 2020
			单雌系 F_2 代+诊断剂量法	表达Vip3A玉米叶片	0.003 3	
	11个州11个种群	2013—2015	单雌系 F_2 代+诊断剂量法	Vip3A浓度为4 000ng/cm²	0.001 2	Bernardi et al., 2015
			单雌系 F_2 代+诊断剂量法	表达Vip3A玉米（V4～V8）叶片	0.001 1	

（续）

国家	地区或种群数	年份	监测方法	Bt蛋白/Bt玉米/抗性基因 ABCC2	抗性倍数/抗性基因频率/存活率	参考文献
巴西	4个州4个种群	2011—2013	剂量－死亡率生物测定方法（LC_{50}）	Cry1F系列浓度	敏感基线	Farias et al., 2014
	9个州43个种群	2011—2013	诊断剂量法	Cry1F浓度为200ng/cm²	存活率14.20%	
				Cry1F浓度为2 000ng/cm²	存活率0.57%	
	4个地区	2009—2012	诊断剂量法	Cry1F浓度为10μg/mL	存活率0～2%	
	15个种群	2012—2013	诊断剂量法	Cry1F浓度为10μg/m²	存活率>2%，其中1个地区16%	
阿根廷	4个地区17个种群	2013—2014	诊断剂量法	Cry1F浓度为10μg/mL	存活率5.2%～91.5%，平均41.5%	Chandrasena et al., 2017
	25个种群	2014—2015	诊断剂量法	Cry1F浓度为2 000ng/cm²	存活率16.6%～97.9%，平均62.9%	
	图库曼省	2017	诊断剂量法	Cry1F玉米（V4～V6）叶片	存活率47%	Murúa et al., 2019
中国	云南	2019	剂量－死亡率生物测定方法（LC_{50}）	Cry1Ab、Cry1Ac、Cry1F、Cry2Ab、Vip3A系列浓度	敏感基线	李国平等，2019

（2）田间Bt玉米植株受害情况＋室内生物测定确定。随着Bt作物种植面积的扩大，在Bt作物上直接检测抗性个体成为一种可能。理论上，Bt作物上存活的每头害虫都应该是抗性基因型个体。需要确定暴露在Bt作物上的害虫种群的大小和存活害虫的数目。由于不能直接确定Bt作物上害虫的种群数量，需要估计非Bt作物上的害虫数目来代替，因此该方法是间接估计抗性基因的频率。其优点在于与田间相符，可测定大量个体，也可测定不同种类的害虫。

1996年表达Cry1F的TC1507开始在波多黎各种植，最初主要用于小区试验，后来用于培育杂交品种和父本种子的生产。2003年，TC1507开始在波多黎各商业化种植。作为TC1507的培育者，陶氏益农公司和先锋公司通过调查种植者的报告跟踪这个品种的田间表现。2006年，波多黎各的田间农场和种子公司的试验站报告了Cry1F玉米在田间受到了草地贪夜蛾为害。为了证实是否因草地贪夜蛾对Cry1F产生抗性而导致，Storer等（2010）通过田间采集虫样，用系列Bt蛋白浓度饲料测定法证实波多黎各TC1507田间控制草地贪夜蛾的失败与草地贪夜蛾对Cry1F产生大于1 000倍的高水平抗性有关，在Cry1F最高浓度（10 000ng/cm²）下草地贪夜蛾没有显著的死亡率。TC1507仅商业化种植4年，草地贪夜蛾就对Cry1F产生了抗性，是迄今为止产生抗性最快，也是第一个由于靶标害虫产生抗性在市场上被召回的案例（Tabashnik et al.，2009）。随后，在波多黎各和美国南部地区继续采集草地贪夜蛾进行测定，发现波多黎各地区草地贪夜蛾种群的抗性极高，大于131.75倍，而美国南部地区草地贪夜蛾仍对Cry1F敏感（Storer et al.，2012）。

（3）诊断剂量法。标准的生物测定方法只是在种群水平上对靶标害虫的抗性程度进行测定，但这不是抗性监测的终极目标，而应用一种有效的灵敏方法检测到早期较低的抗性基因频率，则是抗性监测的主要目标，目的是在田间抗性产生之前，能够提前采取措施以延缓抗性的产生和发展，使转基因作物能够可持续种植。因此，在标准生物测定的种群水平上，发展了基于诊断剂量法的个体水平的检测，即在固定剂量和处理时间内，所有个体在此剂量下受试，通常情况下使用杀死大约99％的敏感个体的剂量作为诊断剂量（Huang et al.，2006）。Chandrasena等（2017）采用诊断剂量法测定了阿根廷草地贪夜蛾对Cry1F的敏感性。测定结果显示，在Cry1F诊断剂量为10μg/mL时，2009—2012年测定的4个地区草地贪夜蛾存活率为0 ～ 2％；2012—2013年测定的15个草地贪夜蛾种群中有8个种群的存活率大于2％；2013—2014年测定的4个地区17个草地贪夜蛾种群的存活率为5.2％ ～ 91.5％。在Cry1F诊断剂量为2 000ng/cm²时，2014—2015年测定的25个草地贪夜蛾种群的存活率为16.6％ ～ 97.9％。为了更好地检测出稀有的抗性基因，通常采用遗传方法，包括F_1代杂交法、F_2代筛选法和F_1/F_2代筛选法等与诊断剂量相结合的方法进行早期稀有抗性基因的检测。

（4）F_1代单对杂交＋诊断剂量法。Gould等（1997）在诊断剂量法的基础上，提出了单对杂交法。这种方法是在实验室内筛选获得对Bt毒素高抗性的品系，从田间采集此种害虫的雄性个体，到室内后，每头雄虫与抗性雌虫进行单对杂交，由于每头雌虫的抗性隐性基因型为（rr），如果雄虫为杂合子（Sr），对于抗性基因（r）来说，也位于与雌虫抗性基因（r）同样的基因座，那么它们的后代将有一半的抗性个体出现，在诊断剂量下有50%的存活个体。如果雄虫为纯合子（SS），与抗性雌虫（rr）杂交，后代基因型都将为（Sr），在诊断剂量下不能存活。如果雄虫为纯合子（rr），与抗性雌虫（rr）杂交，后代基因型都将为（rr），在诊断剂量下都能存活。因此用这个方法，能推断出雄性父代有多少个携带抗性基因的个体。Vélez等（2013）应用此法，2010—2011年从美国佛罗里达州和得克萨斯州采集草地贪夜蛾，化蛹后鉴定雌、雄性别，并与室内已知的抗性种群进行单对杂交，杂交成功后产生的后代在Cry1F浓度为200ng/cm^{2}的诊断剂量下进行测定，测定结果表明，2010年和2011年测定的抗性基因频率佛罗里达州为0.013 22，得克萨斯州为0.020 0。

2016—2017年，对巴西6个州13个种群的草地贪夜蛾采用F$_1$代与室内抗性种群单对杂交法，测定得到对Vip3A蛋白（诊断浓度为3 600ng/cm^2）的抗性基因频率为0.002 7（Amaral et al.，2020）。

（5）F$_2$代筛选+诊断剂量法。为了使抗性管理计划及其实施有一定的科学依据，以更好地实施高剂量/庇护所策略，提高抗性基因频率估计的准确性和恢复自然种群的敏感基因尤为重要。Andow等提出了F$_2$代筛选稀有抗性基因的方法（Andow和Alstad，1998）。F$_2$代筛选法的关键是在单雌系中保持遗传多样性并把所有的基因都纯化为纯合子，具体方法为：

①从自然种群中采集已交配过的雌成虫，在室内饲养每头雌虫的后代F$_1$；

②估计每头雌虫后代的雌、雄个数，让它们进行同胞自交；

③产生的F$_2$代幼虫用合适的筛选程序进行抗性个体的筛选；

④统计分析应用贝叶斯推理，置信区间为95%。

$$E[q] = \frac{(s+1)}{4(n+2)}$$

式中，$E[q]$是期望的抗性等位基因频率，n是供测试的单雌系数目，s是含有抗性基因的单雌系数目。

田间采集的雌成虫带有4个配子，其中2个来自其自身，另外2个来自与其交配的雄虫，每个单雌系中相应存在4种基因型，所以在F$_2$代幼虫中期望有1/16是每个等位基因的纯合子个体。假如有一个抗性配子r，那么在F$_2$代幼虫中有1/16个抗性纯合子出现。所应用的F$_2$代筛选有两种方法：一是在Bt作物上检测；二是在诊断剂量下检测。

2011年，采用F$_2$代结合Bt玉米叶片检测，对美国路易斯安那州和佛罗里达州采集的草地贪夜蛾种群进行了测试。路易斯安那种群成功建立了70个F$_2$代种群，佛罗里达种群成功建立了72个F$_2$代种群，每个F$_2$代种群测试96头初孵幼虫，将96头初孵幼虫在表达Cry1F的TC1507 V4 ~ V9玉米叶片上进行测定。测定结果表明，路易斯安那种群对Cry1F的抗性基因频率为0.103，佛罗里达种群对Cry1F的抗性基因频率为0.293（Huang et al.，2014）。

2011年，采用F$_2$代结合Bt玉米叶片检测，对美国路易斯安那州和佛罗里达州采集的草地贪夜蛾种群进行了F$_2$代测试。路易斯安那种群成功建立了79个F$_2$代种群，佛罗里达种群成功建立了71个F$_2$代种群，每个F$_2$代种群测试96头初孵幼虫，将96头初孵幼虫在表达Cry1A.105的玉米品种V4 ~ V9玉米叶片上进行测定。测定结果表明，路易斯安那种群对Cry1A.105的抗性基因频率为0.015 8，佛罗里达种群对Cry1A.105的抗性基因频率为0.055 9。这些结果表明，在美国东南部，对Cry1A.105的抗性不是稀有的，由于Cry1A.105与Cry1F有交互抗性，推测这种较高的抗性基因频率很可能与草地贪夜蛾对Cry1F的抗性有关（Huang et al.，2016）。

2013—2014年，采用F$_2$代结合Bt玉米叶片检测，对美国南部佛罗里达州、路易斯安那州、佐治亚州和得克萨斯州共215个草地贪夜蛾F$_2$代幼虫在表达Cry2Ab的玉米上进行了测试，保守估计4个地区种群对Cry2Ab的抗性基因频率为0.002 3（Niu et al.，2016）。2016年，采用F$_2$代结合Bt玉米叶片检测，对美国路易斯安那州104个草地贪夜蛾F$_2$代幼虫在表达Vip3A的玉米上进行了测试，抗性基因频率为0.004 8（Yang et al.，2018）。

2012年，采用F$_2$代结合诊断剂量法，对巴西5个玉米种植州的12个草地贪夜蛾种群共517个单雌系应用饲料表面涂抹法对Cry1F蛋白（诊断浓度为2 000ng/cm^2）进行抗性基因频率测定，结果表明，巴伊亚州种群抗性基因频率最高，为0.192（0.163 ~ 0.220），其他地区抗性基因频率较低，在0.042 ~ 0.080之间，巴伊亚州种群较高的抗性基因频率可能与Bt玉米的周年种植、草地贪夜蛾种群密度高、缺乏有效的庇护所等有关（Farias et al.，2016）。

2013—2015年，采用F$_2$代筛选并结合Vip3A蛋白（诊断浓度为4 000ng/cm^2）和Vip3A玉米诊断剂量法，对巴西11个地区草地贪夜蛾的抗性基因频率进行测定，结果分别为0.001 2和0.001 1，表明巴西草地贪夜蛾对Vip3A处于较低抗性水平（Bernardi et al.，2015）。2016—2017年，对巴西6个州13个草地贪夜蛾种群采用单雌系F$_2$代法，测定了对表达Vip3A玉米的抗性基因频率，结果为0.003 3（Amaral et al.，2020）。

（6）改进的F$_1$/F$_2$代+诊断剂量法。在F$_1$代和F$_2$代的基础上，发展了单雌系F$_1$/F$_2$与诊断剂量相结合的方法（Burd et al.，2003；Li et al.，2004），此种方法主要是探测田间非隐性的稀有抗性基因。其主要程序是从自然种群中采集已交配过的雌成虫，在室内饲养每头雌虫的后代F$_1$，F$_1$代幼虫用合适的筛选程序进行抗性个体的筛选，F$_1$代中在诊断剂量下显示阳性的继续饲养到F_2代自交后，进行验证，以消除假阳性，然后计算非隐性的抗性基因频率及其置信区间。此种方法在探测棉铃虫对表达Cry1Ac棉花的早期抗性基因频率上得到了广泛应用，对中国黄河流域棉区、西北内陆棉区棉铃虫抗性的早期预警起到了重要的作用（Li et al.，2004；2007；2010；2011）。

2014年，采用F_1代和F_2代对美国北卡罗来纳州草地贪夜蛾对各种转Bt基因玉米进行了抗性基因频率的测定，目的主要是对非隐性的杂合子及隐性的纯合子进行筛选，结果表明北卡罗来纳州草地贪夜蛾种群对表达Cry1F的玉米TC1507抗性基因频率为0.009 35，对表达Cry1A.105 + Cry2Ab的MON89034、表达Cry1F + Cry1A.105 + Cry2Ab的TC1507 × MON89034及表达Cry1F + Cry1Ab + Vip3A的TC1507 × MON810 × MIR162的抗性基因频率都较低，均小于0.001 168。应用剂量−死亡率生物测定方法将在Cry1F上存活的个体混合在一起进行了F_3代的测定，与已知的敏感种群相比，F_3代混合种群对Cry1F产生了大于151.21倍的抗性（Li et al.，2016），证实了在北卡罗来纳州，田间种群存在着较高的对Cry1F的抗性个体。

（7）分子检测方法。传统的以生物测定为基础的抗性监测方法灵敏度不够高，特别是当抗性基因是稀有的隐性基因时，而以DNA为基础的抗性监测方法则能直接检测到杂合子的抗性基因（r），大大提高了抗性监测的灵敏度和效率（Morin et al.，2003）。研究表明，抗性的产生与Bt毒素结合位点的改变有关，且Bt抗性基因具有多样性的特点，甚至位于同一基因座的抗性基因也有很多不同的基因位点（Zhang et al.，2012；Wu，2014）。Jakka等（2016）研究表明，波多黎各草地贪夜蛾对Cry1F的抗性与碱性磷酸酶（alkaline phosphatase，ALP）基因表达水平的下调（>90%）有关，使ALP活性降低了75%，而ALP可能是高亲和力的Cry1F毒素的结合位点。Banerjee等（2017）和Flagel等（2018）研究表明，ABC转运蛋白（ATP-binding cassette transporter）C2亚族$ABCC2$基因的突变（在2218位置插入了GC）与波多黎各草地贪夜蛾对TC1507表达的Cry1F的抗性有关，并对波多黎各和佛罗里达地区的抗性基因频率进行了计算，2007年为0.013 8，到2017年达到了0.552 6（表13-17）。

对对TC1507表达的Cry1F有抗性的巴西草地贪夜蛾进行了分子特征分析，鉴定出3个$ABCC2$突变，一个是在788 ～ 789位置上GY的缺失，一个是P799K/R氨基酸的替代，这两个突变都位于$ABCC2$细胞外环4（EC4）的保守区域，另外一个氨基酸替代G1088D，位于不太保守的区域。对于采集的巴西40个草地贪夜蛾田间种群基因测试表明，GY缺失的频次较高，也检测到了在783 ～ 799位点上插入了稀有的基因，进一步证明EC4区域是Cry1F毒素结合的重要区域（Boaventura et al.，2020）。

草地贪夜蛾入侵我国后，我国科研工作者通过基因编辑手段验证了$ABCC2$和

*ABCC3*参与介导草地贪夜蛾对Cry1Ab和Cry1Fa的抗性，揭示了*ABCC2*基因第15外显子存在12 bp的插入，导致蛋白翻译的提前终止，并进一步针对*ABCC2*基因研发了基于PCR产物和mRNA全序列测序的抗性突变检测技术（Jin et al.，2021a；2021b）。

综上研究表明，不同地区草地贪夜蛾的抗性种群存在着多样性的抗性机制，再加上抗性基因的多种突变，因此单纯依靠已知的抗性基因来检测田间抗性个体，存在着漏检的可能，这两个因素限制了DNA抗性监测方法的广泛推广和应用。因此，除了使用已知的抗性基因检测外，还要挖掘和探索其他可能的抗性机制，并应用传统的生物测定方法，以确保从害虫表型上能监测到任何潜在的抗性机制所引发的抗性基因频率及抗性水平的变化，为抗性治理提供早期的预警和预案。

二、草地贪夜蛾抗性治理技术

高剂量/庇护所策略是当前治理害虫对Bt作物抗性的主要策略（Gould，1998）。这个策略的基本假设是害虫对Bt作物的抗性是隐性的，由一个基因座上两个等位基因控制，有3种基因型：敏感纯合子（*SS*）、杂合子（*Sr*）、抗性纯合子（*rr*）。因为庇护所寄主植物不产生Bt毒素，所以有大量的*SS*害虫存活，而在Bt作物上，只有极少数的*rr*个体能在高剂量表达的Bt作物上存活。来自庇护所内的相对大量的*SS*成虫与在Bt作物上存活的极少*rr*成虫可以自由交配，产生的*Sr*后代被高剂量表达的Bt玉米杀死，因此*r*基因在种群中被剔除，使抗性基因频率在种群内保持一个较低的水平，延缓了抗性的发展（图13-7）。

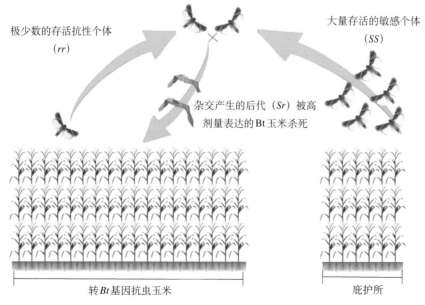

图13-7 高剂量/庇护所策略延缓抗性发展的原理（Vélez et al.，2016）

高剂量/庇护所策略自1996年开始应用，经过在北美洲20多年的实践，该策略在3个条件（高剂量的表达、稀有的抗性基因、随机交配）能够满足的前提下，其效果非常明显（Huang et al., 2011）。庇护所包括所有能让靶标害虫正常生长发育的非Bt植物。在美国，美国国家环境保护局强制要求种植庇护所。庇护所的设置有如下方式。

1. 结构庇护所

结构庇护所指的是在种植Bt作物时，专门种植的一块非Bt作物，以降低害虫的抗性进化。种植结构庇护所有以下三个方面的具体要求。

（1）结构庇护所的大小。对于鳞翅目害虫，要求庇护所距离Bt玉米田不大于0.8km，庇护所设置的比例依据地域和品种特点而定。在玉米种植区，必须种植20%的庇护所；在棉花种植区，必须种植50%的庇护所。

（2）结构庇护所的位置。结构庇护所位置的设置有4种方式。①区块种植，即在Bt玉米田块两边相邻种植非Bt玉米；②条带种植，即在Bt玉米田块内，将多个条带式（通常大于4行）非Bt玉米穿插种植在Bt玉米田中；③分离种植，即在Bt玉米田块外围，不与Bt玉米相邻种植；④外周种植，即在Bt玉米田的四周种植非Bt玉米（Cullen et al., 2008）。

（3）结构庇护所的管理。种植结构庇护所有一些具体要求，比例较高的庇护所可以延缓抗性的发展，但是如果害虫密度超过经济阈值，种植者可以在庇护所内喷洒杀虫剂。在美国，结构庇护所为20%时，可以喷施农药；结构庇护所为4%时，不喷施农药。分离种植的庇护所与Bt作物距离要在0.8km以内；而条带庇护所一般要求每个条带最少种植4行；区块庇护所可以在Bt作物的中间种植，也可以将Bt作物和非Bt作物相邻种植。

2010年之前，针对一个靶标害虫的单基因Bt玉米，其结构庇护所要求种植为区块式或者条带式，高剂量/结构庇护所的策略比较成功（Huang et al., 2011）。但结构庇护所的种植很大程度上与种植者种植非Bt作物的意愿有关，因此如果种植者不愿意种植非Bt作物，则存在着较高的抗性进化风险。2003—2008年调查显示，遵守种植结构庇护所的种植者比例由最初的86%～92%下降到75%以下（Jaffe, 2009）。如何让种植者遵守种植结构庇护所的要求已经成为一个问题。

到2010年，美国开始商业化种植多基因Bt玉米，多基因Bt玉米表达具有不同作用方式的2个或多个Bt蛋白，对同一种害虫均有效。例如表达Cry1A.105 + Cry2Ab + Cry1F + Cry3Bb1 + Cry34Ab1 + Cry35Ab1的Genuity® SmartStax™，其中 *Cry1A.105 + Cry2Ab + Cry1F* 3个基因主要控制地上鳞翅目害虫，*Cry3Bb1+ Cry34Ab1 + Cry35Ab1* 3个基因控制地下鞘翅目害虫，相对于单基因玉米来说，多基因聚合/叠加的玉米能够更好地控制害虫和延缓害虫抗性的发展。随着多基因Bt玉米商业化广泛种植，为了解决种植者不愿意种植结构庇护所的问题，2010年，美国国家环境保护局批准了在玉米种植区种植多基因Bt玉米，庇护所为种子混合种植的方式（Matten et al.，2012）。

2. 种子混合庇护所

种子混合庇护所指的是转*Bt*基因种子在销售时已经将一定比例的非Bt种子混入，使种植者不需要再单独种植非Bt作物作为庇护所，确保了遵守种植庇护所的要求。2010年，美国国家环境保护局批准了种子混合庇护所。在多基因Bt玉米种植区，种植比例一般为5%或者10%。当前，在美国玉米种植区，种子混合庇护所中Bt玉米和非Bt玉米的比例一般是95%∶5%。种子混合庇护所在延缓抗性进化方面，需要考虑两个因素对其效果的影响。

一是基因漂移（花粉污染）对庇护所效应的影响。抗性治理的目标要求非 Bt 植株不含 Bt 毒素，能够为靶标昆虫提供营养，从而保护敏感种群。但玉米是异花授粉作物，授粉大多数是风和重力作用的结果。在田间条件下，大多数雄穗上的花粉落在6～15m以内，一个玉米雌穗上97% 以上的籽粒实际上是由其他玉米植株授粉而成的。由于花粉从Bt玉米到非Bt玉米的转移而导致的基因漂移使非Bt玉米受到污染，因此在种子混合庇护所中，非 Bt玉米和Bt玉米的交叉授粉比结构庇护所可能性更大。非Bt玉米受Bt玉米花粉污染后，非Bt玉米雌穗表达Bt蛋白，这些受污染的庇护所会对敏感害虫产生不利影响，甚至有可能杀死敏感害虫，特别是对于那些偏好取食穗部的害虫，如美洲棉铃虫（Burkness et al.，2015；Yang et al.，2015）。Yang 等（2014）研究表明，95%∶5%（Bt玉米∶非Bt玉米）的抗性治理并不能为美洲棉铃虫提供足够的健康食物来源，因为附近非 Bt 植物受到 Bt 花粉污染，导致美洲棉铃虫死亡率较高。此外，非Bt玉米的花粉飘移到 Bt 玉米上，也可能导致Bt玉米雌穗的低剂量表达，使害虫暴露在亚致死剂量下，这将加速抗性的产生。

二是幼虫移动对庇护所效应的影响。幼虫暴露于 Bt 毒素的程度取决于幼虫在Bt作物上取食时间的长短。例如，如果*Sr*杂合子幼虫能够从 Bt 植株转移到非 Bt 植株上取食并存活下来，那么不太敏感的*Sr*杂合子可能优先存活，抗性等位基因频率将增加。高龄幼虫一般对Bt毒素不太敏感，杂合子幼虫最初在非Bt植株上取食，然后转移到Bt植株上继续存活，提高了抗性。美国转基因作物科学顾问小组研究认为4种幼虫的移动可能提高了杂合子的数量，从而加速抗性的进化。这4种情况并非互相排斥，可以纳入抗性进化模型当中。① *Sr*杂合子幼虫在Bt植株上孵化后少量取食，然后从Bt植株上转移到非Bt植株上取食并完成发育；② *Sr*杂合子幼虫在非 Bt植株上孵化取食，发育到高龄幼虫后，转移到 Bt 植株上取食并完成发育；③ *Sr*杂合子幼虫比*SS*纯合子幼虫更有可能从 Bt 植株上转移到非 Bt 植株上，假设 Sr 和 SS 幼虫之间存活率没有差异，由于有更多的 Sr 幼虫迁移，Sr 幼虫存活率比 SS 存活率提高；④高龄的 Sr 杂合子幼虫从非 Bt 植株转移到 Bt 植株的概率较低，假设 Sr 和 SS 幼虫的个体生存率没有差异，在这种情况下，更多的 SS 幼虫将被暴露在 Bt 植株上并死亡，因此，有更大比例的高龄 Sr 杂合子幼虫将存活，杂合性将提高。草地贪夜蛾具有显著的转株为害习性，大约50%的幼虫可在同一行内为害其他植株，且有91.4%主要集中在半径1.1m范围内为害（Pannuti et al., 2016），因此有必要进一步评价草地贪夜蛾幼虫移动对庇护所效应的影响。

种子混合庇护所策略中，庇护所的种植得到了保障。但幼虫移动和花粉污染是两个主要问题。在田间条件下，不同的害虫种类可能表现出不同的转移能力，且对不同的 Bt 作物，害虫的反应也可能不同。因此，对于特定的靶标害虫种类和 Bt 玉米转化体，应该逐一对种子混合庇护所策略的适用性进行评估。此外，还需要考虑靶标害虫的生物学和生态学特征、天敌、区域内作物种植情况、农事操作等因素，以确定种子混合庇护所策略的适用性。

3. 自然庇护所

自然庇护所指的是野生寄主、杂草或者其他栽培植物。自然庇护所只在美国东南部地区管理烟芽夜蛾和美洲棉铃虫对 Bollgard II ®（Cry1Ac + Cry2Ab）的抗性演化中应用，而在表达 Cry1Ac 的 Bollgard ® 上不能应用。2004年，孟山都公司向美国国家环境保护局提交了多年的田间数据，应用稳定同位素、寄主代谢、寄主植物时空分布和模型等手段分析，分析结果支持用自然庇护所管理害虫抗性。美国国家环境保护局同意用自然庇护所寄主延缓烟芽夜蛾和美洲棉铃虫对 Cry1Ac + Cry2Ab 的抗性演化，自然庇护所与5%外部结构庇护所有相同的作用。在中国黄河流域棉区，主要利用玉米、小麦、大豆、花生等普通作物作为自然庇护所，延缓了棉铃虫对 Bt 棉花的抗性发展，是自然庇护所在转基因抗虫棉花生产中成功的具体实践，显著控制了棉铃虫为害，也减少了其在其他作物上的种群数量（Wu et al.，2007；2008）。

在靶标害虫对 Bt 玉米的抗性治理中，美国国家环境保护局没有批准应用自然庇护所，当前应用的庇护所主要有结构庇护所和种子混合庇护所。针对不同转基因玉米类型及其防控的靶标害虫类型，其庇护所的具体要求总结如下：①对于转单基因玉米防控鳞翅目害虫的庇护所，在玉米带要求种植20%的结构庇护所，而在棉区要求种植50%的结构庇护所，两种区域庇护所都需要种植在距离 Bt 作物田0.8km之内，不能种植种子混合庇护所。②对于转多基因玉米防控鳞翅目害虫的庇护所，在玉米种植区要求种植5%的结构庇护所，而在棉区要求种植20%的结构庇护所，两种区域庇护所都需要种植在距离 Bt 作物田0.8km之内；在玉米种植区可以种植5%的种子混合庇护所，而在棉区不能种植种子混合庇护所。

4.多基因策略

多基因策略是指将两个或多个具有不同作用模式的Bt毒素基因叠加在同一株植物（"金字塔"）中来控制同一个靶标害虫，以延缓害虫的抗性进化（Zhao et al.，2003；Carrière et al.，2015）。2010年，多基因策略在美国开始应用，与单一Bt作物的高剂量/庇护所策略不同，多基因策略中，表达的每种Bt毒素都能使敏感纯合子（*SS*）的死亡率较高（Roush，1997；1998）。当前，多基因策略是一种重要的管理草地贪夜蛾对Cry1F产生抗性的方法（Huang et al.，2014）。

多基因策略的一个重要问题是植株中每个蛋白不是同时引入，而是有时间差的。多基因策略主要经历了以下3个发展阶段：第一阶段（1996—2009年），Bt玉米主要表达一个Cry1Ab或者Cry1F来控制鳞翅目害虫。第二阶段（2010—2016年），具有两个或以上作用方式的Bt蛋白开始流行，比如MON89034，表达Cry1A.105 + Cry2Ab两个蛋白（Niu et al.，2016）。除此之外，SmartStax®（或PowerCore™）和Intrasect®在第二阶段也广泛种植，SmartStax®表达Cry1A.105 + Cry2Ab + Cry1F，Intrasect®表达Cry1Ab + Cry1F。第三阶段（2017年至今），由于美国草地贪夜蛾和棉铃虫对Cry1/Cry2玉米和棉花抗性的出现，加速了生物育种公司研发和应用新的杀虫基因*Vip3A*。当前许多Bt玉米品种有3种不同作用方式的*Bt*基因，例如Trecepta™和Leptra™，Trecepta™表达Cry1A.105 + Cry2Ab + Vip3A，Leptra™表达Cry1Ab + Cry1F + Vip3A（DiFonzo，2020）。

从草地贪夜蛾在波多黎各、巴西和阿根廷等地对Cry1F、Cry1Ab玉米产生抗性而防治失败的案例分析，一个主要原因就是没有种植足够的庇护所，使得高剂量/庇护所这一抗性治理基本策略得不到落实。虽然巴西生物技术行业协会制定并推广了科学的抗性治理策略，但庇护所在巴西种植业中难以落实，据巴西种业协会估计，庇护所落实率不到20%（何康来和王振营，2020）。当前美国针对育种公司登记转化体，其具体庇护所要求见表13-18。

表13-18　美国国家环境保护局对不同Bt玉米防控草地贪夜蛾等靶标害虫的庇护所要求

转*Bt*基因玉米	Bt 蛋白	靶标害虫	庇护所的比例和距离	
			玉米种植区	棉花和玉米种植区
Agrisure®（先正达集团+陶氏益农公司）				
Agrisure CB/LL	Cry1Ab	欧洲玉米螟，美洲棉铃虫，草地贪夜蛾	20%结构庇护所，0.8km以内	50%结构庇护所，0.8km以内

（续）

转Bt基因玉米	Bt 蛋白	靶标害虫	庇护所的比例和距离	
			玉米种植区	棉花和玉米种植区
Agrisure GT/CB/LL	Cry1Ab	欧洲玉米螟，美洲棉铃虫，草地贪夜蛾	20%结构庇护所，0.8km以内	50%结构庇护所，0.8km以内
Agrisure CB/LL/RW	Cry1Ab+mCry3A	玉米切根叶甲，欧洲玉米螟，美洲棉铃虫，草地贪夜蛾	20%结构庇护所，相邻	50%结构庇护所，相邻
Agrisure 3000GT	Cry1Ab+mCry3A	玉米切根叶甲，欧洲玉米螟，美洲棉铃虫，草地贪夜蛾	20%结构庇护所，相邻	50%结构庇护所，0.8km以内
Agrisure Viptera 3110	Cry1Ab+Vip3A	小地老虎，美洲棉铃虫，欧洲玉米螟，草地贪夜蛾，豆纹缘夜蛾	20%结构庇护所，0.8km以内	50%结构庇护所，0.8km以内
Agrisure Viptera 3111	Cry1Ab+mCry3A+Vip3A	小地老虎，美洲棉铃虫，玉米切根叶甲，欧洲玉米螟，草地贪夜蛾，豆纹缘夜蛾	20%结构庇护所，相邻	50%结构庇护所，相邻
Herculex®（陶氏益农公司+杜邦先锋公司）				
Herculex 1	Cry1F	小地老虎，欧洲玉米螟，草地贪夜蛾，豆纹缘夜蛾	20%结构庇护所，0.8km以内	50%结构庇护所，0.8km以内
Herculex XTRA	Cry1F	小地老虎，欧洲玉米螟，草地贪夜蛾，豆纹缘夜蛾	20%结构庇护所，相邻	50%结构庇护所，相邻
Optimum AcreMax®（杜邦先锋公司）				
Optimum AcreMax1	Cry1F Cry34/35Ab1	小地老虎，玉米切根叶甲，欧洲玉米螟，草地贪夜蛾，豆纹缘夜蛾	10%种子混合庇护所（玉米切根叶甲）+20%结构庇护所，0.8km以内（欧洲玉米螟）	50%结构庇护所，相邻
Yieldgard®（孟山都公司）				

（续）

转Bt基因玉米	Bt 蛋白	靶标害虫	庇护所的比例和距离	
			玉米种植区	棉花和玉米种植区
YieldGard CB（YGCB）	Cry1Ab	欧洲玉米螟，美洲棉铃虫，草地贪夜蛾	20％结构庇护所，0.8km以内	50％结构庇护所，0.8km以内
YieldGard VT Triple（VT3）	Cry1Ab+Cry3Bb1	玉米切根叶甲，欧洲玉米螟，美洲棉铃虫，草地贪夜蛾	20％结构庇护所，相邻	50％结构庇护所，相邻

Genuity®（孟山都公司）；SmartStax®（孟山都公司+陶氏益农公司）；SmartStax® with RIB Complete™（孟山都公司）；Refuge Advanced™ Powered by SmartStax®（陶氏益农公司）

转Bt基因玉米	Bt 蛋白	靶标害虫	玉米种植区	棉花和玉米种植区
Genuity VT Double Pro（VT2P）	Cry1A.105+Cry2Ab	美洲棉铃虫，欧洲玉米螟，草地贪夜蛾	5％结构庇护所，0.8km以内	20％结构庇护所，0.8km以内
Genuity VT Triple Pro（VT3P）	Cry1A.105+Cry2Ab+Cry3Bb1	美洲棉铃虫，玉米切根叶甲，欧洲玉米螟，草地贪夜蛾	20％结构庇护所，相邻	20％结构庇护所，相邻
SmartStax 或 Genuity SmartStax（GENSS）	Cry1A.105+Cry2Ab+Cry1F+Cry34/35Ab1+Cry3Bb1	小地老虎，美洲棉铃虫，玉米切根叶甲，欧洲玉米螟，草地贪夜蛾，豆纹缘夜蛾	5％结构庇护所，相邻（共用庇护所）	20％结构庇护所，相邻
Genuity SmartStax with RIB Complete 或 Refuge Advanced Powered by SmartStax	Cry1A.105+ Cry2Ab+Cry1F+Cry34/35Ab1+Cry3Bb1	小地老虎，美洲棉铃虫，玉米切根叶甲，欧洲玉米螟，草地贪夜蛾，豆纹缘夜蛾	5％种子混合庇护所	20％结构庇护所，相邻

三、我国转基因抗虫玉米防控草地贪夜蛾的产业化策略

入侵我国的草地贪夜蛾主要取食为害玉米，玉米田草地贪夜蛾发生面积占当年草地贪夜蛾总发生面积的98％（姜玉英 等，2019）。我国玉米种植从西南到东北呈狭长带分布，随季节和纬度变化从南至北递次推移，时空互补，为草地贪夜蛾区域性迁飞为害提供了丰富和充足的食物资源（何康来和王振营，2020）。根据轨迹分析和有效积温模

拟，对草地贪夜蛾迁飞过程和发生为害区域进行了划分：一是华南南部常年越冬区，即9～12代区，大致在1月10℃等温线以南地区，此地区除了本地越冬种群外，还有3—4月境外虫源迁入；二是长江以南6～8代区，主迁入期为4—5月；三是黄淮海及西南3～5代区，主迁入期为6—7月；四是北方1～2代区，7月为成虫迁入期（陈辉 等，2020）。对草地贪夜蛾这种典型的迁飞性害虫的防控，最有效的策略是区域性监测预警和虫源基地种植抗虫玉米（吴孔明，2020；周燕 等，2020）。

根据草地贪夜蛾在我国的发生和分布范围及为害特点，提出了"分区布局，源头管控"草地贪夜蛾的转基因抗虫玉米种植策略。中国西南山地丘陵和南方丘陵秋冬玉米区是国内草地贪夜蛾的周年繁殖区和国外迁入种群的集中降落地，也是黄淮海夏玉米区和北方春玉米区的重要虫源地。因此，在该区域应种植高效控制草地贪夜蛾且满足高剂量要求的以转 $Vip3A$ 为主的多价 Bt 基因玉米品种，如转 $Vip3A+Cry1F$ 等品种，以期降低源头地区草地贪夜蛾的发生数量，形成国家防控草地贪夜蛾阻截带（李国平和吴孔明，2022）。此外，研究表明草地贪夜蛾偏好在玉米上产卵，且在普通玉米和 Bt 玉米上产卵量无显著差异；但当卵孵化的幼虫取食为害后，成虫主要偏好在未受害 Bt 玉米上产卵，Bt 玉米具有诱集草地贪夜蛾产卵而减轻其他作物受害的生态学功能（He et al.，2021）。因此，在未大规模商业化种植前，可以考虑将 Bt 玉米作为一种诱集陷阱技术利用。

除了草地贪夜蛾以外，我国为害玉米的其他鳞翅目害虫还有玉米螟、桃蛀螟、黏虫、棉铃虫等。依据这些害虫的生物学特点和分布区域，以及对 Bt 基因的敏感度，也提出了相应的区域性布局：黄淮海夏玉米种植区是棉铃虫、桃蛀螟和二点委夜蛾的主要发生区，种植以 $Cry2A$、$Vip3A$ 为主的多基因抗虫品种；在东北春玉米区，亚洲玉米螟是主要的鳞翅目害虫，种植以 $Cry1A$、$Cry2A$ 为主的多基因叠加抗虫玉米品种（李国平和吴孔明，2022）。

四、我国草地贪夜蛾对转基因抗虫玉米的抗性治理技术

美国草地贪夜蛾、欧洲玉米螟对 Bt 玉米和中国棉铃虫对 Bt 棉花20多年的抗性治理经验表明，高剂量/庇护所策略是保障转基因抗虫作物可持续应用的有效措施（Wu，2007；Huang et al.，2011；Wan et al.，2017；Tabashnik et al.，2017）。对于任何一个转化体的商业化，我们都要首先评估确定是否对草地贪夜蛾达到了高剂量，并根据草地贪夜蛾的生物学习性、取食为害和扩散特点等设置庇护所。基于草地贪夜蛾幼虫转株扩散为害和取食籽粒的特点，就目前的研发产品而言，应对防治草地贪夜蛾抗虫玉米采

用10%～20%的结构性庇护所治理抗性。如用于防控草地贪夜蛾低于高剂量的转化体，则需要加大庇护所的面积。随着高抗草地贪夜蛾多基因新产品的研发，条件成熟时可全部采取种子混合庇护所的方法治理抗性。对于一家一户的小农生产模式，可以以自然村为单位，通过补贴政策鼓励部分农户种植非转基因玉米，形成结构式庇护所（李国平和吴孔明，2022）。

抗性监测是转基因作物抗性治理的基础。应针对中国生产上即将推广应用的Bt玉米种类，尽早摸清不同生态区域草地贪夜蛾的敏感基线和抗性基因频率，并建立切实可行的抗性监测计划。当前，我国已对Bt-Cry1Ab抗虫玉米（DBN9936）、Bt-Vip3Aa抗虫玉米（DBN9501）、叠加性状抗虫玉米 Bt-（Cry1Ab+Vip3Aa）（DBN9936×DBN9501）和Bt-（Cry1Ab+Vip3Aa）（Bt11×MIR162） 等发放转基因玉米生产应用的安全证书。

2021年，我国已经建立了草地贪夜蛾对上述4个抗虫玉米转化体表达Cry1Ab、Vip3A的敏感基线（Wang et al.，2022），涵盖周年繁殖区和重点防范区，包括寻甸、德宏、普洱、信阳、周口、新乡和鄂州7个地理种群。7个地理种群对DBN9936表达的Cry1Ab、DBN9501表 达 的 Vip3Aa、DBN9936×DBN9501表达 的 Cry1Ab+Vip3Aa和Bt11×MIR162表达的Cry1Ab+Vip3Aa的LC_{50}，分别分布在0.87～2.63、0.14～0.30、0.78～1.86、0.36～1.42μg/g之间，敏感性差异分别为3.02、2.14、2.38、3.94倍（表13-19）。体重抑制法也显示了相似的结果，其GIC_{50}分别在0.38～1.22、0.08～0.28、0.28～0.87、0.24～0.78μg/g之间，地区敏感性差异分别在1.66～3.21、1.13～3.50、1.43～3.11、1.63～3.25倍之间（表13-20）。该研究明确了我国不同地理种群草地贪夜蛾对4个抗虫玉米转化体表达杀虫蛋白的敏感基线。这些工作为商业化种植后监测该害虫的抗性发展提供了基准对照值。

表13-19　转基因玉米表达杀虫蛋白对不同地区草地贪夜蛾幼虫的致死剂量

转化体	蛋白	种群	幼虫处理总数（头）	LC_{50}（95%置信限）（μg/g）	LC_{95}（95%置信限）（μg/g）	斜率±标准误（Slope±SE）	卡平方（χ^2）	自由度（df）
DBN9936	Cry1Ab	寻甸	720	1.17（0.95～1.42）c	32.09（18.51～72.54）a	1.14±0.12	0.71	3
		德宏	720	1.59（1.31～1.92）bc	39.12（22.32～89.25）a	1.18±0.12	6.21	3
		普洱	720	0.87（0.67～1.08）c	29.75（16.81～70.85）a	1.07±0.12	5.93	3

（续）

转化体	蛋白	种群	幼虫处理总数（头）	LC₅₀（95%置信限）（μg/g）	LC₉₅（95%置信限）（μg/g）	斜率±标准误（Slope±SE）	卡平方（χ^2）	自由度（df）
DBN9936	Cry1Ab	信阳	720	2.63（2.30～3.03）a	19.13（13.50～31.28）a	1.91±0.18	4.12	3
		周口	720	1.51（1.28～1.77）bc	23.00（15.02～41.62）a	1.39±0.12	4.31	3
		新乡	720	1.79（1.50～2.16）b	21.51（13.81～39.89）a	1.52±0.14	4.15	3
		鄂州	720	1.74（1.47～2.08）b	30.21（18.78～59.15）a	1.33±0.12	1.29	3
DBN9501	Vip3Aa	寻甸	576	0.14（0.10～0.17）b	1.68（1.10～3.23）a	1.51±0.18	1.72	2
		德宏	576	0.30（0.25～0.37）a	3.73（2.37～7.31）a	1.51±0.16	1.17	2
		普洱	576	0.20（0.11～0.30）ab	1.06（0.57～7.52）ab	2.25±0.29	4.79	2
		信阳	576	0.19（0.17～0.22）b	0.57（0.45～0.80）b	3.50±0.37	1.95	2
		周口	576	0.30（0.26～0.34）a	1.83（1.38～2.67）a	2.08±0.17	1.90	2
		新乡	576	0.22（0.13～0.35）ab	1.30（0.67～10.37）ab	2.14±0.27	4.67	2
		鄂州	576	0.14（0.12～0.15）b	0.44（0.37～0.54）b	3.23±0.29	2.93	2
DBN9936×DBN9501	Cry1Ab+Vip3Aa	寻甸	720	0.78（0.61～0.96）c	14.15（9.32～25.61）a	1.31±0.13	4.27	3
		德宏	720	1.38（1.15～1.63）ab	24.45（15.60～46.12）a	1.32±0.12	1.79	3
		普洱	720	0.81（0.63～1.01）c	17.84（11.25～34.76）a	1.23±0.12	3.60	3
		信阳	720	1.86（1.55～2.23）a	26.95（17.42～50.06）a	1.42±0.13	4.16	3
		周口	720	0.93（0.77～1.09）bc	12.53（8.82～20.29）a	1.46±0.13	1.73	3
		新乡	720	1.29（1.08～1.52）b	20.40（13.46～36.46）a	1.37±0.12	3.52	3
		鄂州	720	0.98（0.78～1.20）bc	20.07（12.67～38.73）a	1.25±0.12	1.50	3
Bt11×MIR162	Cry1Ab+Vip3Aa	寻甸	720	0.36（0.25～0.46）c	2.27（1.85～3.04）b	2.05±0.24	2.37	3
		德宏	720	1.25（0.83～1.71）ab	10.26（6.01～29.05）a	1.80±0.20	6.28	3
		普洱	720	0.63（0.54～0.72）b	2.54（2.14～3.19）b	2.72±0.24	1.26	3
		信阳	720	1.42（1.28～1.57）a	5.91（4.97～7.33）a	2.66±0.17	4.52	3
		周口	720	0.82（0.72～0.92）b	3.20（2.59～4.30）b	2.77±0.25	0.49	3
		新乡	720	1.01（0.49～1.64）ab	5.56（2.81～74.88）ab	2.23±0.32	5.23	3
		鄂州	720	0.43（0.33～0.52）c	2.13（1.76～2.77）b	2.37±0.26	0.22	3

注：不同小写字母表示差异显著性。

表 13-20　转基因玉米表达杀虫蛋白对不同地区草地贪夜蛾幼虫体重增长的抑制剂量

转化体	蛋白	种群	幼虫处理总数（头）	GIC$_{50}$（95%置信限）（μg/g）	GIC$_{95}$（95%置信限）（μg/g）	斜率±标准误（Slope±SE）	卡平方（x^2）	自由度（df）
DBN9936	Cry1Ab	寻甸	720	0.38（0.25～0.50）c	5.05（3.56～8.59）ab	1.46±0.17	0.48	3
		德宏	720	1.04（0.85～1.23）ab	6.58（5.03～9.46）ab	2.05±0.18	3.85	3
		普洱	720	0.63（0.32～0.94）bc	4.04（2.34～14.81）b	2.04±0.30	7.77	3
		信阳	720	1.05（0.94～1.18）ab	4.08（3.37～5.22）b	2.80±0.21	5.27	3
		周口	720	0.64（0.52～0.76）b	4.62（3.53～6.68）ab	1.92±0.18	4.86	3
		新乡	720	0.88（0.73～1.03）b	7.38（5.40～11.37）a	1.78±0.16	5.02	3
		鄂州	720	1.22（1.08～1.39）a	5.82（4.65～7.80）ab	2.43±0.19	1.18	3
DBN9501	Vip3Aa	寻甸	576	0.08（0.06～0.10）d	0.35（0.28～0.49）bc	2.66±0.37	0.75	2
		德宏	576	0.28（0.25～0.32）a	0.88（0.71～1.19）a	3.34±0.38	0.06	2
		普洱	576	0.14（0.12～0.16）bc	0.61（0.48～0.85）ab	2.59±0.28	1.23	2
		信阳	576	0.09（0.06～0.11）cd	0.40（0.32～0.56）b	2.48±0.34	4.57	2
		周口	576	0.16（0.14～0.18）b	0.53（0.44～0.69）b	3.10±0.31	4.56	2
		新乡	576	0.14（0.12～0.16）bc	0.47（0.38～0.62）b	3.12±0.33	0.26	2
		鄂州	576	0.12（0.11～0.13）c	0.25（0.22～0.31）c	4.98±0.58	1.46	2
DBN9936×DBN9501	Cry1Ab+Vip3Aa	寻甸	720	0.28（0.03～0.50）b	2.14（1.25～13.17）b	1.86±0.37	6.90	3
		德宏	720	0.43（0.33～0.53）b	2.74（2.15～3.88）b	2.05±0.22	1.90	3
		普洱	720	0.54（0.41～0.66）b	3.31（2.57～4.65）ab	2.08±0.21	3.60	3
		信阳	720	0.80（0.68～0.94）a	3.34（2.72～4.37）ab	2.66±0.22	0.92	3
		周口	720	0.40（0.30～0.51）b	3.10（2.37～4.54）ab	1.86±0.21	2.05	3
		新乡	720	0.61（0.47～0.74）ab	5.91（4.30～9.37）a	1.66±0.17	3.50	3
		鄂州	720	0.87（0.74～1.01）a	5.47（4.23～7.76）a	2.06±0.18	2.21	3
Bt11×MIR162	Cry1Ab+Vip3Aa	寻甸	720	0.24（0.10～0.35）c	1.11（0.90～1.60）b	2.46±0.53	0.52	3
		德宏	720	0.48（0.35～0.59）bc	2.57（2.05～3.61）a	2.25±0.28	0.53	3
		普洱	720	0.55（0.46～0.63）b	1.58（1.33～2.03）b	3.59±0.45	4.00	3
		信阳	720	0.78（0.67～0.87）a	2.49（2.09～3.18）a	3.25±0.32	5.61	3
		周口	720	0.54（0.42～0.64）b	2.14（1.75～2.88）ab	2.74±0.33	1.27	3
		新乡	720	0.67（0.56～0.77）ab	2.52（2.07～3.33）a	2.85±0.30	1.13	3
		鄂州	720	0.39（0.27～0.48）bc	1.32（1.09～1.80）b	3.10±0.51	0.04	3

注：不同小写字母表示差异显著。

【参考文献】

陈辉, 武明飞, 刘杰, 等, 2020. 我国草地贪夜蛾迁飞路径及其发生区划. 植物保护学报, 47(4): 747-757.

何康来, 王振营, 2020. 草地贪夜蛾对Bt玉米的抗性与治理对策思考. 植物保护, 46(3): 1-15.

姜玉英, 刘杰, 谢茂昌, 等, 2019, 2019年我国草地贪夜蛾扩散为害规律观测. 植物保护, 45(6): 10-19.

李国平, 姬婷婕, 孙小旭, 等. 2019. 入侵云南草地贪夜蛾种群对5种常用Bt蛋白的敏感性评价. 植物保护, 45(3):15-20.

李国平, 吴孔明, 2022. 中国转基因抗虫玉米的商业化策略. 植物保护学报, 49(1):17-32.

吴孔明, 2020. 中国草地贪夜蛾的防控策略. 植物保护, 46(2): 1-5.

张丹丹, 吴孔明, 2019. 国产Bt-Cry1Ab和B t-(Cry1Ab+Vip3A)玉米对草地贪夜蛾的抗性测定. 植物保护, 45(4): 54-60.

周燕, 张浩文, 吴孔明, 2020. 农业害虫跨渤海的迁飞规律与控制策略. 应用昆虫学报, 57(2): 233-243.

Amaral F S A, Guidolin A S, Salmeron E, et al., 2020. Geographical distribution of Vip3Aa20 resistance allele frequencies in *Spodoptera frugiperda* (Lepidoptera: Noctuidae) populations in Brazil. Pest Management Science, 76(1): 169-178.

Andow D A, Alstad D N, 1998. F_2 screen for rare resistance alleles. Journal of Economic Entomology, 91(3): 572-578.

Banerjee R, Hasler J, Meagher R, et al., 2017. Mechanism and DNA-based detection of field-evolved resistance to transgenic Bt corn in fall armyworm (*Spodoptera frugiperda*). Scientific Reports, 7(1): 10877.

Bernardi O, Amado D, Sousa R S, et al., 2014. Baseline susceptibility and monitoring of Brazilian populations of *Spodoptera frugiperda* (Lepidoptera: Noctuidae) and *Diatraea saccharalis* (Lepidoptera: Crambidae) to Vip3Aa20 insecticidal protein. Journal of Economic Entomology, 107(2): 781-790.

Bernardi O, Bernardi D, Ribeiro R S, et al., 2015. Frequency of resistance to Vip3Aa20 toxin from *Bacillus thuringiensis* in *Spodoptera frugiperda* (Lepidoptera: Noctuidae) populations in Brazil. Crop Protection, 76: 7-14.

Boaventura D, Ulrich J, Lueke B, et al., 2020. Molecular characterization of Cry1F resistance in fall armyworm, *Spodoptera frugiperda* from Brazil. Insect Biochemistry and Molecular Biology, 116: 103280.

Buntin G D, 2008. Corn expressing Cry1Ab or Cry1F endotoxin for fall armyworm and corn earworm (Lepidoptera: Noctuidae) management in field corn for grain production. Florida Entomologist, 91(4): 523-530.

Burd A D, Gould F, Bradley J R, et al., 2003. Estimated frequency of nonressive Bt resistance genes in bollworm, *Helicoverpa zea* (Boddie) (Lepidoptera: Noctuidae) in eastern North Carolina. Journal of Economic Entomology, 96(1): 137-142.

Burkness E C, Cira T M, Moser S E, et al., 2015. Bt maize seed mixtures for *Helicoverpa zea* (Lepidoptera: Noctuidae): Larval movement, development, and survival on non-transgenic maize. Journal of Economic Entomology, 108(6):2761-2769.

Carrière Y, Crickmore N, Tabashnik B E, 2015. Optimizing pyramided transgenic Bt crops for sustainable pest management. Nature Biotechnology, 33(2):161-168.

Chandrasena D I, Signorini A M, Abratti G, et al., 2017. Characterization of field-evolved resistance to *Bacillus thuringiensis*-derived Cry1F δ-endotoxin in *Spodoptera frugiperda* populations from Argentina. Pest Management Science, 74(3): 746-754.

Cullen E, Proost R, Volenberg D, 2008. Insect resistance management and refuge requirements for Bt corn. Madison, WI: University of Wisconsin-Extension Cooperative Extension Publishing.

DiFonzo C, 2020. The handy Bt trait table for U S corn production. https://www.canr.msu.edu/news/handy_bt_trait_table.

Farias J R, Andow D A, Horikoshi R J, et al., 2016. Frequency of Cry1F resistance alleles in *Spodoptera frugiperda* (Lepidoptera: Noctuidae) in Brazil. Pest Management Science, 72(12): 2295-2302.

Farias J R, Horikoshi R J, Santos A C, et al., 2014. Geographical and temporal variability in susceptibility to Cry1F toxin from *Bacillus thuringiensis* in *Spodoptera frugiperda* (Lepidoptera: Noctuidae) populations in Brazil. Journal of Economic Entomology, 107(6): 2182-2189.

Flagel L, Lee Y W, Wanjugi H, et al., 2018. Mutational disruption of the ABCC2 gene in fall armyworm, *Spodoptera frugiperda*, confers resistance to the Cry1Fa and Cry1A.105 insecticidal proteins. Scientific Reports, 8(1): 7255.

Gould F, 1998. Sustainability of transgenic insecticidal cultivars: Integrating pest genetics and ecology. Annual Review of Entomology, 43: 701-726.

Gould F, Anderson A, Jones A, et al., 1997. Initial frequency of alleles for resistance to *Bacillus thuringiensis* toxin in field populations of *Heliothis virescens*. Proceedings of the National Academy of Sciences USA, 94(8): 3519-3523.

Gouse M, Pray C E, Kirsten J, et al., 2005. A GM subsistence crop in Africa: the case of Bt white maize in South Africa. International Journal of Biotechnology, 7: 84-94.

He K, Wang Z, Wen L, et al., 2005. Determination of baseline susceptibility to Cry1Ab protein for Asian corn borer (Lep., Crambidae). Journal of Applied Entomology, 129(8): 407-412.

He L, Zhao S, Gao X W, et al., 2021. Ovipositional responses of *Spodoptera frugiperda* on host plants provide a basis for using Bt-transgenic maize as trap crop in China. Journal of Integrative Agriculture, 20 (3): 804-814.

Huang F, 2006. Detection and monitoring of insect resistance to transgenic Bt crops. Insect Science, 13(2):73-84.

Huang F, 2021. Resistance of the fall armyworm, *Spodoptera frugiperda*, to transgenic *Bacillus thuringiensis* Cry1F corn in the Americas: Lessons and implications for Bt corn IRM in China. Insect Science, 28(3): 574-589.

Huang F, Andow D A, Buschman L L, 2011. Success of the high-dose/refuge resistance management strategy after 15 years of Bt crop use in North America. Entomologia Experimentalis et Applicata, 140(1):1-16.

Huang F, Qureshi J A, Head G P, et al., 2016. Frequency of *Bacillus thuringiensis* Cry1A.105 resistance alleles in field populations of the fall armyworm, *Spodoptera frugiperda*, in Louisiana and Florida. Crop Protection, 83: 83-89.

Huang F, Qureshi J A, Meagher Jr, et al., 2014. Cry1F resistance in fall armyworm *Spodoptera frugiperda*: Single gene versus pyramided Bt maize. PloS One, 9(11): e112958.

Hutchison W D, Burkness E C, Mitchell P D, et al., 2010. Area wide suppression of European corn borer with Bt maize reaps savings to non-Bt maize growers. Science, 330(6001): 222-225.

Jaffe G, 2009. Complacency on the farm: Significant non-compliance with EPA's refuge requirements threatens the future effectiveness of genetically engineered pest protected corn. Center for Science in the Public Interest. http://cspinet.org/new/pdf/complacencyonthefarm.pdf.

Jakka S R K, Gong L, Hasler J, et al., 2016. Field-evolved mode 1 resistance of the fall armyworm to transgenic Cry1Fa-expressing corn associated with reduced Cry1Fa toxin binding and midgut alkaline phosphatase expression. Applied and Environmental Microbiology, 82(4):1023-1034.

James C, 2010. Global status of commercialized biotech/GM crops. ISAAA Brief No. 42. Ithaca, NY: ISAAA.

James C, 2017. Global status of commercialized biotech/Gm crops in 2017: Biotech crop adoption surges as economic benefits accumulate in 22 years. ISAAA Brief No. 53. Ithaca, NY: ISAAA.

James C, 2018. Global status of commercialized biotech/GM crops in 2018: Biotech crops continue to help meet the challenges of increased population and climate change. ISAAA Brief No. 54. Ithaca, NY: ISAAA.

Jin M, Tao J, Li Q, et al., 2021a. Genome editing of the SfABCC2 gene confers resistance to Cry1F toxin from *Bacillus thuringiensis* in *Spodoptera frugiperda*. Journal of Integrative Agriculture, 20(3): 815-820.

Jin M, Yang Y, Shan Y, et al., 2021b. Two ABC transporters are differentially involved in the toxicity of two *Bacillus thuringiensis* Cry1 toxins to the invasive crop-pest *Spodoptera frugiperda* (J. E. Smith). Pest Managment Science, 77(3):1492-1501.

Kruger M, van Rensburg J B J, van den Berg J, 2014. No fitness costs associated with resistance of

Busseola fusca (Lepidoptera: Noctuidae) to genetically modified Bt maize. Crop Protection, 55: 1-6.

Li G P, Ji T J, Zhao S Y, et al., 2022. High-dose assessment of transgenic insect-resistant maize events against major lepidopteran pests in China. Plants, 11(22):3125. https://doi.org/10.3390/ plants11223125.

Li G, Feng H, Gao Y, et al., 2010. Frequency of Bt resistance alleles in *Helicoverpa armigera* in the Xinjiang cotton planting region of China. Environmental Entomology, 39(5): 1698-1704.

Li G, Feng H, Ji T J, et al., 2021. What type of Bt corn is suitable for a region with diverse lepidopteran pests: A laboratory evaluation. GM Crops & food, 12(1):115-124.

Li G, Gao Y, Feng H, et al., 2011. Frequency of Bt resistance alleles in *Helicoverpa armigera* in the Henan cotton growing region of China. Crop Protection, 30(6): 679-684.

Li G, Huang J, Ji T, et al., 2020. Baseline susceptibility and resistance allele frequency in *Ostrinia furnacalis* related to Cry1 toxins in the Huanghuaihai summer corn region of China. Pest Management Science, 76(12): 4311-4317.

Li G, Reisig D, Miao J, et al., 2016. Frequency of Cry1F nonrecessive resistance alleles in North Carolina field populations of *Spodoptera frugiperda* (Lepidoptera: Noctuidae). PloS One, 11(4): e0154492.

Li G, Wu K, Gould F, et al., 2004. Bt toxin resistance gene frequencies in *Helicoverpa armigera* populations from the Yellow River cotton farming region of China. Entomologia Experimentalis et Applicata, 112: 135-143.

Li G, Wu K, Gould F, et al., 2007. Increasing tolerance to Cry1Ac cotton from cotton bollworm was confirmed in Bt cotton farming area of China. Ecological Entomology, 32(4): 366-375.

Liang J, Zhang D, Li D, et al., 2021. Expression profiles of Cry1Ab protein and its insecticidal efficacy against the invasive fall armyworm for Chinese domestic GM maize DBN9936. Journal of Integrative Agriculture, 20 (3): 792-803.

Matten S R, Frederick R J, Reynolds A H, 2012. United States Environmental Protection Agency insect resistance management programs for plant-incorporated protectants and use of simulation modeling. Dordrecht, the Netherlands: Springer.

Morin S, Biggs R W, Sisterson M S, et al., 2003. Three cadherin alleles associated with resistance to *Bacillus thuringiensis* in pink bollworm. Proceedings of the National Academy of Sciences USA, 100(9): 5004-5009.

Murúa M G, Vera M A, Michel A, et al., 2019. Performance of field-collected *Spodoptera frugiperda* (Lepidoptera: Noctuidae) strains exposed to different transgenic and refuge maize hybrids in Argentina. Journal of Insect Science, 19(6): 21; 1-7.

Niu Y, Head G P, Price P A, et al., 2016a. Performance of Cry1A.105-selected fall armyworm (Lepidoptera: Noctuidae) on transgenic maize plants containing single or pyramided Bt genes. Crop Protection, 88: 79-87.

Niu Y, Qureshi J A, Ni X, et al., 2016b. F_2 screen for resistance to *Bacillus thuringiensis* Cry2Ab2 maize in field populations of *Spodoptera frugiperda* (Lepidoptera: Noctuidae) from the southern United States. Journal of Invertebrate Pathology, 138: 66-72.

Pannuti L E R, Paula-Moraes S V, Hunt T E, et al., 2016. Plant-to-Plant movement of *Striacosta albicosta* (Lepidoptera: Noctuidae) and *Spodoptera frugiperda* (Lepidoptera: Noctuidae) in maize (Zea mays). Journal of Economic Entomology, 109(3): 1125-1131.

Prasanna B M, Huesing J E, Eddy R, et al., 2018. Fall armyworm in Africa: A guide for integrated pest management. Mexico City: CIMMYT.

Rivero-Borja M, Rodríguez-Maciel J C, Urzúa Gutiérrez J A, et al., 2020. Baseline of susceptibility to the Cry1F protein in Mexican populations of fall armyworm. Journal of Economic Entomology, 113(1): 390-398.

Roush R T, 1997. Bt-transgenic crops: just another pretty insecticide or a chance for a new start in resistance management? Pesticide Science, 51(3): 328-334.

Roush R T, 1998. Two-toxin strategies for management of insecticidal transgenic crops: can pyramiding succeed where pesticide mixtures have not? Philosophical Transactions of the Royal Society B, 353(1376): 1777-1786.

Santos-Amaya O F, Tavares C S, Rodrigues J V C, et al., 2017. Magnitude and allele frequency of Cry1F resistance in field populations of the fall armyworm (Lepidoptera: Noctuidae) in Brazil. Journal of Economic Entomology, 110(4): 1770-1778.

Siebert M W, Babock J M, Nolting S, et al., 2008a. Efficacy of Cry1F insecticidal protein in maize and cotton for control of fall armyworm (Lepidoptera: Noctuidae). Florida Entomologist, 91(4): 555-565.

Siebert M W, Tindall K V, Leonard B R, et al., 2008b. Evaluation of corn hybrids expressing Cry1F (Herculex® I insect protection) against fall armyworm (Lepidoptera: Noctuidae) in the Southern United States. Journal of Entomological Science, 43(1): 41-51.

Stone T B, Sims S R, 1993. Geographic susceptibility of *Heliothis vivescens* and *Helicoverpa zea* (Lepidoptera：Noctuidae) to *Bacillus thuringiensis*. Journal of Economic Entomology, 86(4): 989-994.

Storer N P, Babcock J M, Schlenz M, et al., 2010. Discovery and characterization of field resistance to Bt maize: *Spodoptera frugiperda* (Lepidoptera: Noctuidae) in Puerto Rico. Journal of Economic Entomology, 103(4): 1031-1038.

Storer N P, Kubiszak M E, King J E, et al., 2012. Status of resistance to Bt maize in *Spodoptera frugiperda*: Lessons from Puerto Rico. Journal of Invertebrate Pathology, 110(3): 294-300.

Tabashnik B E, Carrière Y, 2017. Surge in insect resistance to transgenic crops and prospects for sustainability. Nature Biotechnology, 35: 926-935.

Tabashnik B E, van Rensburg J B J, Carrière Y, 2009. Field-evolved insect resistance to *Bt* crops: Definition, theory, and data. Journal of Economic Entomology, 102(6): 2011-2025.

van Rensburg J B J, 1999. Evaluation of Bt-transgenic maize for resistance to the stem borers *Busseola fusca* (Fuller) and *Chilo partellus* (Swinhoe) in South Africa. South African Journal of Plant and Soil, 16(1): 38-43.

Vélez A M，Vellichirammal N N, Jurat-Fuentes J L, et al., 2016. Cry1F resistance among lepidopteran pests: a model for improved resistance management? Current Opinion in Insect Science, 15:116-124.

van Rensburg J B J, 2007. First report of field resistance by the stem borer, *Busseola fusca* (Fuller) to Bt-transgenic maize. South African Journal of Plant and Soil, 24(3): 147-151.

van den Berg, J Hilbeck A, Bøhn T, 2013. Pest resistance to Cry1Ab Bt maize: Field resistance, contributing factors and lessons from South Africa. Crop Protection, 54: 154-160.

Vélez A M, Spencer T A, Alves A P, et al., 2013. Inheritance of Cry1F resistance, cross resistance and frequency of resistant alleles in *Spodoptera frugiperda* (Lepidoptera: Noctuidae). Bulletin of Entomological Research, 103(6): 700-713.

Wan P, Xu D, Cong S, et al., 2017. Hybridizing transgenic Bt cotton with non-Bt cotton counters resistance in pink bollworm. Proceedings of the National Academy of Sciences USA, 114(21): 5413-5418.

Wang W, Zhang D, Zhao S, et al., 2022. Susceptibilities of the invasive fall armyworm (*Spodoptera frugiperda*) to the insecticidal proteins of Bt maize in China. Toxin, 14(8):507.

Wu K, 2007. Monitoring and management strategy for *Helicoverpa armigera* resistance to Bt cotton in China. Journal of Invertebrate Pathology, 95: 220-223.

Wu K, Guo Y, Lv N, 1999. Geographic variation in susceptibility of *Helicoverpa armigera* (Lepidoptera: Noctuidae) *Bacillus thuringiensis* insecticidal protein in China. Journal of Economic Entomology, 92(2): 273-278.

Wu K, Lu Y, Feng H, et al., 2008. Suppression of cotton bollworm in multiple crops in China in areas with Bt toxin-containing cotton. Science, 321(5896): 1676-1678.

Wu Y, 2014. Detection and mechanisms of resistance evolved in insects to Cry toxins from *Bacillus thuringiensis*. Advances in Insect Physiology, 47: 297-342.

Yang F, Kerns D L, Head G P, et al., 2014. A challenge for the seed mixture refuge strategy in Bt maize: Impact of cross-pollination on an ear-feeding pest, corn earworm. PLoS One, 9(11): e112962. DOI:10.1371/journal.pone.0112962.

Yang F, Kerns D L, Leonard B R, et al., 2015. Performance of Agrisure® Viptera™ 3111 corn against *Helicoverpa zea* (Lepidoptera: Noctuidae) in seed mixed plantings. Crop Protection, 69: 77-82.

Yang F, Morsello S, Head G P, et al., 2018. F_2 screen, inheritance and cross-resistance of field-derived Vip3A resistance in *Spodoptera frugiperda* (Lepidoptera: Noctuidae) collected from Louisiana, USA. Pest Management Science, 74(8): 1769-1778.

Yang X M, Zhao S Y, Liu B, et al., 2023. Bt maize can provide non-chemical pest control and enhance food safety in China. Plant Biotechnology Journal, 21(2): 391-404.

Zhang H, Tian W, Zhao J, et al., 2012. Diverse genetic basis of field-evolved resistance to Bt cotton in cotton bollworm from China. Proceedings of the National Academy of Sciences USA, 109(26): 10275-10280.

Zhao J Z, Cao J, Li Y, et al., 2003. Transgenic plants expressing two *Bacillus thuringiensis* toxins delay insect resistance evolution. Nature Biotechnology, 21(12): 1493-1497.

Zhao S Y, Yang X M, Liu D Z, et al., 2023. Performance of the domestic Bt-corn event expressing pyramided Cry1Ab and Vip3Aa19 against the invasive *Spodoptera frugiperda* (J E Smith) in China. Pest Management Science, 79(3): 1018-1029.

第十四章

草地贪夜蛾农业防治与辐射
不育防治技术

农业防治是根据农业生态系统中有害生物、作物和环境条件三者之间的关系，结合农作物生产过程中的栽培管理措施，创造有利于农作物健壮生长和有益生物种群繁衍，而不利于有害生物生长发育和繁殖的环境，从而减轻有害生物的发生和为害。农业防治是草地贪夜蛾综合治理的基础，是各种防控方法中最经济有效的措施，且具有不污染环境、无农药残留和不杀伤自然天敌等优点。

辐射不育技术是利用辐射源对害虫进行照射处理，其结果主要是在昆虫体内产生显性致死突变，产生不育并有交配竞争能力的昆虫。而后因地制宜地将大量不育雄性昆虫投放到该种的野外种群中，造成野外雌性昆虫产的卵不能孵化或即使能孵化但因胚胎发育不良造成死亡，最终可达到彻底根除该种害虫的目的。

第一节　栽培管理

健康的植株通常抗虫性更好，生产中可通过加强田间管理、合理施肥浇水等措施来提高作物本身的抗虫、耐虫性。也可以通过调整作物播期使作物易受草地贪夜蛾为害的敏感生育期与草地贪夜蛾主要发生期错开以减轻为害。人工捉虫、间作套种、种植诱集植物等措施是农业生产中常用的防虫策略和方法。此外，将作物与驱避害虫、吸引害虫天敌的其他植物进行间作或轮作也是防治草地贪夜蛾的方法之一，目前试验已证明推－拉策略（push-pull strategy）在非洲地区可以有效地防治草地贪夜蛾。

一、翻耕土地

草地贪夜蛾老熟幼虫具有钻入土壤化蛹的习性，在种植玉米等农作物之前对土壤进行适当的翻耕，可直接破坏草地贪夜蛾的蛹室，将虫蛹深翻至深土层致死或将虫蛹翻至土表被天敌捕食，从而降低草地贪夜蛾的数量（吴孔明，2020）。收获后深耕土地、清除秸秆可有效减少虫口基数，减轻下茬作物的受害程度（Bhusal 和 Chapagain，2020）。

二、中耕除草

草地贪夜蛾幼虫白天潜藏于植株心叶、茎秆或果穗内部、土壤表层，夜晚出来取食。中耕除草可直接杀死和清除潜藏于土壤表层或杂草上的幼虫或蛹，减少田间虫口数量。

三、灌水灭蛹

灌水可提高土壤湿度，杀死虫蛹，减少成虫数量。He 等（2021a）研究结果表明，7%～48%的土壤相对含水量适宜草地贪夜蛾老熟幼虫化蛹及蛹的存活与羽化。土壤相对含水量过高或过低对其化蛹不利，当土壤含水量为0时，化蛹率仅为27%，正常羽化的成虫仅为11%；土壤相对含水量为88%或以上时，老熟幼虫无法正常化蛹。蛹期的死亡率随着土壤相对含水量的增加呈上升的趋势，而蛹的羽化率随着土壤相对含水量的增加呈下降趋势。老熟幼虫入土后第2天、第9天和第10天是对土壤相对含水量较敏感的时期，当土壤相对含水量增加至95%时，可使43%～46%的蛹死亡，正常羽化的成虫仅为20%～38%。说明草地贪夜蛾在化蛹前期和羽化前期对土壤相对含水量比较敏感，如果此时土壤相对含水量过高会使其大量死亡而减少羽化出土率。因此在田间防治草地贪夜蛾时，可将作物灌溉时间与草地贪夜蛾的敏感时期相结合，通过向土壤灌水来降低蛹期的存活率和羽化率，从而减轻发生数量，达到防治目的。

四、健株栽培

植株生长的土壤有机质含量越高、土壤微生物活性越强，其受到植食性昆虫攻击的可能性越小，这很有可能是由于有机耕作使得植株的氮含量较低，从而降低了其对植食性昆虫的吸引力（Altieri 和 Nicholls，2003）。过度使用无机肥料，会造成植株的养分失衡，降低植株对病虫害的抵抗力（Morales et al.，2001）。研究发现，用硅或赤霉酸处理过的玉米饲喂草地贪夜蛾幼虫，其成虫的单雌产卵量明显降低，与对照相比，幼虫在经赤霉酸处理的玉米上取食量明显减少（Alvarenga et al.，2017）。因此加强田间水肥管理和施用植物生长调节剂有助于提高植株对害虫的抵御和补偿能力。

五、调整播种期

合理种植，避免不同茬口混栽，使得大区域内作物生长期一致，减少中间寄主转换桥梁田；适当提早或推迟播种，错过草地贪夜蛾的产卵高峰期，也可减轻作物田的受害情况（王磊 等，2019；Bhusal 和 Chapagain，2020）。

六、人工捉虫

对于面积较小或虫口数量较低的田块，可以人工摘除卵块、捕捉幼虫（王磊 等，2019）。

七、建设农田景观缓冲带

Sousa 等（2011）的研究结果表明，捕食性黄蜂可明显抑制草地贪夜蛾种群密度的增加，农田周围的林地可为捕食性黄蜂提供庇护所，距离林地越近，其种群密度越高，对草地贪夜蛾的控制效果越好。因此可在作物田周围种植一定比例的防护林，有利于保持农田生态系统的生物多样性，提高天敌昆虫对草地贪夜蛾的控制能力。在作物田周围种植香菜、茴香、月季、万寿菊等有香味或开花的植物，以此吸引和保育草地贪夜蛾的天敌生物，也可达到长期控制草地贪夜蛾种群增长的目的（Bhusal 和 Chapagain，2020）。

八、间作套种

将嗜好寄主植物与非嗜好寄主或非寄主植物混种可有效减轻草地贪夜蛾的发生为害（图14-1 B），多种作物进行混合种植时，适当地调整不同作物的播种时期亦能达到减轻草地贪夜蛾为害的效果。如当大豆与玉米混种时，大豆提早20～40d播种可使玉米的受害率降低88%（Altieri et al.，1978）。

九、种植诱集植物

草地贪夜蛾成虫对玉米有极强的产卵偏好性。在田间，玉米营养生长期落卵量为每百株20.3块，是同期高粱、小麦、花生、谷子、大豆等其他作物上落卵总量的7.6倍，玉米上虫口密度达每百株95.2头，为同期其他作物的76.7倍（吴孔明，2020）。Téllez-Rodríguez等（2014）研究了古巴草地贪夜蛾种群在Bt玉米与庇护所常规玉米间的产卵偏好性，结果表明，庇护所的常规玉米受害后，雌蛾对未受害或受害较轻的Bt玉米有强烈的产卵趋性。He等（2021b）报道，入侵我国云南的草地贪夜蛾偏好在玉米植株上产卵，且在常规玉米和Bt玉米植株上的产卵量无显著差异；被草地贪夜蛾幼虫取食为害后，Bt玉米植株上的产卵量显著高于普通玉米。田间小区试验也表明，在植株受害较轻时，草地贪夜蛾在玉米植株（转基因和非转基因）上的产卵量显著高于小麦、高粱、谷子、花生和大豆，且在常规玉米和Bt玉米植株上的产卵量无显著差异，常规玉米的百株虫量和叶片受害等级或受害株率显著高于其他寄主植物；植株受害较严重后，草地贪夜蛾在Bt玉米植株上的产卵量最高，且百株虫量和叶片受害等级或受害株率显著低于常规玉米，而常规玉米上的百株虫量和叶片受害等级或受害株率均显著高于其他寄主植物，说明Bt玉米可作为诱集植物来保护其他作物。因此，在小麦、花生、谷子、大豆等作物田间种植一定比例的玉米或在玉米田中种植一定比例的Bt玉米作为诱集带，可吸引草地贪夜蛾集中产卵（吴孔明，2020）。由于草地贪夜蛾偏好在苗期至小喇叭口期的玉米上产卵，应根据草地贪夜蛾产卵时间的测报结果适时种植玉米，使其苗期至小喇叭口期与草地贪夜蛾的产卵高峰期一致。田间调查结果表明，辣椒田埂上牛筋草的平均受害率高达86.4%，虫口密度为每百株76头，而辣椒的平均受害率仅2.5%，虫口密度为每百株3头，因此可在辣椒田块的田埂上种植牛筋草来诱集草地贪夜蛾产卵，随后对其集中杀灭，从而降低其在辣椒上的种群数量（吴孔明，2020）。孙悦等（2020）研究发现草地贪夜蛾在糯玉米上的适合度大于普通玉米，因此在田间可考虑适时种植糯玉米作为诱集带并集中喷施杀虫剂来压低草地贪夜蛾种群数量。

十、推 – 拉策略

推 – 拉策略最初是由Pyke等（1987）提出的一种控制棉田鳞翅目铃夜蛾属害虫的治理策略，后来Miller和Cowles（1990）对这一概念进行了正式地命名和完善。该策略的中心思想是利用具有驱避作用的植物或驱避剂来保护目标植物或动物，同时使用具有更强吸引作用的植物或引诱剂对目标害虫进行吸引，然后对其进行集中杀灭或生物防治，通过"一推一拉"达到有效降低害虫种群数量的目的。推拉策略通过调控害虫行为来控制其在田间的种群密度和分布，可明显降低化学农药的使用量，减少农药残留，延缓害虫抗性的产生。根据间作的植物属性，推－拉策略可分为经典推－拉策略种植模式（conventional push-pull system）和气候适应推－拉策略种植模式（climate-smart/adapted push-pull system），二者的区别在于气候适应推－拉策略种植模式的间作植物为耐旱物种（Khan 和 Pickett，2004；Hailu et al.，2018；Midega et al.，2018）。目前，推－拉策略已在农业害虫综合治理中发挥了重要作用，尤其在棉铃虫、马铃薯甲虫（*Leptinotarsa decemlineata*）、草地贪夜蛾等重要农业害虫的防治中取得了显著成效（Pyke et al.，1987；Martel et al.，2005；Cook et al.，2007；Midega et al.，2018）。

将草地贪夜蛾的嗜好寄主与对该虫有驱避作用的植物进行间作（pest-repellent plant，push plant，"推"），并在作物田块周围种植对草地贪夜蛾具有更强吸引作用的植物（pest-attractive trap plant，pull plant，"拉"），可使草地贪夜蛾在主要栽培作物上的种群数量维持在较低水平（图14-1 C）。Guera 等（2020）发现草地贪夜蛾成虫在臂形草属植物 *Brachiaria hybrid* cv. Mulato II、黍属植物 *Panicum maximum* cv. Mombasa 和 *Panicum maximum* cv. Tanzania 植株上的产卵量明显多于玉米植株，这些植物可用作推－拉策略的边缘诱集植物，而土荆芥（*Dysphania ambrosioides*）、万寿菊（*Tagetes erecta*）和菽麻（*Crotalaria juncea*）可考虑用作推－拉策略的间作驱虫植物。2017年，肯尼亚、乌干达和塔桑尼亚等国家的250个农户将玉米与耐旱的豆科植物扭曲山蚂蝗（*Desmodium intortum*）间作，并在该间作田周围种植臂形草属 *Brachiaria* cv. Mulato II（*B. ruziziensis* × *B. decumbens* × *B. brizantha*）作为边缘诱集作物，相对于单一种植玉米的田块，这种推－拉种植模式可使玉米上草地贪夜蛾的幼虫数量降低82.7%，植株的受害株率降低86.7%，玉米产量增加2.7倍（Midega et al.，2018）。此外，象草（*Pennisetum purpureum*）也是推－拉策略中常用的边缘诱集植物（Dively，2018；Scheidegger et al.，2021）。

Scheidegger 等（2021）比较分析了推－拉策略和玉米与豆科植物间作系统对草地贪夜蛾的防控机制（图14-1），间作的山蚂蝗属植物可驱赶草地贪夜蛾雌蛾到玉米或边缘种植的臂形草属 *B. brizantha* cv. Mulato II 和象草植株上产卵，间作还可减少成虫的落卵量，限制草地贪夜蛾初孵幼虫和低龄幼虫的传播和扩散，而初孵幼虫在边缘诱集植物臂形草属植株上无法存活。因此，推－拉策略种植模式可使农田系统内的草地贪夜蛾种群数量长期维持在较低水平，对草地贪夜蛾的防控效果优于间作套种系统。草地贪夜蛾成虫的产卵偏好研究表明，玉米和臂形草属 *B. brizantha* 植株上的落卵量无显著差异，因此在生产中也可考虑种植 *B. brizantha* 作为边缘诱集植物（Scheidegger et al.，2021）。

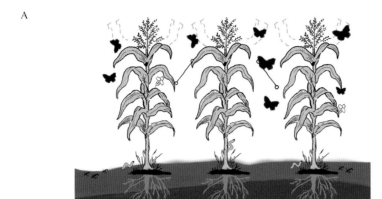

A

草地贪夜蛾成虫
捕食性天敌
寄生性天敌
草地贪夜蛾幼虫
不断增加的后代
吸引草地贪夜蛾成虫的
挥发性化合物
驱赶草地贪夜蛾成虫的
挥发性化合物
抗虫性

玉米

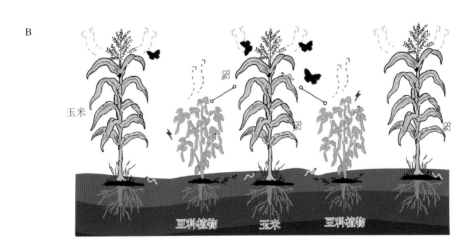

B

玉米

豆科植物　玉米　豆科植物

C

"拉"
外周诱集植物（臂形草属）
产生吸引草地贪夜蛾
产卵的挥发性化合物

"推"
间作植物（山蚂蝗属）
产生驱赶草地贪夜蛾
成虫的挥发性化合物

臂形草属植物　山蚂蝗属植物　玉米　山蚂蝗属植物　臂形草属植物

图14-1　草地贪夜蛾在不同种植模式下的发生和为害情况（仿 Scheidegger et al.，2021）

A.玉米单作模式　B.玉米与豆类间作模式　C.推－拉种植模式

第二节　常规抗性品种

利用植物自身的生化防御机制防治草地贪夜蛾是综合治理的一部分，这不仅是因为抗虫品种的培育是一个中长期的研发过程，还因为综合不同的治理方法才能取得最理想和可持续的防控效果。文献报道对草地贪夜蛾有抗性的作物品种主要包括棉花、花生和玉米。棉花品种 NuOpal®（de Jesus et al.，2014）以及花生直立型品种 IAC22 和蔓生型品种 Runner IAC 886（de Campos et al.，2011）对草地贪夜蛾有一定的抗性。

玉米是草地贪夜蛾最适宜的寄主作物，因此玉米品种抗性的评测和抗性机制的研究比较全面和深入。根据草地贪夜蛾对玉米叶片造成的损伤情况可划分为9个危害等级（表14-1；图14-2），其中对草地贪夜蛾高抗的玉米品种表现为叶片无明显损伤，而高感品种的心叶几乎完全被破坏（Prasanna et al.，2018）。

表 14-1　草地贪夜蛾为害玉米叶片分级和玉米品种抗性水平的评估标准

危害等级	为害特征描述（单穗）	幼虫龄期	抗性水平
1级	叶片无明显损伤	—	高抗
2级	1～2片伸展叶片可见少量针孔状损伤	一龄	抗
3级	3～5片叶具有少许窗斑和小型穿孔	二至三龄	抗
4级	6～8片叶具有数个穿孔，或心叶具有若干小型窗斑和狭长孔洞（1.3cm）	三至四龄	中抗
5级	9～10片叶具有狭长孔洞（>2.5cm），或心叶具有小至中型均匀至不规则孔洞（2.5～5cm）	四至五龄	中抗
6级	数片心叶以上具有数个狭长孔洞（>2.5cm），或具有若干大型均匀至不规则孔洞（>5cm）	四至六龄	感
7级	数片心叶以上具有大量狭长孔洞（>2.5cm），同时具有数个大型均匀至不规则孔洞（>5cm）	五至六龄	感
8级	大多数心叶具有大量狭长孔洞（>2.5cm），并具有许多中至大型均匀至不规则孔洞（>5cm）	五至六龄	高感
9级	心叶几乎完全被破坏	五至六龄	高感

图14-2 草地贪夜蛾为害玉米叶片分级标准

草地贪夜蛾对玉米果穗的为害也可划分为9个等级（表14-2；图14-3），高抗品种的玉米果穗无受害，而高感品种的果穗籽粒几乎全部受害（Prasanna et al.，2018）。

表14-2 草地贪夜蛾为害玉米果穗分级和玉米品种抗性水平的评估标准

危害等级	为害特征描述（单穗）	抗性水平
1级	果穗无受害	高抗
2级	果穗受害籽粒少于5粒或受害率＜5%	抗
3级	果穗受害籽粒为6～15粒或5%≤受害率＜10%	抗
4级	果穗受害籽粒为16～30粒或10%≤受害率＜15%	中抗
5级	果穗受害籽粒为31～50粒或15%≤受害率＜25%	中抗
6级	果穗受害籽粒为51～75粒或25%≤受害率＜50%	感
7级	果穗受害籽粒为76～100粒或50%≤受害率＜60%	感
8级	果穗受害籽粒在100粒以上或60%≤受害率＜100%	高感
9级	果穗籽粒几乎全部受害	高感

图14-3 草地贪夜蛾为害玉米果穗分级标准

20世纪70—90年代，墨西哥国际玉米小麦改良中心（Centro Internacional de Mejoramientode Maizy Trigo，CIMMYT）、巴西农牧业研究公司（Embrapa）、美国农业部农业研究服务中心（United States Department of Agriculture-Agricultural Research Service，USDA-ARS）和美国的一些大学研究和培育了一系列改良的热带或亚热带玉米自交系，这些玉米品系对草地贪夜蛾均具有一定的抗性（Prasanna et al.，2018）（表14-3）。

表14-3 美洲玉米育种项目确定或开发的对草地贪夜蛾有抗性的玉米品种

种质资源	来源	参考文献
Pop. 304、Pop. 392、Pop. FAW-CGA、Pop. FAW-Tuxpeno、Pop. FAW-Non-Tuxpeno	CIMMYT开发和使用的玉米种质资源，在墨西哥培育出抗草地贪夜蛾的CIMMYT玉米品系	Ortega et al.，1980；Mihm，1997
Mp496、Mp701、Mp702、Mp703、Mp704、Mp705、Mp706、Mp707、Mp708、Mp713、Mp714、Mp716	USDA-ARS开发的抗草地贪夜蛾温带玉米自交系，其中Mp496和Mp701～Mp708的种质资源来自加勒比海地区的Antigua Gp1和Antigua Gp2D、瓜达卢佩的Gp1A以及多米尼加共和国的Gp1；Mp713和Mp714来自多重抗虫的CIMMYT玉米品系	Scott and Davis，1981；Scott et al.，1982；Williams and Davis，1980，1982，1984，2000，2002；Williams et al.，1990；Abel et al.，2000

（续）

种质资源	来源	参考文献
B49、B52、B64、B68、B96	美国艾奥瓦州立大学将阿根廷的Maiz Amargo引入温带玉米而产生的抗草地贪夜蛾自交系，B68自交系已在美国种业中广泛应用	Walter Trevisan
CML121 ~ CML127	CIMMYT使用USDA-ARS的玉米种质资源培育而成的抗草地贪夜蛾自交系	Gerdes et al.，1993
USDA-ARS玉米种质改良（Germplasm Enhancement of Maize，GEM）项目中的5个玉米品系，基因背景为UR11003:S0302、CUBA164-1、DK7、DKXL370和CUBA117	乌拉圭、古巴和泰国的热带玉米种质，对草地贪夜蛾表现出一定的抗性	Ni et al.，2011，2012，2014
巴西的玉米品系	Embrapa	Viana 和 Guimares，1997
CMS14C、CMS23（Antigua × Republica Dominica）、CMS24、MIRT（Multiple Insect Resistance Tropical）race Zapalote Chico、Sintetico Spodoptera、Caatingueiro Spodoptera、Assum Preto Spodoptera	Embrapa	Walter Trevisan

20世纪90年代中后期，转*Bt*基因抗虫玉米在美洲地区广泛种植，草地贪夜蛾为害逐年减轻，导致对新型抗性种质资源评估的重视程度有所下滑。但随着世界各地报道的Bt抗性草地贪夜蛾种群的发生和2016年以来草地贪夜蛾在非洲、亚洲和大洋洲地区的入侵和扩散，对不同玉米品种抗性的评测和抗性机制的研究再次成为重要的研究课题。CIMMYT目前正在开展上述抗性玉米品种、非洲当地玉米品种的杂交品系、自交系和开放授粉品系对入侵非洲的草地贪夜蛾的抗性评估工作，以验证或确定对入侵非洲的草地贪夜蛾有抗性的玉米品种。国际热带农业中心（International Center for Tropical Agriculture，CIAT）也正在开展常规抗性玉米品种的培育工作，希望能获得对草地贪夜蛾高抗的玉米品种。Abel和Scott（2020）评估了泰国21种不同玉米种质对草地贪夜蛾的抗性，发现PI 439739、PI 506347、PI 690324、GT-FAWCC（C5）[b]和Mp708[b]对草地贪夜蛾具有中度抗性。草地贪夜蛾入侵中国后，室内研究表明其在玉米品种郑单1002上的适合度较低，但郑单1002在田间对草地贪夜蛾的抗性表现还有待进一步验证（孙悦等，2020）。

第三节　辐射不育防治

　　害虫辐射不育防治技术的基本原理是利用 α 射线、β 射线、γ 射线、X 射线或中子等辐射源照射人工饲养的害虫诱导生殖不育，然后将足够数量的不育、有交配竞争能力的害虫因地制宜、适时地释放到靶标害虫发生区，造成该害虫的自然种群产生不能孵化的卵，或即使部分能孵化出幼虫，也会因胚胎发育不良而死亡，导致世代无法延续，从而达到控制害虫自然种群数量的目的。卵不能孵化或因胚胎发育不良而死亡的主要原因是经辐射源照射后形成的配子（精子或卵子）在受精后发生显性致死突变。除此之外，辐射源的照射还可能导致雄性无精、雌性产卵量降低和某些基因位点突变。

　　鳞翅目昆虫的染色体为全着丝点结构，通过辐射导致其不育需要很高的照射量，而高照射量会使体细胞损伤加重，影响昆虫飞翔、寿命和交配竞争能力。但全着丝点的染色体结构很容易发生辐射断裂，染色体的断片和易位一样能通过核传递，染色体断片进入核中以易位的形式重组，可使子一代高度不育。因此，对鳞翅目昆虫采用较低的辐射剂量，虽然只产生亚不育，但能提高成虫寿命和交配竞争能力，最终导致释放亚不育雄蛾比释放完全不育雄蛾的防治效果更好。

　　^{60}Co-γ 射线是害虫辐射不育技术中应用最早且最广泛的辐射源，具有穿透性能好、剂量稳定的特点，但钴源存在能源浪费和废源处理的问题，且钴源发射的 γ 射线能穿透织物、铝板及一般厚度的混凝土墙，只有铅板才能有效地将其阻挡，存在安全隐患。与钴源相比，X 射线辐照装置无放射源，加速器可以控制，具有操作简单、辐照效率高和无安全隐患等优点，在利用昆虫辐射不育技术进行害虫防治中具有潜在的应用价值。

　　草地贪夜蛾辐射不育技术研究中应用的辐射源主要有 ^{60}Co-γ 射线和X射线。20世纪70年代，Snow 等（1972）开展了 ^{60}Co-γ 射线（45 Gy/min）对草地贪夜蛾初羽化成虫辐照不育的研究，结果表明草地贪夜蛾雄蛾和雌蛾的辐照不育剂量分别为350 Gg和150 Gy，^{60}Co-γ 射线照射不会改变草地贪夜蛾成虫寿命、雌蛾对雄蛾的吸引力、雄蛾寻找雌蛾的能力和成虫的交配能力，但是显著降低了雌蛾的产卵率和雄蛾的精子质量（表14-4）。Arthur 等（2002）采用0、50、125、150、175、200 Gy剂量的 ^{60}Co-γ 射线（2.15 kGy/h）照射草地贪夜蛾5日龄蛹的研究表明，草地贪夜蛾蛹完全不育的辐照剂量为200 Gy。

表14-4　辐射处理的草地贪夜蛾成虫与未辐照处理的异性交配后的繁殖参数

辐照剂量（Gy）	辐照雄蛾				辐照雌蛾			
	寿命（d）	交配次数	产卵量（粒）	卵孵化率（%）	寿命（d）	交配次数	产卵量（粒）	卵孵化率（%）
0	6.3	4.3	561	86	6.6	4.0	635	83.2
100	6.2	3.8	474	31	6.5	4.2	366	3.3
150	6.9	4.0	582	36	6.0	4.6	341	1
200	6.9	4.3	614	25	6.3	4.0	322	0
250	6.4	3.8	519	11	6.2	4.2	374	0
300	6.1	4.5	240	5	6.4	4.2	244	0
350	6.0	4.3	276	0.4	6.6	4.4	292	0
400	6.3	3.8	199	0	6.4	4.4	197	0

　　Jiang 等（2022）报道了X射线（JYK-001型）辐照处理草地贪夜蛾蛹对其羽化、存活、飞行、繁殖及F_1代和F_2代种群增长的影响。草地贪夜蛾8日龄蛹经50～300 Gy的X射线辐照处理后，成虫寿命、飞行能力和产卵前期无明显变化，但雌蛾的产卵量显著降低，且大多为无效卵，不育率随辐照剂量的增加呈显著上升的趋势。当辐照剂量为250 Gy时，不育率可达到85%以上（图14-4），这种不育性状可遗传，使F_1代和F_2代的繁殖力、净增值率、内禀增长率和周限增长率明显低于对照处理，最终导致子代种群数量的持续减少（表14-5）。

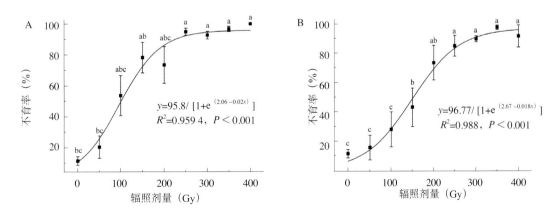

图14-4　草地贪夜蛾不育率与辐照剂量的关系

A.辐照处理雌蛹　B.辐照处理雄蛹

注：图中数据均为平均值 ± 标准误，不同小写字母表示差异显著。

表 14-5　草地贪夜蛾蛹辐照处理后 F_1 代和 F_2 代的生命表参数

生命表参数	F_1		F_2			
	N♂×N♀	N♀×T♂	N♂×N♀	T_1♀×N♂	N♀×T_1♂	T_1♀×T_1♂
净增殖率（粒/头）	90.54	6.6	110.23	41.69	22.45	31.56
内禀增长率（d^{-1}）	0.141	0.057	0.144	0.115	0.093	0.087
周限增长率（d^{-1}）	1.152	1.059	1.155	1.122	1.098	1.091
平均世代周期（d）	31.81	30.57	32.56	31.96	32.95	38.98
平均繁殖力（粒）	441.88	160.27	434.06	196.23	133.02	157.82

注：N 表示未照射；T 表示 250Gy 的 X 射线照射处理；T_1 表示 250Gy 的 X 射线照射处理后的 F_1 代。

通常经辐射处理后的雄虫交配竞争力低于正常雄虫，增加释放不育雄虫与正常雄虫的比例可弥补辐射雄虫竞争力的不足。姜珊等在实验室研究了卵不育率与不育雄蛾和正常雄蛾比例的关系。结果表明，逻辑斯蒂曲线方程 $y=\dfrac{0.83}{1+e^{(2.27-0.36x)}}$ 能很好地模拟草地贪夜蛾卵不育率和释放不育雄虫与正常雄虫比例的关系（图14-5）。当不育雄虫与正常雄虫

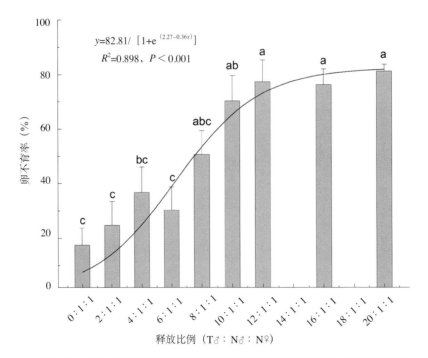

图14-5　草地贪夜蛾卵不育率与释放不育雄虫与正常雄虫比例的关系拟合

注：图中数据均为平均值±标准误，不同小写字母表示差异显著；图中 T 表示辐射处理，N 表示未受辐射处理。

的比例小于12.05∶1时，卵不育率随不育雄虫比例的增加而快速上升；当不育雄虫与正常雄虫的比例等于12.05∶1时，卵不育率为73.53%；当不育雄虫与正常雄虫的比例大于12.05∶1时，卵不育率随不育雄虫比例的增加而缓慢上升。

进一步的田间笼罩试验结果表明，草地贪夜蛾在田间的不育雄虫与正常雄虫的比例大于12∶1时，卵的校正不育率为46.14%～71.76%，校正虫口减退率为48.42%～75.46%，对玉米叶片的校正保护率为57.78%～83.37%。施用化学杀虫剂时，卵的校正不育率、校正虫口减退率和玉米叶片的校正保护率分别为35.20%、76.74%、93.31%。释放不同比例的草地贪夜蛾不育雄虫和施用杀虫剂对草地贪夜蛾的控制效果无显著差异（图14-6）。因此，释放12倍不育草地贪夜蛾雄虫就能产生较多的不育卵，其对田间草地贪夜蛾种群的控制作用与施用杀虫剂的防治效果相当。

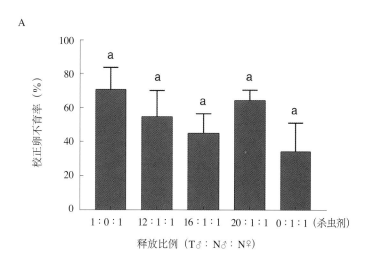

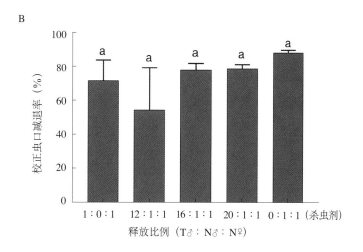

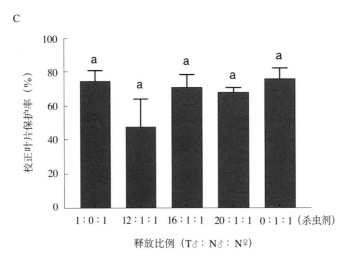

A.校正卵不育率　B.校正虫口减退率　C.校正叶片保护率

注：图中数据均为平均值±标准误，不同小写字母表示差异显著；图中T表示辐射处理，N表示未受辐射处理。

【参考文献】

孙悦，刘晓光，吕国强，等，2020. 草地贪夜蛾在小麦和不同玉米品种上的种群适合度比较. 植物保护，46(4): 126-131.

王磊，陈科伟，钟国华，等，2019. 重大入侵害虫草地贪夜蛾发生危害、防控研究进展及防控策略探讨. 环境昆虫学报，42(3): 479-487.

吴孔明，2020. 草地贪夜蛾防控手册. 北京：中国农业科学技术出版社.

Abel C A, Scott M P, 2020. Evaluation of 21 Thailand maize germplasms for resistance to leaf feeding *Spodoptera frugiperda* (Lepidoptera: Noctuidae). Journal of the Kansas Entomological Society, 93(1): 97-102.

Abel C A, Wilson R L, Wiseman B R, et al., 2000. Conventional resistance of experimental maize lines to corn earworm (Lepidoptera: Noctuidae), fall armyworm (Lepidoptera: Noctuidae), southwestern corn borer (Lepidoptera: Crambidae), and sugarcane borer (Lepidoptera: Crambidae). Journal of Economic Entomology, 93(3): 982-988.

Altieri M A, Francis C A, van Schoonhoven A, et al., 1978. A review of insect prevalence in maize (*Zea mays* L.) and bean (*Phaseolus vulgaris* L.) polycultural systems. Field Crops Research, 1: 33-49.

Altieri M A, Nicholls C I, 2003. Soil fertility management and insect pests: Harmonizing soil and plant health in agroecosystems. Soil and Tillage Research, 72(2): 203-211.

Alvarenga R, Moraes J C, Auad A M, et al., 2017. Induction of resistance of corn plants to *Spodoptera frugiperda* (J E Smith, 1797) (Lepidoptera: Noctuidae) by application of silicon and gibberellic acid.

Bulletin of Entomological Research, 107(4): 527-533.

Arthur V, Aguilar J A D, Arthur P B, 2002. Esterilização de adultos de *Spodoptera frugiperda* a partir de pupas irradiadas. Arquivos do Instituto Biológico, 69(2): 75-77.

Bhusal S, Chapagain E, 2020. Threats of fall armyworm (*Spodoptera frugiperda*) incidence in Nepal and it's integrated management-a review. Journal of Agriculture and Natural Resources, 3(1): 345-359.

Cook S M, Khan Z R, Pickett J A, 2007. The use of push-pull strategies in integrated pest management. Annual Review of Entomology, 52(1): 375-400.

de Campos A P, Boiça Junior A L, de Jesus F G, et al., 2011. Avaliação de cultivares de amendoim para resistência a *Spodoptera frugiperda*. Bragantia, 70(2), 349-355.

de Jesus F G, Junior A L B, Alves G C S, et al., 2014. Resistance of cotton varieties to *Spodoptera frugiperda* (Lepidoptera: Noctuidae). Revista Colombiana De Entomologia, 40(2): 156-161.

Gerdes J T, Behr C F, Coors J G, et al., 1993. Compilation of North America Maize Breeding Germplasm. Madison: Crop Science Society of America, Inc.

Guera O G M, Castrejón-Ayala F, Robledo N, et al., 2020. Plant selection for the establishment of push-pull strategies for *Zea mays-Spodoptera frugiperda* pathosystem in Morelos, Mexico. Insects, 11(6): 1-23.

Hailu G, Niassy S, Zeyaur K R, et al., 2018. Maize-legume intercropping and push-pull for management of fall armyworm, stemborers, and striga in Uganda. Agronomy Journal, 112(5): 4530-4550.

He L M, Zhao S Y, Ali A, et al., 2021a. Ambient humidity affects development, survival and reproduction of the invasive fall armyworm, *Spodoptera frugiperda* in China. Journal of Economic Entomology, 114(3): 1145-1158.

He L M, Zhao S Y, Gao X W, et al., 2021b. Ovipositional responses of *Spodoptera frugiperda* on host plants provide a basis for using Bt-transgenic maize as trap crop in China. Journal of Integrative Agriculture, 20(3): 804-814.

Jiang S, He L M, He W, et al., 2022. Effects of X-ray irradiation on the fitness of the established invasive pest fall armyworm *Spodoptera frugiperda*. Pest Management Science. DOI: 10.1002/ps.6903.

Khan Z R, Pickett J A, 2004. The "push-pull" strategy for stemborer management: A case study exploiting biodiversity and chemical ecology. Journal of Chemical Ecology, 16:3197-3212.

Martel J W, Alford A R, Dickens J C, 2005. Synthetic host volatiles increase efficacy of trap cropping for management of Colorado potato beetle, *Leptinotarsa decemlineata* (Say). Agricultural and Forest Entomology, 7(1): 79-86.

Midega C, Pittchar J O, Pickett J A, et al., 2018. A climate-adapted push-pull system effectively controls fall armyworm, *Spodoptera frugiperda* (J E smith), in maize in east Africa. Crop Protection, 105: 10-15.

Mihm J A, 1997. Insect resistant maize: Recent advances and utilization// Proceedings of an International Symposium held at CIMMYT, 27 November-3 December, 1994. Mexcio City: CIMMYT.

Miller J R, Cowles R S, 1990. Stimulo-deterrent diversion: A concept and its possible application to onion maggot control. Journal of Chemical Ecology, 16(11): 3197-3212.

Morales H, Perfecto I, Ferguson B, 2001. Traditional fertilization and its effect on corn insect populations in the Guatemalan highlands. Agriculture, Ecosystems and Environment, 84(2): 145-155.

Ni X Z, Chen Y G, Hibbard B E, et al., 2011. Foliar resistance to fall armyworm in corn germplasm lines that confer resistance to root- and ear-feeding insects. Florida Entomologist, 94(4): 971-981.

Ni X Z, Xu W W, Blanco M H, et al., 2012. Evaluation of corn germplasm lines for multiple ear-colonizing insect and disease resistance. Entomological Society of America, 105(4): 1457-1464.

Ni X Z, Xu W W, Blanco M H, et al., 2014. Evaluation of fall armyworm resistance in maize germplasm lines using visual leaf injury rating and predator survey. Insect Science, 21(5): 541-555.

Ortega A, Vasal S K, Mihm J, et al., 1980. Breeding for insect resistance in maize//Maxwell F G, Jennings P R. Breeding Plants Resistant to Insect. New York:Wiley.

Prasanna B M, Huesing J E, Eddy R, et al., 2018. Fall Armyworm in Africa: A Guide for Integrated Pest Management. México: International Maize and Wheat Improvement Center.

Pyke B, Rice M, Sabine B, et al., 1987. The push-pull strategy-behavioural control of *Heliothis*. Australian Cotton Grower, 9: 7-9.

Scheidegger L, Niassy S, Midega C, et al., 2021. The role of *Desmodium intortum*, *Brachiaria* sp. and *Phaseolus vulgaris* in the management of fall armyworm *Spodoptera frugiperda* (J E smith) in maize cropping systems in Africa. Pest Management Science. DOI: 10.1002/ps.6261.

Scott G E, Davis F M, 1981. Registration of Mp496 inbred of maize. Crop Science, 21: 353.

Scott G E, Davis F M, Williams W P, 1982. Registration of Mp701 and Mp702 germplasm lines of maize. Crop Science, 22: 1275.

Snow J W, Young J R, Lewis W J, et al., 1972. Sterilization of adult fall armyworms by gamma irradiation and its effect on competitiveness. Journal of Economic Entomology, 65(5):1431-1433.

Sousa E H S, Matos M C B, Almeida R S, et al., 2011. Forest fragments' contribution to the natural biological control of *Spodoptera frugiperda* Smith (Lepidoptera: Noctuidae) in maize. Brazilian Archives of Biology and Technology, 54(4): 755-760.

Téllez-Rodríguez P, Raymond B, Morán-Bertot I, et al., 2014. Strong oviposition preference for Bt over non-Bt maize in *Spodoptera frugiperda* and its implications for the evolution of resistance. BMC Biology, 12(1): 48.

Viana P A, Guimaraes P E O, 1997. Maize resistance to lesser corn stalk borer and fall armyworm in Brazil//Proceedings of an International Symposium held at CIMMYT, 27 November-3 December, 1994. Mexico City: CIMMYT.

Williams W P, Davis F M, 1980. Registration of Mp703 germplasm line of maize. Crop Science, 20: 418.

Williams W P, Davis F M, 1982. Registration of Mp704 germplasm line of maize. Crop Science, 22:

1269-1270.

Williams W P, Davis F M, 1984. Registration of Mp705, Mp706, and Mp707 germplasm lines of maize. Crop Science, 24: 1217.

Williams W P, Davis F M, 2000. Registration of maize germplasm line Mp713 and Mp714. Crop Science, 40: 584.

Williams W P, Davis F M, 2002. Registration of maize germplasm line Mp716. Crop Science, 42: 671-672.

Williams W P, Davis F M, Windham G L, 1990. Registration of Mp708 germplasm line of maize. Crop Science, 30: 757.

第十五章

草地贪夜蛾成虫诱杀防治技术

长期以来，对于田间草地贪夜蛾的防治主要依赖杀虫剂，这些杀虫剂通常用来防治幼虫，往往破坏生态环境。草地贪夜蛾成虫强大的飞行和繁殖能力是其异地暴发成灾的关键，因此需要一种针对成虫的有效的防治技术来压低虫源基数，降低其危害性。昆虫诱杀防治技术是指利用昆虫对光（色）、挥发性化合物的视觉、嗅觉趋性行为来诱杀昆虫，是一项主要针对成虫的绿色防控技术，其绿色高效、使用方便，已成为害虫防治的一种重要方法（闫凯莉 等，2016）。目前常用的草地贪夜蛾成虫诱杀防治技术主要包括性诱剂诱杀、食诱剂诱杀、灯光诱杀。本章对以上3种草地贪夜蛾成虫诱杀防治技术进行深入探讨，以期为我国草地贪夜蛾的防控工作提供理论指导。

第一节　性诱剂诱杀

自然界中多数昆虫性成熟后会向体外释放特殊的微量化学物质以吸引同种异性个体进行交配，这种在昆虫求偶过程中起到通信作用的微量化学物质称为昆虫性信息素或性外激素（Karlson 和 Lusher，1959；柯玉鹏 等，2011）。昆虫性信息素大多由雌虫释放，吸引周边自然环境中的雄虫来进行交尾，极少数由雄虫释放以吸引雌虫交尾，从而保证了昆虫种内的有序繁衍。人工合成的昆虫性信息素类似物也称为性诱剂（图15-1），其不仅对同种异性昆虫具有引诱活性，还能影响自然界昆虫释放的性信息素的活性（Roelofs 和 Comeau，1968）。性诱剂具有专一性强、灵敏度高、使用方便、成本低廉、不伤害天敌、不产生抗药性、对人类健康和环境无害等优势，被广泛应用于农业害虫的监测和防控，在害虫综合治理体系中发挥着重要的作用（吴英杰和刘金龙，2009）。

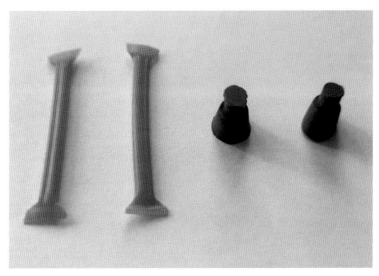

图 15-1　草地贪夜蛾性诱剂

一、发展历程

早在 1873 年，就有学者发现昆虫雌、雄之间的引诱现象，直到 1959 年科学家布特纳德等人从 20 万头家蚕中成功分离、鉴定出世界上首个昆虫性信息素。随后全世界的科学家相继鉴定出了多种昆虫的性信息素成分。在 20 世纪 60 年代，草地贪夜蛾性信息素成分被 Sekul 等（1967）初步鉴定出来，后来学者们重新对草地贪夜蛾性信息素成分进行了分析和田间试验，确定草地贪夜蛾性信息素主要组成成分为顺 -9- 十四碳烯醇乙酸酯、顺 -7- 十二碳烯醇乙酸酯、顺 -11- 十六碳烯醇乙酸酯和顺 -9- 十二碳烯醇乙酸酯等 7 种化合物（Tumlinson et al., 1986）。随着气相色谱（GC）、气相色谱 - 触角电位仪联用（GC-EAD）、气相色谱 - 质谱联用（GC-MS）、超微量分离鉴定技术等高效分析仪器和技术的应用和发展，越来越多的昆虫性信息素被分离鉴定。目前世界范围内，科学家们鉴定和人工合成的昆虫性信息素及其类似物多达 2 000 余种（孟宪佐，2000）。性诱剂也在多种重大农业害虫诱杀和监测中发挥了重要的作用，被广泛应用于草地贪夜蛾、棉铃虫等重大农业害虫的防控和监测（Bae et al., 2007；Shah et al., 2011；渠成 等，2022）。

二、防治原理

性诱剂通过吸引田间同种昆虫雄虫来交配，利用诱捕器将其诱杀，减小田间雄虫基数，使雌虫减少或失去交配的机会，不能有效地繁殖后代，从而降低了后代种群数量而达到防治目的。性诱剂也以干扰昆虫交配的方式来防治害虫，在果园或封闭的自然环境中放置高密度性诱剂使高浓度性信息素类化合物弥漫，干扰和阻碍自然环境中的雄蛾寻找雌蛾，导致田间成虫交配率锐减，从而降低下一代虫口密度。例如，性信息素迷向法在梨园对梨小食心虫（*Grapholita molesta*）的性迷向率可达87%～100%，并且迷向防治区梨小食心虫蛀梢率和蛀果率显著低于对照区（房明华 等，2019）。

三、使用方法

由于昆虫性信息素组分的化学结构大多都有1～3个双键、共轭结构、醛基等不稳定基团，若长时间暴露在田间高温、高湿的环境中，则会引起氧化等一些化学反应，因此需要有一定的抗紫外线、抗氧化的稳定剂来保护其组分，避免降解；同时，为模拟自然界雌性昆虫性信息素的微量、均匀释放，需要使用缓释材料控制释放速率（曾娟 等，2015）。因此，性诱剂载体应选择含有稳定保护剂和具有缓释剂作用的材料和结构。过去，通常以天然橡胶作为释放载体，然而在潮湿环境中由于生产过程中的硫化作用会形成硫酸，使性诱剂中的活性化合物降解。且以天然橡胶作为载体的性诱剂不具有缓释作用，在使用初期常出现昆虫性信息素释放量大、浓度高，而使用后期则释放量小、浓度低。随着高分子材料工业的发展，复合橡胶、聚氯乙烯、聚乙烯和石蜡油等缓释材料的出现，一定程度上降低了性信息素在田间的释放速率，可保证昆虫性信息素在田间均匀释放。目前，随着纳米技术的发展，科研工作者采用共溶剂法以两亲脂质分子（DSPE-mPEG5000）为载体，以0.22μm聚醚砜膜为缓释材料制备出了性信息素纳米诱芯。田间试验表明，草地贪夜蛾性信息素纳米诱芯诱蛾量高于PVC毛细管（聚氯乙烯）的诱芯和天然橡胶塞，并且可有效减缓性信息素分解和氧化变质的速度，延长挥发时间（陈秀琴 等，2021）。

性诱剂诱杀害虫时需搭配诱捕器一同使用，在害虫防控上要想取得最佳的诱杀效果，诱捕器和诱芯需使用最优的搭配（苏茂文和张钟宁，2007）。根据昆虫的习性、大小、飞行特征等因素和田间试验结果，不同种的昆虫搭配的诱捕器种类也有所不同。Malo等（2018）田间试验表明性诱剂搭配黄色壶形诱捕器诱杀草地贪夜蛾的数量显著高于蓝色和黑色壶形诱捕器。和伟等（2019）比较了3种诱捕器搭配性诱剂对草地贪夜蛾的诱捕效率，结果表明桶形诱捕器日均诱蛾量最高。诱捕器的颜色组合也会影响诱杀效果。例如，草地贪夜蛾性诱剂搭配彩色的桶形诱捕器诱虫量显著高于纯色的桶形诱捕器（Mitchell et al.，1989）。综上所述，在性诱剂诱杀草地贪夜蛾时，彩色桶形诱捕器发挥性诱剂的诱杀效果最佳（图15-2）。

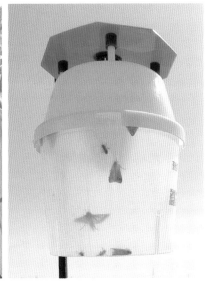

图 15-2　草地贪夜蛾桶形诱捕器

性信息素纯度、配比、使用剂量标准也会影响草地贪夜蛾的诱捕效果。例如，渠成等（2022）发现草地贪夜蛾性诱剂（组分及比例：顺 -9- 十四碳烯醇乙酸酯：顺 -7- 十二碳烯醇乙酸酯：顺 -11- 十六碳烯醇乙酸酯=100：1：1）在室内风洞试验和田间试验中对草地贪夜蛾诱集效果显著高于其他 7 种不同组分、配比的性诱剂。因此草地贪夜蛾性诱剂在田间使用时，应确定最佳组分配比和使用剂量。此外，草地贪夜蛾不同地理种群的性信息素组分和比例也存在差异（Jiang et al.，2021），因此在防治草地贪夜蛾时需根据不同地理种群的性信息素组分差异选择合适的性诱剂以发挥高效的诱杀效果。近年来，科学家研究发现寄主植物挥发物与性诱剂协同使用也可增强性诱剂对害虫的引诱力。例如，在诱捕器中加入（E, Z）-2，4- 十碳二烯酸乙酯、（E）-11，8- 二甲基 -1，3，7- 壬三烯、氧化吡喃类芳樟醇和醋酸组成的四组分挥发性混合物和性诱剂显著增加了苹果蠹蛾（*Cydia pomonella* L.）雄蛾和总诱捕量，但对雌蛾诱捕量没有影响（Knight et al.，2019）。草地贪夜蛾性诱剂诱杀成虫时，或许可考虑添加植物挥发物来提高性诱剂对成虫的诱杀能力。

基于诱捕器、性诱芯技术研发成果，为进一步规范草地贪夜蛾成虫田间性诱防治技术的应用，提高各地性诱防控效果，需配套合理的田间布控技术。根据各地试验结果，布置诱捕器时应选择草地贪夜蛾主要寄主作物田，选择较为空旷的田块放置。对大豆、苗期玉米等低矮作物田，诱捕器应放置在试验田中央，每 667m² 地块放置 1 个诱捕器即可。每个诱捕器间距 50m 以上，诱捕器与田边距离应大于 5m。对成株期玉米或高秆作物田，可提高诱捕器高度或放置于田埂上，尽量保证田埂走向与风向垂直，可发挥性诱剂的最佳诱捕效率。在作物生长发育的不同时期，诱捕器放置高度有所不同。例如，玉米抽雄后悬挂高度距离地面2.2m的诱捕器诱捕草地贪夜蛾量显著高于距地面1.2、1.5、1.8m的诱捕器（韩海亮 等，2021）。由于昆虫性信息素之间存在相互影响的现象，为避免相互干扰，在同一寄主作物田不同种害虫性诱剂诱捕器之间的距离应大于10m。

性诱剂在草地贪夜蛾防治中也存在一定的局限性。自然界中，昆虫通常会进行多次交配，这是昆虫繁衍后代采取的一种生殖策略，多种昆虫类群中均广泛存在多次交配现象（Arnqvist 和 Nisson，2000）。1头草地贪夜蛾雌蛾一生通常可以交配5次以上，如果性诱剂诱捕的雄蛾数量不足，就无法降低田间雌蛾的交配率和下一代的幼虫孵化量，达不到有效的防治效果。并且由于雌性竞争效应（自然环境中雄蛾会优先选择雌蛾交配，而不是性诱剂）的存在，如果田间雌虫大量释放性信息素，人工合成的性信息素诱捕雄蛾效率就会大大降低，不能有效诱杀雄蛾。

四、控制效率

性诱剂具有绿色安全、高效灵敏、使用方便等优点，在害虫防治中成效显著。Il'ichev 等（2006）在澳大利亚的桃园和梨园中每月按125mL/hm^{2}的剂量喷施性信息素微囊剂，可有效减轻梨小食心虫对梨树和桃树茎尖和果实的为害，与对照相比性信息素诱捕器中诱捕雄蛾的干扰交配率为96%～99%。Li 等（2017）测试苹果潜叶蛾（*Phyllonorycter ringoniella*）性诱剂对苹果潜叶蛾的防治效果，相比未放置性诱剂诱捕器的果园，每公顷放置75、150、225 个性诱剂诱捕器的果园防效分别为86.67%±4.71%、97.23%±3.93%和100%。性诱剂对烟青虫诱杀效果表明，相比对照区，辣椒受害果数减少了13.4%，防治效果达61.19%（童琳 等，2020）。

目前，市场上有多个商业化的草地贪夜蛾性诱剂可以购买，不同公司生产的草地贪夜蛾性诱剂组分比例存在差异（表15-1），诱虫效果也存在差异。杨留鹏等（2020）测试了国产草地贪夜蛾性诱剂和美国研制的草地贪夜蛾性诱配方（Tumlinson et al.，1986）诱虫效果，发现国产诱芯（陕西杨凌翔林农业生物科技有限公司）诱虫量有明显的提升，日均诱虫量高达6头以上。车晋英等（2020）比较了深圳百乐宝生物农业科技有限公司、宁波纽康生物技术有限公司、江苏宁录科技股份有限公司、南京新安中绿生物科技有限公司4家公司的草地贪夜蛾性诱剂的田间诱捕效果，结果表明深圳百乐宝生物农业科技有限公司生产的草地贪夜蛾性诱剂在日均诱蛾量、最高单次诱蛾量、总诱蛾量方面均显著高于其他3种诱芯，60d监测期内总诱蛾量达136.75头，能够明显反映出草地贪夜蛾的羽化高峰期，符合测报要求。梁勇（2020）测试了漳州市英格尔农业科技有限公司、宁波纽康生物技术有限公司、中农丰茂植保机械有限公司、泉州市绿普森生物科技有限公司4家公司生产的草地贪夜蛾性诱剂诱虫效果，结果表明4种性诱剂持效期均可达40d，试验期内的总诱捕虫量无显著性差异。总体来说，草地贪夜蛾性诱剂性能稳定，可有效诱虫40d以上，单个诱捕器日均诱虫量高达9.33头，在草地贪夜蛾监测和防治上均具有良好的成效（卢辉 等，2020；杨留鹏 等，2020）。

表15-1 不同生产厂家草地贪夜蛾性诱剂有效组分和比例

生产厂家	有效组分	专利号
深圳百乐宝生物农业科技有限公司	顺-9-十四碳烯醇乙酸酯（Z9-14:Ac）：顺-7-十二碳烯醇乙酸酯（Z7-12:Ac）：顺-11-十六碳烯醇乙酸酯（Z11-16:Ac）：顺-9-十二碳烯醇乙酸酯（Z9-14:Ac）= 80：2：17.5：0.5	CN110074107A
宁波纽康生物技术有限公司	顺-7-十二碳烯乙酸酯（Z7-12:Ac）、顺-9-十四碳烯乙酸酯（Z9-14:Ac）	—
江苏宁录科技股份有限公司	顺-7-十二碳烯乙酸酯（Z7-12:Ac）、顺-9-十四碳烯乙酸酯（Z9-14:Ac）	—
北京中捷四方生物科技有限公司	顺-9-十四碳烯乙酸酯（Z9-14:Ac）：顺-7-十二碳烯乙酸酯（Z7-12:Ac）= 96.6：3.4	CN110622932A
济源科云绿色农业发展有限公司	顺-7-十二碳烯乙酸酯（Z7-12:Ac）、顺-9-十四碳烯乙酸酯（Z9-14:Ac）	—
漳州市英格尔农业科技有限公司	顺-9-十四碳烯乙酸酯（Z9-14:Ac）：顺-7-十二碳烯乙酸酯（Z7-12:Ac）= 0.9：0.03	CN111685118A
陕西杨凌翔林农业生物科技有限公司	顺-9-十四碳烯乙酸酯（Z9-14:Ac）、顺-11-十六碳烯乙酸酯（Z11-16:Ac）、顺-7-十二碳烯乙酸酯（Z7-12:Ac）	—
Scentry Biologicals，Inc.	顺-7-十二碳烯乙酸酯（Z7-12:Ac）、顺-9-十二碳烯乙酸酯（Z9-12:Ac）、顺-9-十四碳烯乙酸酯（Z9-14:Ac）、顺-11-十六碳烯乙酸酯（Z11-16:Ac）	—
Trécé，Inc.	顺-9-十四碳烯乙酸酯（Z9-14:Ac）、顺-11-十六碳烯乙酸酯（Z11-16:Ac）、顺-7-十二碳烯乙酸酯（Z7-12:Ac）	—
Suterra LLC，Inc.	顺-9-十四碳烯乙酸酯（Z9-14:Ac）、顺-11-十六碳烯乙酸酯（Z11-16:Ac）、顺-7-十二碳烯乙酸酯（Z7-12:Ac）	—

第二节　食诱剂诱杀

　　食诱剂是基于植食性害虫偏好食源或其挥发物而研制成的一类成虫行为调控剂（蔡晓明 等，2018）（图15-3）。食诱剂绿色安全、灵敏高效、使用方便，对害虫雌、雄个体均具引诱作用，在害虫防治中具有独特优势和巨大潜力（Gregg et al.，2016）。例如，食诱剂在苹果园监测苹果蠹蛾中表现出很强的引诱力，配合诱捕器可有效抓捕雌、雄苹果蠹蛾，诱蛾量远高于性诱剂，且诱虫高峰与性诱剂一致（Light et al.，2001；Thwaite et al.，2004）。澳大利亚使用食诱剂改变棉铃虫的产卵和取食行为，为当地棉花害虫治理提供了一种新方法（Mensah et al.，2013）。

图15-3　商品化的食诱剂
A.固体食诱剂　B.液体食诱剂

一、发展历程

　　早在20世纪初，人们就已经开始利用萎蔫的杨树枝把、发酵糖水、糖醋酒液、植物蜜露、植物伤口分泌液等挥发物诱杀害虫（夏邦颖，1978；Cantelo 和 Jacobson，1979；Firempong 和 Zalucki，1989；Srinivasan et al.，1994）。这些传统的食诱剂均为广谱性食诱剂，对夜蛾、天牛、实蝇、金龟子、螟蛾等多种类害虫均具有引诱力，在农业害虫防控中发挥了一些作用。随着科技的进步，新的仪器和技术不断出现，科研工作者不断地筛选鉴别出具有引诱害虫功能的挥发物质，并对它们的组分和比例也进行了深入探究。例如，大量研究表明发酵糖水释放的挥发物成分主要包含乙酸乙酯、2-苯基乙醇、辛酸乙酯、（E）-4-十烯酸乙酯、3-甲基丁醇、己酸乙酯、癸酸乙酯和十二酸乙酯等物质（El-sayed et al.，2005；Meagher 和 Landolt，2010）。乙酸与 3-甲基-1-丁醇混合后（体积比 1∶1）可诱捕八字地老虎（*Xestia cnigrum*）、拟灰夜蛾（*Lacanobia subjuncta*）、一点黏虫（*Mythimna unipuncta*）等多种重要的夜蛾科害虫（Landolt et al.，2007）。乙酸与3-甲基-1-丙醇的混合物对夜蛾科害虫也具有相似的引诱活性（Tóth et al.，2010）。植食性害虫在定位寄主植物时，寄主植物的花香对其具有强烈的引诱力（Knudsen et al.，2006），研究表明花香组分中的苯乙醛对多种夜蛾科害虫的雌、雄蛾均具有引诱作用（Landolt et al.，2007；Tóth et al.，2010）。将苯甲醇、苯甲醛、2-苯乙醇、水杨酸甲酯、水杨酸二甲酯混合后，对大豆尺蠖 [*Thysanoplusia orichalcea*（F.）] 雌、雄蛾均具有较强烈的引诱力，诱捕到的雌蛾数量是雄蛾的两倍（Stringer et al.，2008），并且将苯乙醛与 β-香叶烯混合后对大豆银纹夜蛾（*Argyrogramma agnata* Staudinger）、毛胫夜蛾（*Mocis undata* Fabricius）等多种夜蛾科害虫都具有较强的引诱作用（Meagher 和 Landolt，2010）。目前，世界上已研制出了甲虫、蓟马、实蝇、夜蛾等多种害虫的新型食诱剂，在盲蝽类、金龟子类等害虫食诱剂的研发上也取得了重大进展（陆宴辉，2016；修春丽 等，2020；He et al.，2021）。

二、防治原理

为了种群的繁衍，植食性昆虫需要取食寄主植物的枝、叶、茎、果实和花蜜来维持机体的生长发育（蔡晓明 等，2018），还需要寻找合适的寄主进行产卵。每种植食性昆虫都具有特异性取食范围及偏好寄主，这是昆虫与植物长期协同进化的结果（钦俊德和王琛柱，2001）。植食性昆虫的寄主选择行为常分为 3 个过程，首先依靠视觉远距离定位寄主植物，接着通过灵敏的嗅觉近距离选择偏好寄主，最后使用触角和产卵器等部位的感受器接触寄主植物进行最终鉴别（陆宴辉，2008）。大多数昆虫嗅觉的灵敏度远大于视觉，因此在接触植物之前，昆虫主要靠嗅觉来定位寄主。植物挥发物是植物的语言，是多种挥发性植物次生代谢物质的混合物，其成分极其复杂，难以鉴定（Šimpraga et al.，2016）。植物挥发物与植物的品种、生长阶段、生长环境密切相关，即使同一种植物在受到生物因素和非生物因素胁迫下产生的挥发物成分也有所不同（Niinemets，2010；Loreto 和 Schnitzler，2010）。昆虫通过专门的嗅觉感受器神经元感知挥发物，这些神经元或多或少对特定的植物挥发物具有专一性。因此植物挥发物为昆虫定位和识别寄主提供了线索，昆虫根据植物挥发物的组分不仅可以判断它们是否接近正确的寄主植物种类，还可以判断寄主的营养质量以及寄主植物上是否存在其他种类的昆虫（Bruce和Pickett，2011）。植食性昆虫对于偏好寄主释放的挥发物具有强烈的趋性（Knolhoff和Heckel，2014；Meiners，2015）。

Bruce等（2005）研究表明尽管一种植物挥发物中可包含几十或上百种化学物质，但其中的信息物质通常少于10种，并且其组成、相对比例甚至释放量均可对引诱活性产生较大影响。例如，Tasin等（2006，2007）在几百种葡萄果实及叶片挥发性物质中，筛选出10种葡萄挥发物混合物，能引起交配后的葡萄花翅小卷蛾（*Lobesia botrana*）雌蛾出现触角电位反应。进一步研究表明 β-石竹烯、（*E*）-β-法尼烯和（*E*）-4,8-二甲基-1,3,7-壬三烯这3种组分混合物的吸引力与10种组分的混合物没有显著差异，这3种化合物的混合具有很强的协同作用，3组分混合物中的任何一种丧失，混合物都几乎失去引诱作用。因此可根据草地贪夜蛾的偏好寄主筛选出对其具有强烈吸引力的挥发物组分，以诱杀成虫。

三、使用方法

食诱剂的组分通常包含多种植物挥发物，然而很少有植物挥发物具有足够的毒性来杀死目标昆虫。因此食诱剂引诱到目标害虫后，主要采用高毒、高效化学杀虫剂或防止害虫逃逸的诱捕器来杀死食诱剂引诱而来的成虫。杀虫剂可以选择除虫菊酯类、有机磷类、低剂量氯虫苯甲酰胺等，也可以加入生物杀虫剂绿僵菌和白僵菌等，均能够起到良好的杀虫效果。食诱剂在田间的使用需结合专用的诱捕器，诱捕器一般包括诱杀容器或粘板、保护罩、诱芯等几部分。常用的诱捕器有三角形诱捕器、圆形诱捕器、船形诱捕器、桶形诱捕器等（图15-4）。食诱剂搭配不同的诱捕器对不同的靶标害虫诱杀效果存在显著差异。例如，修春丽等（2020）比较了棉铃虫食诱剂分别搭配三角形诱捕器、方盒诱捕器对棉铃虫的诱杀效果，结果表明三角形诱捕器诱杀棉铃虫数量远高于方盒诱捕器。食诱剂搭配诱捕器的颜色和距作物顶端的高度等因素都可能影响食诱剂的引诱效果（Kight和Light，2005；Reding et al.，2017）。和伟等研究表明食诱剂结合船形诱捕器在田间对草地贪夜蛾成虫的诱杀效果最好，因此食诱剂防治草地贪夜蛾应优先选择船形诱捕器。除了搭配诱捕器外，食诱剂中拌入强效杀虫剂还可以直接撒施在作物田中诱杀草地贪夜蛾，可利用无人机进行大规模的条带撒施，适合大面积防治。

自然界具有成千上万种植物挥发物，一些植物释放的某种挥发物可能会与食诱剂的组分相互竞争、抑制，影响食诱剂的诱虫效果（Schröder和Hilker，2008）。例如，在茶园中高浓度的苯甲醛与茶小绿叶蝉（*Empoasca pirisuga*）食诱剂组分混合时，会影响食诱剂对茶小绿叶蝉的引诱作用（Cai et al.，2017）。因此应因地制宜选择合适的食诱剂防治不同环境中的草地贪夜蛾，减小田间背景气味对食诱剂引诱力的干扰。食诱剂成分中通常包含多个具有强烈引诱力的挥发性物质，然而不同物质的挥发性具有很大差异（Ranger et al.，2011）。在田间使用食诱剂诱杀草地贪夜蛾时，需要加入缓释载体保证各种引诱物质能够以稳定的速率持续释放，延长食诱剂的有效期。

图15-4　常见的食诱剂诱捕器
A.圆形诱捕器　B.三角形诱捕器　C.船形诱捕器　D.桶形诱捕器

食诱剂诱杀技术也可与其他非化学防治措施高效配套使用，可以提高防治效果。例如，食诱剂与性诱剂联合使用，可弥补性诱剂对雌性个体诱杀效果不足的问题，提高害虫防治效率（Dai et al.，2008）。食诱剂还可与生物防治联合使用，在喷施食诱剂的作物的周围作物上喷施绿僵菌等生物农药，可有效杀灭害虫。例如，绿僵菌结合食诱剂在豇豆田对蓟马具有很好的防治效果（Mfuti et al.，2017）。在食诱剂诱杀草地贪夜蛾上，或许可将食诱剂的挥发性成分与性信息素混合，充分发挥食诱剂的诱杀能力。

通常夜蛾类食诱剂有效范围在20～30m，在田间进行草地贪夜蛾诱杀时，可按照每亩放置3个食诱剂诱捕器的标准进行防治（图15-5）。诱捕器高度高于作物顶端15～20cm即可，需根据作物生长状况及时调整诱捕器高度，充分发挥食诱剂的引诱力。草地贪夜蛾喜好取食幼嫩玉米植株（姜玉英 等，2019），小喇叭口期的玉米田草地贪夜蛾卵块通常较多，因此布置食诱剂诱捕器可选择处于小喇叭口期左右的玉米田，可对田间成虫进行有效诱杀。

尽管食诱剂在草地贪夜蛾防治上具有广阔的前景，但食诱剂诱杀技术仍有许多需要改进的地方。同其他广谱性的害虫引诱物质一样，食诱剂在诱杀多种害虫的同时，也诱杀了一部分益虫和天敌昆虫，这对于食诱剂的应用无疑是一个巨大的挑战。在今后的应用上可考虑在食诱剂成分中加入益虫的驱避物质，增强食诱剂对靶标害虫的特异性，减小对益虫和天敌昆虫的引诱力。

图15-5　食诱剂田间诱杀草地贪夜蛾

四、控制效率

食诱剂利用了植食性害虫与寄主植物之间的关系，为害虫防控提供了新颖的思路（Gregg et al.，2018）。目前食诱剂在害虫防治上已取得了显著的效果。在常规（非Bt）棉田利用小型飞机喷施棉铃虫食诱剂Magnet，相比未喷施Magnet的对照棉田，棉铃虫落卵量可减少90%以上（Gregg et al.，2016）。西班牙柑橘园放置含食诱剂的诱捕设备后，地中海蜡实蝇（*Ceratitis capitata*）造成的果实损伤率下降了30%（Navarro-Llopis et al.，2014）。食诱剂可有效诱杀青花菜田夜蛾科棉铃虫、甜菜夜蛾等主要害虫的雌、雄蛾，食诱剂使用15d后，田间夜蛾科害虫卵量减退率为83.65%，幼虫虫口减退率为80.09%（公义 等，2017）。

目前，国外绿色农业技术公司（ISCA，Inc.）已研制出可诱杀草地贪夜蛾的夜蛾类食诱剂Noctovi® 43sb（主要成分为油性树脂、糖类物质）。每公顷喷施1L Noctovi® 43sb 和20mL灭多威（大约相当于整个地区杀虫剂用量的1/60）可减少成虫数量，并且喷施条带间距小于或等于50m的处理显著降低草地贪夜蛾幼虫对玉米的危害率（Justiniano et al.，2021）。国内深圳百乐宝生物科技有限公司针对草地贪夜蛾的食诱剂（主要成分及配比：桉叶油∶芳樟醇∶邻甲氧基苯甲酸甲酯＝1∶0.5∶1，专利号CN113331201A）已研制成功。和伟等（未发表数据）利用该食诱剂进行的田间诱捕试验表明，在草地贪夜蛾发生高峰期单个诱捕器单日诱虫量可达5头以上。草地贪夜蛾雌蛾一生平均可产卵1 000粒以上，杀死1头未产卵的成虫，它的潜在繁殖力也会消失，相当于保护了667m²（1亩）的作物田（吴孔明，2020）。因此，食诱剂凭借其绿色安全、灵敏高效，使用方便，对害虫雌、雄个体均具引诱作用等优点，在防治草地贪夜蛾上具有巨大的前景。

第三节　灯光诱杀

灯光诱杀技术是指利用各种型号的诱杀灯引诱害虫聚集在某一固定位置，采用高温、电击等方式集中消灭的方法（图15-6）。该技术高效、安全、环保、无残留、不产生抗性，将是未来害虫绿色防控的有力手段（桑文 等，2019）。

图15-6　频振式杀虫灯

一、发展历程

害虫灯光诱杀技术具有悠久的发展历史，早在2000多年前，古人就发现蝗虫的趋光性，利用夜间燃火等方式防治蝗虫（周尧，1980）。随着科技的革新，20世纪50年代人们开始利用白炽灯诱杀昆虫（武予清 等，2009）。但由于害虫对白炽灯的趋性有限，导致白炽灯诱杀效果并不理想（赵季秋，2012）。随着学者对昆虫的趋光行为研究的深入，发现大部分昆虫对紫外光有较强烈的趋性。于是，科技人员研制出黑光灯诱杀害虫，其诱杀效果明显好于白炽灯，因此基于黑光灯的害虫监测方法迅速应用到全国农林业各级测报站。但是黑光灯仅包含一种波长，在害虫诱杀中存在一定的局限性。为弥补黑光灯的缺陷，吉林省农业科学院研发出辐射面大、亮度高的高压汞灯，其能发出404.7nm、435.8nm、546.1nm和577～579nm的可见谱线和较强的365nm紫外线，在害虫诱杀上具有良好的效果。高压汞灯因耗电量高、电压大、安装占地面积大，在使用上具有一定的局限性。20世纪90年代河南汤阴佳多公司研发出频振式杀虫灯，此灯针对前三代诱杀灯的缺点，做出了进一步的优化。不仅在灯的设计、制作上更加规范、合理，在田间使用上也更加简捷方便，并且诱虫种类和杀虫效果都有了明显的提高。此后，频振式杀虫灯被广泛应用于害虫防治，为我国灯光诱杀害虫工作作出了重大贡献。随着灯诱技术的进一步发展，LED灯作为第四代新型光源出现，其具有波长范围窄、亮度高、光色单一、能耗低等优点，显著提高了对靶标害虫的引诱力，并降低了对中性昆虫、益虫和天敌昆虫的潜在伤害（Cohnstaedt et al.，2008；Kim 和 Lee，2012；边磊 等，2016）。目前，基于昆虫趋光性的灯光诱杀技术已在害虫监测预警及绿色防控中广泛应用（杨现明 等，2020；张曼丽 等，2022）。

二、防治原理

自然界中的许多昆虫，特别是夜蛾科昆虫，在夜间会向光源移动，这种习性被称为趋光性（张锦芳 等，2020）。对于昆虫趋光性的研究，科学家先后提出了4种重要假说，即光干扰假说、生物天线假说、光定向假说和光胁迫假说。光干扰假说认为昆虫在黑暗环境中遇到光亮区会被强光干扰而无法回到暗区，导致扑灯（Verheijen，1960）。生物天线假说认为昆虫趋光性是由于灯光中远红外线光谱频率与昆虫释放的信息素分子的振动频率相似，因此使昆虫误将光源当做求偶对象，进而趋光飞行（Callahan，1965）。光定向假说则认为昆虫的趋光行为是昆虫光罗盘定向所致，昆虫夜间飞行时以某一发光天体作为参照，当昆虫遇到强光时会误将其作为参照物，导致飞行轨迹发生偏移，向灯光螺旋飞行（Atkins，1980）。光胁迫假说认为趋光性昆虫在夜间受到紫外光照射后，乙酰胆碱酯酶和羧酸酯酶活性降低，乙酰胆碱滴度高出正常水平，致使昆虫处于持续兴奋状态，趋向光源运动（孟建玉，2010）。草地贪夜蛾成虫同其他夜蛾科害虫一样具有较强的光敏感性，且雌虫对黄光的光敏感性略强于雄虫（蒋月丽 等，2021）。因此可根据其趋光性，在夜晚设置诱虫灯引诱成虫聚集，然后采用高温、电击等方式集中诱杀，达到防治目的。

三、使用方法

害虫灯诱技术绿色环保，符合农业可持续发展理念，已广泛用于棉铃虫、甜菜夜蛾、斜纹夜蛾等重大害虫防治中（罗树凯 等，2009；叶兰珍 等，2019）。为了更好地运用于防治草地贪夜蛾，需要对灯诱技术的使用方法做出合理规范。光波波长、光照强度、光源类型均可以影响昆虫的趋光性（徐练和文礼章，2015）。例如，草地贪夜蛾成虫对于发绿光的LED灯的趋性最强（Nascimento et al.，2018）。此外，昆虫的敏感光谱多集中于253～700nm波长，不同种类的昆虫能感受到的光波长范围和敏感波长有差异（杨现明 等，2020）。闫三强等（2021）研究表明，340nm和368nm波长的光对草地贪夜蛾的诱集效果最好，日均诱集量分别为4.33头和3.33头。因此在诱虫灯的实际应用中，可根据草地贪夜蛾的敏感波长和光源，设置针对性LED灯进行诱杀和防治。

昆虫的扑灯具有明显的节律性，大多数昆虫一般在日落1h后或开灯后40min左右开始扑灯（刘立春 等，1997）。棉铃虫下半夜扑灯的频率与数量多于上半夜，分别在24时至翌日1时、2—4时各有一个扑灯高峰（刘立春，1982）。陈韶萍等（2022）监测表明，草地贪夜蛾成虫具有明显的昼夜活动节律，成虫多在18时后开始活动，晚上12时左右达到活动高峰期。为高效诱杀草地贪夜蛾，诱虫灯的工作时间应根据草地贪夜蛾扑灯节律及活动节律合理设置，提高灯光诱杀效率。

目前市场上有多种类型的诱虫灯，然而针对草地贪夜蛾不同类型的诱虫灯诱集效果存在显著差异。虽然Sparks等（1979）利用15W黑光灯监测到了草地贪夜蛾的跨海迁飞，但是草地贪夜蛾入侵我国后，常规的诱虫灯（黑光灯、频振式杀虫灯）在田间诱杀草地贪夜蛾成虫时往往诱虫量极少或诱不到虫，只有在虫量数量较高时才能用于监测（姜玉英 等，2020）。陈昊楠等（2020）比较了黑光灯、频振式杀虫灯和4种单波长的诱虫灯对草地贪夜蛾的诱捕效果，结果表明368nm单波长的诱虫灯诱杀草地贪夜蛾效果最好，单日单灯诱捕量可达4.33头，显著高于其他处理。因此在田间防治草地贪夜蛾成虫推荐使用该波长诱虫灯。草地贪夜蛾作为迁飞性害虫，可使用针对迁飞性害虫的高空探照灯进行诱杀。例如，杨俊杰等（2020）利用高空探照灯对湖北省草地贪夜蛾种群发生动态进行监测，其中在钟祥单日最高诱捕量高达1427头，可有效降低草地贪夜蛾种群数量。云南、广东、海南、四川、广西、福建、贵州7省是我国草地贪夜蛾周年繁殖区和虫源基地（Yang et al.，2021）。3月草地贪夜蛾迁入长江以南地区，4—5月随盛行的偏南风向北迁飞进入黄淮流域，5—6月迁至华北平原，7月迁入东北平原，从8月中下旬开始陆续随季风回迁到华南地区和缅甸等东南亚地区越冬（吴秋琳，2021）。根据草地贪夜蛾在我国的迁飞规律，可在其迁飞路径上布置高空探照灯和其他类型诱虫灯进行集中诱杀，压低迁飞成虫基数，降低其后续危害。

灯诱技术在害虫防治上取得了重大成就，但防治害虫的同时也带了一些副作用。由于昆虫的趋光性，诱虫灯在诱杀害虫的同时也诱杀一部分天敌昆虫、益虫和中性昆虫。丁山峰（2019）在芒果园使用频振式杀虫灯、黑光灯和LED灯所诱捕昆虫种类的益害比分别为1∶3.17、1∶0.45和1∶1.23，其中频振式杀虫灯对天敌昆虫的诱杀率最低，黑光灯最高。此外，诱虫灯使用过程中的高压电会对人畜造成安全隐患。在使用诱虫灯防治害虫时，应注意选择合理的地点进行安装，减小对周边环境的影响，最大化提高诱集效果。在自然界雄性成虫流动性较强，诱虫灯往往诱捕雄性成虫比例较高（Usseglio-Polatera，1987），为发挥最大化防治效果，可在多个位点设置诱虫灯共同诱杀。

四、控制效率

灯光诱杀技术具有较好的害虫控制效率。孙影等（2020）研究表明，1盏杀虫灯1年可诱杀害虫30 000头以上，可使13.33hm²的大田减少使用杀虫剂3次。罗树凯等（2009）使用1盏频振式杀虫灯54d诱杀害虫总数为283 786头，其中棉铃虫1 471头，占害虫总数的0.52%，可使第二代棉铃虫百株卵量平均较对照降低67.2%，第三代棉铃虫百株卵量平均降低59.8%～64.9%。刘爱娜等（2020）使用风吸式太阳能杀虫灯和频振式交流电杀虫可使果园全年使用杀虫剂次数减少到5次，比未安装杀虫灯的往年减少用药3次。灯诱技术在草地贪夜蛾防治中也有显著成效。龚建福等（2020）分析40头田间灯诱的草地贪夜蛾雌蛾的交配状态表明，已交配雌蛾占诱捕雌蛾总数的62.5%，88%的雌蛾已产卵，单灯平均每晚诱捕已产卵雌虫5.3头，交配未产卵雌虫1头。草地贪夜蛾雌蛾抱卵量平均可达1 000粒以上，对于已交配草地贪夜蛾雌蛾的诱杀，可有效减少田间的落卵量和幼虫量，达到良好的控制效率。

【参考文献】

边磊，陈宗懋，陈华才，等，2016. 新型LED杀虫灯对茶园昆虫的诱杀效果评价. 中国茶叶，2016，38(6): 22-23.

蔡晓明，李兆群，潘洪生，等，2018. 植食性害虫食诱剂的研究与应用. 中国生物防治学报，34(1): 8-35.

车晋英，陈华，陈永明，等，2020. 4种不同性诱剂对玉米草地贪夜蛾诱集作用. 植物保护，46(2):

261-266.

陈昊楠, 徐翔, 邓晓悦, 等, 2020. 单波长杀虫灯对草地贪夜蛾诱杀效果初步评价. 四川农业科技
(2):41-42.

陈秀琴, 刘其全, 何玉仙, 等, 2021. 草地贪夜蛾性诱剂纳米诱芯的制备及其应用. 南方农业学报,
52(3): 626-631.

丁山峰, 陈俊谕, 韩冬银, 等, 2019. 诱虫灯对芒果园主要害虫的监测效果评价. 环境昆虫学报,
41(3):634-641.

房明华, 洪文英, 吴燕君, 等, 2019. 性信息素迷向法规模化应用对梨小食心虫的防治效果. 浙江农
业科学, 60(10):1770-1773, 1777.

葛世帅, 何莉梅, 和伟, 等, 2019. 草地贪夜蛾的飞行能力测定. 植物保护, 45(4):28-33.

公义, 孙淑建, 徐兆春, 等, 2017. 生物食诱剂对西兰花田夜蛾科害虫的诱杀效果. 中国植保导刊,
37(8):58-60.

龚建福, 武晴雯, 王攀, 等, 2020. 灯诱草地贪夜蛾的识别鉴定及交配状态分析. 安徽农业科学,
48(8):147-150.

韩海亮, 陈斌, 郑许松, 等, 2021. 不同性诱剂对鲜食玉米田草地贪夜蛾的诱捕效果及影响因子研究.
农药学学报, 23(5):930-937.

和伟, 赵胜园, 葛世帅, 等, 2019. 草地贪夜蛾种群性诱测报方法研究. 植物保护, 45(4): 48-53, 115.

蒋月丽, 武予清, 李彤, 等, 2021. 草地贪夜蛾成虫复眼明暗适应及黄光照射下明适应状态转化率.
昆虫学报, 64(9): 1120-1126.

姜玉英, 刘杰, 朱晓明, 等, 2019. 草地贪夜蛾侵入我国的发生动态和未来趋势分析. 中国植保导刊,
39(2): 33-35.

姜玉英, 刘杰, 杨俊杰, 等, 2020. 2019年草地贪夜蛾灯诱监测应用效果. 植物保护, 46(3): 118-
122,156.

柯玉鹏, 王俊玲, 赵宇龙, 2011. 昆虫性诱剂防治林果有害生物应用效果. 农村科技(8): 26-27.

梁勇, 2020. 不同诱剂对草地贪夜蛾的田间诱集效果比较. 江苏农业科学, 48(15): 148-150.

刘爱娜, 袁宗英, 杨铭鑫, 等, 2020. 2种杀虫灯防控苹果园害虫的效果. 落叶果树, 52(4): 44-46.

刘立春, 顾国华, 陈建军, 等, 1997. 四种蛾类灯下行为特点初步研究. 昆虫知识, 4(2): 96-99.

刘立春, 1982. 昆虫趋光行为的初步观察. 南京农业大学学报, 4(2): 52-59.

卢辉, 唐继洪, 吕宝乾, 等, 2020. 性诱剂对热区草地贪夜蛾的诱捕效果. 热带农业科学, 40(1): 1-5.

陆宴辉, 张永军, 吴孔明, 2008. 植食性昆虫的寄主选择机理及行为调控策略. 生态学报, 28(10):
5113-5122.

陆宴辉, 2016. 农业害虫植物源引诱剂防治技术发展战略//吴孔明. 中国农业害虫绿色防控发展战
略. 北京: 科学出版社.

罗树凯, 李子, 曹亚军, 等, 2009. 佳多频振式杀虫灯棉田控害效应分析. 农村科技(5): 48.

孟建玉, 2010. UV 胁迫下棉铃虫生理生化响应及蛋白质组学研究. 武汉: 华中农业大学.

孟宪佐，2000. 我国昆虫信息素研究与应用的进展. 昆虫知识，37(2):75-84.

齐国君，苏湘宁，章玉苹，等，2020. 草地贪夜蛾监测预警与防控研究进展. 广东农业科学，47(12):109-121.

渠成，李冰，王然，等，2022. 草地贪夜蛾性诱剂配方筛选与田间应用效果评价. 中国植保导刊，42(2):73-76.

钦俊德，王琛柱，2001. 论昆虫与植物的相互作用和进化的关系. 昆虫学报，44(3):360-365.

桑文，黄求应，王小平，等，2019. 中国昆虫趋光性及灯光诱虫技术的发展、成就与展望. 应用昆虫学报，56(5):907-916.

苏茂文，张钟宁，2007. 昆虫信息化学物质的应用进展. 昆虫知识，44(4):477-485.

孙影，陈述，孙晓莉，等，2020. 理化诱控的杀虫效益及可行性探讨. 安徽农学通报，26(13):109-110.

童琳，廖卫琴，任朝辉，等，2020. 不同性诱剂与诱捕器对棉铃虫和烟青虫诱杀效果研究. 植物医生，33(6):24-28.

吴孔明，2020. 中国草地贪夜蛾的防控策略. 植物保护，46(2):1-5.

吴秋琳，2021. 入侵害虫草地贪夜蛾在中国迁飞路径的模拟分析. 北京：中国农业科学院.

吴英杰，刘金龙，2009. 昆虫性信息素在害虫防治中的应用. 山西农业科学，37(8):60-62.

武予清，段云，蒋月丽，2009. 害虫的灯光防治研究与应用进展. 河南农业科学 (9):127-130.

夏邦颖，1978. 杨树枝把诱蛾原因的观察和分析. 农业科技通讯 (11):29.

修春丽，李国平，高宇，等，2020. 食诱剂与不同诱捕器结合使用对棉铃虫成虫诱捕效果的影响. 植物保护，46(2):229-233,253.

徐练，文礼章，2015. 影响杀虫灯诱虫效果的因素及其发展方向. 中国植保导刊，35(5):19-22.

闫凯莉，唐良德，吴建辉，等，2016. 诱杀技术在害虫综合治理(IPM)中的应用. 中国植保导刊，36(6):17-25.

闫三强，吕宝乾，唐继洪，等，2021. 不同波长诱虫灯对3种玉米害虫的诱集作用. 中国植保导刊，41(3):49-53.

杨俊杰，郭子平，罗汉钢，等，2020. 2019年湖北省草地贪夜蛾发生为害规律和监测技术探索. 植物保护，46(3):247-253.

杨留鹏，宋紫霞，李拥虎，等，2020. 不同类型性诱剂诱芯及诱捕器组合对草地贪夜蛾诱集效果评价. 环境昆虫学报，42(6):1344-1351.

杨现明，陆宴辉，梁革梅，等，2020. 昆虫趋光行为及灯光诱杀技术. 照明工程学报，31(5):22-31.

叶兰珍，胡辉，张宴瑜，等，2019. 有机蔬菜生产中斜纹夜蛾和甜菜夜蛾的综合防治技术. 上海蔬菜 (5):49-50,72.

曾娟，杜永均，姜玉英，等，2015. 我国农业害虫性诱监测技术的开发和应用. 植物保护，41(04):9-15+45.

张锦芳，张阳，徐文平，等，2020. 昆虫的趋光性及其应用于害虫治理的研究进展. 世界农药，42(11):26-35.

张曼丽,曾庆朝,周洋,等,2022.海南省草地贪夜蛾发生规律和防控策略初探.植物保护,48(1):234-239,245.

张艳红,刘小侠,张青文,等,2009.不同光源对棉铃虫蛾趋光率的影响.河北农业大学学报,32(5):69-72.

赵季秋,2012.灯光诱杀害虫技术的发展与应用.辽宁农业科学(1):67-68.

周尧,1980.中国昆虫学史.北京:昆虫分类学报社.

Arnqvist G, Nilsson T, 2000. The evolution of polyandry: Multiple mating and female fitness in insects. Animal Behaviour, 60(2): 145-164.

Atkins M D, 1980. Introduction to insect behaviour. New York: Collier Macmillan Ltd.

Bae S D, Kim H J, Lee G H, et al., 2007. Seasonal occurrence of tobacco cutworm, *Spodoptera litura* Fabricius and beet armyworm, *Spodoptera exigua* Hübner using sex pheromone traps at different locations and regions in Yeongnam district. Korean Journal of Applied Entomology, 46(1): 27-35.

Bruce T J A, Pickett J A, 2011. Perception of plant volatile blends by herbivorous insects-finding the right mix. Phytochemistry, 72(13): 1605-1611.

Bruce T J A, Wadhams L J, Woodcock C M, 2005. Insect host location: A volatile situation. Trends in Plant Science, 10(6): 269-274.

Cai X, Bian L, Xu X, et al., 2017. Field background odour should be taken into account when formulating a pest attractant based on plant volatiles. Scientific Reports, 7(1): 1-10.

Callahan P S, 1965. Intermediate and far infrared sensing of nocturnal insects. Part I. Evidences for a far infrared (FIR) electromagnetic theory of communication and sensing in moths and its relationship to the limiting biosphere of the corn earworm. Annals of the Entomological Society of America, 58(5): 727-745

Cantelo W W, Jacobson M, 1979. Phenylacetaldehyde attracts moths to bladder flower and to blacklight traps. Environmental Entomology, 8(3): 444-447.

Cohnstaedt L E E, Gillen J I, Munstermann L E. 2008. Light-emitting diode technology improves insect trapping. Journal of the American Mosquito Control Association, 24(2): 331.

Dai J, Deng J, Du J, 2008. Development of bisexual attractants for diamondback moth, *Plutella xylostella* (Lepidoptera: Plutellidae) based on sex pheromone and host volatiles. Applied Entomology and Zoology, 43(4): 631-638.

Eldumiati I I, Levengood W C, 1972. Summary of attractive responses in Lepidoptera to electromagnetic radiation and other stimuli. Journal of Economic Entomology, 65(1): 291-292.

El-sayed A M, Heppelthwaite V J, Manning L M, et al., 2005. Volatile constituents of fermented sugar baits and their attraction to lepidopteran species. Journal of Agricultural and Food Chemistry, 53(4): 953-958.

Firempong S, Zalucki M P, 1989. Host plant selection by *Helicoverpa armigera* (Hubner) (Lepidoptera：

Noctuidae) role of certain plant attributes. Australian Journal of Zoology, 37(6): 675-683.

Gregg P C, Del Socorro A P, Hawes A J, et al., 2016. Developing bisexual attract-and-kill for polyphagous insects: ecological rationale versus pragmatics. Journal of Chemical Ecology, 42(7): 666-675.

Gregg P C, Del Socorro A P, Landolt P J, 2018. Advances in attract-and-kill for agricultural pests: beyond pheromones. Annual Review of Entomology, 63: 453-470.

He W, Zhao X C, Ali A, et al., 2021. Population dynamics and reproductive developmental analysis of *Helicoverpa armigera* (Lepidoptera: Noctuidae) trapped using food attractants in the field. Journal of Economic Entomology, 114(4): 1533-1541.

Il' ichev A L, Stelinski L L, Williams D G, et al., 2006. Sprayable microencapsulated sex pheromone formulation for mating disruption of oriental fruit moth (Lepidoptera: Tortricidae) in Australian peach and pear orchards. Journal of Economic Entomology, 99(6): 2048-2054.

Jiang N J, Mo B T, Guo H, et al., 2021. Revisiting the sex pheromone of the fall armyworm *Spodoptera frugiperda*, a new invasive pest in South China. Insect Science, 29(3): 865-878.

Justiniano W, Fernandes M G, Raizer J, 2021. Toxic bait as an alternative tool in the management of *Spodoptera frugiperda* in second corn crops. The Journal of Agricultural Science, 13(3): 102-112.

Karlson P, Lusher M, 1959. Pheromones: A new term for a class of biologically active substances. Nature, 183(4653): 55-56.

Kim M G, Lee H S, 2012. Attraction effects of LED trap to *Spodoptera exigua* adults in the greenhouse. Journal of Applied Biological Chemistry, 55(4): 273-275.

Knight A L, Light D M, 2005. Seasonal flight patterns of codling moth (Lepidoptera: Tortricidae) monitored with pear ester and codlemone-baited traps in sex pheromone-treated apple orchards. Environmental Entomology, 34(5): 1028-1035.

Knight A L, Larsson Herrera S, Mujica V, et al., 2019. Monitoring codling moth (Lepidoptera: Tortricidae) with a four component volatile blend compared to a sex pheromone-based. Journal of Applied Entomology, 143(9): 942-947.

Knolhoff L M, Heckel D G, 2014. Behavioral assays for studies of host plant choice and adaptation in herbivorous insects. Annual Review of Entomology, 59: 263-278.

Knudsen J T, Eriksson R, Gershenzon J, et al., 2006. Diversity and distribution of floral scent. The Botanical Review, 72(1): 1.

Landol T P J, Suckling D M, Judd G J R, 2007. Positive interaction of a feeding attractant and a host kairomone for trapping the codling moth, *Cydia pomonella* (L.). Journal of Chemical Ecology, 33(12): 2236-2244.

Li X G, Ge S B, Chen H J, et al., 2017. Mass trapping of apple leaf miner, *Phyllonorycter ringoniella* with sex pheromone traps in apple orchards. Journal of Asia-Pacific Entomology, 20(1): 43-46.

Light D M, Knight A L, Henrick C A, et al., 2001. A pear-derived kairomone with pheromonal potency that attracts male and female codling moth, *Cydia pomonella* (L.). Naturwissenschaften, 88(8): 333-338.

Loreto F, Schnitzler J P, 2010. Abiotic stresses and induced BVOCs. Trends in Plant Science, 15(3): 154-166.

Malo E A, Cruz-esteban S, González F J, et al., 2018. A home-made trap baited with sex pheromone for monitoring *Spodoptera frugiperda* Males (Lepidoptera: Noctuidae) in Corn crops in Mexico. Journal of Economic Entomology, 111(4): 1674-1681.

Meagher R L, Landolt P J, 2010. Binary floral lure attractive to velvet bean caterpillar adults (Lepidoptera: Noctuidae). Florida Entomologist, 93(1): 73-80.

Meiners T, 2015. Chemical ecology and evolution of plant-insect interactions: A multitrophic perspective. Current Opinion in Insect Science, 8: 22-28.

Mensah R K, Gregg P C, del Socorro A, et al., 2013. Integrated pest management in cotton: exploiting behaviour-modifying (semiochemical) compounds for managing cotton pests. Crop and Pasture Science, 64, 763-773.

Mfuti D K, Niassy S, Subramanian S, et al., 2017. Lure and infect strategy for application of entomopathogenic fungus for the control of bean flower thrips in cowpea. Biological Control, 107: 70-76.

Mitchell E R, Agee H R, Heath R R, 1989. Influence of pheromone trap color and design on capture of male velvet bean caterpillar and fall armyworm moths (Lepidoptera: Noctuidae). Journal of Chemical Ecology, 15(6): 1775-1784.

Navarro-Llopis V, Primo J, Vacas S, 2014. Bait station devices can improve mass trapping performance for the control of the Mediterranean fruit fly. Pest Management Science, 71: 923-927.

Nascimento I N, Oliveira G M, Souza M D, et al., 2018. Light-emitting diodes (LED) as luminous lure for adult *Spodoptera frugiperda* (J E Smith, 1797) (Lepidoptera: Noctuidae). Journal of Experimental Agriculture International, 25(4): 1-8.

Niinemets Ü, 2010. Mild versus severe stress and BVOCs: Thresholds, priming and consequences. Trends in Plant Science, 15(3): 145-153.

Ranger C M, Reding M E, Gandhi K J K, et al., 2011. Species dependent influence of (-)-α-pinene on attraction of ambrosia beetles (Coleoptera: Curculionidae: Scolytinae) to ethanol-baited traps in nursery agroecosystems. Journal of Economic Entomology, 104(2): 574-579.

Reding M E, Schultz P B, Ranger C M, et al., 2011. Optimizing ethanol-baited traps for monitoring damaging ambrosia beetles (Coleoptera: Curculionidae, Scolytinae) in ornamental nurseries. Journal of Economic Entomology, 104(6): 2017-2024.

Roelofs W, Comeau A, 1968. Sex Pheromone Perception. Nature, 220: 600-601.

Schröder R, Hilker M, 2008. The relevance of background odor in resource location by insects: A behavioral approach. BioScience, 58:308-316.

Sekul A A, Sparks A N, 1967. Sex pheromone of the fall armyworm moth: isolation, identification, and synthesis. Journal of Economic Entomology, 60(5): 1270-1272.

Shah M A, Memon N, Baloch A A, 2011. Use of sex pheromones and light traps for monitoring the population of adult moths of cotton bollworms in Hyderabad, Sindh, Pakistan. Sarhad Journal of Agriculture, 27(3): 435-442.

Šimpraga M, Takabayashi J, Holopainen J K, 2016. Language of plants: Where is the word? Journal of Integrative Plant Biology, 58(4): 343-349.

Sparks A N, 1979. A review of the biology of the fall armyworm. The Florida Entomologist, 62(2): 82-86.

Srinivasan K, Moorthy P N K, Raviprasad T N, 1994. African marigold as a trap crop for the management of the fruit borer *Helicoverpa armigera* on tomato. International Journal of Pest Management, 40(1): 56-63.

Stringer L D, El-Sayed A M, Cole L M, et al., 2008. Floral attractants for the female soybean looper, *Thysanoplusia orichalcea* (Lepidoptera: Noctuidae). Pest Management Science, 64(12): 1218-1221.

Tasin M, Bäckman A C, Bengtsson M, et al., 2006. Wind tunnel attraction of grapevine moth females, *Lobesia botrana*, to natural and artificial grape odour. Chemoecology, 16(2): 87-92.

Tasin M, Bäckman A C, Coracini M, et al., 2007. Synergism and redundancy in a plant volatile blend attracting grapevine moth females. Phytochemistry, 68(2): 203-209.

Thwaite W G, Mooney A M, Eslick M A, et al., 2004. Evaluating pear-derived kairomone lures for monitoring "*Cydia pomonella*" (L.) (Lepidoptera: Tortricidae) in Granny Smith apples under mating disruption. General and Applied Entomology: The Journal of the Entomological Society of New South Wales, 33: 55-60.

Tóth M, Szarukán I, Dorogi B, et al., 2010. Male and female noctuid moths attracted to synthetic lures in Europe. Journal of Chemical Ecology, 36(6): 592-598.

Tumlinson J H, Mitchell E R, Teal P E A, et al., 1986. Sex pheromone of fall armyworm, *Spodoptera frugiperda* (J E Smith). Journal of Chemical Ecology, 12(9): 1909-1926.

Usseglio-Polatera P, 1987. The comparison of light trap and sticky trap catches of adult Tri- choptera (Lyon, France) //Proceedings of the Fifth International Symposium on Trichoptera. Dordrecht. : Springer.

Verheijen F J, 1960. The mechanisms of the trapping effect of artificial light sources upon animals. Archives Néerlandaises de Zoologie, 13(1): 1-107.

Yang X M, Song Y F, Sun X X, et al., 2021. Population occurrence of the fall armyworm, *Spodoptera frugiperda* (Lepidoptera: Noctuidae), in the winter season of China. Journal of Integrative Agriculture, 20(3): 772-782.

第十六章

草地贪夜蛾区域综合治理模式

草地贪夜蛾防控措施的制定是对其生物学习性、发生规模、危害程度及发生地区农业防治水平综合考量的结果。总体来看，草地贪夜蛾的防治经历了从化学防控到绿色防控的转变，绿色可持续治理是全球防控草地贪夜蛾的大趋势。随着草地贪夜蛾在全球不断扩散，不同国家的气候环境和农业基础不同，相应的治理模式也各有差异。

第一节　国外草地贪夜蛾的治理模式

一、以 Bt 玉米为主的美国模式

Bt 玉米的商业化推广种植是草地贪夜蛾治理从化学防控转向绿色防控的重要分界点。美国是世界上最早种植 Bt 玉米的国家之一，20 世纪 90 年代以前，化学杀虫剂是美国防治草地贪夜蛾的主力军，但化学杀虫剂的过量使用导致草地贪夜蛾对多种药剂产生了严重抗性；90 年代中期以后，随着 Bt 玉米等转基因作物广泛种植，草地贪夜蛾的发生为害受到显著控制。

美国模式是以 Bt 玉米为中心，由生物防治、物理防治、农业防治和化学防治共同构成。有力的抗性治理措施是美国 20 多年来成功利用 Bt 玉米防控草地贪夜蛾的关键，高剂量/庇护所策略和多基因策略是抗性治理的核心技术。Bt 玉米的种植大大减少了化学农药的使用，有利于农田中非靶标昆虫的生长，为保护利用自然天敌创造了条件。在草地贪夜蛾的产卵高峰期，释放夜蛾黑卵蜂 [*Telenomus remus*（Nixon）]、短管赤眼蜂（*Trichogramma pretiosum*）等天敌昆虫，可有效降低卵孵化率和幼虫发生为害；成

虫发生高峰期时，设置黑光灯、性诱捕器，可显著减少成虫发生量；通过灌溉、除草等农艺措施加强田间管理，可有效降低卵、幼虫和蛹的发生数量；对于发生严重的地块，交替使用作用机制不同的化学农药，减轻幼虫为害。此外，种子包衣和种衣剂拌种对预防苗期草地贪夜蛾为害有重要作用，在作物生长中后期可通过航空喷雾防治草地贪夜蛾。

二、以Bt玉米+化学农药为主的拉美模式

拉美地区国家如巴西、阿根廷和乌拉圭等开始商业化种植Bt玉米的时间晚于美国，但由于其对抗性治理措施落实不到位，Bt玉米的种植面积在这些国家玉米种植总面积中所占的比例远超美国，导致草地贪夜蛾对Bt玉米产生严重抗性，不得不使用化学农药进行防治。

拉美模式的核心是种植Bt玉米和喷洒化学农药相结合，并辅以物理防治、生物防治和农业防治。Bt玉米在拉美地区一年种植2～3季，高密度的种植模式及抗性治理措施的缺乏导致草地贪夜蛾对多个表达单基因Cry毒素的Bt玉米品种产生了严重抗性，如今，表达Vip3A毒素及同时表达多个*Bt*基因的抗性玉米是拉美国家种植的首选。当卵和幼虫发生量较大时，在种植Bt玉米的地块，单个生长季一般施药0～4次，在种植非Bt作物的地块，用药频率更高，选用农药时注意交替用药和轮换用药，具体用药时间和种类因作物受害程度而定。田间设置性诱捕器、黑光灯等设备可诱集草地贪夜蛾成虫，根据成虫诱集结果可评估草地贪夜蛾的种群密度，以制定合理的用药方案。拉美地区生物多样性丰富，保护利用寄生蜂、寄生蝇和捕食蝽等天敌，合理利用杆状病毒、细菌和真菌等生防资源，可显著降低草地贪夜蛾卵和幼虫的数量。此外，调整玉米播种期，将玉米苗期与草地贪夜蛾发生高峰期错开，可减轻草地贪夜蛾对幼苗的为害。

三、以传统技术为主的亚非小农户治理模式

与美洲国家大农场的种植方式不同，亚非两洲的农田多由小农户种植，农田面积较小，难以开展大规模机械作业。小农资源有限、防控知识不足，普遍依靠传统手段进行防治。

小农模式涉及预防、监测和治理3个步骤。选用优质的种子可减轻草地贪夜蛾对幼苗的为害，亚非国家政府倡导农民避免使用自留种，选用具有抗性的玉米品种，提

高对害虫的耐受性；选择合适的播种日期，避免晚播和交错种植（同一地区在不同日期种植），可降低作物损失。在玉米早期生长阶段，农民应每周至少调查2次，兼顾高粱、甘蔗、小麦等潜在寄主，记录产卵量、幼虫密度、发育龄期及植株受害率，在玉米生长中后期，每周或每15d调查1次。为全面掌握草地贪夜蛾的发生动态，FAO开发了草地贪夜蛾早期监测预警系统FAMEWS（Fall Armyworm Monitoring and Early Warning System），农民利用智能手机App在该系统上传图片，即可实时分享农田地理位置、作物信息、虫害发生情况，并获取防治指导方法。在害虫迁飞沿线地区，每个地区至少设置1个监测点，安装黑光灯、高空灯和性诱剂等设备，诱捕信息通过FAMEWS系统上传分享。落实农田推－拉策略，增加农田生物多样性，将玉米与其他能够吸引天敌昆虫的植物间作，能够有效吸引天敌昆虫，减轻害虫为害。传统的人工掐卵、人工抓虫、铲除销毁受害植株及撒施草木灰等措施是小农户使用最多的治理方法，但这些方法耗时久、见效慢，整体防控效果十分有限。当玉米喇叭口初期受害率达到20%、喇叭口后期受害率达40%时，农民需要喷洒农药进行防治，白僵菌、绿僵菌、印楝素等生物农药和氯虫苯甲酰胺、乙酰甲胺磷等低毒化学农药是优选用药。

第二节　中国草地贪夜蛾的治理模式

中国是继东南亚后草地贪夜蛾为害的重点区域，也是草地贪夜蛾向东扩散进入日本和朝鲜半岛的过渡地带。2019—2022年，草地贪夜蛾在中国（不包括香港、澳门、台湾）的发生面积分别为114.4万hm^2、134.7万hm^2、133.5万hm^2和266.7万hm^2，发生区域覆盖了热带、亚热带和温带气候区，为全力应对草地贪夜蛾的威胁，我国政府基于种群监测预警信息，建立了分区治理模式。

一、国家监测预警网络平台

种群监测预警是害虫防控工作的基础。按照全面监测、准确预报的要求，我国构建了国家、省、市、县四级病虫监测网络体系。由党中央、国务院决策部署、落实了粮食安全省长责任制，形成了部门指导、省负总责、县抓落实的防控机制。农业农村部要求各省（自治区、直辖市）坚持全面监测、全力扑杀、分区施策、联防联控的原则，组织各级植保机构按照统一标准和方法，开展区域联合监测。全国农业技术推广服务中心构建的全国草地贪夜蛾发生防控信息平台，可精准掌握县级水平的草地贪夜蛾发生信息，通过执行首次查见当天即报和已发生区"一周两报"制度，可全面掌握草地贪夜蛾的发生发展动态，及时发布预警信息。

田间调查为监测预警网络提供第一手数据。在草地贪夜蛾卵、幼虫和蛹发生期，县级植保人员按照早发现、早报告、早预警的要求，采用统一标准和方法开展联合监测，在玉米生长期，定点定人进行田间系统监测，每3d开展一次系统调查，兼顾小麦、甘蔗和高粱等草地贪夜蛾嗜好作物，查明产卵数量、幼虫密度、发育龄期和被害株率。在老熟幼虫发生7d后，重点调查幼虫发生区的田块，定期调查玉米根围浅土层（深度2～8cm处）、土壤表面和玉米雌穗上的蛹量，分别统计每平方米雌、雄蛹数量，并根据蛹的体色记录蛹的日龄。田间布设诱虫灯、性诱剂和食诱剂，诱集作物冠层下的成虫。在害虫迁飞沿线布设高空灯和昆虫雷达，阻截高空运行的迁飞成虫，记录迁飞成虫的种群数量、两性比例，并通过解剖卵巢和精巢，判定迁入成虫的虫源性质，预测卵和幼虫的种群发生动态。监测结果需按照信息报送制度，通过全国农作物重大病虫害监测平台及时准确填报虫情态势，经专家综合分析后，通过电视、广播、网络等多种形式及时发布预报信息。

监测设备智能化是害虫监测预警平台发展的必然趋势。由于草地贪夜蛾与鳞翅目近缘昆虫外形相似，田间调查时极易混淆，为提高草地贪夜蛾的判别准确度，中国农业科学院植物保护研究所的科学家研发了草地贪夜蛾种群测报系统（http://migrationinsect.cn），该系统集图像识别和监测预报于一体，已开发成可安装在智能便携设备上的App，有效提升了害虫监测效率。随着信息技术的进步，如今中国的昆虫雷达技术已趋于成熟，具备了组建全国昆虫雷达监测网的能力。基于获取的昆虫体型参数和飞行行为等特征，昆虫雷达可智能判别迁飞昆虫的种类，并结合迁飞行为、气象资料和轨迹分析技术实时监测预测害虫迁移过程，根据预测结果指挥开启迁飞沿线的高空灯，开展区域性防控工作。

二、区域性治理策略

草地贪夜蛾入侵以来，农业农村部按照全面监测、全力扑杀、分区施策、联防联控的原则，将草地贪夜蛾的发生区域分为西南华南周年繁殖区、江南江淮迁飞过渡区和黄淮海及北方重点防范区，并选定位于迁飞沿线上17省（自治区、直辖市）的205个县构建了西南华南监测防控带、长江流域监测防控带和黄淮海阻截攻坚带。各区生态资源禀赋的差异导致草地贪夜蛾在各区的发生规律不同，相应的治理技术体系也各有特色（图16-1）。

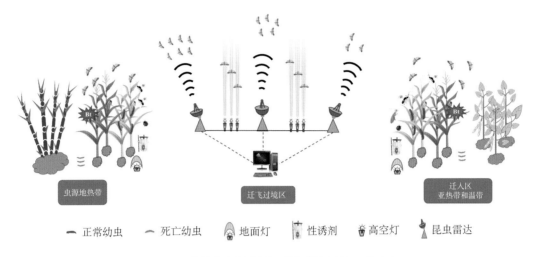

— 正常幼虫　　　— 死亡幼虫　　　🏮 地面灯　　　🕯 性诱剂　　　💡 高空灯　　　📡 昆虫雷达

图16-1　草地贪夜蛾监测预警与绿色防控工程示意

1.周年繁殖区

（1）发生规律。草地贪夜蛾在我国1月日均温度10℃以南的地区可安全越冬、周年繁殖，这些地区分布在海南、广东、广西、云南、福建、四川、贵州、西藏等省份的热带和南亚热带气候区。这些地区气候温暖湿润，自然资源丰富，多样的植被类型滋养了寄生蜂、步甲、草蛉和蜻类等天敌昆虫，可显著抑制草地贪夜蛾种群的发生。周年繁殖区全年种植玉米，尤其是鲜食玉米的种植为草地贪夜蛾越冬提供了优越的寄主条件，广泛分布的甘蔗、小麦、大麦、高粱、香蕉等作物，也是草地贪夜蛾喜食的寄主植物。草地贪夜蛾在我国的周年繁殖区1年可繁殖9～12代，该地区除有本地虫源持续滋生外，还有来自缅甸、老挝和越南等东南亚国家的虫源在春、夏季随季风迁入，给防控工作带来巨大压力。

（2）测报重点。2—3月：全面掌握草地贪夜蛾的越冬区域、越冬寄主以及对不同作物的为害情况；4—7月：重点监测玉米、小麦、高粱和甘蔗等作物上的发生情况；8—12月：夏季监测重点是草地贪夜蛾在夏玉米田的发生情况，秋季监测虫源回迁情况。

（3）防治对策。周年繁殖区是草地贪夜蛾在我国的虫源基地，该区的防控效果直接关乎迁飞过渡区和重点防范区的发生情况。根据农业农村部的布防要求，在周年繁殖区周边选取了广东、广西、海南和云南4个省（自治区）的59个县建设西南华南监测防控带，全年监测草地贪夜蛾的发生动态。通过增设测报网点，加密布设高空灯、性诱捕器等监测设备，全力扑杀境外迁入虫源，遏制当地滋生繁殖；通过统防统治和点杀点治措施，及时扑杀幼虫，控制当地危害损失，减轻迁飞过渡区和重点防范区的防控压力。以玉米为防治重点，兼顾小麦、甘蔗和高粱等作物，采取综合防治措施，种植转基因抗虫玉米（Bt玉米）、选用低毒生物农药等绿色防控措施能够有效杀灭虫源地草地贪夜蛾卵和幼虫，利用植保无人机撒施农药颗粒可高效控制玉米喇叭口期草地贪夜蛾为害。当草地贪夜蛾数量超过防治指标时，优先选用甲氨基阿维菌素苯甲酸盐、茚虫威、乙基多杀菌素等推荐药剂，充分利用卵和低龄幼虫的敏感期，选择清晨或傍晚进行防治。在成虫发生高峰期，加强布设高空灯、性诱捕器和食诱捕器等设备，诱杀迁飞成虫。冬、春季节，重点关注玉米田的草地贪夜蛾发生情况，压低草地贪夜蛾北迁虫源基数。春季后，通过保护农田自然环境中的寄生性和捕食性天敌，发挥生物多样性的生态调控优势，控制草地贪夜蛾发生，同时搭配生物农药、物理诱杀和化学防控等综合防治措施，降低危害损失，最大限度控制迁出虫源数量，同时密切关注境外虫源迁入情况，采取诱控措施杀灭迁入成虫。

2.迁飞过渡区

（1）发生规律。迁飞过渡区位于江南江淮的中亚热带和北亚热带气候区，涉及福建、湖南、江西、湖北、江苏、安徽、浙江、上海、重庆、四川、贵州和陕西等省份。每年3月开始，周年繁殖区的草地贪夜蛾开始迁入长江以南地区，草地贪夜蛾在迁飞过渡区1年发生6～8代，但越冬困难，玉米、小麦、油菜等是其主要寄主作物。

（2）测报重点。4—6月：密切监测南方虫源迁入动态，减少过境虫源北迁数量；7—10月：重点关注夏玉米和秋玉米上的发生情况，兼顾小麦、油菜和高粱等作物上的发生情况；8月中旬开始，重点监测北方虫源南迁动态，遏制过境虫源数量。

（3）防治对策。在成虫迁飞高峰期，集中连片布设高空灯、性诱捕器和食诱捕器，诱杀过境成虫；采用化学防治、生物防治、农业防治和种植Bt玉米等措施，重点关注草地贪夜蛾对玉米的为害，兼顾小麦、高粱和油菜等作物，最大限度降低虫源基数，减轻危害损失。

3.重点防范区

（1）发生规律。重点防范区位于黄淮海及其以北的温带气候区，包括河南、河北、北京、天津、山东、山西、江苏、安徽、陕西、黑龙江、内蒙古、吉林、辽宁和宁夏等省份。重点防范区是草地贪夜蛾夏季迁入为害的重点区域，其玉米产量占全国玉米总产量的71.94%，该区的防控效果直接关乎我国的粮食安全。草地贪夜蛾在重点防范区的大部分区域1年可发生3～5代，但在海拔较高的甘肃和内蒙古等地区和纬度较高的东北地区1年仅发生1～2代。4—5月，长江流域种群随季风北迁进入黄淮流域，5—

6月，黄淮流域种群继续北迁进入华北平原，6—7月迁入东北平原。8月中下旬后，东北、华北、黄淮海和长江流域的虫群相继回迁至中国的热带、南亚热带地区和东南亚国家。

（2）测报重点。4—6月：重点监测南方迁入虫源，全面普查冬小麦和春玉米（尤其是早播玉米）上的发生情况；7—10月：重点监测在夏玉米（重点是晚播玉米）上的虫情发生动态，尤其是玉米苗期到抽雄吐丝期的发生为害情况。

（3）防治对策。重点保护玉米生产，降低危害损失率。5—9月全面监测虫情发生动态，诱杀迁入成虫，主攻低龄幼虫防治，将危害损失控制在最低限度。按照全国农业技术推广服务中心的规定，当重点防范区的虫口密度达到防治指标时，即玉米苗期（7叶以下）被害株率5%、小喇叭口期（7～11叶）被害株率10%、大喇叭口期（12叶）以后被害株率15%，采用甲氨基阿维菌素苯甲酸盐、茚虫威、乙基多杀菌素等推荐药剂以植保无人机或电动喷雾器开展应急防控；农田中种植一定比例的Bt玉米作为诱集陷阱，可高效控制下一代发生规模；在成虫发生高峰期，集中连片使用诱虫灯开展灯光诱杀，可搭配性诱剂和食诱剂提升防治效果。

第三节　加强国际合作，构建跨国防控机制

草地贪夜蛾入侵以来，中国政府通过政策扶持、构建监测预警网络和实施分区治理等措施，举全国之力，实现了防控处置率超过90%、总体危害损失低于5%的防控目标，防控成果获得了FAO的高度肯定，表明中国的防控工作处于世界领先水平。但中国南方省份紧邻东南亚虫源国，周边虫源国农业基础薄弱，科技发展水平较低，尚不能像中国一样开展大区域监测行动，因此，与东南亚各国建立双边或多边合作、开展跨区域联合监测，将是实现亚洲区域草地贪夜蛾高效治理的必经之路。

防控草地贪夜蛾是一项全球行动，2020—2022年，FAO筹集5亿美元以动用全球资源和先进技术手段，启动"携手阻击"行动计划。中国积极参与防控行动，通过分享防控经验，输出食诱剂、性诱剂和生物农药等绿色防控产品，以及昆虫雷达等智能监测设备，实现中国农业先进技术"走出去"战略，引领世界农业科技创新发展。同时，中国组织专家和技术人员前往各国进行技术指导，推动相关产品与当地发展需求的深度融合。通过技术输出和人才交流，中国与世界各国一道推动草地贪夜蛾防控工作，为维护世界粮食安全贡献中国力量。

【参考文献】

陈辉，武明飞，刘杰，等，2020. 我国草地贪夜蛾迁飞路径及其发生区划. 植物保护学报，47(4): 747-757.

何康来，王振营，2020. 草地贪夜蛾对Bt玉米的抗性与治理对策思考. 植物保护，46(3): 1-15.

和伟，赵胜园，葛世帅，等，2019. 草地贪夜蛾种群性诱测报方法研究. 植物保护，45(4): 48-53，115.

江幸福，张蕾，程云霞，等，2019. 草地贪夜蛾迁飞行为与监测技术研究进展. 植物保护，45(1): 12-18.

姜玉英，刘杰，吴秋琳，等，2021. 我国草地贪夜蛾冬繁区和越冬区调查. 植物保护，47(1): 1-7.

姜玉英，刘杰，谢茂昌，等，2019. 2019年我国草地贪夜蛾扩散为害规律观测. 植物保护，45(6): 10-19.

蒋月丽，郭培，李彤，等，2020. 黄光和绿光照射对草地贪夜蛾成虫生殖和寿命的影响. 植物保护学报，47(4): 902-903.

刘杰，姜玉英，吴秋琳，等，2019. 我国草地贪夜蛾冬春季发生为害特点及下半年发生趋势分析. 中国植保导刊，39(7): 36-38，49.

刘杰，姜玉英，刘万才，等，2020. 亚洲十一国草地贪夜蛾发生防控情况与对策概述. 中国植保导刊，40(2): 86-91.

田太安，刘健锋，于晓飞，等，2020. 不同光源对草地贪夜蛾生殖行为的影响. 植物保护学报，47(4): 822-830.

吴超，张磊，廖重宇，等，2019. 草地贪夜蛾对化学农药和Bt作物的抗性机制及其治理技术研究进展. 植物保护学报，46(3): 503-513.

吴孔明，2020. 中国草地贪夜蛾的防控策略. 植物保护，46(2): 1-5.

吴孔明，杨现明，赵胜园，等，2020. 草地贪夜蛾防控手册. 北京: 中国农业科学技术出版社.

吴秋琳，姜玉英，胡高，等，2019. 中国热带和南亚热带地区草地贪夜蛾春夏两季迁飞轨迹的分析. 植物保护，45(3): 1-9.

徐蓬军，张丹丹，王杰，等，2019. 草地贪夜蛾对玉米和烟草的偏好性研究. 植物保护，45(4): 61-64，90.

杨普云，常雪艳，2019. 草地贪夜蛾在亚洲、非洲发生和影响及其防控策略. 中国植保导刊，39(6): 88-90.

赵胜园，杨现明，和伟，等，2019. 草地贪夜蛾卵巢发育分级与繁殖潜力预测方法. 植物保护，45(6): 28-34.

周燕，张浩文，吴孔明，2020. 农业害虫跨越渤海的迁飞规律与控制策略. 应用昆虫学报，57(2): 233-243.

Blanco C A, Chiaravalle W, Dalla-Rizza M, et al., 2016. Current situation of pests targeted by Bt crops in Latin America. Current Opinion in Insect Science, 15(13): 1-8.

Burtet L M, Bernardi O, Melo A A, et al., 2017. Managing fall armyworm, *Spodoptera frugiperda*

(Lepidoptera: Noctuidae), with Bt maize and insecticides in southern Brazil. Pest Management Science, 73(12): 2569-2577.

FAO, CABI, 2019. Community-based fall armyworm (*Spodoptera frugiperda*) monitoring, early warning and management (training of trainers' manual, first edition). Rome: FAO.

FAO, 2018. Integrated management of the fall armyworm on maize: A guide for farmer field schools in Africa. Rome: FAO.

Harrison R D, Thierfelder C, Baudron F, et al., 2019. Agro-ecological options for fall armyworm (*Spodoptera frugiperda* J E Smith) management: Providing low-cost, smallholder friendly solutions to an invasive pest. Journal of Environmental Management, 243: 318-330.

He L M, Zhao S Y, Gao X W, et al., 2021. Ovipositional responses of *Spodoptera frugiperda* on host plants provide a basis for using Bt-transgenic maize as trap crop in China. Journal of Integrative Agriculture, 20(3): 804-814.

Huang F N, Andow D A, Buschman L L, 2011. Success of the high-dose/refuge resistance management strategy after 15 years of Bt crop use in North America. Entomologia Experimentalis et Applicata, 140(1): 1-16.

Huang F N, 2020. Resistance of the fall armyworm, *Spodoptera frugiperda*, to transgenic *Bacillus thuringiensis* Cry1F corn in the Americas: Lessons and implications for Bt corn IRM in China. Insect Science, 28(3): 574-589.

Jia H R, Guo J L, Wu Q L, et al., 2021. Migration of invasive *Spodoptera frugiperda* (Lepidoptera: Noctuidae) across the Bohai Sea in northern China. Journal of Integrative Agriculture, 20(3): 685-693.

Li X J, Wu M F, Ma J, et al., 2019. Prediction of migratory routes of the invasive fall armyworm in Eastern China using a trajectory analytical approach. Pest Management Science, 76(2): 454-463.

Ma J, Wang Y P, Wu M F, et al., High risk of the fall armyworm invading Japan and the Korean Peninsula via overseas migration. Journal of Applied Entomology, 143: 911-920.

Midega C A O, Pittchar J O, Pickett J A, et al., 2018. A climate-adapted push-pull system effectively controls fall armyworm, *Spodoptera frugiperda* (J. E. Smith), in maize in East Africa. Crop Protection, 105: 10-15.

Rioba N B, Stevenson P C, 2020. Opportunities and scope for botanical extracts and products for the management of fall armyworm (*Spodoptera frugiperda*) for smallholders in Africa. Plants (Basel), 9(2): 207.

Sisay B, Simiyu J, Mendesil E, et al., 2019. Fall armyworm, *Spodoptera frugiperda* infestations in East Africa: Assessment of damage and parasitism. Insects, 10(7): 195.

Suby S B, Soujanya P L, Yadava P, et al., 2020. Invasion of fall armyworm (*Spodoptera frugiperda*) in India: Nature, distribution, management and potential impact. Current Science, 119(1): 44-51.

Sun X X, Hu C X, Jia H R, et al., 2021. Case study on the first immigration of fall armyworm *Spodoptera frugiperda* invading into China. Journal of Integrative Agriculture, 20(3): 664-672.

Wu Q L, Shen X J, He L M, et al., 2021. Windborne migration routes of newly-emerged fall armyworm from Qinling Mountain-Huaihe River region, China. Journal of Integrative Agriculture, 20(3): 694-706.

Wu Q L, Jiang Y Y, Liu J, et al., 2021. Trajectory modeling revealed a southwest-northeast migration corridor for fall armyworm *Spodoptera frugiperda* (Lepidoptera: Noctuidae) emerging from the North China Plain. Insect Science, 28(3): 649-661.

Yang X M, Song Y F, Sun X X, et al., 2021. Population occurrence of the fall armyworm, *Spodoptera frugiperda* (Lepidoptera: Noctuidae), in the winter season of China. Journal of Integrative Agriculture, 20(3): 772-782.

Zhang H W, Zhao S Y, Song Y F, et al., 2022. A deep learning and Grad-Cam-based approach for accurate identification of the fall armyworm (*Spodoptera frugiperda*) in maize fields. Computers and Electronics in Agriculture, 202: 107440.

图书在版编目（CIP）数据

草地贪夜蛾的研究／吴孔明等编著．—北京：中国农业出版社，2023.10
ISBN 978-7-109-31091-9

Ⅰ．①草…　Ⅱ．①吴…　Ⅲ．①草地－夜蛾科－研究　Ⅳ．①S812.6

中国国家版本馆CIP数据核字（2023）第174420号

审图号：GS京（2023）2226号

中国农业出版社出版

地址：北京市朝阳区麦子店街18号楼
邮编：100125
责任编辑：阎莎莎　杨　春　杨彦君
版式设计：王　晨　　责任校对：吴丽婷　　责任印制：王　宏
印刷：北京中科印刷有限公司
版次：2023年10月第1版
印次：2023年10月北京第1次印刷
发行：新华书店北京发行所
开本：787mm×1092mm　1/16
印张：26.5
字数：635千字
定价：298.00元